博雅

21世纪数学规划教材

数学基础课系列

2nd Edition

泛函分析讲义（第二版）（下）

Lecture Notes on Functional Analysis

张恭庆　郭懋正　编著

图书在版编目(CIP)数据

泛函分析讲义．下 / 张恭庆，郭懋正编著．-- 2 版．北京：北京大学出版社，2025. 5. -- ISBN 978-7-301-36152-8

Ⅰ．O177

中国国家版本馆 CIP 数据核字第 2025XK6127 号

书　　名	泛函分析讲义（第二版）（下） FANHAN FENXI JIANGYI（DI-ER BAN）（XIA）
著作责任者	张恭庆　郭懋正　编著
责任编辑	潘丽娜　刘　勇
标准书号	ISBN 978-7-301-36152-8
出版发行	北京大学出版社
地　　址	北京市海淀区成府路 205 号　100871
网　　址	http://www.pup.cn　新浪微博：@ 北京大学出版社
电子邮箱	zpup@pup.cn
电　　话	邮购部 010-62752015　发行部 010-62750672 编辑部 010-62752021
印 刷 者	河北博文科技印务有限公司
经 销 者	新华书店 880 毫米 × 1230 毫米　32 开本　11.25 印张　304 千字 1990 年 10 月第 1 版 2025 年 5 月第 2 版　　2025 年 5 月第 1 次印刷
定　　价	48.00 元

参与本册修订人员

范辉军　章志飞　蒋美跃

史宇光　戴　波

第二版序

北京大学出版社出版的《泛函分析讲义 (下册)》自 1990 年第一版发行以来至今已有三十余年, 在此期间被许多高等学校用作研究生的教材与教学参考书. 然而科学在进步, 学科在发展, 课程的设置也经历了多次变革. 经北京大学出版社提议, 此书有必要作一次与时俱进的修订.

本次修订对定理 5.5.12 及其证明进行了重新表述, 使其逻辑更加清晰严谨, 便于读者理解; 同时, 在增殖算子的部分补充了韦东奕建立的基于算子预解界的半群估计, 该估计在流动稳定性问题中具有重要应用, 为相关研究提供了新的工具和方法; 此外, 还对全文进行了细致校对, 更正了部分笔误和排版错误, 以进一步提升内容的准确性和可读性. 本次修订旨在完善内容质量, 为读者提供更全面、更准确的参考资料.

参加此次修订工作的有范辉军、章志飞、蒋美跃、史宇光、戴波等几位教授. 他们都在北京大学数学科学学院任教多年, 并多次使用本教材授课. 他们根据自己的教学和研究经验对本教材提出了十分宝贵的修改意见. 北京大学出版社潘丽娜编辑自始至终组织、参加了这次修订活动. 在此一并致谢.

张恭庆　郭懋正

2025 年 3 月

第 一 版 序

这本书是由北京大学出版社出版的《泛函分析讲义》的下册(上册由张恭庆、林源渠合编). 它是为数学系有关专业研究生公共基础课编写的教材. 和上册一样, 我们坚持向读者介绍泛函分析理论的来源与背景, 十分注意泛函分析作为近代分析的一个重要组成部分, 是如何与数学的其他分支, 特别是数学物理、偏微分方程以及随机过程理论紧密联系的.

基于这个指导思想, 我们选择了交换 Banach 代数的 Gelfand 表示、(无界) 自伴算子谱分解、自伴算子的扩张和扰动, 以及算子半群的 Hille Yosida 定理和 Stone 定理作为基本内容, 并以它们为中心展开有关重要概念和方法的讨论. 书中第五章 §6 奇异积分算子, 第七章 §4 Markov 过程和 §5 散射理论等都是有关理论在某些方面的应用. 对于初学读者这部分内容可以略去; 但对有关方向的读者它们则是极富启发性的参考资料. 此外, 第六章 §3 无界正常算子的谱分解定理, 是为了完整起见, 便于读者查阅而撰写的, 在应用中并没有特别的重要性, 讲授时亦可略去. 最后一章介绍 Wiener 测度与 Hilbert 空间的 Gauss 测度. 之所以挑选这一专题单独成章, 是因为我们注意到函数空间的测度论和积分论在量子物理、统计力学以及随机过程论中日益增长的重要性. 它理所当然地应当是泛函分析研究的主要对象之一, 但在一般教材中却并不多见.

我们认为要真正理解泛函分析中一些重要的概念和理论, 灵活运用这一强有力的工具, 其唯一的捷径就是深入了解它们的来源和背景, 注意研究一些重要的、一般性定理的深刻的、具体的含义. 不然的话, 如果只是从概念到概念, 纯形式地理解抽象定理证明的推演, 那么学习泛函分析的结果只能 “如入宝山而空返”, 一无所获. 使用本书的读者, 务请认真阅读围绕有关抽象概念所给出的具体例子以及若干重要的一般性定理在各个不同问题中的应用. 否则选用此书则必事与愿违, 徒劳无功.

本讲义自 1983 年起曾在北京大学数学系为有关专业研究生与高年级大学生讲授过多遍, 根据我们的经验, 每周 3 学时, 在一学期内可把书中前三章的主要内容讲授完毕. 大部分学生能够掌握本书的基本要求.

本讲义主要内容取材于下列各书:

1. Riesz F, Sz.-Nagy B. 泛函分析讲义: 第二卷. 庄万, 等译. 北京 : 科学出版社, 1981.

2. Dunfold N, Schwartz J T. Linear Operators. John's Wiley Interscience Publishers, 1958, 1964.

3. Yosida K. Functional Analysis. 5th ed. Springer-Verlag, 1978.

4. Kato T. Peturbation Theory for Linear Operators. Springer-Verlag, 1966.

5. Reed M, Simon B. Methods of Modern Mathematical Physics : Vol.I-III. Academic Press : 1972-1979.

第八章则参考 Kuo Hui Hsiung (郭辉熊). Gaussian Measures in Banach Spaces. Springer-Verlag, 1975.

本书在取材上虽力求照顾数学系内不同专业方向大多数研究生的需要, 但限于作者的学识与能力, 偏颇之处在所难免. 出版此书, 愿起抛砖引玉的作用. 我们深信必将有更有特色、更现代化、更加适用的教材大量涌现.

张恭庆 谨识
郭懋正

1990 年 8 月于中关园

符 号 表

$\mathbb{C}$	全体复数
$\mathbb{R}$	全体实数
$\mathbb{R}^n$	n 维 Euclid 空间
$\mathbb{N}$	全体正整数
$\mathbb{Z}$	全体整数
$\mathbb{K}$	数域, 实数或复数
S^1	$\mathbb{R}^2$ 上单位圆周
$\mathbb{D}$	$\mathbb{C}$ 上单位开圆盘
$\mathscr{H}$	Hilbert 空间
$\mathscr{X}$	Banach 空间
$L(\mathscr{H})$	$\mathscr{H}$ 上全体有界线性算子
$\mathbb{C}(\mathscr{H})$	$\mathscr{H}$ 上全体紧算子
$L_{(1)}(\mathscr{H})$	$\mathscr{H}$ 上全体迹算子
$L_{(2)}(\mathscr{H})$	$\mathscr{H}$ 上全体 Hilbert-Schmidt 算子
θ	向量空间的零元素
$\varnothing$	空集
∞	正无穷大或复平面上无穷远点
$B(x_0, r)$	以 x_0 为中心、半径是 r 的开球
$\forall$	一切, 任一个
$\exists$	存在, 某一个
$\exists\vert$	存在唯一
$\mapsto$	对应到
$\Longrightarrow$	蕴含
$\Longleftrightarrow$	当且仅当
a.e.	几乎处处

$D(A)$	算子 A 的定义域
$R(A)$	算子 A 的值域
$\rho(A)$	算子 A 的预解集
$\sigma(A)$	算子 A 的谱集
$R_\lambda(A)$	算子 A 的预解算子
$\mathfrak{M}(A)$	Banach 代数 A 的极大理想集合

目　录

第五章　Banach 代　数

本章讨论具有代数结构的 Banach 空间. 这种空间叫作 Banach 代数. 以前几章我们是把算子作为个体来讨论的, 而 Banach 代数则把算子作为整体加以研究. 我们将讨论 Banach 代数的基本性质、函数代数、C^* 代数、算符演算以及谱理论. 它们是近代数学物理如量子力学、统计物理的强有力的工具, 它们与数学其他分支如函数论、抽象调和分析、群表示论等有非常密切的联系.

§ 1　代数准备知识

Banach 代数是带有一个范数的代数 (见定义 5.2.1). 为了便于读者阅读, 我们先复习一下有关的代数基本知识.

定义 5.1.1　$\mathscr{A}$ 称为复数域 $\mathbb{C}$ 上的一个**代数**, 如果

(1) $\mathscr{A}$ 是 $\mathbb{C}$ 上的一个线性空间;

(2) $\mathscr{A}$ 上规定了乘法: $\mathscr{A} \times \mathscr{A} \to \mathscr{A}$, 满足:

$$
\begin{aligned}
(ab)c &= a(bc), && \text{(结合律)} \\
(a+b)(c+d) &= ac+bc+ad+bd, && \text{(分配律)} \\
(\lambda\mu)(ab) &= (\lambda a)(\mu b),
\end{aligned}
$$

$\forall \lambda, \mu \in \mathbb{C}, \forall a, b, c, d \in \mathscr{A}$.

若 $\mathscr{A}$ 中有元素 e, 对于每一个 $\mathscr{A}$ 中元 a, 满足 $ea = ae = a$, 则 e 叫作 $\mathscr{A}$ 的**幺元**. 若 $\mathscr{A}$ 中存在幺元, 则它是唯一的. 设 $\mathscr{A}$ 是有幺元的代数, $a \in \mathscr{A}$ 称为**可逆的**, 如果存在 $b \in \mathscr{A}$, 使得

$$ab = ba = e.$$

满足上述等式的 b 是唯一确定的, 于是 b 称为 a 的**逆**, 记作 a^{-1}. 如果 $\mathscr{A}$ 中每个非零元都可逆, $\mathscr{A}$ 叫作**可除代数**.

如果代数 $\mathscr{A}$ 的乘法满足交换律, 即 $ab = ba, \forall a, b \in \mathscr{A}$, 则 $\mathscr{A}$ 称作**交换代数**.

定义 5.1.2 设 $\mathscr{A}, \mathscr{B}$ 是两个代数, φ 是 $\mathscr{A}$ 到 $\mathscr{B}$ 的映射, 满足 $\varphi(\lambda a + \mu b) = \lambda\varphi(a) + \mu\varphi(b)$ 以及 $\varphi(ab) = \varphi(a)\varphi(b), \forall a, b \in \mathscr{A}, \lambda, \mu \in \mathbb{C}$, 称 φ 为 $\mathscr{A}$ 到 $\mathscr{B}$ 的**同态映射**.

如果同态映射 φ 既是单射, 又是满射, 那么称 φ 是 $\mathscr{A}$ 到 $\mathscr{B}$ 的**同构映射**.

定义 5.1.3 设 $\mathscr{A}$ 是一个代数, $\mathscr{B} \subset \mathscr{A}$, 并且依 $\mathscr{A}$ 上的加法、乘法和数乘仍构成代数, 则称 $\mathscr{B}$ 为 $\mathscr{A}$ 的一个**子代数**.

若 φ 是代数 $\mathscr{A}$ 到代数 $\mathscr{B}$ 内的同态映射, 值域 $\varphi(\mathscr{A})$ 显然是 $\mathscr{B}$ 的一个子代数.

注 若代数 $\mathscr{A}$ 没有幺元, 那么可以构造一个有幺元的代数 $\widehat{\mathscr{A}}$, 使得 $\mathscr{A}$ 同构于 $\widehat{\mathscr{A}}$ 的一个子代数. 在这个意义下, 没有幺元的代数总可增添幺元. 事实上, 令 $\widehat{\mathscr{A}} = \mathscr{A} \times \mathbb{C}$, 并且规定 $\widehat{\mathscr{A}}$ 上的代数运算, 如下:

$$\alpha(a, \lambda) + \beta(b, \mu) = (\alpha a + \beta b, \alpha\lambda + \beta\mu),$$
$$(a, \lambda)(b, \mu) = (ab + \lambda b + \mu a, \lambda\mu),$$

$\forall (a, \lambda), (b, \mu) \in \widehat{\mathscr{A}}, \alpha, \beta \in \mathbb{C}$. 于是 $e = (\theta, 1)$ 是 $\widehat{\mathscr{A}}$ 中的幺元, 而且映射 $a \mapsto (a, 0)$ 是 $\mathscr{A} \to \widehat{\mathscr{A}}$ 的一个单射同态, 其中 θ 是代数 $\mathscr{A}$ 中的零向量.

定义 5.1.4 设 $\mathscr{A}$ 是一个代数, $J \subset \mathscr{A}$ 是它的一个子代数, 满足:

(1) $\forall a \in \mathscr{A}, aJ \subset J, Ja \subset J$,

(2) $J \neq \mathscr{A}$,

则称 J 是 $\mathscr{A}$ 的一个**双边理想**, 简称为**理想**.

如果 $\mathscr{A}$ 是交换代数, 则可用条件: $\forall a \in \mathscr{A}, aJ \subset J$ 成立来代替定义 5.1.4 中的条件 (1).

命题 5.1.5 设 $\mathscr{A},\mathscr{B}$ 是代数, 映射 $\varphi:\mathscr{A}\to\mathscr{B}$ 是一个非平凡同态映射 (即 $\varphi^{-1}(\theta)\neq\mathscr{A}$), 那么 φ 的核 ($\ker\varphi\triangleq\varphi^{-1}(\theta)$) 是 $\mathscr{A}$ 的一个理想.

证 $\varphi^{-1}(\theta)$ 显然是 $\mathscr{A}$ 的子代数, 由 φ 的非平凡性, 定义 5.1.4 中的条件 (2) 自然满足. 此外, 对于每一个 $a\in\mathscr{A}$, 因为

$$\begin{aligned}\varphi(ax)&=\varphi(a)\varphi(x)=\theta,\quad\forall x\in\ker\varphi,\\ \varphi(xa)&=\varphi(x)\varphi(a)=\theta,\quad\forall x\in\ker\varphi,\end{aligned}$$

推得 $a\ker\varphi\subset\ker\varphi,(\ker\varphi)a\subset\ker\varphi$. ■

命题 5.1.6 设 $\mathscr{A}$ 是有幺元的代数, J 是 $\mathscr{A}$ 的一个理想, 则

(1) $e\notin J$;

(2) 若 $a\in\mathscr{A}$ 有逆元, 则 $a\notin J$.

证 (1) 反证, 如果 $e\in J$, 由双边理想定义,

$$a=ae\in J,\quad\forall a\in\mathscr{A},$$

从而 $J=\mathscr{A}$. 这与定义 5.1.4 中的条件 (2) 矛盾. 故 $e\notin J$.

(2) 反证, 如果 $a\in J$, 则

$$e=a^{-1}a\in J,$$

这与 (1) 矛盾, 故 $a\notin J$. ■

注 事实上, "$J\neq\mathscr{A}$" "$e\notin J$" "具有逆元的 $a\notin J$" 这三个命题是等价的.

设 J 是 $\mathscr{A}$ 的一个理想, 我们可以作出商空间 $\mathscr{B}=\mathscr{A}/J$. $\mathscr{B}$ 是由剩余类

$$[a]\triangleq\{b\in\mathscr{A}|b-a\in J\}$$

所组成的. 因为 J 是理想, 所以由 $a_1,a_2\in[a],b_1,b_2\in[b]$ 推出

$$a_1b_1-a_2b_2=(a_1-a_2)b_1+a_2(b_1-b_2)\in J.$$

于是 a_1b_1 与 a_2b_2 属于同一类 $[ab]$. 因此 $\mathscr{A}$ 上的乘法可以诱导出 $\mathscr{B}$ 上的乘法:

$$[a][b] = [ab].$$

另外再规定 $\mathscr{B}$ 上线性运算:

$$\lambda[a] + \mu[b] = [\lambda a + \mu b].$$

容易证明 $\mathscr{B}$ 构成一个代数, 称为 $\mathscr{A}$ 关于理想 J 的商代数.

定义自然映射 $\varphi(a) = [a]$, 则 φ 是 $\mathscr{A}$ 到商代数 $\mathscr{A}/J$ 上的一个同态映射. 由于 $J \neq \mathscr{A}$, 可见 φ 是非平凡的, 而且 $J = \ker\varphi$.

定义 5.1.7 设 J 是代数 $\mathscr{A}$ 的一个理想, 而且不真含于 $\mathscr{A}$ 的另一个理想之中, 就称 J 是**极大理想**.

定理 5.1.8 设 $\mathscr{A}$ 是一个有幺元的代数, 那么它的每一个理想 J 必含于某个极大理想之中.

证 令 $\mathscr{P}$ 是由 $\mathscr{A}$ 中一切包含 J 的理想组成的集合. 按照集合的包含关系规定 $\mathscr{P}$ 中的序, 即对于 $\mathscr{P}$ 中元素 J_1, J_2, 若 $J_1 \subset J_2$, 则 $J_1 \prec J_2$. 于是 $\mathscr{P}$ 是一个偏序集.

为了证明存在包含 J 的极大理想, 只需证明 $\mathscr{P}$ 含有一个极大元. 我们将应用 Zorn 引理, 为此只要验证 $\mathscr{P}$ 的每个良序子集在 $\mathscr{P}$ 上有界.

设 $\{J_\lambda | \lambda \in \Lambda\}$ 是 $\mathscr{P}$ 的一个良序子集, 其中 Λ 是一个指标集. 令 $J_0 = \bigcup\limits_{\lambda \in \Lambda} J_\lambda$, 则 J_0 是这个良序集的一个上界, 于是只需证明 $J_0 \in \mathscr{P}$, 或者说只要证明 J_0 是 $\mathscr{A}$ 的一个理想就够了.

显然 J_0 是 $\mathscr{A}$ 的一个子代数, 并且

(1) $\forall a \in \mathscr{A}$,

$$aJ_\lambda \subset J_\lambda \Longrightarrow aJ_0 \subset J_0,$$

$$J_\lambda a \subset J_\lambda \Longrightarrow J_0 a \subset J_0;$$

(2) $\forall \lambda \in \Lambda$,

$$e \notin J_\lambda \Longrightarrow e \notin J_0.$$

所以 J_0 确是 $\mathscr{A}$ 的一个理想. ■

定理 5.1.9 设 $\mathscr{A}$ 是有幺元的交换代数, 则

(1) 为使 $a \in \mathscr{A}$ 在它的某一个理想之中必须且仅须 a^{-1} 不存在;

(2) $\mathscr{A}$ 的理想 J 是极大的, 当且仅当商代数 $\mathscr{A}/J$ 是可除代数.

证 (1) 由命题 5.1.6(2) 知必要性成立. 现证充分性. 令 $J_a = a\mathscr{A}$, 由于 a^{-1} 不存在, 可知 $J_a \neq \mathscr{A}$, 并且由于 $\mathscr{A}$ 可交换, 所以 J_a 还是一个理想, 显然 $a = ae \in J_a$.

(2) 必要性. 设 J 是 $\mathscr{A}$ 的极大理想, 但是 $\mathscr{A}/J = \mathscr{B}$ 不是可除代数. 于是有 $[b] \in \mathscr{B}, [b] \neq \theta$ (即 $b \notin J$), $[b]$ 不可逆, 令 $J_b = [b]\mathscr{B}$, 则 J_b 是 $\mathscr{B}$ 的一个理想, 而且 $[b] \in J_b$. 作商代数 $\mathscr{B}/J_b$. 考虑自然映射 φ 与 ψ:

$$\mathscr{A} \xrightarrow{\quad\varphi\quad} \mathscr{A}/J \xrightarrow{\quad\psi\quad} \mathscr{B}/J_b.$$

φ, ψ 均为非平凡同态映射. 根据命题 5.1.5, $\ker(\psi \circ \varphi)$ 与 $\ker\varphi$ 都是 $\mathscr{A}$ 的理想. 若 $a \in \ker\varphi$, 由 $\varphi(a) = \theta$ 知 $\psi \circ \varphi(a) = \theta$, 所以 $a \in \ker(\psi \circ \varphi)$, 从而 $\ker(\psi \circ \varphi) \supset \ker\varphi$. 另一方面 $\psi \circ \varphi(b) = \psi([b]) = \theta$, 即 $b \in \ker(\psi \circ \varphi)$, 但是 $b \notin J = \ker\varphi$, 这说明 $\ker(\psi \circ \varphi) \neq \ker\varphi$. 这与 J 是极大理想矛盾. 因此 $\mathscr{B}$ 是可除的.

充分性. 设 $\mathscr{B} = \mathscr{A}/J$ 是可除商代数, 但是 J 不是极大理想. 于是存在 $\mathscr{A}$ 的理想 $J_1 \supset J$, 以及非零元 $a \in J_1 \backslash J$. 记 $[a]$ 为 a 在 $\mathscr{B}$ 中对应的剩余类. $[a]$ 有逆元 $[a]^{-1} \in \mathscr{B}$, 即存在 $b \in \mathscr{A}$, 使得

$$ba = e(\mathrm{mod} J), \quad e - ba \in J,$$

故 $e - ba \in J_1$; 另一方面 $ba \in J_1$, 便推得 $e \in J_1$, 这是不可能的. 所得矛盾证明 J 必为极大理想. ■

习　　题

5.1.1　设 φ 是复数域上代数 $\mathscr{A}$ 的一个非零线性泛函, 满足 $\langle\varphi, ab\rangle = \langle\varphi, a\rangle\langle\varphi, b\rangle$. φ 亦叫作 $\mathscr{A}$ 上的复同态. 试证:

(1) 若 $\mathscr{A}$ 有幺元 e, 则 $\varphi(e) = 1$;

(2) 对于任意 $\mathscr{A}$ 中可逆元 $a, \varphi(a) \neq 0$.

5.1.2　设 J 是代数 $\mathscr{A}$ 的理想, 则 J 是极大的当且仅当 $\mathscr{A}/J$ 没有非零理想.

§ 2　Banach　代　数

2.1　Banach 代数的定义

定义 5.2.1　$\mathscr{A}$ 称为一个 **Banach 代数**或简称为 **B 代数**, 如果:

(1) $\mathscr{A}$ 是复数域上代数;

(2) $\mathscr{A}$ 上有范数 $\|\cdot\|, \mathscr{A}$ 在此范数下是一个 Banach 空间;

(3) $\|ab\| \leqslant \|a\|\|b\|, \forall a, b \in \mathscr{A}$.

注 1　Banach 代数 $\mathscr{A}$ 中的乘法关于范数是连续的, 即当 $a_n \to a, b_n \to b$ 时,

$$\begin{aligned}\|a_n b_n - ab\| &\leqslant \|a_n b_n - ab_n\| + \|ab_n - ab\| \\ &\leqslant \|b_n\|\|a_n - a\| + \|a\|\|b_n - b\| \to 0.\end{aligned}$$

注 2　若 $\mathscr{A}$ 有幺元 e, 则 $\|e\| \geqslant 1$. 事实上, 因为 $e = e \cdot e$, 由定义 5.2.1 条件 (3) 知 $\|e\| \leqslant \|e\|^2$, 立得 $\|e\| \geqslant 1$.

但是在 $\mathscr{A}$ 上可以赋予另一个范数:

$$|a| \triangleq \sup_{b\in\mathscr{A}} \frac{\|ab\|}{\|b\|}.$$

在此范数下, $|e|=1$. 因为

$$\|a\|/\|e\| \leqslant |a| \leqslant \|a\|, \quad \forall a \in \mathscr{A},$$

所以范数 $|a|$ 与 $\|a\|$ 等价.

例 5.2.2 设 $\mathscr{X}$ 是一个 Banach 空间, 则 $\mathscr{A}=L(\mathscr{X})$ 是一个不可交换的、有幺元 $e=\mathrm{id}$ (恒同算子) 的 Banach 代数.

例 5.2.3 设 M 是一个紧致拓扑空间, $C(M)$ 是 M 上的连续函数空间. 在 $C(M)$ 上按普通的函数加法、数乘以及乘法规定运算, 并且赋予极大值范数, 那么 $C(M)$ 是一个可交换的、有幺元的 Banach 代数.

例 5.2.4 设 S^1 是平面上的单位圆周, 函数集

$$\mathscr{A}=\left\{u \in C(S^1) \,\middle|\, u(\mathrm{e}^{\mathrm{i}\theta})=\sum_{n=-\infty}^{\infty} c_n \mathrm{e}^{\mathrm{i}n\theta}, \sum_{n=-\infty}^{\infty}|c_n|<\infty\right\} \tag{5.2.1}$$

按普通的级数加法、数乘以及乘法规定运算. 令

$$u=\sum_{n=-\infty}^{\infty} c_n \mathrm{e}^{\mathrm{i}n\theta}, \quad v=\sum_{n=-\infty}^{\infty} d_n \mathrm{e}^{\mathrm{i}n\theta} \in \mathscr{A},$$

注意到

$$uv=\sum_{n=-\infty}^{\infty}\left(\sum_{k=-\infty}^{\infty} c_k d_{n-k}\right) \mathrm{e}^{\mathrm{i}n\theta}$$

以及

$$\sum_{n=-\infty}^{\infty}\left|\sum_{k=-\infty}^{\infty} c_k d_{n-k}\right| \leqslant \sum_{n=-\infty}^{\infty}|c_n| \cdot \sum_{n=-\infty}^{\infty}|d_n|, \tag{5.2.2}$$

可知 $\mathscr{A}$ 关于乘法运算是封闭的, 从而构成一个代数. 再定义范数为

$$\|u\|=\sum_{n=-\infty}^{\infty}|c_n|. \tag{5.2.3}$$

于是 $\mathscr{A}$ 成为一个可交换的、有幺元的 Banach 代数.

事实上, 作为赋范线性空间 $\mathscr{A}$ 同构于 l^1, 从而是完备的. 并且由不等式 (5.2.2) 得到乘法与范数的关系: $\|uv\| \leqslant \|u\|\|v\|$.

例 5.2.5 设 $A_0(\mathbb{D}) = \{u : \mathbb{D} \to \mathbb{C} | u$ 在 $\mathbb{D}$ 内解析, 在 $\overline{\mathbb{D}}$ 上连续 $\}$, 其中 $\mathbb{D}$ 是复平面上的单位开圆盘. 在 $A_0(\mathbb{D})$ 上按普通的函数加法、数乘和乘法规定运算, 并且定义范数

$$\|u\| = \max_{|z| \leqslant 1} |u(z)|,$$

则 $A_0(\mathbb{D})$ 是一个有幺元的、可交换的 Banach 代数.

例 5.2.6 在 $L^1(\mathbb{R}^n)$ 上将卷积

$$f * g(x) = \int_{\mathbb{R}^n} f(y)g(x-y)\mathrm{d}y$$

作为乘法, 于是 $L^1(\mathbb{R}^n)$ 是一个可交换的、无幺元的 Banach 代数.

2.2 Banach 代数的极大理想与 Gelfand 表示

首先我们考察一个特殊情形, 如果 Banach 代数 $\mathscr{A}$ 还是可除的, 那么 $\mathscr{A}$ 将具有什么特性? 下列 Gelfand-Mazur 定理给出了一个令人惊异的答案.

定理 5.2.7 (Gelfand-Mazur 定理) 设 $\mathscr{A}$ 是一个可除的 B 代数, 则 $\mathscr{A}$ 等距同构于复数域 $\mathbb{C}$.

证 因为 $\mathscr{B} \triangleq \{ze | z \in \mathbb{C}\} \subset \mathscr{A}$, 其中 e 是 $\mathscr{A}$ 中的幺元, 所以只要证明 $\mathscr{B} = \mathscr{A}$, 即对于任意的 $a \in \mathscr{A}$, 只要证明存在 $z \in \mathbb{C}$ 使得 $a = ze$ 就够了. 假若不然, 于是 $\exists a \in \mathscr{A}$, 使得对于每一个 $z \in \mathbb{C}, ze - a \neq \theta$. 因为 $\mathscr{A}$ 是可除代数, 故存在 $(ze-a)^{-1}$. 考虑函数

$$r(z) = (ze-a)^{-1}, \tag{5.2.4}$$

则

(1) r 是弱解析的, 即对于 $\forall f \in \mathscr{A}^*$, 函数

$$F(z)=\langle f, r(z)\rangle \tag{5.2.5}$$

在 $\mathbb{C}$ 上解析.

事实上, $\forall z_0, z \in \mathbb{C}$,

$$\begin{aligned}
&(ze-a)^{-1}-(z_0e-a)^{-1} \\
&\quad=(z_0-z)(ze-a)^{-1}(z_0e-a)^{-1}.
\end{aligned} \tag{5.2.6}$$

记 $b=(z_0e-a)^{-1}$,

$$(ze-a)^{-1}=[(z-z_0)e+(z_0e-a)]^{-1}=b[e+(z-z_0)b]^{-1}.$$

当 $|z-z_0|<1/\|b\|$ 时,

$$\begin{aligned}
\|(ze-a)^{-1}\| &\leqslant \|b\| \sum_{n=0}^{\infty}|z-z_0|^n\|b\|^n \\
&=\frac{\|b\|}{1-|z-z_0|\|b\|}.
\end{aligned}$$

因此 $r(z)$ 在 $|z-z_0|<1/\|b\|$ 时是有界的. 由关系式 (5.2.6) 知道 $r(z)$ 在圆 $B(z_0,\|b\|^{-1})$ 上连续, 从而对于 $\forall f \in \mathscr{A}^*, F(z)$ 在 z_0 可微, 并且

$$\left.\frac{\mathrm{d}}{\mathrm{d}z}F(z)\right|_{z=z_0}=-\langle f,(z_0e-a)^{-2}\rangle. \tag{5.2.7}$$

由 z_0 的任意性, 即知 F 是全平面解析的.

(2) $\|r(z)\|$ 是有界的.

事实上, 当 $|z| \to +\infty$ 时,

$$\begin{aligned}
\|r(z)\| &= |z|^{-1}\|(e-z^{-1}a)^{-1}\| \\
&\leqslant |z|^{-1}\sum_{n=0}^{\infty}|z|^{-n}\|a\|^n \to 0.
\end{aligned}$$

因此, 当 $|z| \to +\infty$ 时,

$$|F(z)| \leqslant \|f\| \|r(z)\| \to 0.$$

应用 Liouville 定理, $F(z) \equiv 0$, 再由 Hahn-Banach 定理,

$$r(z) = \theta, \quad \forall z \in \mathbb{C}.$$

这便导出了矛盾. ■

有了这个强有力的结论, 便启发我们去探求 Banach 代数的构造.

定理 5.1.9 告诉我们有幺元的交换代数 $\mathscr{A}$ 商以它的任意一个极大理想 J 后成为可除代数 $\mathscr{B} = \mathscr{A}/J$. 我们自然希望: 当 $\mathscr{A}$ 是 Banach 代数时, $\mathscr{B}$ 成为可除 Banach 代数, 从而可以直接应用上述 Gelfand-Mazur 定理 (定理 5.2.7). 为此需要下面的引理.

引理 5.2.8 设 $\mathscr{A}$ 是一个有幺元的 Banach 代数, 则它的任意一个极大理想 J 必是闭的.

证 考察 J 的闭包, 兹证 $J = \overline{J}$. 显然 $\overline{J} \supset J$. 只要证明 $\overline{J}$ 是 $\mathscr{A}$ 的一个理想就够了. 然而, $\overline{J}$ 是子代数, $a\overline{J} \subset \overline{J}, \overline{J}a \subset \overline{J}, \forall a \in \mathscr{A}$ 都是显然的, 故只要证明 $\overline{J}$ 是 $\mathscr{A}$ 的真子集. 我们断定 $e \notin \overline{J}$, 这是因为当 $\|a\| < 1$ 时,

$$(e-a)^{-1} = \sum_{n=0}^{\infty} a^n \in \mathscr{A},$$

从而球 $B(e,1) \cap J = \varnothing$, 于是推得 $e \notin \overline{J}$. ■

由引理 5.2.8, 当 J 是 $\mathscr{A}$ 的极大理想时, $\mathscr{B} = \mathscr{A}/J$ 是一个 Banach 空间, 带有商模

$$\|[a]\| \triangleq \inf_{x \in [a]} \|x\|. \tag{5.2.8}$$

因为

$$
\begin{aligned}
\square[ab]\square &\leqslant \inf\big\{\|xy\|\big|x\in[a],y\in[b]\big\}\\
&\leqslant \inf_{x\in[a]}\|x\|\cdot\inf_{y\in[b]}\|y\|\\
&=\square[a]\square\square[b]\square.
\end{aligned}
$$

因此 $\mathscr{B}$ 按商模 (5.2.8) 式构成一个可除 Banach 代数. 再应用 Gelfand-Mazur 定理 (定理 5.2.7), 就有下面的定理.

定理 5.2.9 设 $\mathscr{A}$ 是一个有幺元的可交换 Banach 代数, J 是它的一个极大理想, 则 $\mathscr{B}=\mathscr{A}/J$ 等距同构于复数域 $\mathbb{C}$, 记作

$$\mathscr{A}/J\cong\mathbb{C}.$$

对于任意给定的极大理想 J, 将 $\mathscr{A}$ 到商空间 $\mathscr{A}/J$ 上的自然映射与商空间 $\mathscr{A}/J$ 到 $\mathbb{C}$ 上的等距同构复合起来, 我们得到 $\mathscr{A}$ 到 $\mathbb{C}$ 上的一个连续同态:

$$\varphi_J:\mathscr{A}\longrightarrow\mathbb{C}.$$

它满足

$$
\begin{cases}
\varphi_J(\lambda a+\mu b)=\lambda\varphi_J(a)+\mu\varphi_J(b),\\
\varphi_J(ab)=\varphi_J(a)\varphi_J(b),\\
\varphi_J(e)=1,
\end{cases}
\tag{5.2.9}
$$

$\forall a,b\in\mathscr{A},\forall\lambda,\mu\in\mathbb{C}$. 此外还满足

$$|\varphi_J(a)|=\square[a]\square\leqslant\|a\|. \tag{5.2.10}$$

设 $\mathscr{A}$ 为有幺元的可交换 Banach 代数, 记 $\mathfrak{M}$ 为它的一切极大理想组成的集合. 于是对于任意固定的元 $a\in\mathscr{A},\varphi_J(a)$ 可以看成 $\mathfrak{M}$ 上的复值函数. 鉴于此观点, 不妨记 $\varphi_J(a)=\widehat{a}(J)$. 这样给出了 B 代数 $\mathscr{A}$ 到 $\mathfrak{M}$ 上复值函数代数间的一个映射 $\varGamma:a\mapsto\widehat{a}(\cdot)$.

显然 $\varGamma$ 是一个同态映射. 我们将这个同态 $\varGamma$ 称为有幺元可交换 B 代数的 Gelfand 表示.

以下, 我们将在 $\mathfrak{M}$ 上赋予一种拓扑, 使得

(1) $\mathfrak{M}$ 成为一个 T_2 紧拓扑空间;

(2) 对于每一个 $a \in \mathscr{A}$, Gelfand 表示 $\varGamma(a) = \widehat{a}(\cdot)$ 成为 $\mathfrak{M}$ 上的连续函数.

这样做的目的, 可以使我们能考察 Gelfand 表示 $\varGamma$ 的分析性质.

为此首先证明下列引理, 它是定理 5.2.9 的逆命题.

引理 5.2.10 设 $\mathscr{A}$ 是一个有幺元的可交换 Banach 代数, φ 是 $\mathscr{A} \to \mathbb{C}$ 的一个连续同态, 非退化, 则

(1) $\varphi(e) = 1$;

(2) $J = \ker\varphi$ 是 $\mathscr{A}$ 的一个极大理想.

证 $\forall a \in \mathscr{A}, \varphi(a) = \varphi(ae) = \varphi(a)\varphi(e)$, 故得 (1).

兹证 (2), 显然 $J = \ker\varphi$ 是 $\mathscr{A}$ 的一个理想, 而且是闭的. 于是可以作商代数 $\mathscr{A}/J$. 根据定理 5.1.9, 只要证明 $\mathscr{A}/J$ 是可除代数. 定义映射 $\widetilde{\varphi} : \mathscr{A}/J \to \mathbb{C}$ 如下:

$$\widetilde{\varphi}([a]) = \varphi(a).$$

$\widetilde{\varphi}$ 是同态映射, $\ker\widetilde{\varphi} = [\theta]$, 故 $\widetilde{\varphi}$ 是一一的.

$\forall [a] \in \mathscr{A}/J$,

$$\widetilde{\varphi}(\widetilde{\varphi}([a])[e]) = \widetilde{\varphi}([a])\widetilde{\varphi}([e]) = \widetilde{\varphi}([a]),$$

得到

$$[a] = \widetilde{\varphi}([a])[e].$$

可知, 当 $[a] \neq \theta$ 时, $\widetilde{\varphi}([a]) \neq 0$, 而且 $[a]$ 可逆, 它的逆元是

$$[a]^{-1} = \widetilde{\varphi}([a])^{-1}[e].$$

因而 $\mathscr{A}/J$ 是可除代数. ■

我们用

$$\Delta \triangleq \{\varphi \in \mathscr{A}^* | \langle\varphi, ab\rangle = \langle\varphi, a\rangle\langle\varphi, b\rangle, \langle\varphi, e\rangle = 1\} \tag{5.2.11}$$

表示 $\mathscr{A} \to \mathbb{C}$ 上的全体连续同态. 根据定理 5.2.9, 我们实际上已经建立了极大理想集合 $\mathfrak{M}$ 到 $\mathscr{A}^*$ 中同态子集 Δ 上的一个对应 $i : J \mapsto \varphi_J$. 根据引理 5.2.10, 映射 i 是满的, 因为 $\ker\varphi_J = J$, 映射 i 是一一的. 从而我们得到了 $\mathfrak{M}$ 与 Δ 之间的一个一一对应.

一般地, 假设 $\mathscr{X}$ 是一个 Banach 空间, 在它的共轭空间 $\mathscr{X}^*$ 上可以有各种不同的拓扑结构: 强拓扑 (由模给出的拓扑)、弱拓扑与 $*$ 弱拓扑.

所谓 $*$ 弱拓扑, 其 θ 点的邻域基是:

$$U(\varepsilon, x_1, \cdots, x_n) \triangleq \{\varphi \in \mathscr{X}^* | |\langle\varphi, x_i\rangle| < \varepsilon, 1 \leqslant i \leqslant n\}, \tag{5.2.12}$$

其中 $\varepsilon > 0, x_1, \cdots, x_n \in \mathscr{X}, n \in \mathbb{Z}$ 是任意的.

$\mathscr{X}^*$ 按此 $*$ 弱拓扑构成拓扑线性空间. 这空间是 Hausdorff 的. 事实上, 若 $\varphi, \psi \in \mathscr{X}^*, \varphi \neq \psi$, 则必有 $x_0 \in \mathscr{X}$, 使得 $\langle\varphi, x_0\rangle \neq \langle\psi, x_0\rangle$, 取 ε 满足 $0 < \varepsilon < \frac{1}{2}|\langle\varphi, x_0\rangle - \langle\psi, x_0\rangle|$, 则

$$(\varphi + U(\varepsilon, x_0)) \bigcap (\psi + U(\varepsilon, x_0)) = \varnothing.$$

此外, 还有下列定理.

定理 5.2.11 (Alaoglu 定理) 设 S 是 Banach 空间 $\mathscr{X}$ 的共轭空间 $\mathscr{X}^*$ 上的闭单位球, 则 S 是 $*$ 弱紧的.

证 我们把 S 嵌入乘积空间 $Y = \prod_{x \in \mathscr{X}} B(0, \|x\|)$, 其中 $B(0, \|x\|) \subset \mathbb{C}$ 是以原点为圆心、半径为 $\|x\|$ 的圆. 嵌入映射定义如下:

$$\tau : \varphi \in S \mapsto \prod_{x \in \mathscr{X}} \langle\varphi, x\rangle \in Y. \tag{5.2.13}$$

τ 是一一的, 这是因为 $\langle\varphi, x\rangle = 0, \forall x \in \mathscr{X} \Longrightarrow \varphi = \theta$.

S 上的 $*$ 弱拓扑, 正是 Y 上的乘积拓扑在 τ 下的原像, 从而 τ 是双方连续的.

由拓扑学中的 Tychonoff 定理, Y 是紧空间. 为证 S 是 $*$ 弱紧的, 只需证 S 是 $*$ 弱闭的. 即若 $\varphi_0 \in \overline{S}^{*W}$, 要证 $\varphi_0 \in \mathscr{X}^*$, 而且 $\|\varphi_0\| \leqslant 1$, 其中 $\overline{S}^{*W}$ 表示 S 在 $*$ 弱拓扑下的闭包. 事实上, $\forall x, y \in \mathscr{X}, \forall \varepsilon > 0, \exists \varphi \in S \cap \left(\varphi_0 + U\left(\frac{\varepsilon}{3}, x, y, x+y\right)\right)$. 这意味着

$$
\begin{aligned}
&|\langle\varphi_0, x+y\rangle - \langle\varphi_0, x\rangle - \langle\varphi_0, y\rangle| \\
&\quad \leqslant |\langle\varphi - \varphi_0, x+y\rangle| + |\langle\varphi - \varphi_0, x\rangle| + |\langle\varphi - \varphi_0, y\rangle| \\
&\quad < \varepsilon.
\end{aligned}
$$

因为 $\varepsilon > 0$ 是任意的, 所以

$$\langle\varphi_0, x+y\rangle = \langle\varphi_0, x\rangle + \langle\varphi_0, y\rangle.$$

因为 $x, y \in \mathscr{X}$ 是任意的, 所以 φ_0 是可加的.

同理可证 φ_0 是齐次的. 此外, $\forall \varepsilon > 0, \forall x \in \mathscr{X}$, 由

$$|\langle\varphi_0, x\rangle| \leqslant |\langle\varphi, x\rangle| + \varepsilon \leqslant \|x\| + \varepsilon$$

推得 $|\langle\varphi_0, x\rangle| \leqslant \|x\|$. 于是得 $\varphi_0 \in S$. ■

回到 B 代数 $\mathscr{A}$ 的共轭空间 $\mathscr{A}^*$ 内的连续同态子集 Δ. 显然 $\Delta \subset S$, 其中 S 是 $\mathscr{A}^*$ 的单位闭球. 按照定理 5.2.11 中的证明方法, 同理可证 Δ 是 $*$ 弱闭的. (只需再验证: 当 $\varphi_0 \in \overline{\Delta}^{*W}$ 时, $\langle\varphi_0, xy\rangle = \langle\varphi_0, x\rangle\langle\varphi_0, y\rangle$). 从而有下面的推论.

推论 5.2.12 依 $\mathscr{A}^*$ 上的 $*$ 弱拓扑, Δ 是一个 T_2 紧拓扑空间.

本来, $\mathfrak{M}$ 只是一个与 Δ 一一对应的集合, 我们现在用 Δ 上的拓扑来定义 $\mathfrak{M}$ 上的拓扑: 对于任意 $J_0 \in \mathfrak{M}$, 它的邻域基是

$$N(J_0; \varepsilon, A) = \left\{J \in \mathfrak{M} \big| |\widehat{a}(J) - \widehat{a}(J_0)| < \varepsilon, a \in A\right\}, \tag{5.2.14}$$

其中 $\varepsilon>0, A$ 是 $\mathscr{A}$ 中任意有限集. 因为 $\widehat{a}(J)=\varphi_J(a)$,

$$\begin{aligned}N(J_0;\varepsilon,A)&=\left\{J\in\mathfrak{M}\big||\varphi_J(a)-\varphi_{J_0}(a)|<\varepsilon,a\in A\right\}\\&=\mathrm{i}^{-1}U(\varphi_{J_0};\varepsilon,A),\end{aligned}$$

其中 $U(\varphi_{J_0};\varepsilon,A)$ 是 φ_{J_0} 的 $*$ 弱拓扑邻域基.

按照 (5.2.14) 式给出的邻域基, 使得 $\mathfrak{M}$ 成为一个 T_2 紧拓扑空间, 这个拓扑称为 Gelfand 拓扑, 记作 $\tau_{\mathfrak{M}}$. 于是 $\mathfrak{M}$ 上的全体取值于复数域的连续函数 $C(\mathfrak{M})$ 构成一个 Banach 代数.

现在再看 $\mathscr{A}$ 的 Gelfand 表示 $\varGamma a=\widehat{a}(\cdot)$. 我们要证: $\forall a\in\mathscr{A}, J\mapsto\widehat{a}(J)$ 是 $\mathfrak{M}$ 上的连续函数. 事实上, $\forall J_0\in\mathfrak{M},\forall\varepsilon>0$, 当 $\varphi_J\in\varphi_{J_0}+U(\varepsilon,a)$ 时, 我们有

$$|\widehat{a}(J)-\widehat{a}(J_0)|=|\langle\varphi_J,a\rangle-\langle\varphi_{J_0},a\rangle|<\varepsilon.$$

这样, 我们已经证明了下面的定理.

定理 5.2.13 设 $\mathscr{A}$ 是一个可交换的、有幺元的 Banach 代数, 则 Gelfand 表示 $\varGamma$ 是 $\mathscr{A}$ 到 $C(\mathfrak{M})$ 内的一个连续同态, 而且

$$\|\varGamma a\|_{C(\mathfrak{M})}\leqslant\|a\|. \tag{5.2.15}$$

Gelfand 表示可以用来刻画一个元素 $a\in\mathscr{A}$ 的谱集.

定义 5.2.14 设 $\mathscr{A}$ 是一个有幺元的 Banach 代数, 令 $G(\mathscr{A})$ 表示 $\mathscr{A}$ 中可逆元组成的集合, $\forall a\in\mathscr{A}$, 令

$$\sigma(a)=\left\{\lambda\in\mathbb{C}\big|\lambda e-a\notin G(\mathscr{A})\right\}, \tag{5.2.16}$$

$$\rho(a)=\sigma(a)\text{ 在 }\mathbb{C}\text{ 中的余集}. \tag{5.2.17}$$

$\sigma(a),\rho(a)$ 分别叫作 a 的**谱集**和**预解集**.

容易证明预解集 $\rho(a)$ 是开集, 而谱集是复平面上的非空有界闭集, 从而 $\sigma(a)$ 是紧集.

定理 5.2.15 设 $\mathscr{A}$ 是一个有幺元的可交换 Banach 代数, 则对于每一个元素 $a \in \mathscr{A}$,

$$\sigma(a) = \left\{\widehat{a}(J)\middle| J \in \mathfrak{M}\right\}. \tag{5.2.18}$$

从而有

$$\|\varGamma a\|_{C(\mathfrak{M})} = \sup\left\{|\lambda|\middle|\lambda \in \sigma(a)\right\}. \tag{5.2.19}$$

证 事实上,

$$\begin{aligned}\lambda \in \sigma(a) &\Longleftrightarrow \lambda e - a \notin G(\mathscr{A}) \\ &\Longleftrightarrow \exists J \in \mathfrak{M}, \lambda e - a \in J \\ &\Longleftrightarrow \exists J \in \mathfrak{M}, \lambda = \widehat{a}(J).\end{aligned}$$ ■

我们还要进一步探讨, 对于可交换 Banach 代数 $\mathscr{A}$,

(1) 何时 $\varGamma$ 是一个同构映射?

(2) 何时 $\varGamma$ 是一个等距同构映射?

(3) 何时 $\varGamma$ 是一个等距在上同构映射?

先看同构问题. 因为

$$\begin{aligned}\varGamma a = 0 &\Longleftrightarrow \widehat{a}(J) = 0, \forall J \in \mathfrak{M} \\ &\Longleftrightarrow a \in \bigcap\{J|J \in \mathfrak{M}\}.\end{aligned}$$

在代数学里, 人们把

$$R = \bigcap\{J|J \in \mathfrak{M}\} \tag{5.2.20}$$

称为代数 $\mathscr{A}$ 的根, 并把 $R = \{\theta\}$ 的代数称为半单的. 因此由代数上的描写, 我们得到如下的结论: 为使 Gelfand 表示 $\varGamma$ 是一个同构映射必须且仅须 $\mathscr{A}$ 是半单的.

再从拓扑上看, 有下列引理.

引理 5.2.16 设 $\mathscr{A}$ 是有幺元的可交换 Banach 代数, 则对于每一个 $a \in \mathscr{A}$, 有

$$\|\Gamma a\|_{C(\mathfrak{M})} = \lim_{n\to\infty} \|a^n\|^{\frac{1}{n}}. \qquad (5.2.21)$$

证 (1) 因为 Γ 是 $\mathscr{A} \to C(\mathfrak{M})$ 的同态映射, 所以 $\Gamma a^n = (\Gamma a)^n$, 从而

$$\|\Gamma a\|_{C(\mathfrak{M})}^n = \|\Gamma a^n\|_{C(\mathfrak{M})} \leqslant \|a^n\|,$$

即得

$$\|\Gamma a\|_{C(\mathfrak{M})} \leqslant \varliminf_{n\to\infty} \|a^n\|^{\frac{1}{n}}.$$

(2) 另一方面, $\forall \varepsilon > 0$, 要证明

$$\varlimsup_{n\to\infty} \|a^n\|^{\frac{1}{n}} \leqslant \|\Gamma a\|_{C(\mathfrak{M})} + \varepsilon.$$

因为当 $|\lambda| > \|\Gamma a\|$ 时, $(\lambda e - a)^{-1}$ 存在而且关于 λ 连续. 取圆周 $C_\varepsilon = \{\lambda \in \mathbb{C} \big| |\lambda| = \|\Gamma a\|_{C(\mathfrak{M})} + \varepsilon\}$. 令

$$M_\varepsilon = \max_{\lambda \in C_\varepsilon} \|(\lambda e - a)^{-1}\|,$$

则 $M_\varepsilon < \infty$. 又 $(\lambda e - a)^{-1}$ 在区域 $|\lambda| > \|\Gamma a\|$ 内是弱解析的, 即 $\forall \varphi \in \mathscr{A}^*$, 函数 $\lambda \mapsto \langle \varphi, (\lambda e - a)^{-1} \rangle$ 在上述区域内是解析的. 根据习题 5.2.2, 当 $|\lambda| > \|a\|$ 时有幂级数展式

$$(\lambda e - a)^{-1} = \sum_{n=0}^{\infty} \lambda^{-(n+1)} a^n.$$

因此, 当 $|\lambda| > \|a\|$ 时, 关于 λ 有 Laurent 展式

$$\langle \varphi, (\lambda e - a)^{-1} \rangle = \frac{1}{\lambda} \sum_{n=0}^{\infty} \langle \varphi, a^n \rangle \lambda^{-n}.$$

由 Laurent 展式的唯一性, 得到

$$\langle \varphi, a^n \rangle = \frac{1}{2\pi \mathrm{i}} \oint_{C_\varepsilon} \langle \varphi, (\lambda e - a)^{-1} \rangle \lambda^n \mathrm{d}\lambda.$$

于是, $\forall \varphi \in \mathscr{A}^*$,

$$|\langle \varphi, a^n \rangle| \leqslant \|\varphi\| M_\varepsilon (\varepsilon + \|\Gamma a\|)^{n+1},$$

即得

$$\|a^n\| \leqslant M_\varepsilon (\varepsilon + \|\Gamma a\|)^{n+1},$$

所以有

$$\varlimsup_{n\to\infty} \|a^n\|^{\frac{1}{n}} \leqslant \varepsilon + \|\Gamma a\|. \qquad \blacksquare$$

因此, 从拓扑上描写, 我们又得到: 为使 Γ 是一个同构映射必须且仅须下列命题成立:

$$\lim_{n\to\infty} \|a^n\|^{\frac{1}{n}} = 0 \Longrightarrow a = 0.$$

总结起来, 我们有下面定理.

定理 5.2.17 为使有幺元的可交换 Banach 代数 $\mathscr{A}$ 是半单的必须且仅须下述命题成立:

$$\lim_{n\to\infty} \|a^n\|^{\frac{1}{n}} = 0 \Longrightarrow a = 0. \tag{5.2.22}$$

这时 $\mathscr{A}$ 的 Gelfand 表示 Γ 是 $\mathscr{A}$ 到 $C(\mathfrak{M})$ 内的一个同构映射.

定理 5.2.17 回答了第 (1) 个问题. 再看第 (2) 个问题: 何时 Γ 是等距同构映射?

定理 5.2.18 为使有幺元的可交换 Banach 代数 $\mathscr{A}$ 的 Gelfand 表示 Γ 是一个等距同构映射必须且仅须

$$\|a^2\| = \|a\|^2 \tag{5.2.23}$$

对于每一个 $a \in \mathscr{A}$ 成立.

证 *必要性*. 设 Γ 是等距同构, 于是 $\forall a \in \mathscr{A}$,

$$\|a^2\| = \|\Gamma a^2\| = \|(\Gamma a)^2\| = \|\Gamma a\|^2 = \|a\|^2.$$

充分性. 由引理 5.2.16,

$$\|\Gamma a\| = \lim_{n\to\infty} \|a^n\|^{\frac{1}{n}} = \lim_{k\to\infty} \|a^{2^k}\|^{2^{-k}} = \lim_{k\to\infty} \|a\|^{2^k\cdot 2^{-k}} = \|a\|.$$

在上式第二个等号中, 我们选取了 n 的一个子列 $n_k = 2^k$. ■

关于第 (3) 个问题, 我们将在本章 §4 C^* 代数中加以讨论.

习　题

5.2.1　设 $\mathscr{A}$ 是有幺元 B 代数, $G(\mathscr{A})$ 是 $\mathscr{A}$ 中可逆元集合, 求证: $G(\mathscr{A})$ 是开集, 而且 $a \mapsto a^{-1}$ 是连续映射.

5.2.2　$\mathscr{A}$ 是有幺元 B 代数. 若 $a \in \mathscr{A}, \|a\| < 1$, 求证: $e - a \in G(\mathscr{A})$, 而且有幂级数展式

$$(e-a)^{-1} = \sum_{n=0}^{\infty} a^n.$$

5.2.3　设 $\mathscr{A}$ 是有幺元 B 代数, $a \in \partial(G(\mathscr{A}))$, 求证:

(1) 若 $a_n \in G(\mathscr{A}), a_n \to a$, 则

$$\lim_{n\to\infty} \|a_n^{-1}\| = \infty;$$

(2) 存在 $b_n \in \mathscr{A}, \|b_n\| = 1$, 使得

$$\lim_{n\to\infty} ab_n = \lim_{n\to\infty} b_n a = \theta.$$

5.2.4　令

$$\mathscr{A} = \left\{ \begin{pmatrix} \alpha & \beta \\ 0 & \alpha \end{pmatrix} \middle| \alpha, \beta \in \mathbb{C} \right\}$$

按照矩阵加法、数乘和乘法构成代数. 求证: $\mathscr{A}$ 按照范数

$$\left\| \begin{pmatrix} \alpha & \beta \\ 0 & \alpha \end{pmatrix} \right\| = |\alpha| + |\beta|$$

构成 Banach 代数.

5.2.5 设 $\mathscr{A}$ 是有幺元 B 代数, φ 是 $\mathscr{A}$ 到 $\mathbb{C}$ 的同态映射, 求证: $\forall a \in \mathscr{A}$, 有 $|\varphi(a)| \leqslant \|a\|$.

5.2.6 设 $\mathscr{A}$ 是有幺元的可交换 B 代数, 求证: $a \in \mathscr{A}$ 是可逆的当且仅当对于每一个从 $\mathscr{A}$ 到 $\mathbb{C}$ 的连续非零同态 φ, 有 $\varphi(a) \neq 0$.

5.2.7 设 $\mathscr{A}$ 是有幺元 B 代数, $\forall a \in \mathscr{A}$, 证明:

(1) $\sigma(a)$ 是紧集;

(2) $\sigma(a)$ 不空. (提示: 利用 Liouville 定理以及当 $\lambda \to \infty$ 时, $(\lambda e - a)^{-1} \to 0$)

5.2.8 设 $\mathscr{A}$ 是有幺元 B 代数, $a, b \in \mathscr{A}$, 求证:

(1) 若 $e - ab$ 可逆, 则 $e - ba$ 也可逆;

(2) 若 $\lambda \in \mathbb{C}, 0 \neq \lambda \in \sigma(ab)$, 则 $\lambda \in \sigma(ba)$;

(3) 若 a 可逆, 则 $\sigma(ab) = \sigma(ba)$.

5.2.9 设 $\mathscr{A}, \mathscr{B}$ 是两个可交换的有幺元 B 代数, $\mathscr{B}$ 是半单的, 若 φ 是 $\mathscr{A}$ 到 $\mathscr{B}$ 的一个同态, 求证: φ 是连续的. (提示: 用闭图定理)

5.2.10 设 $\mathscr{A}$ 是有幺元 B 代数, 令

$$r(a) \triangleq \sup\{|\lambda| \big| \lambda \in \sigma(a)\},$$

它称为 a 的谱半径. 求证: $\forall a, b \in \mathscr{A}$,

(1) $r(a) = \lim\limits_{n \to \infty} \|a^n\|^{\frac{1}{n}}$;

(2) $r(ab) = r(ba)$;

(3) 若 $ab = ba$, 则

$$r(a+b) \leqslant r(a) + r(b), \quad r(ab) \leqslant r(a) r(b).$$

5.2.11 设 $\mathscr{A} = \{f \in C^1[0,1]\}$, 赋予模

$$\|f\|_{C^1} = \|f\| + \|f'\|.$$

验证 $\mathscr{A}$ 是一个半单可交换 Banach 代数.

5.2.12 设 $\mathscr{A}$ 是可交换 Banach 代数, 令

$$r = \inf_{a \neq 0} \frac{\|a^2\|}{\|a\|^2}, \quad s = \inf_{a \neq 0} \frac{\|\widehat{a}\|_\infty}{\|a\|},$$

求证: $s^2 \leqslant r \leqslant s$.

§ 3 例与应用

例 5.3.1 连续函数代数 $C(M)$.

设 M 是一个 T_2 紧拓扑空间, $\mathscr{A} = C(M)$, 其中范数

$$\|f\| = \max_{x \in M} |f(x)|.$$

我们来考察 $C(M)$ 的极大理想空间 $\mathfrak{M}$.

定理 5.3.2 $\mathfrak{M} \cong M$ (同胚).

证 (1) 首先建立 $\mathfrak{M}$ 与 M 的一一对应.

$\forall x_0 \in M$, 令

$$J_{x_0} = \big\{ f \in C(M) \big| f(x_0) = 0 \big\}.$$

记 $\varphi_{x_0}(f) = f(x_0)$, 则 φ_{x_0} 是 $C(M)$ 上一个复同态, 而且 $\ker\varphi_{x_0} = J_{x_0}$, 故 $J_{x_0} \in \mathfrak{M}$. 又因为 M 是 T_2 紧拓扑空间, 从而 $x_0 \mapsto J_{x_0}$ 是一一的 (Urysohn 引理).

反之, 若 $J \in \mathfrak{M}$, 要证明必存在 $x_0 \in M$, 使得 $J = J_{x_0}$. 如若不然, 则对于 $\forall x \in M, \exists f_x \in J$, 但是 $f_x \notin J_x$, 所以 $f_x(x) \neq 0$, 从而有 x 的邻域 U_x 使得 $f_x(y) \neq 0$ 在 $y \in U_x$ 上成立. 邻域族 $\{U_x | x \in M\}$ 将 M 覆盖, 由 M 的紧致性, 可选出有穷个邻域将 M 覆盖, 记 $M = \bigcup_{i=1}^{n} U_{x_i}$, 令

$$f(x) = \sum_{i=1}^{n} \overline{f}_{x_i}(x) f_{x_i}(x),$$

则 $f(x) \neq 0, \forall x \in M$, 从而 $g(x) \triangleq (f(x))^{-1} \in C(M)$ 为 f 之逆元. 但是 $f \in J$, 这与 J 是极大理想矛盾. 于是, 我们得到 $\mathfrak{M}$ 与 M 之间存在一一对应关系.

(2) 为证 $\mathfrak{M}$ 与 M 同胚, 我们还要下面引理.

引理 5.3.3 设 Y 是一个集合, 在 Y 上给定两个拓扑 τ_1 与 τ_2. 如果 Y 按 τ_1 是 T_2 的, 而按 τ_2 是紧的, 又拓扑 τ_1 比拓扑 τ_2 弱 (记作 $\tau_1 \subset \tau_2$), 则 τ_1 与 τ_2 等价.

证 只需证明每个 τ_2 闭集必是 τ_1 闭集就够了. 设 $C \subset Y$ 是 τ_2 闭集, 从而 C 是 τ_2 紧集. C 按 τ_1 的任意覆盖都是一种 τ_2 覆盖, 因而有有穷覆盖, 这表明 C 是 τ_1 紧集. 又因为 Y 按 τ_1 是 T_2 空间, 因此 C 还是 τ_1 闭集. ■

我们注意到 $\mathfrak{M}$ 上的 Gelfand 拓扑 $\tau_{\mathfrak{M}}$ 是使得 $\widehat{a}(\cdot)$ 成为连续函数的最弱拓扑, 从而 $\tau_{\mathfrak{M}} \subset M$ 上的拓扑 τ_M. 应用引理 5.3.3 即得 $\tau_{\mathfrak{M}} = \tau_M$. 因此 $\mathfrak{M} \cong M$. 至此, 定理 5.3.2 证毕. ■

例 5.3.4 绝对收敛的 Fourier 级数与 Wiener 定理.

在上一节中我们考察过下列函数代数:

$$\mathscr{A} = \left\{ f \in C(S^1) \middle| f(\mathrm{e}^{\mathrm{i}\theta}) = \sum_{n=-\infty}^{\infty} c_n \mathrm{e}^{\mathrm{i}n\theta}, \sum_{n=-\infty}^{\infty} |c_n| < \infty \right\}, \tag{5.3.1}$$

其中 S^1 是平面 $\mathbb{R}^2$ 上的单位圆周, 它按模

$$\|f\| = \sum_{n=-\infty}^{\infty} |c_n| \tag{5.3.2}$$

构成一个有幺元的可交换 Banach 代数.

我们要问 $\mathscr{A}$ 的极大理想空间 $\mathfrak{M}$ 是什么?

定理 5.3.5 $\mathfrak{M} \cong S^1$ (同胚).

证 (1) 首先建立 $\mathfrak{M}$ 与 S^1 之间的一一对应.

对于给定的 $\mathrm{e}^{\mathrm{i}\theta_0} \in S^1$, 考察同态

$$\varphi_{\theta_0} : f \mapsto f(\mathrm{e}^{\mathrm{i}\theta_0}),$$

则 $J_{\theta_0} \triangleq \ker\varphi_{\theta_0}$ 是一个极大理想. 显然 $\mathrm{e}^{\mathrm{i}\theta_0} \mapsto J_{\theta_0}$ 是一一的. 反之, 对于 $\forall J \in \mathfrak{M}, \varphi_J$ 是 $\mathscr{A}$ 上的连续复同态. 我们要证: 必有 $\mathrm{e}^{\mathrm{i}\theta_0} \in S^1$, 使得 $\varphi_J = \varphi_{\theta_0}$, 即

$$\langle \varphi_J, f \rangle = f(\mathrm{e}^{\mathrm{i}\theta_0}), \quad \forall f \in \mathscr{A}$$

成立. 事实上, $\forall \mathrm{e}^{\mathrm{i}\theta} \in S^1$,

$$\langle \varphi_J, \mathrm{e}^{\mathrm{i}n\theta} \rangle = \langle \varphi_J, \mathrm{e}^{\mathrm{i}\theta} \rangle^n.$$

若 $|\langle \varphi_J, \mathrm{e}^{\mathrm{i}\theta} \rangle| \neq 1$ (>1 或 <1), 则必有

$$|\langle \varphi_J, \mathrm{e}^{\mathrm{i}n\theta} \rangle| \to \infty \quad (\text{当 } n \to \infty \text{ 或 } -\infty).$$

但是

$$|\langle \varphi_J, \mathrm{e}^{\mathrm{i}n\theta} \rangle| \leqslant \|\mathrm{e}^{\mathrm{i}n\theta}\| = 1.$$

这矛盾说明, $\exists \mathrm{e}^{\mathrm{i}\theta_0} \in S^1$, 使得

$$\langle \varphi_J, \mathrm{e}^{\mathrm{i}\theta} \rangle = \mathrm{e}^{\mathrm{i}\theta_0},$$

再由 φ_J 的连续性导出

$$\langle \varphi_J, f \rangle = f(\mathrm{e}^{\mathrm{i}\theta_0}), \quad \forall f \in \mathscr{A}.$$

这样我们得到了 $\mathfrak{M}$ 与 S^1 之间的一一对应.

(2) 注意到 $\mathscr{A} \subset C(S^1)$. 从而 $\tau_{\mathfrak{M}} \subset \tau_{S^1}$, 其中 $\tau_{\mathfrak{M}}$ 是 $\mathfrak{M}$ 上 $*$ 弱拓扑, τ_{S^1} 是圆周 S^1 上固有拓扑, 应用引理 5.3.3, $\tau_{\mathfrak{M}} = \tau_{S^1}$. 所以 $\mathfrak{M} \cong S^1$. ■

作为这个定理的应用, 我们有下面的定理.

定理 5.3.6 (Wiener 定理) 设 $f \in \mathscr{A}$ 满足 $f(\mathrm{e}^{\mathrm{i}\theta}) \neq 0, \forall \mathrm{e}^{\mathrm{i}\theta} \in S^1$, 则 $1/f \in \mathscr{A}$, 即 $1/f$ 的 Fourier 级数也是绝对收敛的.

例 5.3.7 解析函数代数.

在本章 §2 中我们考察过下列解析函数代数:

$$A_0(\mathbb{D}) = \{f : \mathbb{D} \to \mathbb{C} | f \text{ 在 } \mathbb{D} \text{ 内解析, 在 } \overline{\mathbb{D}} \text{ 上连续}\}, \tag{5.3.3}$$

其中 $\mathbb{D}$ 是 $\mathbb{C}$ 上的开单位圆盘. 它按范数

$$\|f\| = \max_{|z|\leqslant 1} |f(z)| \tag{5.3.4}$$

构成一个有幺元的可交换 B 代数.

定理 5.3.8 $\mathfrak{M} \cong \overline{\mathbb{D}}$ (同胚), 其中 $\mathfrak{M}$ 是 $A_0(\mathbb{D})$ 的极大理想集合.

证 (1) 首先建立 $\mathfrak{M}$ 与 $\overline{\mathbb{D}}$ 的一一对应.

$\forall w_0 \in \overline{\mathbb{D}}$, 考察连续同态 $\varphi_{w_0} : f \mapsto f(w_0)$, 以及对应的极大理想 $J_{w_0} = \ker\varphi_{w_0}$, 这个对应 $w_0 \mapsto J_{w_0}$ 是一一的.

反之, $\forall J_0 \in \mathfrak{M}$, 令 $w_0 = \langle \varphi_{J_0}, z \rangle$, 由于 $|\langle \varphi_{J_0}, z \rangle| \leqslant \|z\| = 1$, 可见 $w_0 \in \overline{\mathbb{D}}$. 再按 φ_{J_0} 的连续性可得: 对一切多项式 P, 有 $\langle \varphi_{J_0}, P \rangle = P(w_0)$, 以及对于一切 $f \in A_0(\mathbb{D})$, 有 $\langle \varphi_{J_0}, f \rangle = f(w_0)$. 因此我们得到了 $\mathfrak{M}$ 与 $\overline{\mathbb{D}}$ 之间一一在上对应.

(2) 与定理 5.3.2 的证明一样, 由引理 5.3.3 推得 $\tau_{\mathfrak{M}} = \tau_{\overline{\mathbb{D}}}$. 从而 $\mathfrak{M}$ 与 $\mathbb{D}$ 同胚. ■

作为推论和应用, 我们有下面的定理.

定理 5.3.9 设 $f_1, \cdots, f_n \in A_0(\mathbb{D})$, 若 $f_1, \cdots, f_n$ 没有公共的零点, 则必存在 $g_1, \cdots, g_n \in A_0(\mathbb{D})$, 使得

$$g_1 f_1 + \cdots + g_n f_n \equiv 1.$$

证 如若不然, 作由 $f_1, \cdots, f_n$ 生成的理想 $J = \{h_1 f_1 + \cdots + h_n f_n | h_1, \cdots, h_n \in A_0(\mathbb{D})\}$, 由于幺元 $1 \notin J$, J 必含于某个极大理想 J_0 内. 由定理 5.3.5, $\mathfrak{M} \cong \overline{\mathbb{D}}$, 可见 J_0 对应于 $\overline{\mathbb{D}}$ 上某点 w_0, 使得

$$J_0 = \ker\varphi_{w_0},$$

其中 $\varphi_{w_0}: f \mapsto f(w_0)$. 这表明

$$f_i(w_0) = 0, \quad i = 1, \cdots, n.$$

w_0 是 $f_1, \cdots, f_n$ 的公共零点, 与假设矛盾, 所以 $1 \in J$. ■

注 当用 $H^\infty(\mathbb{D})$ 代替 $A_0(\mathbb{D})$ 时, 定理 5.3.8 成为著名的日冕问题 (corona). 所谓 $H^\infty(\mathbb{D})$ 是指开单位圆盘 $\mathbb{D}$ 上一切有界解析函数全体组成的函数集. 不难验证, 按函数乘法, 它仍构成一个 Banach 代数, 其中范数是

$$\|f\|_\infty = \sup_{|z|<1} |f(z)|.$$

日冕问题是指: $\overline{\mathbb{D}} \cong \mathfrak{M}$ 是否成立? 这里闭包当然是指在 $\mathfrak{M}$ 中的 $*$ 弱拓扑下的闭包.

这个问题有一个等价提法: 对于给定的 $f_1, \cdots, f_n \in H^\infty(\mathbb{D})$, 满足

$$\|f_j\|_\infty \leqslant 1, \quad j = 1, \cdots, n;$$

$$\sup_j |f_j(z)| \geqslant \delta > 0, \quad \forall z \in \mathbb{D},$$

问: 是否存在 $g_1, \cdots, g_n \in H^\infty(\mathbb{D})$, 使得

$$\sum_{j=1}^n f_j(z) g_j(z) \equiv 1?$$

这个问题是由 S. Kakutani 于 1941 年提出, 并由 L. Carleson 于 1962 年首先肯定地解决. 后来出现了简化证明, 如 T. Wolff (1979) 的工作及各种推广. 读者可参考 J. B. Garnett 所著 *Bounded Analytic Functions* (Academic Press, 1981).

习　　题

5.3.1　设 $\mathbb{Z}$ 是整数集, 令

$$\mathscr{A} = \left\{ f : \mathbb{Z} \to \mathbb{C} \middle| \|f\| = \sum_{n=-\infty}^{\infty} |f(n)| 2^{|n|} < \infty \right\},$$

按普通的函数加法和数乘规定线性运算, 在 $\mathscr{A}$ 中引入乘法如下:

$$f * g(n) = \sum_{k=-\infty}^{\infty} f(n-k) g(k).$$

求证:

(1) $\mathscr{A}$ 是可交换 B 代数;

(2) 令 $K = \left\{ z \in \mathbb{C} \middle| \frac{1}{2} \leqslant |z| \leqslant 2 \right\}$, 则 K 与 $\mathfrak{M}$ 一一对应, 而且 $\mathscr{A}$ 的 Gelfand 表示是 K 上的绝对收敛的 Laurent 级数.

5.3.2　令 $\mathscr{A}$ 为习题 5.2.11 中的半单可交换 B 代数, 试找出它的极大理想空间 $\mathfrak{M}$. 又任取 $x \in [0,1]$, 令

$$J = \{ f \in \mathscr{A} | f(x) = f'(x) = 0 \},$$

求证: J 是 $\mathscr{A}$ 的一个闭理想, $\mathscr{A}/J$ 是一个二维代数, 而且这个代数有一维根.

5.3.3　设 M 是 T_2 紧拓扑空间, 证明: M 的全体闭子集与 $C(M)$ 的全体闭理想之间有一一对应关系.

5.3.4　令 $\mathscr{A} = \{ f \in C^n[0,1] \}$, 赋予范数

$$\|f\| = \sup_{0 \leqslant t \leqslant 1} \sum_{k=0}^{n} \frac{|f^{(k)}(t)|}{k!}.$$

求证: 在普通的函数加法、乘法和数乘运算下, $\mathscr{A}$ 是一个 B 代数. 它的极大理想如何刻画?

5.3.5 在 Banach 空间 l^1 上规定乘法如下:

$$(x_1, x_2, x_3, \cdots)(y_1, y_2, y_3, \cdots) = (x_1y_1, x_2y_2, x_3y_3, \cdots).$$

证明: 此时 l^1 是一个无幺元的可交换 Banach 代数, 而且 $\|xy\| \leqslant \|x\|\|y\|$; 并证明:

(1) 闭极大理想集 $\mathfrak{M}$ 与 $\mathbb{Z}$ 是一一对应的;

(2) Gelfand 拓扑是离散拓扑;

(3) l^1 的全体闭理想与 $\mathbb{Z}$ 的子集组成的集合一一对应.

5.3.6 设 $\mathscr{A}$ 是可交换 Banach 代数且是半单的. 证明: $\mathscr{A}$ 的 Gelfand 变换的值域 $\Gamma\mathscr{A}$ 是 $C(\mathfrak{M})$ 的闭集的充要条件是存在常数 $K < \infty$, 使得 $\forall a \in \mathscr{A}$, 不等式 $\|a\|^2 \leqslant K\|a^2\|$ 成立. (提示: 运用习题 5.2.12 的结论)

§ 4 C^* 代 数

定义 5.4.1 设 $\mathscr{A}$ 是一个代数, 映射 $*$: $\mathscr{A} \to \mathscr{A}$ 称为一个**对合**, 是指 $\forall a, b \in \mathscr{A}, \forall \lambda \in \mathbb{C}$,

(1) $(a+b)^* = a^* + b^*$; (5.4.1)

(2) $(\lambda a)^* = \overline{\lambda} a^*$; (5.4.2)

(3) $(ab)^* = b^* a^*$; (5.4.3)

(4) $(a^*)^* = a$. (5.4.4)

因此对合是 $\mathscr{A}$ 上一个周期为 2 的共轭线性反自同构.

例 5.4.2 设 $\mathscr{A} = C(M)$, 其中 M 是一个 T_2 紧拓扑空间, 定义 $*$: $\varphi \mapsto \overline{\varphi}$, 即 $C(M)$ 上的共轭运算, 则 $*$ 是 $\mathscr{A}$ 上一个对合.

例 5.4.3 设 $\mathscr{A} = L(\mathscr{H})$, 其中 $\mathscr{H}$ 是一个 Hilbert 空间, 定义 $*$: $A \mapsto A^*$, 则 $*$ 是 $\mathscr{A}$ 上的一个对合.

定义 5.4.4 设 $\mathscr{A}$ 是一个带有对合映射 $*$ 的代数, $\mathscr{A}$ 中元 a 称为 **Hermite 元** (**或自伴元**), 若

$$a^* = a. \tag{5.4.5}$$

引理 5.4.5 设 $\mathscr{A}$ 是一个具有对合运算 $*$ 的有幺元的 Banach 代数, $a \in \mathscr{A}$, 则

(1) $a + a^*, \mathrm{i}(a - a^*), aa^*$ 均是 Hermite 元;

(2) a 有唯一分解 $a = u + \mathrm{i}v$, 其中 u, v 均是 $\mathscr{A}$ 的 Hermite 元;

(3) 幺元 e 是 Hermite 元;

(4) a 在 $\mathscr{A}$ 中可逆当且仅当 a^* 可逆, 此时 $(a^*)^{-1} = (a^{-1})^*$;

(5) $\lambda \in \sigma(a) \Longleftrightarrow \overline{\lambda} \in \sigma(a^*)$.

证 (1) 是显然的. 令 $u = (a + a^*)/2, v = \mathrm{i}(a^* - a)/2$, 则 u, v 均是 Hermite 元且 $a = u + \mathrm{i}v$. 设 $a = u' + \mathrm{i}v'$ 是另一分解, 其中 u', v' 是 Hermite 元. 令 $w = v' - v$, 于是 w 及 $\mathrm{i}w$ 都是 Hermite 元, 故

$$\mathrm{i}w = (\mathrm{i}w)^* = -\mathrm{i}w^* = -\mathrm{i}w,$$

因此 $w = 0$, 由此得到分解式的唯一性. (2) 得证.

因为 $e^* = ee^*$, 由 (1) 得 (3). 由 (3) 以及关系式 (5.4.3) 推得 (4). 最后在 (4) 中用 $\lambda e - a$ 代替 a, 即得 (5). ■

定义 5.4.6 一个带有对合 $*$ 的有幺元的 Banach 代数 $\mathscr{A}$, 如果满足

$$\|a^*a\| = \|a\|^2, \quad \forall a \in \mathscr{A}, \tag{5.4.6}$$

则称 $\mathscr{A}$ 为一个C^* **代数**.

例 5.4.2 与例 5.4.3 均是 C^* 代数.

引理 5.4.7 设 $\mathscr{A}$ 是 C^* 代数, 则

(1) $\|a^*\| = \|a\|, \forall a \in \mathscr{A}$;

(2) 若 a 是 Hermite 元, 那么 $\|a^2\| = \|a\|^2$.

证 (1) 由定义知 $\|a\|^2 = \|a^*a\| \leqslant \|a^*\|\|a\|$, 所以 $\|a\| \leqslant \|a^*\|$; 反之 $\|a^*\| \leqslant \|a^{**}\| = \|a\|$, 于是 $\forall a \in \mathscr{A}$, 有 $\|a^*\| = \|a\|$.

(2) 当 a 是 Hermite 元时, $a = a^*$, 故 $\|a^2\| = \|a^*a\| = \|a\|^2$. ■

显然 $L(\mathscr{H})$ 的每个关于 $*$ 运算封闭的子代数都是 C^* 代数. 它的逆命题是一个深刻的定理, 这就是:

Gelfand-Naimark 定理 每个 C^* 代数必 $*$ 等距同构于 $L(\mathscr{H})$ 的某个对 $*$ 封闭的子代数.

因为这个定理的证明要求更专门的泛函分析知识, 我们不去证明了. 有兴趣的读者可参看 S. K. Berberin 的 *Lectures in Functional Analysis and Operator Theory*.

然而对于可交换的 C^* 代数, Gelfand 和 Naimark 给出了下面的定理.

定理 5.4.8 设 $\mathscr{A}$ 是一个可交换的 C^* 代数, 则它的 Gelfand 表示 $\varGamma:\mathscr{A}\to C(\mathfrak{M})$ 是一个 $*$ 等距在上同构, 即

(1) $\widehat{a^*}(J)=\overline{\widehat{a}(J)},\forall J\in\mathfrak{M}$;

(2) $\varGamma$ 是在上映射;

(3) $\|\varGamma a\|_{C(\mathfrak{M})}=\|a\|,\forall a\in\mathscr{A}$. (5.4.7)

证 先证明结论 (3). 因为 $\mathscr{A}$ 是可交换的, 所以由引理 5.4.7 及 a^*a 是 Hermite 元,

$$\begin{aligned}\|a^2\|^2&=\|(a^2)^*a^2\|=\|(a^*)^2a^2\|\\&=\|(a^*a)(a^*a)\|=\|a^*a\|^2=\|a\|^4,\end{aligned}$$

从而推得

$$\|a^2\|=\|a\|^2.$$

根据定理 5.2.18, $\varGamma$ 是一个等距同构, 即有结论 (3).

其次证明结论 (1). 由引理 5.4.5 知 a 有唯一分解 $a=u+\mathrm{i}v$, 其中 u,v 是 $\mathscr{A}$ 中的 Hermite 元. 显然 $a^*=u-\mathrm{i}v$. 于是结论 (1) 化归成下面的引理.

引理 5.4.9 (Arens 引理) 设 $a\in\mathscr{A}$ 是 Hermite 元, 则 $\varGamma a$ 是 $\mathfrak{M}$ 上的实值函数.

证 根据定义 $\varGamma a(J)=\widehat{a}(J)=\langle\varphi_J,a\rangle$. 于是只要证明 $\forall\varphi\in\varDelta,\langle\varphi,a\rangle$ 是实值的. 事实上, 设 $\langle\varphi,a\rangle=\alpha+\mathrm{i}\beta;\forall t\in\mathbb{R}$, 有

$$|\langle\varphi,a+\mathrm{i}te\rangle|^2\leqslant\|a+\mathrm{i}te\|^2=\|a^2+t^2e\|\leqslant\|a^2\|+t^2.$$

而上式左边等于

$$|\alpha+\mathrm{i}(\beta+t)|^2=\alpha^2+(\beta+t)^2.$$

若 $\beta\neq 0$, 则取 $t=\lambda\beta$, 并让 $\lambda\to+\infty$, 便导出矛盾. ■

利用 Arens 引理 (引理 5.4.9), 推得

$$\Gamma a^*=\Gamma u-\mathrm{i}\Gamma v=\overline{\Gamma u+\mathrm{i}\Gamma v}=\overline{\Gamma a}.$$

最后证明结论 (2), 即要证明 Γ 是在上映射, 这要用到下列重要的定理.

定理 5.4.10 (Stone-Weierstrass 定理) 设 $\mathscr{A}$ 是 $C(M)$ 上的一个闭子代数, 其中 M 是一个 T_2 紧空间, 满足

(1) $\mathscr{A}$ 有幺元, 即 $1\in\mathscr{A}$,

(2) $\mathscr{A}$ 对复共轭运算是封闭的, 即 $f\in\mathscr{A}\Rightarrow\overline{f}\in\mathscr{A}$,

(3) $\mathscr{A}$ 分离 M 中的点, 即若 $x,y\in M, x\neq y$, 则必存在 $f\in\mathscr{A}$, 使得 $f(x)\neq f(y)$,

那么必有 $\mathscr{A}=C(M)$.

注 如果 $\mathscr{A}$ 是满足上述定理中的条件 (1),(2),(3) 的 $C(M)$ 的子代数, 那么 $\overline{\mathscr{A}}=C(M)$.

我们暂时承认它, 下面来证明 $\Gamma\mathscr{A}=C(\mathfrak{M})$.

事实上, 我们已经证明了 $\Gamma\mathscr{A}$ 是 $C(\mathfrak{M})$ 的一个闭子代数. 此外, 显然有 $1\in\Gamma\mathscr{A}$. 由条件 (1) 知, $\Gamma\mathscr{A}$ 对复共轭是封闭的. 兹证 $\Gamma\mathscr{A}$ 分离 $\mathfrak{M}$ 中的点. 设 $J_1,J_2\in\mathfrak{M}, J_1\neq J_2$, 可取 $a\in J_1\backslash J_2$ (或 $a\in J_2\backslash J_1$), 则 $\widehat{a}(J_1)=0,\widehat{a}(J_2)\neq 0$ (或 $\widehat{a}(J_1)\neq 0$ 而 $\widehat{a}(J_2)=0$).

应用 Stone-Weierstrass 定理 (定理 5.4.10), $C(\mathfrak{M})=\Gamma\mathscr{A}$, 至此, 定理 5.4.8 证毕. ■

现在来补证定理 5.4.10, 先证实的情形.

定理 5.4.10′ 设 $C(M)_r$ 表示实值 $C(M)$ 子代数, 设 $\mathscr{B}$ 是 $C(M)_r$ 的一个闭子代数, 满足定理 5.4.10 中的条件 (1) 与 (3), 那么 $\mathscr{B}=C(M)_r$.

证 (1) 若 $f \in \mathscr{B}$, 则 $|f| \in \mathscr{B}$.

我们知道 $\forall n \in \mathbb{Z}_+, |t|$ 在 $[-n,n]$ 上可以被多项式一致逼近[①], 从而 $\forall f \in \mathscr{B}$, 在 $[-\|f\|,\|f\|]$ 上, 有多项式列 $P_n(t)$ 一致逼近 $|t|$, 因此 $P_n(f)$ 一致逼近 $|f|$. 由于 $\mathscr{B}$ 是闭的, 所以 $|f| \in \mathscr{B}$.

(2) $\forall f, g \in \mathscr{B}$, 由 (1) 知

$$
\begin{aligned}
f \vee g &\triangleq \max\{f, g\} = \frac{1}{2}(f + g + |f - g|) \in \mathscr{B}, \\
f \wedge g &\triangleq \min\{f, g\} = \frac{1}{2}(f + g - |f - g|) \in \mathscr{B}.
\end{aligned}
$$

(3) $\forall h \in C(M)_r, \forall y_1, y_2 \in M, \exists f_{y_1 y_2} \in \mathscr{B}$, 使得

$$
\begin{aligned}
f_{y_1 y_2}(y_1) &= h(y_1), \\
f_{y_1 y_2}(y_2) &= h(y_2).
\end{aligned}
\tag{5.4.8}
$$

这是因为定理 5.4.10 中的条件 (3) 蕴含了 $\exists g \in \mathscr{B}$, 使得 $g(y_1) \neq g(y_2)$, 适当选择 $\alpha, \beta \in \mathbb{R}$, 可使

$$
f_{y_1 y_2} = \alpha 1 + \beta g
$$

满足关系式 (5.4.8).

(4) $\forall h \in C(M)_r, \forall \varepsilon > 0, \exists f \in \mathscr{B}$, 使得 $\|h - f\| < \varepsilon$.

为此, $\forall x, y \in M$, 按 (3) 选择 $f_{xy} \in \mathscr{B}$, 使得 $f_{xy}(x) = h(x)$ 并且 $f_{xy}(y) = h(y)$.

[①] 这是古典 Weierstrass 定理的特殊情形, 可以直接证明如下: 不妨设 $n=1$, 在 $[-1,1]$ 上 $\lim\limits_{\varepsilon \to 0} \sqrt{\varepsilon^2 + t^2} = |t|$ 一致收敛. 这是因为

$$
\begin{aligned}
\sqrt{\varepsilon^2 + t^2} &= \sqrt{(1 + \varepsilon^2) - (1 - t^2)} \\
&= \sum_{n=0}^{\infty} (-1)^n \begin{pmatrix} \frac{1}{2} \\ n \end{pmatrix} \frac{(1 - t^2)^n}{(1 + \varepsilon^2)^{n + \frac{1}{2}}},
\end{aligned}
$$

而等号最右边的级数在 $[-1,1]$ 上一致收敛.

于是有 y 的一个邻域 $N(y)$, 使得

$$f_{xy}(u) > h(u) - \varepsilon, \quad 当\ u \in N(y).$$

因为全体 $\{N(y)|y \in M\}$ 是 M 的一个开覆盖, M 是紧致的, 所以 $\exists y_1, \cdots, y_n \in M$, 使得

$$\bigcup_{i=1}^{n} N(y_i) = M.$$

取

$$f_x \triangleq \bigvee_{i=1}^{n} f_{xy_i}, \tag{5.4.9}$$

即

$$f_x(u) = \max_{1 \leqslant i \leqslant n} f_{xy_i}(u). \tag{5.4.10}$$

于是对于每一个 $x \in M$, 我们得到一个函数 $f_x(u)$, 它满足:

$$\begin{aligned}
&f_x(u) > h(u) - \varepsilon, \quad \forall u \in M; \\
&f_x(x) = h(x); \\
&f_x \in \mathscr{B}.
\end{aligned}$$

由于 f_x 是连续的, $\exists x$ 的邻域 $V(x)$, 使得

$$f_x(u) < h(u) + \varepsilon, \quad \forall u \in V(x).$$

全体邻域 $V(x)$ 将 M 覆盖, 于是可得到 $x_1, \cdots, x_m \in M$,

$$\bigcup_{j=1}^{m} V(x_j) = M.$$

取

$$f = \bigwedge_{j=1}^{m} f_{x_j}, \tag{5.4.11}$$

即

$$f(u)=\min_{1\leqslant j\leqslant m}f_{x_j}(u). \tag{5.4.12}$$

函数 $f(u)$ 满足

$$h(u)-\varepsilon<f(u)<h(u)+\varepsilon,\quad \forall u\in M;f\in\mathscr{B}. \qquad \blacksquare$$

定理 5.4.10 的证明 取 $\mathscr{B}=\mathscr{A}\cap C(M)_r$, 则 $\mathscr{B}$ 是 $C(M)_r$ 的一个闭子代数, 满足条件 (1) 与 (3). 为了说明条件 (3), 对于任意的 $x,y\in M(x\neq y)$, 取 $f\in\mathscr{A}$, 使得 $f(x)\neq f(y)$. 由条件 (2), 令

$$g=\frac{1}{2}(f+\overline{f}),\quad h=\frac{1}{2\mathrm{i}}(f-\overline{f}), \tag{5.4.13}$$

则 $g,h\in\mathscr{B}$, 并且

$$f=g+\mathrm{i}h. \tag{5.4.14}$$

于是有 $g(x)\neq g(y)$, 或者 $h(x)\neq h(y)$. 这表明在 $\mathscr{B}$ 上条件 (3) 是成立的. 应用定理 5.4.10′, $\mathscr{B}=C(M)_r$. 联合等式 (5.4.13) 与 (5.4.14), 可见 $\mathscr{A}=\mathscr{B}+\mathrm{i}\mathscr{B}$, 从而

$$\mathscr{A}=C(M). \qquad \blacksquare$$

定理 5.4.10 是经典 Weierstrass 逼近定理的推广, 它在研究一般 T_2 紧拓扑空间上的连续函数中起重要的作用. 要注意底空间 M 的紧致条件是本质的条件, 当 M 非紧致时,Stone-Weierstrass 定理 (定理 5.4.10) 有如下的推广.

设 $\mathscr{X}$ 是局部紧拓扑空间, 令 $C_\infty(\mathscr{X})$ 表示全体 $\mathscr{X}$ 上无穷远处为零的全体实值连续函数. 即具有如下性质的 $C(\mathscr{X})$ 中子集: $\forall\varepsilon>0,\exists$ 紧集 $D_\varepsilon\subset\mathscr{X}$, 使得

$$|f(x)|<\varepsilon,\quad 当\ x\notin D_\varepsilon.$$

定理 5.4.11 设 $\mathscr{X}$ 是局部紧 T_2 拓扑空间, $\mathscr{A}$ 是 $C_\infty(\mathscr{X})$ 的闭子代数, 设 $\mathscr{A}$ 分离 $\mathscr{X}$ 中的点, 并且对于每个 $x \in \mathscr{X}$, 存在 $f \in \mathscr{A}$, 使得 $f(x) \neq 0$, 则 $\mathscr{A} = C_\infty(\mathscr{X})$.

证 $\widetilde{\mathscr{X}} = \mathscr{X} \cup \{\partial\}$ 表示 $\mathscr{X}$ 的紧化空间, 其中 $\{\partial\}$ 表示 $\mathscr{X}$ 的紧化点. 令

$$\widetilde{\mathscr{A}} = \{f + r | f \in \mathscr{A}, r \in \mathbb{R}\},$$

则 $\widetilde{\mathscr{A}}$ 是 $C(\widetilde{\mathscr{X}})_r$ 的实值闭子代数, 显然 $1 \in \widetilde{\mathscr{A}}$, 并且 $\widetilde{\mathscr{A}}$ 分离 $\widetilde{\mathscr{X}}$ 中的点. 由定理 5.4.10′,

$$\widetilde{\mathscr{A}} = C(\widetilde{\mathscr{X}})_r.$$

但是, 对于任意的 $\widetilde{f} \in C(\widetilde{\mathscr{X}})_r, f = \widetilde{f} - \widetilde{f}(\partial) \in C_\infty(\mathscr{X})$, 所以

$$C(\widetilde{\mathscr{X}})_r = \big\{f + r\big|f \in C_\infty(\mathscr{X}), r \in \mathbb{R}\big\}.$$

故有 $\mathscr{A} = C_\infty(\mathscr{X})$. ■

习　　题

5.4.1 设 $\mathscr{A}$ 是可交换 B 代数, 若 $\mathscr{A}$ 是半单的, 则 $\mathscr{A}$ 上每一个对合运算都是连续的.

5.4.2 验证 $L^1(\mathbb{R})$ 上按卷积乘法

$$(x * y)(t) = \int_{\mathbb{R}} x(s)y(t-s)\mathrm{d}s$$

以及对合运算

$$x^*(t) = \overline{x(-t)}$$

构成一个有对合的 B 代数. 试问它是 C^* 代数吗?

5.4.3 考虑本章 §3 中例 5.3.7 所讨论的解析函数代数 $A_0(\mathbb{D})$, 证明: 映射 $*$: $f \mapsto f^*(z) = \overline{f(\overline{z})}$ 是一个对合. 试问在此对合下 $A_0(\mathbb{D})$ 是 C^* 代数吗?

5.4.4 设 $\mathscr{A}$ 是具有对合 $*$ 的 B 代数, $\mathscr{A}$ 的子集 S 称为正规子集, 是指 (1) S 可交换, 即 $a, b \in S$, 有 $ab = ba$; (2) S 关于对合封闭, 即若 $a \in S$, 就有 $a^* \in S$. 显然对于 S 中每个元 a, 有 $aa^* = a^*a$. 正规子集称为极大的, 如果它不真含于任意一个正规子集中. 设 $\mathscr{B}$ 是 $\mathscr{A}$ 的一个极大正规子集, 求证:

(1) $\mathscr{B}$ 是 $\mathscr{A}$ 的可交换的闭子代数;

(2) $\forall a \in \mathscr{B}$, 有 $\sigma_{\mathscr{B}}(a) = \sigma_{\mathscr{A}}(a)$.

5.4.5 设 $\mathscr{A}$ 是 C^* 代数, 试证:

(1) 若 a 是 Hermite 元, 则 $\sigma(a) \subset \mathbb{R}$;

(2) 若 a 是正规元 (指 $aa^* = a^*a$ 成立), 则

$$\|a\| = r(a) \triangleq \sup\left\{|\lambda| \middle| \lambda \in \sigma(a)\right\};$$

(3) $\|a\|^2 = r(aa^*)$.

5.4.6 设 $\mathscr{A}$ 是 C^* 代数, $\mathscr{A}$ 中元 a 称为正的, 记作 "$a \geqslant 0$", 是指 (1) a 是 Hermite 元, (2) $\sigma(a) \subset [0, +\infty]$. 求证:

(1) $\forall a \in \mathscr{A}, aa^* \geqslant 0$;

(2) 若 $a, b \in \mathscr{A}, a \geqslant 0, b \geqslant 0$, 则 $a + b \geqslant 0$;

(3) $\forall a \in \mathscr{A}, e + aa^*$ 在 $\mathscr{A}$ 中可逆.

5.4.7 设 $\mathscr{H}$ 是 Hilbert 空间, $\mathscr{A}$ 是 $L(\mathscr{H})$ 的一个 C^* 子代数, 令 $\mathscr{A}^c$ 表示 $L(\mathscr{H})$ 中可与 $\mathscr{A}$ 中所有元交换的算子的集合, 即

$$\mathscr{A}^c = \left\{T \in L(\mathscr{H}) \middle| TA = AT, \forall A \in \mathscr{A}\right\},$$

称为 $\mathscr{A}$ 的**中心** (或**交换子**), 求证: $\mathscr{A}^c$ 是 C^* 代数, 并且在算子弱拓扑下是闭的.

§ 5 Hilbert 空间上的正常算子

5.1 Hilbert 空间上正常算子的连续算符演算

设 $\mathscr{H}$ 是一个 Hilbert 空间, N 是 $\mathscr{H}$ 到自身的有界线性算子,

如果它满足 $N^*N = NN^*$, 就称 N 是 $\mathscr{H}$ 上的一个正常算子. 例如, 自伴算子、酉算子都是正常算子.

对于给定的正常算子 N, 用 $\mathscr{A}_N$ 表示 $L(\mathscr{H})$ 中包含恒同算子 I 与正常算子 N 的最小闭 C^* 代数. 于是 $\mathscr{A}_N$ 是由一切与二元多项式 $P(x,y)$ 对应的 $P(N,N^*)$ 所生成的代数在 $L(\mathscr{H})$ 中的闭包. 在这个代数中对合是

$$* : P(N,N^*) \mapsto \overline{P}(N^*,N). \tag{5.5.1}$$

易见 $\mathscr{A}_N$ 是一个有幺元的可交换 C^* 代数.

我们要研究 $\mathscr{A}_N$ 的极大理想空间 $\mathfrak{M}$. 我们将要证明 $\mathfrak{M} \cong \sigma(N)$, 即 $\mathfrak{M}$ 与正常算子 N 的谱集同胚. 为此先要证明: N 作为 $\mathscr{A}_N$ 中元素的谱集与作为 $L(\mathscr{H})$ 中元素的谱集是一样的.

引理 5.5.1 (Shilov 引理) 设 $\mathscr{A}$ 是一个有幺元的 Banach 代数, $\mathscr{B}$ 是 $\mathscr{A}$ 的一个有幺元的闭子代数, 则对于每一个 $a \in \mathscr{B}$,

$$\partial\sigma_{\mathscr{B}}(a) \subset \partial\sigma_{\mathscr{A}}(a), \tag{5.5.2}$$

这里 $\sigma_{\mathscr{A}}(a), \sigma_{\mathscr{B}}(a)$ 分别表示 a 在 $\mathscr{A}, \mathscr{B}$ 中的谱集, 而 ∂ 表示集合的边界.

证 由谱集定义 5.2.14, 显然有

$$\sigma_{\mathscr{B}}(a) \supset \sigma_{\mathscr{A}}(a). \tag{5.5.3}$$

因此只要证明 $\partial\sigma_{\mathscr{B}}(a) \subset \sigma_{\mathscr{A}}(a)$ 就够了.

设 $\lambda_0 \in \partial\sigma_{\mathscr{B}}(a)$, 于是 $\exists\lambda_n \in \rho_{\mathscr{B}}(a)$, 使得 $\lambda_n \to \lambda_0$, 这里 $\rho_{\mathscr{B}}(a)$ 表示 a 在 $\mathscr{B}$ 中的预解集.

假若有某个正整数 n, 使得

$$\|(\lambda_n e - a)^{-1}\| < 1/|\lambda_0 - \lambda_n|,$$

则由

$$\begin{aligned}\lambda_0 e - a &= (\lambda_0 - \lambda_n)e + (\lambda_n e - a)\\ &= (\lambda_n e - a)[(\lambda_n e - a)^{-1}(\lambda_0 - \lambda_n) + e]\end{aligned}$$

推得

$$(\lambda_0 e-a)^{-1}=(\lambda_n e-a)^{-1}\sum_{k=0}^{\infty}(\lambda_n-\lambda_0)^k(\lambda_n e-a)^{-k}\in\mathscr{B},$$

这与 $\lambda_0\in\partial\sigma_{\mathscr{B}}(a)$ 矛盾. 这矛盾表明 $\lim\limits_{n\to\infty}\|(\lambda_n e-a)^{-1}\|=\infty$. 又因为 $\rho_{\mathscr{A}}(a)$ 是开集, 所以 $\lambda_0\in\sigma_{\mathscr{A}}(a)$. ■

引理 5.5.2 设 $\mathscr{A}$ 是一个 C^* 代数, $\mathscr{B}$ 是 $\mathscr{A}$ 的一个关于对合 $*$ 封闭的闭交换子代数, 则

(1) 为使 $a\in\mathscr{B}$ 在 $\mathscr{B}$ 中可逆必须且仅须 $a^{-1}\in\mathscr{A}$;

(2) $\sigma_{\mathscr{B}}(a)=\sigma_{\mathscr{A}}(a),\forall a\in\mathscr{B}$. (5.5.4)

证 (2) 是 (1) 的推论, 故只要证明 (1).

给定 $a\in\mathscr{B}$, 若 a 在 $\mathscr{B}$ 中可逆显然有 $a^{-1}\in\mathscr{A}$. 因此只要证明, 若 a 在 $\mathscr{A}$ 中可逆, 则有 $a^{-1}\in\mathscr{B}$. 因为 a^*a 是 Hermite 元, 按照引理 5.4.9 和定理 5.2.15,

$$\sigma_{\mathscr{B}}(a^*a)\subset\mathbb{R},$$

由 (5.5.3) 式

$$\sigma_{\mathscr{A}}(a^*a)\subset\mathbb{R}.$$

于是应用引理 5.5.1,

$$\sigma_{\mathscr{B}}(a^*a)\supset\sigma_{\mathscr{A}}(a^*a)=\partial\sigma_{\mathscr{A}}(a^*a)\supset\partial\sigma_{\mathscr{B}}(a^*a)=\sigma_{\mathscr{B}}(a^*a),$$

得到 $\sigma_{\mathscr{B}}(a^*a)=\sigma_{\mathscr{A}}(a^*a)$.

如今设 $a^{-1}\in\mathscr{A}$, 于是有 $(a^*a)^{-1}\in\mathscr{A}$, 即 $0\notin\sigma_{\mathscr{A}}(a^*a)$, 故 $0\notin\sigma_{\mathscr{B}}(a^*a)$, 因此 $(a^*a)^{-1}\in\mathscr{B}$, 从而得到

$$a^{-1}=(a^*a)^{-1}a^*\in\mathscr{B}.$$ ■

联合引理 5.5.1 和引理 5.5.2, 我们得到结论: 对于正常算子 $N\in L(\mathscr{H})$,

$$\sigma(N)=\sigma_{\mathscr{A}_N}(N). \tag{5.5.5}$$

定理 5.5.3 设 N 是 $\mathscr{H}$ 上的正常算子, $\mathscr{A}_N$ 是 $L(\mathscr{H})$ 中由恒同算子 I 与 N 生成的最小闭 C^* 代数, $\mathfrak{M}$ 为 $\mathscr{A}_N$ 的极大理想空间, 则

$$\sigma(N) \cong \mathfrak{M}. \tag{5.5.6}$$

证 (1) $\forall J \in \mathfrak{M}$, 考察对应

$$\psi_0(J) = (\Gamma N)(J) \in \sigma_{\mathscr{A}_N}(N),$$

其中 Γ 是 $\mathscr{A}_N$ 到 $C(\mathfrak{M})$ 上的 Gelfand 表示. 根据定理 5.2.15 以及上述事实 $\sigma(N) = \sigma_{\mathscr{A}_N}(N)$, 可见 ψ_0 是一个从极大理想空间 $\mathfrak{M}$ 到 $\sigma(N)$ 上的在上对应. 以下证明 ψ_0 是一一的.

事实上, 如果 $\psi_0(J_1) = \psi_0(J_2)$, 则由 Gelfand 表示的定义, 存在连续同态 $\varphi_{J_1}, \varphi_{J_2} : \mathscr{A}_N \to \mathbb{C}$, 使得

$$\begin{aligned}\langle \varphi_{J_1}, N\rangle &= (\Gamma N)(J_1) = \psi_0(J_1)\\ &= \psi_0(J_2) = (\Gamma N)(J_2) = \langle \varphi_{J_2}, N\rangle,\end{aligned}$$

进而有

$$\begin{aligned}\langle \varphi_{J_1}, N^*\rangle &= (\Gamma N^*)(J_1) = \overline{\Gamma N}(J_1)\\ &= \overline{\Gamma N}(J_2) = (\Gamma N^*)(J_2) = \langle \varphi_{J_2}, N^*\rangle.\end{aligned}$$

再由 $\varphi_{J_1}, \varphi_{J_2}$ 的连续性, 上列两个等式可以扩充到整个 $\mathscr{A}_N$ 上. 于是 $\forall a \in \mathscr{A}_N$, 有

$$\langle \varphi_{J_1}, a\rangle = \langle \varphi_{J_2}, a\rangle,$$

所以 $J_1 = J_2$.

(2) 再来比较 $\tau_{\mathfrak{M}}$ 与 $\tau_{\sigma(N)}$, 后者是复平面 $\mathbb{C}$ 上的诱导拓扑. 因为 $\sigma(N)$ 是紧集. $\tau_{\sigma(N)}$ 是紧致拓扑. 而 $\tau_{\mathfrak{M}}$ 是 Gelfand 拓扑, 它是 T_2 的. 由于 $\tau_{\mathfrak{M}}$ 是 $C(\mathfrak{M})$ 上诱导出的最弱拓扑, 所以 $\tau_{\mathfrak{M}} \subset \tau_{\sigma(N)}$, 应用引理 5.3.3 得到 $\tau_{\mathfrak{M}} = \tau_{\sigma(N)}$. ■

推论 5.5.4 $\mathscr{A}_N$ 与 $C(\sigma(N))$ 等距 $*$ 在上同构.

证 由 Gelfand-Naimark 定理, Gelfand 表示 $\varGamma$ 是 $\mathscr{A}_N$ 到 $C(\mathfrak{M})$ 上的一个 $*$ 等距在上同构. 由定理 5.5.3 的证明知道 $\psi_0 = \varGamma N$ 是 $\mathfrak{M}$ 到 $\sigma(N)$ 上的一个同胚对应. 对于 $\forall a \in \mathscr{A}_N$, 令

$$(\widetilde{\varGamma} a)(z) = (\varGamma a)(\psi_0^{-1}(z)), \quad \forall z \in \sigma(N). \tag{5.5.7}$$

于是我们得到 $\mathscr{A}_N$ 到 $C(\sigma(N))$ 上的等距 $*$ 在上同构对应 $\widetilde{\varGamma}$. ■

显然,

$$\begin{aligned}
&(\widetilde{\varGamma} N)(z) = z, \quad (\widetilde{\varGamma} N^*)(z) = \overline{z}, \\
&(\widetilde{\varGamma} I)(z) = 1, \quad (\widetilde{\varGamma} N^n)(z) = z^n.
\end{aligned}$$

利用这个同构对应 $\widetilde{\varGamma}$, 我们可以定义算子函数. 事实上, $\forall \varphi \in C(\sigma(N))$, 令

$$\varphi(N) \triangleq \widetilde{\varGamma}^{-1} \varphi. \tag{5.5.8}$$

于是不难验证下列连续算符演算规则:

$$\begin{aligned}
(\alpha\varphi + \beta\psi)(N) &= \alpha\varphi(N) + \beta\psi(N), \\
(\varphi\psi)(N) &= \varphi(N)\psi(N), \\
\varphi(N)^* &= \overline{\varphi}(N), \\
1(N) &= I, \\
z(N) &= N, \\
\overline{z}(N) &= N^*,
\end{aligned} \tag{5.5.9}$$

$\forall \varphi, \psi \in C(\sigma(N)), \forall \alpha, \beta \in \mathbb{C}$, 其中 $1(\cdot)$ 表示取值为 1 的常函数, 而 z 表示 $C(\sigma(N))$ 中的函数 z.

按照这种连续算符演算规则, 关于 N 的算子函数 $\varphi(N)$ 可以相当自由地进行运算. 特别地, 还有结论:

(1) 设 $\varphi \in C(\sigma(N))$, 则

$$\sigma(\varphi(N)) = \varphi(\sigma(N)); \tag{5.5.10}$$

(2) 设 $\varphi \in C(\sigma(N)), \psi \in C(\varphi(\sigma(N)))$, 则

$$(\psi \circ \varphi)(N) = \psi(\varphi(N)). \tag{5.5.11}$$

(读者自己验证)

利用连续算符演算, 我们给出几个有趣的应用.

定理 5.5.5 设 N 是 $\mathscr{H}$ 上的一个正常算子, 则为使 N 是自伴的必须且仅须 $\sigma(N) \subset \mathbb{R}$; 为使 N 是正的 (即 N 是自伴算子, 而且 $(Nx, x) \geqslant 0, \forall x \in \mathscr{H}$) 必须且仅须 $\sigma(N) \subset \mathbb{R}_+$.

证 (1) 设 $N = N^*$, 由定理 5.2.15 知

$$\sigma(N) = \sigma_{\mathscr{A}_N}(N) = \left\{\widehat{N}(J) \middle| J \in \mathfrak{M}\right\}.$$

按照 Arens 引理 (引理 5.4.9), $\widehat{N}(J)$ 是实值函数, 故 $\sigma(N) \subset \mathbb{R}$.

反之, 若 N 是正常算子, 并且 $\sigma(N) \subset \mathbb{R}$. 由连续算符的对应, $N^* = \overline{z}(N) = z(N) = N$. 所以 N 自伴.

(2) 设 N 是正常算子, 并且 $\sigma(N) \subset \mathbb{R}_+$. 由 (1) 知 N 是自伴的. 因为 $z^{1/2}$ 是 $C(\sigma(N))$ 上的元素, 记 $N^{1/2} = z^{1/2}(N)$, 则由算符演算规则 $N^{1/2} = (N^{1/2})^*$, 并且 $N = N^{1/2}N^{1/2}$. 因而, $\forall x \in \mathscr{H}$, 有

$$\begin{aligned}(Nx, x) &= ((N^{1/2})^* N^{1/2} x, x) \\ &= (N^{1/2}x, N^{1/2}x) = \|N^{1/2}x\|^2 \geqslant 0,\end{aligned}$$

即 N 是正算子.

反之, 设 N 是自伴的, 而且 $(Nx, x) \geqslant 0, \forall x \in \mathscr{H}$. 欲证 $\sigma(N) \subset \mathbb{R}_+$. 由 (1) 知 $\sigma(N) \subset \mathbb{R}$. $\widehat{N}(J)$ 是 $\mathfrak{M}$ 上的实值函数. 考

虑函数 $\max(\widehat{N}(J),0)$ 与 $\max(\widehat{N}(J),0)-\widehat{N}(J)$, 它们是 $\mathfrak{M}$ 上的连续函数, 由对应关系式 (5.5.8), $\exists N_1,N_2\in\mathscr{A}_N$, 使得

$$\widehat{N}_1(J)=\max(\widehat{N}(J),0),$$
$$\widehat{N}_2(J)=\max(\widehat{N}(J),0)-\widehat{N}(J).$$

N_1,N_2 都是自伴算子, 又由于它们的谱集 $\subset\mathbb{R}_+$, 所以都是正算子. 因为 $\widehat{N}_1(J)\widehat{N}_2(J)=0$, 可知 $N_1N_2=0$, 而且 $N_2=N_1-N$. 于是,

$$\begin{aligned}0&\leqslant(NN_2x,N_2x)=-(N_2^2x,N_2x)\\&=-(N_2^3x,x)=-(N_2N_2x,N_2x)\leqslant 0,\end{aligned}$$

因而 $(N_2^3x,x)=0,\forall x\in\mathscr{H}$. 由此不难得到

$$(N_2^3x,y)=0,\quad \forall x,y\in\mathscr{H}.$$

所以 $N_2^3=0$. 根据定理 5.4.8 及引理 5.2.16,

$$\|N_2\|=\|\Gamma N_2\|=\lim_{n\to\infty}\|N_2^n\|^{\frac{1}{n}}=0,$$

我们得到 $N_2=0$. 从而 $\sigma(N)=\sigma(N_1)\subset\mathbb{R}_+$. ■

推论 5.5.6 设 P 是一个正算子, 则必存在唯一的正平方根 Q, 使得 $Q^2=P$. 此外若 $A\in L(\mathscr{H})$, 满足 $AP=PA$, 则必有 $AQ=QA$.

证 $Q=P^{1/2}$ 已由定理 5.5.5 得出, 它之所以为正, 是由于 $\sigma(Q)=\sigma(P^{1/2})=\{\sqrt{z}|z\in\sigma(P)\}\subset\mathbb{R}_+$. 再由定理 5.5.5, Q 必是正算子.

因为 $Q\in\mathscr{A}_P$, 而 $\mathscr{A}_P$ 是 P 的多项式按 $\mathscr{H}$ 上的算子范数的极限, 所以由交换性 $PA=AP$ 即得 $QA=AQ$.

兹证唯一性. 设 Q_1 是 P 的另一个正平方根, 则 $Q_1P=Q_1Q_1^2=Q_1^2Q_1=PQ_1,Q_1$ 与 P 可交换. 考虑由 I,P,Q,Q_1 生成的 C^* 代数 $\mathscr{A}$, 则 $\mathscr{A}$ 是交换的. 因此由 Gelfand-Naimark 定

理, Gelfand 表示 Γ 是 $\mathscr{A}$ 到极大理想空间 $\mathfrak{M}$ 上的连续函数空间 $C(\mathfrak{M})$ 的一个 $*$ 等距在上同构. 注意到

$$\Gamma(Q)^2 = \Gamma(Q^2) = \Gamma(P) = \Gamma(Q_1^2) = \Gamma(Q_1)^2,$$

并且 $\Gamma(Q) \geqslant 0, \Gamma(Q_1) \geqslant 0$, 我们有 $\Gamma(Q) = \Gamma(Q_1)$, 于是得出 $Q = Q_1$. ■

5.2 正常算子的谱族与谱分解定理

我们已经把正常算子 N 的算符演算扩充到一切 $\sigma(N)$ 上的连续函数, 即 $\forall \varphi \in C(\sigma(N))$, 定义了

$$\varphi(N) = \widetilde{\Gamma}^{-1}\varphi \in \mathscr{A}_N \subset L(\mathscr{H}).$$

现在还要把这种演算规则扩张到更广泛的一类函数 —— 有界 Borel 可测函数类 $B(\sigma(N))$ 上去. 所以要作这种扩张是因为当 $\sigma(N)$ 是一个连通集时, $\mathscr{A}_N = \widetilde{\Gamma}^{-1}C(\sigma(N))$ 中实际上不包含任何真正的投影算子 $P (P \neq I, 0)$ (见定义 5.5.7). 事实上, 如果存在投影算子 $P \in \mathscr{A}_N$, 则由 $P^2 = P$, 可知 $\varphi \triangleq \widetilde{\Gamma}P \in C(\sigma(N))$ 应满足 $\varphi^2 = \varphi$, 推得 $\varphi \equiv 1$ 或 0.

下面要讨论的谱分解定理是线性代数中对称矩阵 A 化对角矩阵定理的推广: $A = \sum\limits_i \lambda_i P_i, P_i$ 是投影矩阵, $\lambda_i \in \mathbb{R}$. 换句话说, 我们要想把正常算子分解为一些投影算子的倍数之和. 因此, 我们将遇到许许多多与 N 相联系的投影算子. 首先来讨论投影算子的代数运算.

设 M 是 Hibert 空间 $\mathscr{H}$ 的闭子空间, 对于任意元 $x \in \mathscr{H}$, 可以唯一地分解为

$$x = y + z,$$

其中 $y \in M, z \perp M$. 记 $Px = y$, 于是 P 是 M 上的投影算子. 易知投影算子 P 具有下面的性质:

(1) P 是自伴的, 而且 $\|P\| = 1$;

(2) $P^2 = P$.

反之, 若有界线性算子 Π 满足: $\Pi^2 = \Pi, \Pi$ 自伴, 则 Π 是它的值域 $\Pi\mathscr{H}$ 上的投影算子. 这就导致如下的定义.

定义 5.5.7 $P \in L(\mathscr{H})$ 称为**投影算子**, 若

(1) P 是自伴算子;

(2) $P^2 = P$.

一般说来, 两个投影算子的和、差、积不一定仍然是投影算子, 但是如果补充适当的条件, 那么仍然可以使得它们成为投影算子.

定理 5.5.8 投影算子 P_1, P_2 的乘积 P_1P_2 仍然是投影算子的充要条件是 P_1, P_2 可交换.

证 设 P_1, P_2 是投影算子, 若 P_1, P_2 可交换, 则

$$(P_1P_2)^* = P_2^*P_1^* = P_2P_1 = P_1P_2,$$

故 P_1P_2 是自伴的, 又

$$(P_1P_2)^2 = P_1P_2P_1P_2 = P_1^2P_2^2 = P_1P_2,$$

所以 P_1P_2 是投影算子.

反之, 设 P_1P_2 是投影算子, 由

$$P_1P_2 = P_1^*P_2^* = (P_2P_1)^* = P_2P_1$$

知, P_1, P_2 可交换. ■

定理 5.5.9 投影算子 P_1, P_2 的和 $P_1 + P_2$ 是投影算子的充要条件是下列条件中的任意一个成立:

(1) $P_1P_2 = 0$ (或者 $P_2P_1 = 0$);

(2) P_1 的值域 M_1 与 P_2 的值域 M_2 成直交 (即 $\forall x \in M_1, y \in M_2$, 有 $x \perp y$).

证 充分性. (1) 设 P_1, P_2 是投影算子. 若 $P_1 + P_2$ 是投影算子, 则

$$
\begin{aligned}
P_1 + P_2 &= (P_1 + P_2)^2 = P_1^2 + P_1 P_2 + P_2 P_1 + P_2^2 \\
&= P_1 + P_1 P_2 + P_2 P_1 + P_2.
\end{aligned}
$$

因此, $P_1P_2 + P_2P_1 = 0$. 从左右两个方向分别乘以 P_1, 得到 $P_1P_2 = -P_1P_2P_1 = P_2P_1$, 故有 $P_1P_2 = P_2P_1$.

(2) 现在假设 (1) 成立, 来证明 (2). 任取 $y_1 \in M_1, y_2 \in M_2$, 则存在 $x_1, x_2 \in \mathscr{H}$, 使得 $P_1x_1 = y_1, P_2x_2 = y_2$, 因此,

$$
(y_1, y_2) = (P_1x_1, P_2x_2) = (P_2P_1x_1, x_2) = 0.
$$

必要性. 最后假设 (2) 成立来证明 $P_1 + P_2$ 是投影算子. 记 $M = \{y_1 + y_2 | y_1 \in M_1, y_2 \in M_2\}$. 由于 M_1, M_2 直交, $M = M_1 \oplus M_2$. 对 $\forall x \in \mathscr{H}$, 作直和分解

$$
x = y + z,
$$

其中 $y \in M, z \in M^{\perp}$. 再将 y 分解为

$$
y = y_1 + y_2,
$$

其中 $y_1 \in M_1, y_2 \in M_2$. 显然 $P_1x = y_1, P_2x = y_2$, 从而

$$
(P_1 + P_2)x = P_1x + P_2x = y_1 + y_2 = y.
$$

于是 $P_1 + P_2$ 是 M 上的投影算子. ■

设 P_1, P_2 是两个投影算子, 如果 $P_1\mathscr{H} \subset P_2\mathscr{H}$, 则称 P_1 是 P_2 的部分算子. 显然 P_1 是 P_2 的部分算子的充要条件是 $P_2x = P_1x, \forall x \in P_1\mathscr{H}$.

引理 5.5.10 投影算子 P_1 是投影算子 P_2 的部分算子的充要条件是下列条件中任意一个成立:

(1) $P_1P_2 = P_2P_1 = P_1$;

(2) $\forall x \in \mathscr{H}, \|P_1x\| \leqslant \|P_2x\|$.

证 假设 P_1 是 P_2 的部分算子来证 (1) 成立. $\forall x \in \mathscr{H}$, 由于 $P_1x \in M_1$, 其中 M_1 是 P_1 的值域. 因此 $P_2P_1x = P_1x$, 故得

$$P_2P_1 = P_1.$$

两边取共轭

$$(P_2P_1)^* = P_1^* = P_1.$$

但是

$$(P_2P_1)^* = P_1^*P_2^* = P_1P_2,$$

故

$$P_2P_1 = P_1P_2 = P_1.$$

现在设 (1) 成立来证明 (2). 任取 $x \in \mathscr{H}$, 则

$$\|P_1x\| = \|P_1P_2x\| \leqslant \|P_1\|\|P_2x\| = \|P_2x\|.$$

最后设 (2) 成立来证明 P_1 是 P_2 的部分算子. 用反证法, 设 P_1 不是 P_2 的部分算子, 则 $\exists x_0 \in M_1$, 但 $x_0 \notin M_2$, 这里 M_2 是 P_2 的值域. 令 x_0 在 M_2 中的正交投影为 $\widehat{x}_0$, 则 $\|\widehat{x}_0\| < \|x_0\|$, 而且 $P_2x_0 = x_0$, 故

$$\|P_2x_0\| = \|\widehat{x}_0\| < \|x_0\| = \|P_1x_0\|$$

与假设矛盾, P_1 确为 P_2 的部分算子. ■

利用部分算子的概念, 可以讨论两个投影算子的差.

定理 5.5.11 两个投影算子 P_1, P_2 的差 $P_2 - P_1$ 仍然是投影算子的充要条件是 P_1 为 P_2 的部分算子.

证 设 $P_2 - P_1$ 是投影算子. 记 $P_3 = P_2 - P_1$, 则 $P_2 = P_1 + P_3$, 由定理 5.5.9, $P_1\mathscr{H} \subset P_2\mathscr{H}$, 因此 P_1 为 P_2 的部分算子.

反之, 设 P_1 为 P_2 的部分算子, 则由引理 5.5.10 的条件 (1), 得到

$$(P_2 - P_1)^2 = P_2^2 - P_2P_1 - P_1P_2 + P_1^2 = P_2 - P_1,$$

又因 $P_2 - P_1$ 是自伴的. 故 $P_2 - P_1$ 确为投影算子. ■

现在回到正常算子算符演算的扩张. 在 $B(\sigma(N))$ 上引入模:

$$\|\psi\| \triangleq \sup\left\{|\psi(z)|\big|z \in \sigma(N)\right\}. \tag{5.5.12}$$

对于任意 $x, y \in \mathscr{H}$, 任意 $\varphi \in C(\sigma(N))$, 映射

$$\varphi \mapsto (\varphi(N)x, y)$$

可以看成 $C(\sigma(N))$ 上的一个连续线性泛函:

$$|(\varphi(N)x, y)| \leqslant \|\varphi(N)\|\|x\|\|y\| = \|\varphi\|_{C(\sigma(N))}\|x\|\|y\|.$$

由 Riesz 表示定理, 存在 $\sigma(N)$ 上的复 Borel 测度 $m_{x,y}$, 使得

$$(\varphi(N)x, y) = \int_{\sigma(N)} \varphi(z) m_{x,y}(\mathrm{d}z). \tag{5.5.13}$$

我们称 $m_{x,y}(\mathrm{d}z)$ 为与 $x, y \in \mathscr{H}$ 相关联的正常算子 N 的谱测度. 我们知道作为测度, $m_{x,y}$ 是复值集函数, 即对于任意 $\sigma(N)$ 上的 Borel 可测集 Ω, 有

$$m_{x,y}(\Omega) = \int_{\Omega} m_{x,y}(\mathrm{d}z). \tag{5.5.14}$$

它具有完全可加性: 对于 $\sigma(N)$ 中互不相交的 Borel 可测集 Ω_1, $\Omega_2, \cdots$, 有

$$m_{x,y}\left(\bigcup_{n=1}^{\infty} \Omega_n\right) = \sum_{n=1}^{\infty} m_{x,y}(\Omega_n). \tag{5.5.15}$$

关于 N 的谱测度 $m_{x,y}$ 具有下列性质:

$$(1)\ \int_{\sigma(N)}|m_{x,y}(\mathrm{d}z)| = \sup_{\substack{\|\varphi\|=1\\ \varphi\in C(\sigma(N))}}\left|\int_{\sigma(N)}\varphi(z)m_{x,y}(\mathrm{d}z)\right| = \sup_{\substack{\|\varphi\|=1\\ \varphi\in C(\sigma(N))}}|(\varphi(N)x,y)| \leqslant \|x\|\|y\|;$$

(2) 对于任意 Borel 集 $\Omega\subset\sigma(N), m_{x,y}(\Omega)$ 关于 x,y 是双线性的 (sesquilinear):

$$m_{\alpha_1x_1+\alpha_2x_2,y}(\Omega)=\alpha_1m_{x_1,y}(\Omega)+\alpha_2m_{x_2,y}(\Omega),$$
$$m_{x,\alpha_1y_1+\alpha_2y_2}(\Omega)=\overline{\alpha}_1m_{x,y_1}(\Omega)+\overline{\alpha}_2m_{x,y_2}(\Omega),$$

$\forall\alpha_1,\alpha_2\in\mathbb{C},x,y,x_1,x_2,y_1,y_2\in\mathscr{H}$.

利用 $\{m_{x,y}(\Omega)\}$ 这两条性质, 我们来扩充算子函数. 设 $\psi\in B(\sigma(N))$, 令

$$a_\psi(x,y)\triangleq\int_{\sigma(N)}\psi(z)m_{x,y}(\mathrm{d}z), \tag{5.5.16}$$

$\forall x,y\in\mathscr{H}$.

这是 $\mathscr{H}\times\mathscr{H}$ 上的一个双线性泛函, 满足:

$$|a_\psi(x,y)|\leqslant\|\psi\|_{B(\sigma(N))}\int_{\sigma(N)}|m_{x,y}(\mathrm{d}z)|\leqslant\|\psi\|\|x\|\|y\|.$$

因此, 由 Riesz 表示定理, 存在唯一的有界线性算子, 记成 $\psi(N)$, 满足:

$$(\psi(N)x,y)=\int_{\sigma(N)}\psi(z)m_{x,y}(\mathrm{d}z). \tag{5.5.17}$$

从 $B(\sigma(N))$ 到 $L(\mathscr{H})$ 的对应 $\tau:\psi\mapsto\psi(N)$ 显然是 $\widetilde{\Gamma}^{-1}$ 的一个扩张, 并且有下面定理.

定理 5.5.12 映射 $\tau:\psi\mapsto\psi(N)$ 是从 $B(\sigma(N))$ 到 $L(\mathscr{H})$ 的一个 $*$ 同态, 满足

(1) $\tau\big|_{C(\sigma(N))}=\widetilde{\Gamma}^{-1}$;

(2) $\|\tau\psi\|_{L(\mathscr{H})}\leqslant\|\psi\|_{B(\sigma(N))}$;

(3) 若 $\psi, \psi_n \in B(\sigma(N)), n=1,2,\cdots, \psi_n(z) \to \psi(z), \forall\ z \in \sigma(N)$, 而且 $\exists M>0, \|\psi_n\| \leqslant M, n=1,2,\cdots$, 称为 ψ_n 一致有界点点收敛到 ψ, 则

$$\lim_{n\to\infty} \psi_n(N)x = \psi(N)x, \quad \forall x \in H;$$

(4) 若 $A \in L(H)$, 使得 $AN = NA$, 则

$$A\psi(N) = \psi(N)A.$$

证 1° 结论 (1), (2) 是显然的. 兹证 τ 是 $*$ 同态. 对于任意的 $\varphi, \varphi' \in C(\sigma(N))$, $\forall x, y \in H$,

$$\begin{aligned}(\varphi(N)\varphi'(N)x, y) &= \int_{\sigma(N)} \varphi(z) m_{\varphi'(N)x,y}(\mathrm{d}z)\\ &= \int_{\sigma(N)} \varphi(z)\varphi'(z) m_{x,y}(\mathrm{d}z),\end{aligned}$$

所以

$$m_{\varphi'(N)x,y}(\mathrm{d}z) = \varphi'(z) m_{x,y}(\mathrm{d}z).$$

设 $\psi \in B(\sigma(N)), \forall x, y \in \mathscr{H}$,

$$\begin{aligned}(\psi(N)\varphi'(N)x, y) &= \int_{\sigma(N)} \psi(z) m_{\varphi'(N)x,y}(\mathrm{d}z)\\ &= \int_{\sigma(N)} \psi(z)\varphi'(z) m_{x,y}(\mathrm{d}z),\end{aligned}$$

另一方面

$$(\psi(N)\varphi'(N)x, y) = (\varphi'(N)x, \psi(N)^*y) = \int_{\sigma(N)} \varphi'(z) m_{x,\psi(N)^*y}(\mathrm{d}z),$$

于是

$$m_{x,\psi(N)^*y}(\mathrm{d}z) = \psi(z) m_{x,y}(\mathrm{d}z).$$

对于任意的 $\psi, \psi' \in B(\sigma(N))$,

$$\begin{aligned}(\psi(N)\psi'(N)x, y) = (\psi'(N)x, \psi(N)y) &= \int_{\sigma(N)} \psi'(z) m_{x,\psi(N)^*y}(\mathrm{d}z)\\ &= \int_{\sigma(N)} \psi'(z)\psi(z) m_{x,y}(\mathrm{d}z) = ((\psi\cdot\psi')(N)x, y),\end{aligned}$$

故 $(\psi\cdot\psi')(N)=\psi(N)\psi'(N)$. 所以 τ 是同态. 又

$$\begin{aligned}(\psi(N)^*x,y)&=(x,\psi(N)y)=\overline{(\psi(N)y,x)}=\overline{\int_{\sigma(N)}\psi(y)m_{y,x}(\mathrm{d}z)}\\&=\int_{\sigma(N)}\overline{\psi(z)m_{y,x}(\mathrm{d}z)}=\int_{\sigma(N)}\overline{\psi(z)}m_{x,y}(\mathrm{d}z)\\&=(\overline{\psi}(N)x,y).\end{aligned}$$

于是 $\overline{\psi}(N)=\psi(N)^*$, 所以 τ 是 $*$ 同态.

2° 对于 $\forall\psi\in B(\sigma(N)),x\in\mathscr{H}$,

$$\begin{aligned}\|\psi(N)x\|^2&=(\psi(N)x,\psi(N)x)=(\psi(N)^*\psi(N)x,x)\\&=(\overline{\psi}(N)\psi(N)x,x)=\int_{\sigma(N)}|\psi(z)|^2m_{x,x}(\mathrm{d}z).\end{aligned}$$

因为 $\|\psi_n\|\leqslant M,\psi_n(z)\to\psi(z),\forall z\in\sigma(N)$, 可得 $\|\psi\|\leqslant M$, 由控制收敛定理,

$$\|\psi_n(N)x-\psi(N)x\|^2=\int_{\sigma(N)}|\psi_n(z)-\psi(z)|^2m_{x,x}(\mathrm{d}z)\longrightarrow 0.$$

得到结论 (3).

3° 首先证明 $AN^*=N^*A$. 因为 $AN=NA$, 对于 $\forall z\in\mathbb{C}$, 有 $A\mathrm{e}^{\overline{z}N}=\mathrm{e}^{\overline{z}N}A$, 故 $A=\mathrm{e}^{\overline{z}N}A\mathrm{e}^{-\overline{z}N}$. $x,y\in\mathscr{H}$, 定义函数

$$\begin{aligned}f(z)&=(\mathrm{e}^{-zN^*}A\mathrm{e}^{zN^*}x,y)\\&=(\mathrm{e}^{-zN^*+\overline{z}N}A\mathrm{e}^{zN^*-\overline{z}N}x,y),\end{aligned}$$

其中 $U=\mathrm{e}^{-zN^*+\overline{z}N}$ 是酉算子, 且 $U^*=\mathrm{e}^{zN^*-\overline{z}N}$, 则 $f(z)$ 是解析函数, 满足

$$\|f(z)\|\leqslant\|A\|\|x\|\|y\|.$$

由 Liouville 定理, $f(z)=f(0)=(Ax,y)$, 故

$$\mathrm{e}^{-zN^*}A\mathrm{e}^{zN^*}=A\Longrightarrow A\mathrm{e}^{zN^*}=\mathrm{e}^{zN^*}A.$$

从而 $AN^* = N^*A$. 于是对于任意多项式 p, 有

$$Ap(N, N^*) = p(N, N^*)A,$$

进而有

$$A\varphi(N) = \varphi(N)A, \quad \forall \varphi \in C(\sigma(N)).$$

于是 $\forall x, y \in \mathscr{H}$,

$$\begin{aligned} &\int_{\sigma(N)} \varphi(z) m_{Ax,y}(\mathrm{d}z) = \int_{\sigma(N)} \varphi(z) m_{x,A^*y}(\mathrm{d}z) \\ \Longrightarrow \qquad &m_{Ax,y}(\mathrm{d}z) = m_{x,A^*y}(\mathrm{d}z). \end{aligned}$$

对于 $\forall \psi \in B(\sigma(N))$,

$$\begin{aligned} (\psi(N)Ax, y) &= \int_{\sigma(N)} \psi(z) m_{Ax,y}(\mathrm{d}z) = \int_{\sigma(N)} \psi(z) m_{x,A^*y}(\mathrm{d}z) \\ &= (\psi(N)x, A^*y) = (A\psi(N)x, y), \end{aligned}$$

于是 $A\psi(N) = \psi(N)A$. 得到结论 (4). ■

下面将导出谱分解定理. 首先给出谱族的一般定义.

设 $\mathscr{X}$ 是一个局部紧拓扑空间, $\mathscr{B}$ 是 $\mathscr{X}$ 上的一切 Borel 子集组成的集合类. 设 $\mathscr{H}$ 是一个 Hilbert 空间, 记 $\mathscr{P}(\mathscr{H})$ 为 $\mathscr{H}$ 上的投影算子全体组成的集合.

定义 5.5.13 设 E 是 $\mathscr{B}$ 到 $\mathscr{P}(\mathscr{H})$ 的一个映射, 满足条件:

(1) $E(\mathscr{X}) = I$;

(2) 对于任意 $\mathscr{B}$ 中互不相交的 Borel 集序列 $\{A_i\}$,

$$E\left(\bigcup_{i=1}^{\infty} A_i\right) = s\text{-}\lim_{n\to\infty} \sum_{i=1}^{n} E(A_i),$$

其中 s-lim 表示算子的强极限. 我们称三元组 $(\mathscr{X}, \mathscr{B}, E)$ 是一个**谱族**.

设 $(\mathscr{X}, \mathscr{B}, E)$ 是一个谱族, 那么显然有下列性质:

(1) $E(\varnothing)=0$;

(2) $\forall A_i\in\mathscr{B}, i=1,2,\cdots,n, A_i\cap A_j=\varnothing$ 当 $i\neq j$ 时, 则

$$E\left(\bigcup_{i=1}^{n}A_i\right)=\sum_{i=1}^{n}E(A_i);$$

(3) 若 $A_1,A_2\in\mathscr{B}$, 则

$$E(A_1\cap A_2)=E(A_1)E(A_2).$$

可见谱族是测度空间 $(\mathscr{X},\mathscr{B})$ 上一个取值于某 Hilbert 空间上投影子族的测度, 定义 5.5.13 中的条件 (2) 是测度 E 的可列可加性.

现在回到正常算子 N 的谱族的构造问题. 对于给定的正常算子 N, 取 $\mathscr{X}=\mathbb{C}$, 并且定义 $E:\mathscr{B}\to\mathscr{P}(\mathscr{H})$ 如下:

$$E(\varOmega)=\tau\chi_{\varOmega\cap\sigma(N)},\quad \forall\varOmega\in\mathscr{B}, \tag{5.5.18}$$

其中 $\chi_{\varLambda}$ 表示 Borel 集 $\varLambda$ 上的特征函数:

$$\chi_{\varLambda}(z)=\begin{cases}1, & z\in\varLambda,\\ 0, & z\notin\varLambda.\end{cases} \tag{5.5.19}$$

显然, 若集合 $U\cap\sigma(N)=\varnothing$, 则 $E(U)=\theta$; 此外, $E(\mathbb{C})=E(\sigma(N))=I$.

根据定理 5.5.12 以及上述的定义 5.5.13, 我们得到了一个谱族 $(\mathbb{C},\mathscr{B},E)$, 特别地有, $\forall x,y\in\mathscr{H}$,

$$(E(\varOmega)x,y)=\int_{\varOmega\cap\sigma(N)}m_{x,y}(\mathrm{d}z)=m_{x,y}(\varOmega\cap\sigma(N)). \tag{5.5.20}$$

对于 $z\in\mathbb{C}$, 记 $\varOmega_z=\{s+\mathrm{i}t\in\sigma(N)\,|\,s\leqslant\mathrm{Re}z, t\leqslant\mathrm{Im}z\}$, 并且令

$$E(z)\triangleq E(\varOmega_z), \tag{5.5.21}$$

$$m_{x,y}(z)\triangleq m_{x,y}(\varOmega_z). \tag{5.5.22}$$

于是由 (5.5.20) 式, 得到

$$m_{x,y}(z)=(E(z)x,y). \tag{5.5.23}$$

并且 (5.5.17) 式还可用函数 $m_{x,y}(z)$ 的 Stieljes 积分表示

$$(\psi(N)x,y)=\int_{\sigma(N)}\psi(z)\mathrm{d}m_{x,y}(z). \tag{5.5.24}$$

这样我们得到了下列谱分解定理.

定理 5.5.14 设 N 是 Hilbert 空间 $\mathscr{H}$ 上的一个正常算子, $(\mathbb{C},\mathscr{B},E)$ 是由 (5.5.18) 式定义的谱族, 则对于任意的 $\psi\in B(\sigma(N))$, 存在唯一的算子 $\psi(N)\in L(\mathscr{H})$, 使得对 $\forall x,y\in\mathscr{H}$,

$$(\psi(N)x,y)=\int_{\sigma(N)}\psi(z)\mathrm{d}(E(z)x,y), \tag{5.5.25}$$

并且记成

$$\psi(N)=\int_{\sigma(N)}\psi(z)\mathrm{d}E(z). \tag{5.5.26}$$

(5.5.26) 式称为 $\psi(N)$ 的谱分解, 右端积分 $\int_{\sigma(N)}\psi(z)\mathrm{d}E(z)$ 是按弱的意义来理解, 即 $\forall x,y\in\mathscr{H}$, 积分 $\int_{\sigma(N)}\psi(z)\mathrm{d}(E(z)x,y)$ 存在. (5.5.26) 式的等号也是按弱的意义, 即按 (5.5.25) 式来理解. 因此定理 5.5.14 是正常算子 N 的谱分解的弱形式. 下面将证明 (5.5.26) 式的右端积分也可以按 “一致的” 意义来理解, 即按算子范数在 Lebesgue 积分意义下右端积分收敛, 且恰好等于 $\psi(N)$.

设 $\psi(z)=\mu(z)+\mathrm{i}v(z)$ 满足 $m\leqslant\mu(z)\leqslant M, l\leqslant v(z)\leqslant L$. 对任意分割 Δ:

$$m=a_0<a_1<\cdots<a_n=M,$$

$$l=b_0<b_1<\cdots<b_k=L,$$

任取 $\xi_p\in[a_{p-1},a_p),\eta_q\in[b_{q-1},b_q),p=1,2,\cdots,n,q=1,2,\cdots,k$. 作和式

$$S_\Delta=\sum_{p,q}(\xi_p+\mathrm{i}\eta_q)E(\Delta_{pq}),$$

其中

$$\Delta_{pq} = \left\{ z \in \sigma(N) \middle| \mu(z) \in [a_{p-1}, a_p), \nu(z) \in [b_{q-1}, b_q) \right\}.$$

积分 (5.5.26) 在一致意义下应理解为: $\forall \varepsilon > 0, \exists \delta > 0$, 当分割模

$$|\Delta| \triangleq \max_{\substack{1 \leqslant p \leqslant n \\ 1 \leqslant q \leqslant n}} (|a_p - a_{p-1}| + |b_q - b_{q-1}|) < \delta$$

时, 对任意选取的 ξ_p, η_q, 都有

$$\|S_\Delta - \psi(N)\| < \varepsilon.$$

事实上, 按定义, 取 $0 < \delta < \varepsilon$, 就有

$$\begin{aligned}
&\|\psi(N) - S_\Delta\| \\
&= \max_{\substack{x, y \in \mathscr{X} \\ \|x\|, \|y\| \leqslant 1}} \left| \sum \int_{\Delta_{pq}} [\psi(z) - (\xi_p + \mathrm{i}\eta_q)] \mathrm{d}(E(z)x, y) \right| \\
&\leqslant \sup_{\|x\|, \|y\| \leqslant 1} \delta \sum \int_{\Delta_{pq}} |\mathrm{d}(E(z)x, y)| \\
&= \sup_{\|x\|, \|y\| \leqslant 1} \delta \int_{\sigma(N)} |\mathrm{d}(E(z)x, y)| \\
&\leqslant \delta \sup_{\|x\|, \|y\| \leqslant 1} \|x\| \|y\| \\
&= \delta < \varepsilon.
\end{aligned}$$

于是我们证明了更一般的谱分解定理.

定理 5.5.15 设 N 是 $\mathscr{H}$ 上的正常算子, 对于任意的 $\psi \in B(\sigma(N))$, 积分 $\int_{\sigma(N)} \psi(z) \mathrm{d}E(z)$ 在一致意义下收敛, 而且

$$\psi(N) = \int_{\sigma(N)} \psi(z) \mathrm{d}E(z),$$

其中 E 是由 (5.5.18) 式定义的谱族. 特别地, 对 $\forall x \in \mathscr{H}$, 有

$$\psi(N)x = \int_{\sigma(N)} \psi(z) \mathrm{d}E(z)x. \tag{5.5.27}$$

若取 $\psi(z)=z$, 则有

$$N=\int_{\sigma(N)}z\mathrm{d}E(z),$$
$$Nx=\int_{\sigma(N)}z\mathrm{d}E(z)x,\quad \forall x\in\mathscr{H}$$

以及

$$(Nx,y)=\int_{\sigma(N)}z\mathrm{d}(E(z)x,y),\quad \forall x,y\in\mathscr{H}.$$

若取特征函数 $\psi(z)=\chi_\Delta(z)$, 则有

$$\chi_\Delta(N)=E(\Delta\cap\sigma(N)).$$

例 5.5.16 设 A 是自伴算子, 于是 $\sigma(A)\subset\mathbb{R}$, 此时

$$A=\int_{\sigma(A)}\lambda\mathrm{d}E_\lambda, \tag{5.5.28}$$

其中

$$E_\lambda=E((-\infty,\lambda]\cap\sigma(A)),\quad -\infty<\lambda<+\infty.$$

不难验证:

(1) 当 $\lambda\leqslant\lambda'$ 时 $E_\lambda\leqslant E_{\lambda'}$, 即 $E_{\lambda'}-E_\lambda\geqslant 0$,

(2) $E_\lambda=s\text{-}\lim\limits_{\lambda'\to\lambda+0}E_{\lambda'}$,

(3) $E_a=0, E_b=I$,

其中 s-lim 表示算子的强极限, $a=\inf\{\lambda\in\mathbb{R}|\lambda\in\sigma(A)\}, b=\sup\{\lambda\in\mathbb{R}|\lambda\in\sigma(A)\}$.

上述性质 (1) 是谱族的单调性, (2) 是谱族的右连续性.

例 5.5.17 设 U 是一个酉算子, 则 $\sigma(U)\subset S^1$, 而且

$$U=\int_0^{2\pi}\mathrm{e}^{\mathrm{i}\theta}\mathrm{d}F_\theta, \tag{5.5.29}$$

其中 $F_\theta=E(\sigma(U)\cap\mathrm{e}^{\mathrm{i}[0,\theta]})$.

推论 5.5.18 对于任意的 $\psi\in B(\sigma(N)),\forall x\in\mathscr{H}$, 有

$$\|\psi(N)x\|^2=\int_{\sigma(N)}|\psi(z)|^2\mathrm{d}\|E(z)x\|^2. \tag{5.5.30}$$

证 在定理 5.5.12 中, 我们已经证明

$$\|\psi(N)x\|^2 = \int_{\sigma(N)} |\psi(z)|^2 \mathrm{d}m_{x,x}(z),$$

而

$$m_{x,x}(z) = (E(z)x, x) = \|E(z)x\|^2. \quad \blacksquare$$

正常算子的谱分解定理以及公式 (5.5.30) 是十分重要的. 在正常算子的算子函数的运算中, 它们是最强有力的工具, 因为它们将算子函数的加法、减法、乘法以及取逆, 转化为相应数值函数的同一种运算. 此外, 谱分解定理和公式 (5.5.30) 在正常算子谱集的研究中也起着关键的作用.

5.3 正常算子的谱集

在上册第二章 §6 中, 我们已经给出了线性算子谱集的定义和分类. 设 T 是 Hilbert 空间 $\mathscr{H}$ 上的有界线性算子, 那么

$$\rho(T) = \left\{\lambda \in \mathbb{C} \middle| (\lambda I - T)^{-1} \in L(\mathscr{H})\right\}$$

是 T 的预解集, $\rho(T)$ 中的 λ 称为 T 的正则值. 它的余集

$$\sigma(T) = \mathbb{C} \backslash \rho(T)$$

是 T 的谱集, $\sigma(T)$ 中的 λ 称为 T 的谱点. 谱集由三个互不相交的集合组成:

$$\sigma(T) = \sigma_p(T) \cup \sigma_c(T) \cup \sigma_r(T), \tag{5.5.31}$$

其中

$$\begin{aligned}
\sigma_p(T) &= \left\{\lambda \in \mathbb{C} \middle| \ker(\lambda I - T) \neq \{\theta\}\right\}, \\
\sigma_c(T) &= \Big\{\lambda \in \mathbb{C} \Big| \ker(\lambda I - T) = \{\theta\}, \overline{\mathrm{Ran}(\lambda I - T)} = \mathscr{H}, \\
&\qquad\qquad \text{但是 } (\lambda I - T)^{-1} \text{ 无界}\Big\}, \\
\sigma_r(T) &= \left\{\lambda \in \mathbb{C} \middle| \ker(\lambda I - T) = \{\theta\}, \overline{\mathrm{Ran}(I\lambda - T)} \neq \mathscr{H}\right\}.
\end{aligned}$$

$\sigma_p(T)$ 是全体 T 的特征值集, 叫作 T 的点谱, $\sigma_c(T)$ 叫作 T 的连续谱集, $\sigma_r(T)$ 叫作 T 的剩余谱集.

定理 5.5.19 设 N 是 Hilbert 空间 $\mathscr{H}$ 上的正常算子, $(\mathbb{C},\mathscr{B},E)$ 是与 N 相关联的谱族, 则

$$\lambda_0 \in \sigma_p(N) \Longleftrightarrow E(\{\lambda_0\}) \neq 0. \tag{5.5.32}$$

证 "$\Longrightarrow$" 因为 $\lambda_0 \in \sigma_p(N), \exists x_0 \in \mathscr{H}, x_0 \neq \theta$, 使得 $Nx_0 = \lambda_0 x_0$. 令

$$f_n(z) = \begin{cases} \dfrac{1}{\lambda_0 - z}, & z \notin B\left(\lambda_0, \dfrac{1}{n}\right), \\ 0, & z \in B\left(\lambda_0, \dfrac{1}{n}\right), \end{cases}$$

其中 $B\left(\lambda_0, \dfrac{1}{n}\right)$ 是圆心在 λ_0、半径为 $\dfrac{1}{n}$ 的圆盘. 于是 $f_n \in B(\sigma(N))$, $f_n(N)(\lambda_0 I - N) = E\left(\mathbb{C}\Big\backslash B\left(\lambda_0, \dfrac{1}{n}\right)\right)$, 从而

$$E\left(\mathbb{C}\Big\backslash B\left(\lambda_0, \frac{1}{n}\right)\right) x_0 = 0.$$

令 $n \to \infty$, 得到 $E(\mathbb{C}\backslash\{\lambda_0\})x_0 = 0$. 但是 $E(\sigma(N))x_0 = E(\mathbb{C})x_0 = x_0$, 故推得

$$E(\{\lambda_0\})x_0 = x_0.$$

"$\Longleftarrow$" 因为 $E(\{\lambda_0\}) \neq 0$, 可取 $x_0 \in E(\{\lambda_0\})\mathscr{H}, x_0 \neq \theta$, 则 $x_0 = E(\{\lambda_0\})x_0$, 由谱分解定理和投影算子的代数运算,

$$\begin{aligned} Nx_0 &= \int_{\sigma(N)} z \mathrm{d}E(z) x_0 \\ &= \int_{\sigma(N)} z \mathrm{d}E(z) E(\{\lambda_0\}) x_0 \\ &= \lambda_0 E(\{\lambda_0\}) x_0 \\ &= \lambda_0 x_0, \end{aligned}$$

即 $\lambda_0 \in \sigma_p(N)$. ■

定理 5.5.20　设 N 是正常算子, 则 $\sigma_r(N) = \varnothing$.

证　假若不然, 设 $\lambda_0 \in \sigma_r(N)$, 则 $\overline{\mathrm{Ran}(\lambda_0 I - N)} \neq \mathscr{H}$, 而且 $\ker(\lambda_0 I - N) = \{\theta\}$. 因为 $\ker(\overline{\lambda}_0 I - N^*) = \mathrm{Ran}(\lambda_0 I - N)^{\perp}$, 所以 $\overline{\lambda}_0 \in \sigma_p(N^*)$. 记 E_{N^*} 为与 N^* 相关联的谱族, 则按照定理 5.5.19,

$$E_{N^*}(\{\overline{\lambda}_0\}) \neq 0.$$

然而 $E_N(\{\lambda_0\}) = E_{N^*}(\{\overline{\lambda}_0\})$, 其中 E_N 为与 N 相关联的谱族. 于是根据定理 5.5.19, $\lambda_0 \in \sigma_p(N)$, 这与假设 $\lambda_0 \in \sigma_r(N)$ 矛盾. 故 $\sigma_r(N) = \varnothing$. ■

定理 5.5.21　设 N 是正常算子, $(\mathbb{C}, \mathscr{B}, E)$ 是与 N 相关联的谱族, 则

$$\lambda_0 \in \sigma(N) \Longleftrightarrow \forall \lambda_0 \text{ 的邻域 } U, E(U) \neq 0. \tag{5.5.33}$$

证　"$\Longleftarrow$"　设 $\forall \lambda_0$ 的邻域 $U, E(U) \neq 0$, 但是 $\lambda_0 \in \rho(N)$, 则必有 λ_0 的某个开邻域 U', 使得 $U' \cap \sigma(N) = \varnothing$, 从而 $E(U') = 0$, 得到矛盾, 故必有 $\lambda_0 \in \sigma(N)$.

"$\Longrightarrow$"　设 $\lambda_0 \in \sigma(N)$, 但是存在 λ_0 的某个邻域 U', 使得 $E(U') = 0$. 根据定理 5.5.20, $\sigma_r(N) = \varnothing$, 故 $\overline{\mathrm{Ran}(\lambda_0 I - N)} = \mathscr{H}$, 可知存在 $x_n \in \mathscr{H}, \|x_n\| = 1, n = 1, 2, \cdots$, 满足 $(\lambda_0 I - N)x_n \to \theta$, 但是由公式 (5.5.30),

$$\begin{aligned}
\|(\lambda_0 I - N)x_n\|^2 &= \int_{\sigma(N)} |\lambda_0 - z|^2 \mathrm{d}\|E(z)x_n\|^2 \\
&= \int_{\sigma(N)\setminus U'} |\lambda_0 - z|^2 \mathrm{d}\|E(z)x_n\|^2 \\
&\geqslant \delta^2 \|x_n\|^2 = \delta^2,
\end{aligned}$$

其中 $\delta < \mathrm{dist}(\lambda_0, \partial U')$, 这便导出矛盾. 所得矛盾证明了 $\forall \lambda_0$ 的邻域 $U, E(U) \neq 0$. ■

正常算子的谱集除了分解成点谱、连续谱、剩余谱外, 还可以根据谱点邻域上谱投影算子值域的维数来分类.

定义 5.5.22 设 N 是 Hilbert 空间 $\mathscr{H}$ 上的正常算子, $(\mathbb{C}, \mathscr{B}, E)$ 是与 N 相关联的谱族. 对于 $\lambda \in \sigma(N)$, 如果 λ 的任意 Borel 邻域 $U, \dim E(U)\mathscr{H} = +\infty$, 就称 λ 为 N 的**本质谱点**, 否则称 λ 为 N 的**离散谱点**. 全体本质谱点组成的集合记作 $\sigma_{\text{ess}}(N)$, 一切离散谱点组成的集合记作 $\sigma_d(N)$, 它们分别称作 T 的**本质谱集**和**离散谱集**.

根据定义 5.5.22 显然有

$$\sigma(N) = \sigma_{\text{ess}}(N) \cup \sigma_d(N). \tag{5.5.34}$$

定理 5.5.23 设 N 是正常算子, 则 $\lambda_0 \in \sigma_d(N)$ 当且仅当下列二式同时成立:

(1) λ_0 是 $\sigma(N)$ 的孤立点, 即存在 λ_0 的某个邻域 U, 使得 $U \cap \sigma(N) = \{\lambda_0\}$;

(2) λ_0 是有限重次的特征值, 即 $\dim\ker(\lambda_0 I - N) < +\infty$.

证 充分性是显然的, 因为当 λ_0 是有限重次孤立特征值时, $\exists$ Borel 邻域 $U', U' \cap \sigma(N) = \{\lambda_0\}, E(U')\mathscr{H} = E(\{\lambda_0\})\mathscr{H} = \ker(\lambda_0 I - N)$, 故 $\dim E(U')\mathscr{H} < +\infty$.

兹证必要性. 设 $\lambda_0 \in \sigma_d(N), U$ 为 λ_0 的邻域, 使得

$$\dim E(U)\mathscr{H} < +\infty.$$

若 λ_0 不是 $\sigma(N)$ 的孤立点, 则存在 $\lambda_n \in \sigma(N), n = 1, 2, \cdots$, $\lambda_n \to \lambda$, 而且诸 λ_n 互不相同. 不妨设 $\lambda_n \in U$. 取 λ_n 的开邻域 K_n, 使得诸 K_n 互不相交, 而且 $K_n \subset U, n = 1, 2, \cdots$. 根据定理 5.5.21 知, $\forall n, E(K_n) \neq 0$. 显然, 当 $n \neq m$ 时, $E(K_n)\mathscr{H}$ 与 $E(K_m)\mathscr{H}$ 正交, 故 $\dim E\left(\bigcup\limits_{n=1}^{\infty} K_n\right)\mathscr{H} = +\infty$, 这与所设矛盾. 因此 λ_0 必为 $\sigma(N)$ 的孤立点.

又由 $\dim E(\{\lambda_0\})\mathscr{H} \leqslant \dim E(U)\mathscr{H} < +\infty$, 可知 λ_0 是有限重次的特征值. ■

推论 5.5.24 设 N 是正常算子, 则 $\lambda_0 \in \sigma_{\text{ess}}(N)$ 当且仅当下列三个条件中某一个成立:

(1) $\lambda_0 \in \sigma_c(N)$;

(2) λ_0 是 $\sigma_p(N)$ 的极限点;

(3) λ_0 是无限重次的特征值.

习 题

5.5.1 设 N 是 Hilbert 空间上的正常算子, 求证:

(1) 若 $\varphi \in C(\sigma(N))$, 则

$$\sigma(\varphi(N)) = \varphi(\sigma(N));$$

(2) 若 $\varphi \in C(\sigma(N)), \psi \in C(\sigma(\varphi(N)))$, 则

$$(\psi \circ \varphi)(N) = \psi(\varphi(N)).$$

5.5.2 求证: N 是正常算子的充要条件是

$$\|Nx\| = \|N^*x\|, \quad \forall x.$$

5.5.3 设 N 是正常算子, 求证:

(1) $\|N\| = \sup\{|\lambda| \big| \lambda \in \sigma(N)\}$, 又若 P 是多项式, 则

$$\|P(N)\| = \sup\{|P(\lambda)| \big| \lambda \in \sigma(N)\};$$

(2) 对于 $A \in L(\mathscr{H})$, 记

$$r(A) \triangleq \sup\{|\lambda| \big| \lambda \in \sigma(A)\},$$

则有

$$\|A\|^2 = r(AA^*).$$

5.5.4 求证二个可交换正算子的积还是正算子.

5.5.5 设 $A, B \in L(\mathscr{H}), 0 \leqslant A \leqslant B$, 又 A, B 可交换, 则 $A^2 \leqslant B^2$; 但当 A, B 不可交换时, 上述结论未必正确.

5.5.6 设 N 是正常算子, 则存在 $P, Q \in L(\mathscr{H}), P$ 唯一, 是正算子, Q 是酉算子, 使得

$$N = PQ = QP.$$

上式称为 N 的极分解.

5.5.7 设 $\mathscr{X}$ 是局部紧拓扑空间, $\mathscr{H}$ 是 Hilbert 空间, $(\mathscr{X}, \mathscr{B}, E)$ 是由定义 5.5.13 给出的谱族, 求证: 若 $\varDelta_1, \varDelta_2 \in \mathscr{B}$, 则

$$E(\varDelta_1 \cap \varDelta_2) = E(\varDelta_1)E(\varDelta_2).$$

5.5.8 设 N 是正常算子, E 是与 N 相关联的谱族, 则 $\forall$ Borel 集 $\varDelta \subset \mathbb{C}, E(\varDelta)$ 在由 N, N^* 生成的 C^* 代数的弱闭包内. 设 $S \in L(\mathscr{H}), SN = NS$, 证明: $SE(\varDelta) = E(\varDelta)S$.

5.5.9 设 N 是正常算子, 求证:

(1) N 是酉算子 $\Longleftrightarrow \sigma(N) \subset S^1$;

(2) N 是自伴算子 $\Longleftrightarrow \sigma(N) \subset \mathbb{R}$;

(3) N 是正算子 $\Longleftrightarrow \sigma(N) \subset \mathbb{R}_+$.

5.5.10 设正常算子 N 的谱集 $\sigma(N)$ 是可列集, 则 $\mathscr{H}$ 有一个正交归一基 $B = \{y\}$, 其中 y 是 N 的特征元, 并且有 Fourier 展式:

$$x = \sum_{y \in B} (x, y)y, \quad \forall x \in \mathscr{H},$$

其中 Fourier 系数 (x, y) 除了可列个外均为 0.

5.5.11 设 N 是 $\mathscr{H}$ 上的正常算子, 求证 N 是紧的充要条件是下列三个条件都成立:

(1) $\sigma(N)$ 是可列集;

(2) 若 $\sigma(N)$ 有极限点, 它只能是 0;

(3) 若 $\lambda \in \sigma(N), \lambda \neq 0$, 则 $\dim E(\{\lambda\})\mathscr{H} < +\infty$.

5.5.12　设 N 是紧的正常算子, 求证:

(1) 存在 N 的特征值 λ, 使得 $|\lambda| = \|N\|$;

(2) 若 $\varphi \in C(\sigma(N)), \varphi(0) = 0$, 则 $\varphi(N)$ 也是紧算子.

5.5.13　设 N 是正常算子, E 是与 N 相关联的谱族, 设 $\varphi \in C(\sigma(N))$, 记 $\omega = \ker\varphi$, 求证:

$$\ker\varphi(N) = \mathrm{Ran}E(\omega).$$

5.5.14　设 N 是正常算子, 设 O 是开集, $\sigma(N) \subset O, O$ 的边界 ∂O 是 Jordan 曲线, 设 φ 在 $\sigma(N)$ 的邻域上是解析的, 并且 $\overline{O}$ 在 φ 的解析区域内, 则

$$\varphi(N) = \frac{1}{2\pi\mathrm{i}}\int_{\partial O}\varphi(z)(zI - N)^{-1}\mathrm{d}z.$$

5.5.15　设 N 是正常算子, C 为 $\sigma(N)$ 的一个连通分支, 又设 Jordan 曲线 $\Gamma \subset \rho(N), \Gamma$ 包围着 C, 并且除了 C 外 Γ 内部没有其他谱点, 证明:

$$E(C) = \frac{1}{2\pi\mathrm{i}}\int_{\Gamma}(zI - N)^{-1}\mathrm{d}z.$$

§ 6　在奇异积分算子中的应用

非交换的 C^* 代数远比交换 C^* 代数复杂, 我们不可能在这个课程里详尽展开关于非交换理论的讨论, 但是我们想介绍一个例子, 说明有些特殊的非交换 C^* 代数还是有办法化到交换代数中去研究的.

在上册第三章, 我们指出 Hilbert 空间 $\mathscr{H} = L^2(S^1)$ 上的有界线性算子

$$T = aP + b(I - P) + K \tag{5.6.1}$$

成为 Fredholm 算子的充分条件, 其中 P 是 $L^2(S^1)$ 到自身的投影算子, $a,b\in C(S^1)$ 是 $L^2(S^1)$ 上的乘法算子, 而 K 是 $\mathscr{H}$ 上的紧算子. 这充分条件是: 对于每个 θ,

$$a(\mathrm{e}^{\mathrm{i}\theta})\neq 0,\quad b(\mathrm{e}^{\mathrm{i}\theta})\neq 0. \tag{5.6.2}$$

现在来证明这个条件还是必要的.

为此先考察乘法算子 $a\in C(S^1)$, 投影算子 P 以及全体 $\mathscr{H}$ 上的紧算子 $\mathbb{C}(\mathscr{H})$ 所生成的 $L(\mathscr{H})$ 内最小闭子代数 $\mathscr{A}_0$, 则 $\mathscr{A}_0$ 还是一个 C^* 代数.

但是因为: (1) $\mathbb{C}(\mathscr{H})$ 不是交换的, (2) $[a,P]\neq 0$. 所以 $\mathscr{A}_0$ 不是交换的. 然而 $\mathbb{C}(\mathscr{H})$ 是 $L(\mathscr{H})$ 中的关于对合 $*$ 封闭的闭 (双边) 理想, 并且 $[a,P]\in\mathbb{C}(\mathscr{H})$, 我们将用商代数

$$\mathscr{B}_0=\mathscr{A}_0/\mathbb{C}(\mathscr{H})$$

来代替 $\mathscr{A}_0$.$\mathscr{B}_0$ 是一个交换的带对合的 Banach 代数, 具有商模如下:

$$\|[A]\|=\inf_{K\in C(\mathscr{H})}\|A-K\|. \tag{5.6.3}$$

我们要指出 $\mathscr{B}_0$ 还是一个 C^* 代数.

定理 5.6.1 设 $\mathscr{A}$ 是 $L(\mathscr{H})$ 中一个关于对合封闭的, 包含 $\mathbb{C}(\mathscr{X})$ 的闭子代数, 则 $\mathscr{B}=\mathscr{A}/\mathbb{C}(\mathscr{H})$ 是一个 C^* 代数.

证 因为

$$[A]^*=[A^*],\quad \|A^*\|=\|A\|,$$

所以

$$\|[A]^*\|=\|[A]\|.$$

又因为 $\mathscr{B}$ 是一个带对合的 Banach 代数, 所以

$$\|[A]^*[A]\|\leqslant\|[A]^*\|\|[A]\|=\|[A]\|^2.$$

为了证明 $\mathscr{B}$ 是 C^* 代数, 只要再证:

$$\|[A]^*[A]\| \geqslant \|[A]\|^2. \tag{5.6.4}$$

为此需要下面的引理.

引理 5.6.2 在定理 5.6.1 的假设下, 设 $A \in \mathscr{A}$ 是 $\mathscr{H}$ 上的一个自伴算子, 则

$$\|[A]\| = \sup\left\{|\lambda| \big| \lambda \in \sigma_{\text{ess}}(A)\right\}. \tag{5.6.5}$$

暂时先承认这个结论, 用它来证明不等式 (5.6.4). 设 $m = \sup\left\{|\lambda| \big| \lambda \in \sigma_{\text{ess}}(A^*A)\right\}$, 应用引理 5.6.2, 有

$$m = \|[A^*A]\|.$$

记 E 为与自伴算子 A^*A 相关联的谱族.

对于任给 $\varepsilon > 0$, 记

$$F = E(\mathbb{R} \backslash (-m-\varepsilon, m+\varepsilon)),$$

则 F 是有穷秩算子, 于是 F 以及 $FA^*A, AF \in \mathbb{C}(\mathscr{H})$. 此外,

$$\|A^*A - FA^*A\| \leqslant m + \varepsilon.$$

由于

$$A^*A - FA^*A = (A-AF)^*(A-AF),$$

所以有

$$\begin{aligned}\|[A]^*[A]\| &= \|[A^*A]\| \\ &\geqslant \|(A-AF)^*(A-AF)\| - \varepsilon \\ &= \|A-AF\|^2 - \varepsilon.\end{aligned}$$

因此得到

$$\|[A]^*[A]\| \geqslant \|[A]\|^2.$$

至此, 定理 5.6.1 证毕. ■

现在回过来证明引理 5.6.2.

引理 5.6.2 的证明 记 $M = \sup\left\{|\lambda|\big|\lambda \in \sigma_{\mathrm{ess}}(A)\right\}$. 先证 "$\|[A]\| \leqslant M$". $\forall \varepsilon > 0$, 记

$$F = E(\mathbb{R}\backslash(-M-\varepsilon, M+\varepsilon)),$$

其中 E 是与自伴算子 A 相关联的谱族. F 是有穷秩算子, 故 $K = AF \in \mathbb{C}(\mathscr{H})$, 并且

$$\|A - AF\| \leqslant M + \varepsilon,$$

便推得 $\|[A]\| \leqslant M + \varepsilon$. 由于 ε 是任意的. 所以 $\|[A]\| \leqslant M$.

再证 "$\|[A]\| \geqslant M$". 对于 $\varepsilon > 0$, 集合 $E\left(B\left(-M, \frac{\varepsilon}{2}\right)\right)\mathscr{H}$ 与 $E\left(B\left(M, \frac{\varepsilon}{2}\right)\right)\mathscr{H}$ 中至少有一个是 ∞ 维的. 不妨设

$$\dim E\left(B\left(M, \frac{\varepsilon}{2}\right)\right)\mathscr{H} = \infty.$$

记 $\mathscr{H}_1 = E\left(B\left(M, \frac{\varepsilon}{2}\right)\right)\mathscr{H}$, 则对于任意 $x \in \mathscr{H}_1$,

$$\|Ax\|^2 = \int_{\mathbb{R}} \lambda^2 \mathrm{d}\|E_\lambda x\|^2 \geqslant \left(M - \frac{\varepsilon}{2}\right)^2 \|x\|^2.$$

另一方面, 对于任意 $K \in \mathbb{C}(\mathscr{H})$, 存在有穷秩算子 K_ε, 使得 $\|K - K_\varepsilon\| < \varepsilon/2$. 然而 $\dim(\ker K_\varepsilon)^\perp < +\infty$, 所以 $\ker K_\varepsilon \cap \mathscr{H}_1$ 中必含有非 θ 元, 任取其一记作 x_0, 则

$$\|(A-K)x_0\| \geqslant \|Ax_0\| - \|(K - K_\varepsilon)x_0\| \geqslant (M - \varepsilon)\|x_0\|.$$

这就证明了

$$\|[A]\| \geqslant M - \varepsilon.$$

由 $\varepsilon > 0$ 的任意性, 推得所要的等式 $\|[A]\| = M$. 至此, 引理 5.6.2 证毕. ∎

推论 5.6.3 $L(\mathscr{H})/\mathbb{C}(\mathscr{H})$ 是一个 C^* 代数.

注 这个 C^* 代数称为 Calkin 代数. 利用 Calkin 代数可以把上册第三章中刻画 Fredholm 算子的定理 3.6.5 翻译成:

为使 $T \in L(\mathscr{H})$ 是一个 Fredholm 算子, 必须且仅须 $[T]$ 在 $L(\mathscr{H})/\mathbb{C}(\mathscr{H})$ 中有逆.

推论 5.6.4 $\mathscr{B}_0 = \mathscr{A}_0/\mathbb{C}(\mathscr{H})$ 是一个交换的 C^* 代数.

现在我们来求 $\mathscr{B}_0$ 的极大理想空间 $\mathfrak{M}$.

定理 5.6.5 $\mathfrak{M} \cong S^1 \times \mathbb{Z}_2$.

证 对于每一个 $J_0 \in \mathfrak{M}$, 它唯一地对应着 $\mathscr{B}_0$ 上的一个可乘连续泛函 φ_{J_0}. 注意到 $\mathscr{B}_0$ 中包含由 $C(S^1)$ 函数构成的乘法算子生成的 $*$ 闭子代数 $\mathscr{B}_1$, 以及由 $\{I, P\}$ 生成的 $*$ 闭子代数 $\mathscr{B}_2$. 将 φ_{J_0} 分别限制到 $\mathscr{B}_1, \mathscr{B}_2$ 上, 仍是可乘连续泛函.

在 $\mathscr{B}_1$ 上, 因其同构于 $C(S^1), \exists\theta_0 \in [0, 2\pi)$, 使得

$$\langle \varphi_{J_0}, [a] \rangle = a(\mathrm{e}^{\mathrm{i}\theta_0}).$$

在 $\mathscr{B}_2$ 上, (它只有两个生成元 $[I], [P]$)

$$\langle \varphi_{J_0}, [P] \rangle^2 = \langle \varphi_{J_0}, [P]^2 \rangle = \langle \varphi_{J_0}, [P] \rangle,$$

所以, $\exists\varepsilon_0 = 0$ 或 1, 即 $\varepsilon_0 \in \mathbb{Z}_2$, 使得

$$\langle \varphi_{J_0}, [P] \rangle = \varepsilon_0.$$

这样我们已经建立了 $\mathfrak{M} \to S^1 \times \mathbb{Z}_2$ 的对应: $J_0 \mapsto (\mathrm{e}^{\mathrm{i}\theta_0}, \varepsilon_0)$. 由于 $\mathscr{B}_1, \mathscr{B}_2$ 张满了 $\mathscr{B}_0$, 所以这个对应是一一的.

再证这个对应是在上的. 对于任给 $(\mathrm{e}^{\mathrm{i}\theta_0}, \varepsilon_0) \in S^1 \times \mathbb{Z}_2$, 作 $\mathscr{A}_0$ 上的连续可乘泛函如下:

$$\begin{aligned} \langle \varphi_0, P \rangle &= \varepsilon_0, \\ \langle \varphi_0, a \rangle &= a(\mathrm{e}^{\mathrm{i}\theta_0}), \\ \langle \varphi_0, K \rangle &= 0, \quad \forall K \in \mathbb{C}(\mathscr{H}). \end{aligned}$$

这个 φ_0 诱导出 $\mathscr{B}_0$ 上的一个可乘泛函 $\widehat{\varphi}_0$, 又因为

$$\begin{aligned} |\varepsilon_0| &\leqslant \|P\| = \|[P]\|, \\ |a(\mathrm{e}^{\mathrm{i}\theta_0})| &\leqslant \|a\| = \|[a]\|, \end{aligned}$$

所以 $\widehat{\varphi}_0$ 还是连续的, 它对应着一个 $J_0 \in \mathfrak{M}$.

应用引理 5.3.3, $\mathfrak{M}$ 与 $S^1 \times \mathbb{Z}_2$ 同胚. 定理得证. ■

现在回到本节开始所述的问题. 设 $T = aP + b(I-P) + K$, 如 (5.6.1) 式. 我们来确定 $[T] \in \mathscr{B}_0$ 的一个 Gelfand 表示. 在这个表示中取定

$$\Gamma([a])(\mathrm{e}^{\mathrm{i}\theta}, \varepsilon) = a(\mathrm{e}^{\mathrm{i}\theta}), \quad \Gamma([P])(\mathrm{e}^{\mathrm{i}\theta}, 0) = 1,$$

则有

$$\begin{aligned}
\Gamma([T])(\mathrm{e}^{\mathrm{i}\theta}, 0) &= \Gamma([aP])(\mathrm{e}^{\mathrm{i}\theta}, 0) \\
&= \Gamma([a])(\mathrm{e}^{\mathrm{i}\theta}, 0)\Gamma([P])(\mathrm{e}^{\mathrm{i}\theta}, 0) \\
&= a(\mathrm{e}^{\mathrm{i}\theta}), \\
\Gamma([T])(\mathrm{e}^{\mathrm{i}\theta}, 1) &= \Gamma([b(I-P)])(\mathrm{e}^{\mathrm{i}\theta}, 1) \\
&= \Gamma([b])(\mathrm{e}^{\mathrm{i}\theta}, 1)\Gamma([I-P])(\mathrm{e}^{\mathrm{i}\theta}, 1) \\
&= b(\mathrm{e}^{\mathrm{i}\theta}).
\end{aligned}$$

如此即得下面定理.

定理 5.6.6 为使 (5.6.1) 式中的算子 T 是 Fredholm 算子必须且仅须, 对于 $\forall\theta$,

$$a(\mathrm{e}^{\mathrm{i}\theta}) \neq 0, \quad b(\mathrm{e}^{\mathrm{i}\theta}) \neq 0.$$

证 充分性已在上册第三章定理 3.6.10 中证过.

兹证必要性. 为了 T 是 Fredholm 算子, 按推论 5.6.3 的注, $[T]$ 在 Calkin 代数 $L(\mathscr{H})/\mathbb{C}(\mathscr{H})$ 中有逆. 后者是一个 C^* 代数. 而 $\mathscr{B}_0$ 是它的一个关于对合封闭的交换 C^* 子代数. 根据引理 5.5.2, $[T]$ 在 $\mathscr{B}_0$ 中有逆. 注意到 $\mathscr{B}_0$ 与 $C(S^1 \times \mathbb{Z}_2)$ 是 $*$ 等距在上同构的, 从而 $\Gamma([T])$ 在 $C(S^1 \times \mathbb{Z}_2)$ 中有逆, 这蕴含了 $a(\mathrm{e}^{\mathrm{i}\theta}) \neq 0, b(\mathrm{e}^{\mathrm{i}\theta}) \neq 0, \forall\theta$ 成立. ■

第六章　无界算子

我们以往讨论过的线性算子大多是有界的. 但是在分析学和数学物理学中许多重要的线性算子并不有界. 例如 $L^2(\Omega)$ 上的微分算子, 其中 $\Omega \subset \mathbb{R}^n$, 又如量子力学中的 Schrödinger 算子: $-\Delta + V(x)$, 其中 Δ 是 $\mathbb{R}^3$ 中的 Laplace 微分算子, 它们都不是有界的. 因此, 认识和掌握无界算子的理论十分重要. 本章将着重研究无界自伴算子, 讨论它的谱理论, 还讨论自伴扩张和自伴扰动理论. 此外还将讨论无界正常算子的谱分解和无界算子序列的收敛性.

§1　闭算子

对 Banach 空间上的有界线性算子我们引进了算子范数, 在讨论有界线性算子的性质时, 算子范数曾起了十分重要的作用. 可惜 Banach 空间上的无界线性算子不存在算子范数, 这就迫使我们从另外的角度入手, 通过考察算子的图, 引入闭算子概念.

设 $\mathscr{X}, \mathscr{Y}$ 是 Banach 空间, 则乘积空间 $\mathscr{X} \times \mathscr{Y}$ 也是 Banach 空间, 它的范数是 $\|\langle x, y\rangle\| = \|x\|_{\mathscr{X}} + \|y\|_{\mathscr{Y}}, \forall \langle x, y\rangle \in \mathscr{X} \times \mathscr{Y}$.

定义 6.1.1　设 $\mathscr{X}, \mathscr{Y}$ 是 Banach 空间, T 是一个线性算子, 其定义域 $D(T) \subset \mathscr{X}$ 是 $\mathscr{X}$ 的一个线性子空间, 其值域 $R(T) \subset \mathscr{Y}$. 我们称乘积空间 $\mathscr{X} \times \mathscr{Y}$ 上的线性子空间

$$\Gamma(T) = \left\{\langle x, Tx\rangle \in \mathscr{X} \times \mathscr{Y} \middle| x \in D(T)\right\} \tag{6.1.1}$$

为线性算子 T 的**图**. 如果图 $\Gamma(T)$ 在 $\mathscr{X} \times \mathscr{Y}$ 中是闭的, 就称算子 T 是**闭**的.

设 T_1, T_2 是两个 $\mathscr{X}$ 到 $\mathscr{Y}$ 的线性算子, 如果 $\Gamma(T_1) \subset \Gamma(T_2)$, 就称 T_2 是 T_1 的一个扩张算子, 记作 $T_1 \subset T_2$.

对于线性算子 T, 若存在扩张算子 $S \supset T$, 使得 $\overline{\Gamma(T)} = \Gamma(S)$, 就称 T 是可闭化的, S 称为 T 的闭包, 记作 $S = \overline{T}$.

注 1 为使从 $D(T) \subset \mathscr{X}$ 到 $R(T) \subset \mathscr{Y}$ 的线性算子 T 是闭的, 必须且仅须下列命题成立: 若 $x_n \in D(T)$, $x_n \to x$ (在空间 $\mathscr{X}$ 内), 又 $Tx_n \to y$ (在空间 $\mathscr{Y}$ 内), 则 $x \in D(T)$, 而且 $y = Tx$.

注 2 为了研究闭算子, 可以引入图模:

$$|\!|\!| x |\!|\!| \triangleq \|x\|_{\mathscr{X}} + \|Tx\|_{\mathscr{Y}}, \quad \forall x \in D(T), \tag{6.1.2}$$

其中 $\|\cdot\|_{\mathscr{X}}, \|\cdot\|_{\mathscr{Y}}$ 分别是 $\mathscr{X}, \mathscr{Y}$ 空间上的范数.

不难验证, 线性算子 T 是闭的当且仅当 $(D(T), |\!|\!| \cdot |\!|\!|)$ 是一个 Banach 空间. 换句话说, 线性算子 T 是闭的充要条件是它的定义域 $D(T)$ 在关于 T 的图模 $|\!|\!| \cdot |\!|\!|$ 下是完备的.

注 3 并不是每个线性算子 T 都可以闭化, 因为 $\overline{\Gamma(T)}$ 未必是另一个线性算子的图. 关于可闭化性有下列判别准则: 线性算子 T 是可闭化的, 充要条件是下述命题成立: 若 $x_n \in D(T)$, 满足 $x_n \to \theta$ (在 $\mathscr{X}$ 内), $Tx_n \to y$ (在 $\mathscr{Y}$ 内), 那么必有 $y = \theta$ (即若 $\langle \theta, y \rangle \in \overline{\Gamma(T)}$, 则 $y = \theta$).

闭算子有下列简单性质:

(1) 若 T 是一一的闭算子, 则 T^{-1} 也是闭的;

(2) 若 T 是闭算子, 则 T 的核 $N(T) \triangleq \{x \in \mathscr{X} | Tx = \theta\}$ 是 $\mathscr{X}$ 中的闭集;

(3) 若 T 是可闭化算子, S 是一个闭算子, $T \subset S$, 则 $\overline{T} \subset S$. 这就是说, 可闭化算子的闭包是它的最小闭扩张;

(4) 设 T 是一个闭算子, 又设 $D(T) = \mathscr{X}$, 则根据闭图定理知 T 是有界的.

由性质 (4) 可知, 对于闭算子来说, 有兴趣的是 $D(T) \neq \mathscr{X}$ 的情形. 为此先假设 $D(T)$ 是 $\mathscr{X}$ 中的稠集, 即 $\overline{D(T)} = \mathscr{X}$. 满足这个条件的线性算子 T 称为**稠定算子**. 对于闭算子 T, 我们往往假定它是稠定算子, 因为我们总可以把它的定义域所在的空间 $\mathscr{X}$ 缩小到它的定义域的闭包 $\overline{D(T)}$ 来考虑.

下面引入稠定算子的共轭算子概念.

定义 6.1.2 设 T 是 $\mathscr{X}$ 到 $\mathscr{Y}$ 上的稠定算子, $D(T)$ 是它的定义域, 记

$$D(T^*)=\left\{y^*\in\mathscr{Y}^*\,\middle|\,\begin{array}{l}\exists x^*\in\mathscr{X}^*,\text{使得 }\forall x\in D(T),\\(y^*,Tx)=(x^*,x)\end{array}\right\},\quad(6.1.3)$$

其中 $\mathscr{X}^*,\mathscr{Y}^*$ 分别表示 $\mathscr{X},\mathscr{Y}$ 的对偶空间. 令

$$T^*:y^*\mapsto x^*,\quad \forall y^*\in D(T^*),$$

则称 T^* 为 T 的**共轭算子**, $D(T^*)$ 为 T^* 的定义域.

注 4 因为 $D(T)$ 在 $\mathscr{X}$ 中稠密, T^* 唯一确定. 定义 6.1.2 中的等式 $(y^*,Tx)=(x^*,x)$ 是线性的, 因此 T^* 也是线性算子. 若 $\mathscr{H}$ 是一个 Hilbert 空间, $\mathscr{X}=\mathscr{Y}=\mathscr{H}$, 则 (6.1.3) 式可改写成

$$D(T^*)=\left\{y\in\mathscr{H}\,\middle|\,\begin{array}{l}\exists M_y>0,\text{ 使得 }\forall x\in D(T),\\|(y,Tx)|\leqslant M_y\|x\|\end{array}\right\}.\qquad(6.1.4)$$

T 与 T^* 的关系可以通过图来考察. 设 $\langle y^*,x^*\rangle\in\mathscr{Y}^*\times\mathscr{X}^*$, $\langle y,x\rangle\in\mathscr{Y}\times\mathscr{X}$, 我们令

$$(\langle y^*,x^*\rangle,\langle y,x\rangle)=(y^*,y)+(x^*,x),$$

表示空间 $\mathscr{Y}^*\times\mathscr{X}^*$ 与 $\mathscr{Y}\times\mathscr{X}$ 的对偶. 记 $V:\langle x,y\rangle\mapsto\langle -y,x\rangle$, 则 V 是 $\mathscr{X}\times\mathscr{Y}$ 到 $\mathscr{Y}\times\mathscr{X}$ 上的线性等距映射, 称为转动映射. 图 $\varGamma(T^*)$ 是 $\mathscr{Y}^*\times\mathscr{X}^*$ 内的线性子空间, $\varGamma(T)$ 是 $\mathscr{X}\times\mathscr{Y}$ 内的线性子空间, 因此 $V\varGamma(T)$ 是 $\mathscr{Y}\times\mathscr{X}$ 内的线性子空间, 于是我们可以考察 $\varGamma(T^*)$ 中的点与 $V\varGamma(T)$ 中的点的对偶. 由 (6.1.3) 式中的等式可知 $\langle y^*,x^*\rangle\in\varGamma(T^*)$ 必须且仅须

$$(\langle y^*,x^*\rangle,V\langle x,Tx\rangle)=0,\quad \forall x\in D(T),$$

即

$$\Gamma(T^*) = {}^{\perp}(V\Gamma(T)). \tag{6.1.5}$$

由此可得下面的定理.

定理 6.1.3 任何稠定算子 T 的共轭算子 T^* 总是闭的. 而且当 $T_1 \subset T_2$ 时, $T_2^* \subset T_1^*$.

此外还有下面的定理.

定理 6.1.4 设 $\mathscr{H}$ 是一个 Hilbert 空间, T 是 $\mathscr{H}$ 到自身的稠定线性算子, 则

$$T \text{ 可闭化 } \Longleftrightarrow T^* \text{ 稠定},$$

此时 $\overline{T} = T^{**}$.

证 "$\Longleftarrow$" 因为 T^* 稠定, 故 T^{**} 是 $\mathscr{H}$ 到其自身上的闭算子, 并且

$$\begin{aligned}\Gamma(T^{**}) &= {}^{\perp}V\Gamma(T^*) = {}^{\perp}V{}^{\perp}V\Gamma(T)\\ &= {}^{\perp}({}^{\perp}V^2\Gamma(T)) = {}^{\perp}({}^{\perp}\Gamma(T)) = \overline{\Gamma(T)}.\end{aligned}$$

"$\Longrightarrow$" 设 T 可闭化, 倘若 $D(T^*)$ 不稠, 则必有 $y_0 \in \mathscr{H}$, $y_0 \neq \theta$, 使得 $y_0 \in {}^{\perp}D(T^*)$. 从而 $\langle y_0, \theta\rangle \in {}^{\perp}\Gamma(T^*)$. 显然 $\langle \theta, y_0\rangle \in {}^{\perp}V\Gamma(T^*)$. 这说明 $V\Gamma(T^*)$ 不可能是某个线性算子的图. 但是 $\Gamma(\overline{T}) = \overline{\Gamma(T)} = {}^{\perp}V\Gamma(T^*)$, 得出矛盾, 故 T^* 是稠定算子. ■

注 5 若 T 是 Banach 空间 $\mathscr{X}$ 的子集 $D(T)$ 到自反 Banach 空间 $\mathscr{Y}$ 的稠定算子, 则定理 6.1.4 仍然正确, 此时,

$$\overline{T} = J_{\mathscr{Y}}^{-1}T^{**}J_{\mathscr{X}},$$

其中 $J_{\mathscr{X}}, J_{\mathscr{Y}}$ 分别是 $\mathscr{X} \to \mathscr{X}^{**}$ 以及 $\mathscr{Y} \longrightarrow \mathscr{Y}^{**}$ 的自然映射.

定义 6.1.5 设 $\mathscr{H}$ 是一个 Hilbert 空间, T 是 $\mathscr{H}$ 到自身的一个线性稠定算子. 若 T^* 是 T 的扩张, $T \subset T^*$, 则称 T 是**对称**

的; 若 $T=T^*$, 则称 T 是**自伴**的; 若 T 可闭化, 且 $\overline{T}$ 是自伴的, 则称 T 是**本质自伴**的.

从定义 6.1.5 可见, 为使稠定线性算子 T 是对称的, 必须且仅须 $\forall x,y\in D(T)$, 有

$$(Tx,y)=(x,Ty), \tag{6.1.6}$$

其中 $(\cdot,\cdot)$ 表示 $\mathscr{H}$ 空间内积.

因为 $D(T)\subset D(T^*)$, 对称算子的共轭算子总是稠定的, 因此对称算子总是可闭化的.

注 6 对于 Hilbert 空间上有界线性算子, 自伴与对称是同一个概念. 但是本章讨论的是无界线性算子, 此时要注意自伴与对称的区别. 为使 T 是自伴的必须且仅须

(1) $D(T)=D(T^*)$,

(2) (6.1.6) 式成立.

也就是说, T 自伴的充要条件是 T 对称, 而且 $D(T)=D(T^*)$.

注 7 设 T 是自伴算子, S 是对称算子, 而且 $T\subset S$, 则 $T=S$. 这是因为 $T\subset S\Rightarrow T\subset S\subset S^*\subset T^*$, 故 $S=S^*=T^*=T$. 这表明自伴算子是它自身的极大对称扩张.

若 T 是本质自伴的, 则它只有唯一的自伴扩张 $\overline{T}$.

例 6.1.6 考察 $L^2[0,1]$ 上的常微分算子 $T=-\dfrac{\mathrm{d}^2}{\mathrm{d}t^2}$, 设 $D(T)=C_0^\infty[0,1]$, 则

(1) T 是稠定对称算子. 事实上, $\forall u,v\in D(T)$, 由分部积分

$$\begin{aligned}(Tu,v)&=\int_0^1\left(-\frac{\mathrm{d}^2u}{\mathrm{d}t^2}\right)\overline{v}\mathrm{d}t\\&=(-u'\overline{v}+u\overline{v}')\Big|_0^1+\int_0^1u\left(-\overline{\frac{\mathrm{d}^2v}{\mathrm{d}t^2}}\right)\mathrm{d}t\\&=\int_0^1u\left(-\overline{\frac{\mathrm{d}^2v}{\mathrm{d}t^2}}\right)\mathrm{d}t\\&=(u,Tv).\end{aligned}$$

(2) T 不是闭算子, 但是可闭化.

考察与 T 的图模等价的模

$$\square u\square=\left(\int_0^1|u|^2\mathrm{d}t+\int_0^1|u''|^2\mathrm{d}t\right)^{1/2}.$$

由 Poincaré 不等式 (1.6.9) (见上册), 它等价于 $H_0^2(0,1)$ 上的模

$$\|u\|_{H_0^2[0,1]}=\left(\int_0^1|\widetilde{\partial}^2u|^2\mathrm{d}t\right)^{1/2},$$

其中 $\widetilde{\partial}$ 是广义导数. 因为 $D(T)\subsetneqq H_0^2[0,1]$, 所以 $D(T)$ 在图模下不闭, 故 T 不是闭算子. 但是 T 可以闭化, 易知它的闭包是

$$D(\overline{T})=H_0^2[0,1],$$
$$\overline{T}:u\mapsto-\widetilde{\partial}^2u.$$

(3) 关于共轭算子 T^*, 我们指出

$$D(T^*)=\left\{u\in L^2[0,1]\middle|\widetilde{\partial}^2u\in L^2[0,1]\right\}$$
$$T^*u=-\widetilde{\partial}^2u,\quad\forall u\in D(T^*).$$

事实上, 对于任意的 $u\in L^2[0,1], v\in C_0^\infty[0,1]$,

$$(u,Tv)=(-\widetilde{\partial}^2u,v).$$

根据 $D(T^*)$ 的定义 (6.1.4) 式, 知

$$u\in D(T^*)\iff-\widetilde{\partial}^2u\in L^2[0,1].$$

于是 T 不是自伴算子, 也不是本质自伴算子.

例 6.1.7　设 $\Omega\subset\mathbb{R}^n$ 是边界光滑的有界区域, 考察 Hilbert 空间 $L^2(\Omega)$ 上的偏微分算子 $T=P_m(D)$, 其中

$D^\alpha=\mathrm{i}^{|\alpha|}\partial_1^{\alpha_1}\cdots\partial_n^{\alpha_n}$,

$P_m(z_1,\cdots,z_n)$ 是常系数椭圆型多项式,

$a|\xi|^m\leqslant P_m(\xi)\leqslant M|\xi|^m,\quad\forall\xi\in\mathbb{C}^n$, 这里 $a,M>0$.

令 $D(T) = C_0^\infty(\Omega)$.

(1) T 是稠定对称算子.

(2) T 的图模

$$|||u||| = \|u\|_{L^2(\Omega)} + \|P_m(D)u\|_{L^2(\Omega)}$$

等价于 $\|u\|_{H_0^m(\Omega)}$. 因为 $H_0^m(\Omega)$ 真包含 $C_0^\infty(\Omega)$, 所以 T 不是闭算子, 但是可以闭化, 其闭包是

$$\overline{T} = P_m(\widetilde{D}), \quad D(\overline{T}) = H_0^m(\Omega),$$

其中 $\widetilde{D}$ 是广义导算子.

(3) T 的共轭算子 T^*:

$$D(T^*) = \left\{u \in L^2(\Omega) \middle| P_m(\widetilde{D})u \in L^2(\Omega)\right\},$$
$$T^*u = P_m(\widetilde{D})u, \quad \forall u \in D(T^*).$$

故 T 既非自伴亦非本质自伴.

注 若 $\Omega = \mathbb{R}^n$, 则 $\overline{T} = T^*, D(\overline{T}) = H^m(\mathbb{R}^n)$, 于是 T 是本质自伴算子.

习 题

6.1.1 求证: Hilbert 空间上每个有界算子是可闭的, 每个有限秩可闭化算子是有界的.

6.1.2 求证注 2 中叙述的命题, 即线性算子 T 是闭的充要条件是 $D(T)$ 在图模下完备.

6.1.3 设 T 是可闭化的算子, 求证: $\overline{T}^* = T^*$.

6.1.4 设 T 是 Hilbert 空间上的线性稠定对称算子, 证明:

(1) T 是闭的 $\Longleftrightarrow T = T^{**} \subset T^*$;

(2) T 本质自伴 $\Longleftrightarrow T \subset T^{**} = T^*$;

(3) T 是自伴的 $\Longleftrightarrow T = T^{**} = T^*$.

6.1.5 设 T 是 Hilbert 空间 $\mathscr{H}$ 上的稠定算子, 证明: $D(T^*) = \{0\}$ 当且仅当 $\Gamma(T)$ 在 $\mathscr{H} \times \mathscr{H}$ 中稠.

6.1.6 命题 "设 T 是 $\mathscr{H}$ 中的稠定算子, $\forall x \in D(T)$, 有 $(Tx, x) = 0$, 则 $Tx = 0, \forall x \in D(T)$" 是否正确?

6.1.7 设 $\mathscr{X}, \mathscr{Y}$ 是 Banach 空间, $\mathscr{Y}$ 是自反的, T 是 $\mathscr{X}$ 到 $\mathscr{Y}$ 的稠定线性算子. 证明: T 可闭化的充要条件是 T^* 为稠定算子. 又记 $\mathscr{X}$ 到 $\mathscr{X}^{**}$ 的自然投影为 $J_{\mathscr{X}}$, $\mathscr{Y}$ 到 $\mathscr{Y}^{**}$ 的自然投影为 $J_{\mathscr{Y}}$, 证明: T 可闭化时 $\overline{T} = J_{\mathscr{Y}}^{-1} T^{**} J_{\mathscr{X}}$.

6.1.8 设 f 为 $\mathbb{R}$ 上的有界可测函数, 但是 $f \notin L^2(\mathbb{R})$. 令 $D = \left\{\psi \in L^2(\mathbb{R}) \middle| \int |f(x)\psi(x)| \mathrm{d}x < \infty\right\}$, 设 $\psi_0 \in L^2(\mathbb{R})$, 定义

$$T\psi = (f, \psi)\psi_0, \quad \forall \psi \in D.$$

求证 T 稠定, 并求出 T^*.

6.1.9 设 T 是 Hilbert 空间 $\mathscr{H}$ 中的线性算子, 定义它的核 $N(T) = \{x \in D(T) | Tx = 0\}$. 证明:

(1) 若 $D(T)$ 在 $\mathscr{H}$ 中稠密, 则

$$N(T^*) = R(T)^{\perp} \cap D(T^*);$$

(2) 若 T 是闭算子, 则

$$N(T) = R(T^*)^{\perp} \cap D(T).$$

6.1.10 设 T 是 $\mathscr{H}$ 上的线性算子而且是一一的. 考虑关于 T 的另一些条件:

(1) T 是闭算子;

(2) T 的值域是稠集;

(3) T 的值域是闭的;

(4) $\exists c > 0$, 使得 $\|Tx\| \geqslant c\|x\|, \forall x \in D(T)$.

求证:

(i) 条件 (1),(2),(3) 蕴含条件 (4);

(ii) 条件 (2),(3),(4) 蕴含条件 (1);

(iii) 条件 (1),(4) 蕴含条件 (3).

6.1.11　设 $\mathscr{H}=L^2[0,1], T_1=\mathrm{i}\dfrac{\mathrm{d}}{\mathrm{d}t}, T_2=\mathrm{i}\dfrac{\mathrm{d}}{\mathrm{d}t}$,

$$D(T_1)=\{u\in\mathscr{H}\big|u \text{ 绝对连续}\},$$
$$D(T_2)=\{u\in\mathscr{H}\big|u(0)=0, u \text{ 绝对连续}\},$$

求证: T_1, T_2 均为闭算子.

6.1.12　设 $\mathscr{H}$ 是可分 Hilbert 空间, $\{e_n\}_{n=1}^{\infty}$ 是它的归一正交基. 设 $a\in\mathscr{H}, a$ 不是 $\{e_n\}_{n=1}^{\infty}$ 的有穷线性组合. 令 D 为 $\{e_n\}_{n=1}^{\infty}$ 以及 a 的有穷线性组合, 在 D 上定义线性算子

$$T\left(\beta a+\sum\alpha_i e_i\right)=\beta a,$$

上式求和号中只有有限个 α_i 不为零. 求证: $\langle a,a\rangle\in\overline{\varGamma(T)}, \langle a,0\rangle\in\overline{\varGamma(T)}$, 因此 $\overline{\varGamma(T)}$ 不是某个线性算子的图.

6.1.13　设 $\mathscr{H}=l^2$, 令

$$D(T)=\left\{a\in l^2\middle|\exists N, \text{ 使得当 } n>N, a_n=0, \text{ 同时 } \sum_{j=0}^{N}a_j=0\right\}.$$

对于 $a\in D(T)$, 令 $Ta\in l^2$,

$$(Ta)_n=\mathrm{i}\left(\sum_{j=0}^{n-1}a_j+\sum_{j=0}^{n}a_j\right).$$

求证:

(1) T 是稠定对称的;

(2) 值域 $R(T+\mathrm{i})$ 在 l^2 中稠密;

(3) $(1,0,0,\cdots)\in D(T^*)$, 而且

$$(T^*+\mathrm{i})(1,0,0,\cdots)=0.$$

6.1.14 设 T 是 $\mathscr{H}$ 上的对称算子, 定义域为 D, 设 $D_1 \subset D$, D_1 是稠密线性集, 记 $T|_{D_1}$ 为算子 T 在 D_1 上的限制. 若 $T|_{D_1}$ 是本质自伴的, 求证: T 是本质自伴的, 并且 $\overline{T} = \overline{T|_{D_1}}$.

6.1.15 设 $\mathscr{H} = L^2(\mathbb{R})$, 令

$$D(T) = \left\{ u \in \mathscr{H} \middle| \int_{-\infty}^{+\infty} x^2 |u(x)|^2 \mathrm{d}x < \infty \right\},$$

对于 $u \in D(T)$, 令 $(Tu)(x) = xu(x)$. 说明 T 是无界算子并且证明 T 是闭的.

6.1.16 设 T 是 $\mathscr{H}$ 上的稠定闭算子, 求证: $\forall a, b \in \mathscr{H}$, 方程组

$$\begin{cases} -Tx + y = a, \\ x + T^* y = b \end{cases}$$

有唯一解 $x \in D(T), y \in D(T^*)$.

§ 2 Cayley 变换与自伴算子的谱分解

2.1 Cayley 变换

设 A 是 Hilbert 空间 $\mathscr{H}$ 上的一个对称算子, 则显然有下列等式:

$$\|(A \pm \mathrm{i}I)x\|^2 = \|Ax\|^2 + \|x\|^2. \tag{6.2.1}$$

事实上, $\|(A \pm \mathrm{i}I)x\|^2 = ((A \pm \mathrm{i}I)x, (A \pm \mathrm{i}I)x)$, 展开括号即得上式. 由此可见下面的命题.

命题 6.2.1 $\ker(A \pm \mathrm{i}I) = \{\theta\}$.

命题 6.2.2 当 A 是闭对称算子时, 值域 $R(A \pm \mathrm{i}I)$ 必是闭的.

还有下列 Fredholm 结论.

命题 6.2.3 若 A 是对称算子, 则

$$\ker(A^* \pm \mathrm{i}I) = R(A \mp \mathrm{i}I)^{\perp}. \tag{6.2.2}$$

证　设 $y \in \ker(A^* + \mathrm{i}I)$, 则 $y \in D(A^*)$, 而且

$$((A - \mathrm{i}I)x, y) = (x, (A^* + \mathrm{i}I)y) = 0$$

对于 $\forall x \in D(A)$ 成立, 从而 $y \in R(A - \mathrm{i}I)^{\perp}$, 所以

$$\ker(A^* + \mathrm{i}I) \subset R(A - \mathrm{i}I).$$

反之, 设 $y \in R(A - \mathrm{i}I)^{\perp}$, 这表明对于 $\forall x \in D(A)$, 有 $((A - \mathrm{i}I)x, y) = 0$, 从而 $y \in D(A^*)$, 且有 $(x, (A^* + \mathrm{i}I)y) = 0, \forall x \in D(A)$. 因为 $D(A)$ 在 $\mathscr{H}$ 中稠, 故有 $y \in \ker(A^* + \mathrm{i}I)$, 推得

$$\ker(A^* + \mathrm{i}I) \supset R(A - \mathrm{i}I)^{\perp}.$$

于是证明了 $\ker(A^* + \mathrm{i}I) = R(A - \mathrm{i}I)^{\perp}$, 同理可证得

$$\ker(A^* - \mathrm{i}I) = R(A + \mathrm{i}I)^{\perp}.$$ ■

特别地, 若 $\ker(A^* \pm \mathrm{i}I) = \{\theta\}$, 则 $\overline{R(A \mp \mathrm{i}I)} = \mathscr{H}$.

联合命题 6.2.1、命题 6.2.2 与命题 6.2.3 可以推得下列自伴算子判别准则.

定理 6.2.4　设 A 是 Hilbert 空间上的对称算子, 则以下三个命题等价:

(1) A 是自伴算子;

(2) A 是闭算子且 $\ker(A^* \pm \mathrm{i}I) = \{\theta\}$;

(3) $R(A \mp \mathrm{i}I) = \mathscr{H}$.

证　设 A 是自伴算子, 由命题 6.2.1 得到 $\ker(A^* \pm \mathrm{i}I) = \{\theta\}$, 由定理 6.1.3 知 A 是闭算子, 于是 (2) 成立.

现在设 (2) 成立, 即 A 是闭算子且 $\ker(A^* \pm \mathrm{i}I) = \{\theta\}$, 由命题 6.2.2 知 $R(A \pm \mathrm{i}I)$ 是闭的, 又由命题 6.2.3 知 $R(A \mp \mathrm{i}I) = \ker(A^* \pm \mathrm{i}I)^{\perp} = \mathscr{H}$. 故 (3) 成立.

现在设 (3) 成立, 即 $R(A \mp \mathrm{i}I) = \mathscr{H}$, 由命题 6.2.3 知 $\ker(A^* \pm \mathrm{i}I) = \{\theta\}$. 由于 A 是对称的, 要证明 A 自伴, 只要证明 $D(A^*) \subset$

$D(A)$. 设 $y \in D(A^*)$. 由条件 (3), $\exists z \in D(A)$, 使得

$$(A^* \mp \mathrm{i}I)y = (A \mp \mathrm{i}I)z,$$

但是因 $A \subset A^*$, 所以

$$(A^* \mp \mathrm{i}I)(y - z) = 0.$$

这便推得 $y = z \in D(A)$. 故 A 是自伴的. ■

推论 6.2.5 设 A 是 Hilbert 空间上的对称算子, 则以下三个命题等价:

(1) A 是本质自伴的;

(2) $\ker(A^* \pm \mathrm{i}I) = \{\theta\}$;

(3) $\overline{R(A \mp \mathrm{i}I)} = \mathscr{H}$.

证明留给读者作为习题.

定理 6.2.6 设 A 是 Hilbert 空间 $\mathscr{H}$ 上一个闭对称算子, 令

$$U \triangleq (A - \mathrm{i}I)(A + \mathrm{i}I)^{-1}, \tag{6.2.3}$$

则 U 是 $R(A + \mathrm{i}I)$ 到 $R(A - \mathrm{i}I)$ 的等距在上闭线性算子. 特别地, 若 A 是自伴算子时, U 是 $\mathscr{H}$ 上的酉算子.

注 由命题 6.2.1 知, 当 A 对称时, $(A + \mathrm{i}I)^{-1}$ 可定义, 它是 $R(A + \mathrm{i}I)$ 到 $D(A)$ 的对称算子, 因此算子 U 可定义.

证 观察图 6.2.1.

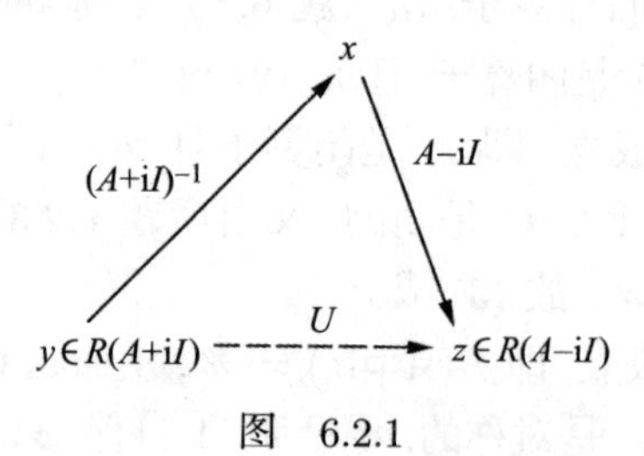

图 6.2.1

由命题 6.2.1, $A \pm \mathrm{i}I$ 是一一的. 如图 6.2.1 所示, 我们有

$$\begin{cases}(A+\mathrm{i}I)x = y,\\(A-\mathrm{i}I)x = z.\end{cases} \tag{6.2.4}$$

联合等式 (6.2.1), 得到

$$\|y\|^2 = \|(A+\mathrm{i}I)x\|^2 = \|Ax\|^2 + \|x\|^2,$$
$$\|z\|^2 = \|(A-\mathrm{i}I)x\|^2 = \|Ax\|^2 + \|x\|^2.$$

故 $\|y\| = \|z\|$, 所以 $Uy = z$ 是 $R(A+\mathrm{i}I)$ 到 $R(A-\mathrm{i}I)$ 的等距在上线性算子.

下面证明 U 是闭的, 设 $y_n \in R(A+\mathrm{i}I), y_n \to y$ 而且 $z_n = Uy_n \to z$, 要证明 $y \in R(A+\mathrm{i}I)$, 且 $z = Uy$. 现在令 $x_n \in \mathscr{H}$, 满足方程 $(A+\mathrm{i}I)x_n = y_n$, 则 $(A-\mathrm{i}I)x_n = z_n$. 故 $x_n = \dfrac{1}{2\mathrm{i}}(y_n - z_n) \to \dfrac{1}{2\mathrm{i}}(y-z)$. 记 $x = \dfrac{1}{2\mathrm{i}}(y-z)$. 又 $Ax_n = \dfrac{1}{2}(y_n+z_n) \to \dfrac{1}{2}(y+z)$. 由于 A 是闭算子, 知 $x \in D(A)$, 而且 $Ax = \dfrac{1}{2}(y+z)$. 由此可得 $y = (A+\mathrm{i}I)x, z = (A-\mathrm{i}I)x$. 所以 $y \in R(A+\mathrm{i}I)$ 且 $z = Uy$. 故 U 是闭算子.

特别地, 当 A 是自伴算子时, $R(A \pm \mathrm{i}I) = \mathscr{H}$, 而 $\mathscr{H}$ 到自身的等距在上线性闭算子必是酉算子, 因此 U 是酉算子. ■

定义 6.2.7 设 A 是 $\mathscr{H}$ 上一个对称闭算子, 等距算子

$$U = (A-\mathrm{i}I)(A+\mathrm{i}I)^{-1} \tag{6.2.5}$$

称为 A 的 **Cayley 变换**.

若记 $\mathscr{A}$ 为 Hilbert 空间 $\mathscr{H}$ 上全体对称闭算子组成的集合, $\mathscr{V}$ 为 $\mathscr{H}$ 上全体等距闭线性算子组成的集合, 于是 Cayley 变换是从集合 $\mathscr{A}$ 到集合 $\mathscr{V}$ 内的映射. 这个映射是一一的. 事实上, 从 U

可以解出 A. 利用关系式 (6.2.4), 得到

$$\begin{aligned} Ax &= \frac{1}{2}(I+U)y, \\ x &= \frac{1}{2\mathrm{i}}(I-U)y. \end{aligned} \tag{6.2.6}$$

因为 $\ker(A\pm\mathrm{i}I)=\{\theta\}$, x 与 y 之间的对应是一一的, 因此 $(I-U)^{-1}$ 存在, 即 $1\notin\sigma_p(U)$, 并且 $R(I-U)=D(A)$. 于是

$$y=2\mathrm{i}(I-U)^{-1}x,$$

代入 (6.2.6) 的第一式, 即得

$$Ax=\mathrm{i}(I+U)(I-U)^{-1}x.$$

这样我们得到下面推论.

推论 6.2.8 Cayley 变换是 $\mathscr{A}$ 到 $\mathscr{V}$ 内的一一映射. 当 U 是 A 的 Cayley 变换时, $1\notin\sigma_p(U), R(I-U)=D(A)$, 而且

$$A=\mathrm{i}(I+U)(I-U)^{-1}. \tag{6.2.7}$$

上式称为 U 的 Cayley 反变换.

推论 6.2.9 设 $A\in\mathscr{A},U$ 是 A 的 Cayley 变换, 则 $1\in\rho(U)$ 的充要条件是 A 是有界自伴算子.

证 根据 (6.2.6) 式,

$$1\in\rho(U)\Longleftrightarrow\exists\text{ 常数 }M,\text{ 使得 }\|y\|\leqslant M\|x\|.$$

若 $1\in\rho(U)$, 还是由 (6.2.6) 式, $\|Ax\|=\dfrac{1}{2}\|(I+U)y\|\leqslant\|y\|\leqslant M\|x\|$, 推得 A 有界. 因为 A 是对称的, 所以 A 是有界自伴的. 反之, 若 A 有界, 由 (6.2.4) 式, $\|y\|\leqslant(\|A\|+1)\|x\|$. 故 $1\in\rho(U)$. ■

下面给出无界算子谱的定义.

定义 6.2.10 设 $\mathscr{H}$ 是一个 Hilbert 空间, A 是 $\mathscr{H}$ 上一个闭算子, 定义

$$\rho(A)=\left\{z\in\mathbb{C}\left|\begin{array}{l}\ker(zI-A)=\{\theta\},\overline{R(zI-A)}=\mathscr{H},\\(zI-A)^{-1}\in L(\mathscr{H})\end{array}\right.\right\}. \tag{6.2.8}$$

$\rho(A)$ 称为闭算子 A 的**预解集**, $\rho(A)$ 中的点称为**正则点**. $\rho(A)$ 在 $\mathbb{C}$ 中的余集称为 A 的**谱集**, 记作 $\sigma(A)$. $\sigma(A)$ 中的点称为 A 的**谱点**.

当 A 是 $\mathscr{H}$ 上可闭化算子时, 定义

$$\sigma(A)=\sigma(\overline{A}).$$

定理 6.2.11 若 A 是自伴算子, 则 $\sigma(A)\subset\mathbb{R}$.

证 由命题 6.2.1 及定理 6.2.4 知 $\pm\mathrm{i}\in\rho(A)$. 只要用 $\lambda=\mu\pm\mathrm{i}v, v\neq 0$ 代替 $\pm\mathrm{i}$, 命题 6.2.1 及定理 6.2.4 仍然成立, 故 $\lambda\in\rho(A)$, 所以 $\sigma(A)\subset\mathbb{R}$. ■

2.2 自伴算子的谱分解

为了建立自伴算子 A 的谱分解, 我们首先构造与它对应的谱族. 为此, 利用它的 Cayley 变换 U 的谱族 $\{F_\theta\}$ (见第五章 §5 中的 (5.5.29) 式). 作变换 $\lambda=-\cot\dfrac{\theta}{2}$, 令

$$E_\lambda=F_\theta. \tag{6.2.9}$$

利用 $\{F_\theta\}$ 的谱族性质, 推得:

(1) $\forall\lambda\in\mathbb{R}, E_\lambda$ 是投影算子;

(2) 当 $\lambda\leqslant\lambda', E_\lambda\leqslant E_{\lambda'}$;

(3) $E_{\lambda+0}\triangleq s\text{-}\lim\limits_{\lambda'\downarrow\lambda}E_{\lambda'}=E_\lambda$;

(4) $E_{-\infty}\triangleq s\text{-}\lim\limits_{\lambda\to-\infty}E_\lambda=s\text{-}\lim\limits_{\theta\downarrow 0}F_\theta=0$;

(5) $E_{+\infty}\triangleq s\text{-}\lim\limits_{\lambda\to+\infty}E_\lambda=s\text{-}\lim\limits_{\theta\uparrow 2\pi}F_\theta=I$.

其中 s-lim 表示算子的强极限 (因为 $1 \notin \sigma_p(U), \theta = 2\pi$ 是 U 的连续谱点, 故 $s\text{-}\lim\limits_{\theta \uparrow 2\pi} F_\theta = F_{2\pi-0} = F_{2\pi} = I$).

因此 $(\mathbb{R}, \mathscr{B}, E)$ 是一个谱族. 于是根据第五章 §5, 对于 $\forall \phi \in B(\mathbb{R})$ ($\mathbb{R}$ 上有界 Borel 可测函数集合), $\forall n \in N$, 积分 $A_n = \int_{-n}^{n} \phi(\lambda)\mathrm{d}E_\lambda$, (依算子范数下的一致极限) 是有意义的, 并且对于 $\forall x \in \mathscr{H}$,

$$\begin{aligned}\|A_n x\|^2 &= \left(\int_{-n}^{n} \phi(\lambda)\mathrm{d}E_\lambda x, \int_{-n}^{n} \phi(\lambda')\mathrm{d}E_{\lambda'} x\right) \\ &= \int_{-n}^{n} \phi(\lambda) \int_{-n}^{n} \overline{\phi(\lambda')}(\mathrm{d}E_\lambda x, \mathrm{d}E_{\lambda'} x) \\ &= \int_{-n}^{n} |\phi(\lambda)|^2 \mathrm{d}\|E_\lambda x\|^2.\end{aligned}$$

注意到条件

$$0 = E_{-\infty} = s\text{-}\lim_{\lambda \to -\infty} E_\lambda, \quad I = E_{+\infty} = s\text{-}\lim_{\lambda \to +\infty} E_\lambda,$$

所以 $\forall x \in \mathscr{H}, \forall p \in N$, 当 $n \to \infty$ 时,

$$\|(A_n - A_{n+p})x\|^2 = \int_{n \leqslant |\lambda| \leqslant n+p} |\phi(\lambda)|^2 \mathrm{d}\|E_\lambda x\|^2 \to 0.$$

于是可以定义

$$\phi(A) \triangleq \int_{\mathbb{R}} \phi(\lambda)\mathrm{d}E_\lambda \triangleq s\text{-}\lim_{n \to \infty} \int_{-n}^{n} \phi(\lambda)\mathrm{d}E_\lambda. \tag{6.2.10}$$

映射 $\phi(\lambda) \mapsto \phi(A)$ 是有界 Borel 可测函数集 $B(\mathbb{R})$ 到 $L(\mathscr{H})$ 内的一个 $*$ 同态, 满足

$$\|\phi(A)x\|^2 = \int_{\mathbb{R}} |\phi(\lambda)|^2 \mathrm{d}\|E_\lambda x\|^2, \tag{6.2.11}$$

并且还具有下列性质:

(1) $\|\phi(A)\|_{L(\mathscr{H})} \leqslant \|\phi\|_{B(\mathbb{R})}$;

(2) 当 $\phi(\lambda)$ 是实函数时, $\phi(A)$ 是自伴的 (因为 A_n 是自伴的);

(3) 设 $\phi_j(\lambda) \in B(\mathbb{R}), \|\phi_j\| \leqslant M < +\infty, j = 1, 2, \cdots$, 而且 $\phi_j(\lambda) \to \phi(\lambda)$, 则由控制收敛定理

$$s\text{-}\lim_{j\to\infty} \phi_j(A) = \phi(A).$$

以下我们还要把这个 $*$ 同态扩张到无界 Borel 可测函数集合到 (无界) 闭算子集合之间的 "同态" 对应.

因为任意 Borel 可测函数 ϕ 是一列有界 Borel 可测函数

$$\phi_n(\lambda) = \begin{cases} \phi(\lambda), & \text{当 } |\phi(\lambda)| \leqslant n, \\ 0, & \text{其余处} \end{cases} \tag{6.2.12}$$

$(n = 1, 2, \cdots)$ 的点点极限. 我们自然希望通过 $\phi_n(A)$ 的极限来定义 $\phi(A)$. 麻烦的地方在于, 如何确定 $\phi(A)$ 的定义域, 并且这个极限的意义是什么?

引理 6.2.12 令

$$E_\phi = \left\{ x \in \mathscr{H} \,\middle|\, \int_{-\infty}^{+\infty} |\varphi(\lambda)|^2 \mathrm{d}\|E_\lambda x\|^2 < +\infty \right\}, \tag{6.2.13}$$

则 E_ϕ 是稠集, 并且对于任意的 $x \in E_\phi$, 极限

$$\lim_{n\to\infty} \phi_n(A)x$$

存在.

证 (1) 令

$$F_n = \{\lambda \in \mathbb{R} \,|\, |\phi(\lambda)| \leqslant n\},$$

$n = 1, 2, \cdots$, 则 $\chi_{F_n}(A)\mathscr{H} \subset E_\phi$.

事实上, 对于任意的 $x \in \chi_{F_n}(A)\mathscr{H}$, 由定义

$$\int_{-\infty}^{+\infty} |\phi(\lambda)|^2 \mathrm{d}\|E_\lambda x\|^2 \leqslant n^2\|x\|^2 < +\infty.$$

而 $\chi_{F_n}(\lambda) \to 1$, 当 $n \to \infty$. 应用上述的性质 (3), 即得

$$\lim_{n\to\infty} \chi_{F_n}(A)x = x,$$

从而 E_ϕ 在 $\mathscr{H}$ 中稠.

(2) 对于任意的 $x \in E_\phi$, 再应用 (6.2.11) 式

$$
\begin{aligned}
&\|\phi_n(A)x - \phi_{n+p}(A)x\|^2 \\
&\quad = \int_{-\infty}^{+\infty} |\phi_n(\lambda) - \phi_{n+p}(\lambda)|^2 \mathrm{d}\|E_\lambda x\|^2 \\
&\quad = \int_{n \leqslant |\phi(\lambda)| \leqslant n+p} |\phi(\lambda)|^2 \mathrm{d}\|E_\lambda x\|^2 \to 0,
\end{aligned}
$$

当 $n \to \infty$. 所以极限 $\lim\limits_{n\to\infty} \phi_n(A)x$, 当 $x \in E_\phi$ 时存在. ■

于是, 对于任意 (无界) Borel 可测函数, 可以定义

$$
\phi(A) = s\text{-}\lim_{n\to\infty} \phi_n(A), \tag{6.2.14}
$$

$$
D(\phi(A)) = E_\phi, \tag{6.2.15}
$$

并且, 将此极限记成

$$
\phi(A) = \int_{\mathbb{R}} \phi(\lambda) \mathrm{d}E_\lambda. \tag{6.2.16}
$$

下面, 我们来考查这样定义的算子 $\phi(A)$ 的性质. 显然, $\phi(A)$ 是一个线性稠定算子. 此外, $\phi(A)$ 还是闭的. 这是因为 $D(\phi(A))$ 按图模

$$
\begin{aligned}
|||x||| &= (\|x\|^2 + \|\phi(A)x\|^2)^{1/2} \\
&= \left(\int (1 + |\phi(\lambda)|^2) \mathrm{d}\|E_\lambda x\|^2 \right)^{1/2}
\end{aligned}
$$

是完备的. 事实上, 设 $\{x_n\}$ 是 $D(\phi(A))$ 中按图模下的 Cauchy 列, 对 $\forall \varepsilon > 0, \exists n_0$, 使得当 $n, m \geqslant n_0$ 时 $|||x_n - x_m||| < \varepsilon$. 于是

$$
\|x_n - x_m\| < \varepsilon, \quad \|\phi(A)x_n - \phi(A)x_m\| < \varepsilon,
$$

因此存在 $x, y \in \mathscr{H}$, $\lim\limits_{n\to\infty} x_n = x$, $\lim\limits_{n\to\infty} \phi(A)x_n = y$. 对于任给 $N \in \mathbb{Z}_+, \phi_N(A)$ 是有界算子, $\phi_N(A)x = \lim\limits_{n\to\infty} \phi_N(A)x_n$, 而且

$$
\|\phi_N(A)x_n - \phi_N(A)x_m\| \leqslant \|\phi(A)x_n - \phi(A)x_m\| < \varepsilon,
$$

令 $m \to \infty$, 关于 N 一致地成立

$$\|\phi_N(A)x_n - \phi_N(A)x\| \leqslant \varepsilon. \tag{6.2.17}$$

因此

$$\|\phi_N(A)x\| \leqslant \varepsilon + \|\phi_N(A)x_{n_0}\| \leqslant \varepsilon + \|\phi(A)x_{n_0}\|.$$

再令 $N \to \infty$, 可得

$$\int_{-\infty}^{+\infty} |\phi(\lambda)|^2 \mathrm{d}\|E_\lambda x\|^2 < \infty.$$

因此 $x \in D(\phi(A))$. 对于不等式 (6.2.17), 令 $N \to \infty$, 即得

$$\|\phi(A)x_n - \phi(A)x\| \leqslant \varepsilon,$$

因此 $\phi(A)x = \lim\limits_{n\to\infty} \phi(A)x_n = y$. 所以 $\phi(A)$ 是闭算子.

算子 $\phi(A)$ 还有如下一些性质 (参考定理 6.3.4):

(1) $\alpha_1\phi_1(A) + \alpha_2\phi_2(A) \subset (\alpha_1\phi_1 + \alpha_2\phi_2)(A)$;

(2) $\phi_1(A)\phi_2(A) \subset (\phi_1\phi_2)(A)$;

(3) $\overline{\phi}(A) = \phi(A)^*$.

由于性质 (1), (2) 只是包含关系而不是等式关系, 所以无界 Borel 可测函数集合到由 (6.2.14), (6.2.15) 式所定义的无界闭算子集合之间的对应关系, 严格来说不是同态对应, 这就是为什么我们在前面提到建立它们之间的对应时用了带引号的 “同态” 的缘故.

引理 6.2.13　若 ϕ 是实值的 Borel 可测函数, 则 $\phi(A)$ 是自伴的.

证　(1) 先证 $\phi(A) \subset \phi(A)^*$, 即证明 $\phi(A)$ 对称.

因为 $\phi_n(A)$ 自伴, $\forall x, y \in D(\phi(A))$, 根据定义,

$$\begin{aligned}(\phi(A)x, y) &= \lim_{n\to\infty} (\phi_n(A)x, y) \\ &= \lim_{n\to\infty} (x, \phi_n(A)y) = (x, \phi(A)y),\end{aligned}$$

所以 $\phi(A) \subset \phi(A)^*$.

(2) 再证明 $D(\phi(A)^*) \subset D(\phi(A))$.

任取 $y \in D(\phi(A)^*)$. 因为 $x_n \triangleq \phi_n(A)y = \chi_{F_n}(A)\phi_n(A)y \in D(\phi(A))$, 可见

$$(\phi(A)x_n, y) = (x_n, \phi(A)^*y).$$

但是由 $\phi_n(A)$ 的自伴性,

$$(\phi(A)x_n, y) = (\phi_n(A)x_n, y) = \|x_n\|^2,$$

推得

$$\|x_n\| \leqslant \|\phi(A)^*y\|.$$

从而

$$\|\phi_n(A)y\| \leqslant \|\phi(A)^*y\|, \quad \forall n.$$

这就导出

$$\int_{-\infty}^{+\infty} |\phi(\lambda)|^2 \mathrm{d}\|E_\lambda y\|^2 < \infty,$$

即得 $y \in D(\phi(A))$. 所以 $D(\phi(A)^*) \subset D(\phi(A))$. ■

定理 6.2.14 (Von Neumann 谱分解定理) 设 A 是 $\mathscr{H}$ 上的自伴算子, 则存在唯一的谱族 $(\mathbb{R}, \mathscr{B}^1, E)$, 使得

$$A = \int_{\mathbb{R}} \lambda \mathrm{d}E_\lambda. \tag{6.2.18}$$

证 (1) 通过 A 的 Cayley 变换, 产生了上述谱族 $(\mathbb{R}, \mathscr{B}^1, E)$, 从而可以定义一个自伴算子:

$$B = \int_{-\infty}^{+\infty} \lambda \mathrm{d}E_\lambda,$$

$$D(B) = \left\{ x \in \mathscr{H} \,\middle|\, \int_{-\infty}^{+\infty} \lambda^2 \mathrm{d}\|E_\lambda x\|^2 < \infty \right\}.$$

注意到

$$\lambda = -\cot\frac{\theta}{2} = \mathrm{i}\frac{1+\mathrm{e}^{\mathrm{i}\theta}}{1-\mathrm{e}^{\mathrm{i}\theta}},$$

所以 $\forall x \in D(B)$,

$$Bx = \mathrm{i}\int_0^{2\pi} \frac{1+\mathrm{e}^{\mathrm{i}\theta}}{1-\mathrm{e}^{\mathrm{i}\theta}} \mathrm{d}F_\theta x.$$

兹证 $B = A$. 只需证明 B 与 A 有相同的 Cayley 变换. 事实上, A 的 Cayley 变换是 $U = \int_0^{2\pi} \mathrm{e}^{\mathrm{i}\theta} \mathrm{d}F_\theta$. 而对于任意的 $x \in D(B)$,

$$(B + \mathrm{i}I)x = \mathrm{i}\int_0^{2\pi} \frac{2}{1-\mathrm{e}^{\mathrm{i}\theta}} \mathrm{d}F_\theta x,$$

$$(B - \mathrm{i}I)x = \mathrm{i}\int_0^{2\pi} \frac{2\mathrm{e}^{\mathrm{i}\theta}}{1-\mathrm{e}^{\mathrm{i}\theta}} \mathrm{d}F_\theta x,$$

从而 B 的 Cayley 变换是

$$(B - \mathrm{i}I)(B + \mathrm{i}I)^{-1} x = \int_0^{2\pi} \mathrm{e}^{\mathrm{i}\theta} \mathrm{d}F_\theta x = Ux, \quad \forall x \in D(B).$$

因其为酉算子, 故必为 U.

由 Cayley 变换的一一性质, 知 $B = A$.

(2) 唯一性. 假若有两个谱族 $\{E_\lambda\}, \{E'_\lambda\}$ 都满足

$$A = \int_{-\infty}^{+\infty} \lambda \mathrm{d}E_\lambda = \int_{-\infty}^{+\infty} \lambda \mathrm{d}E'_\lambda.$$

令

$$F_\theta = E_{-\cot\theta/2}, \quad F'_\theta = E'_{-\cot\theta/2},$$

则它们都是 S^1 上的谱族, 并且

$$U \triangleq \int_0^{2\pi} \mathrm{e}^{\mathrm{i}\theta} \mathrm{d}F_\theta = \int_0^{2\pi} \mathrm{e}^{\mathrm{i}\theta} \mathrm{d}F'_\theta$$

是酉算子. 从而, $\forall n \in \mathbb{Z}_+$, 有

$$U^n = \int_0^{2\pi} \mathrm{e}^{\mathrm{i}n\theta} \mathrm{d}F_\theta = \int_0^{2\pi} \mathrm{e}^{\mathrm{i}n\theta} \mathrm{d}F'_\theta,$$

再作逼近, $\forall \varphi \in C(S^1), \forall x, y \in \mathscr{H}$,

$$\int_0^{2\pi} \varphi(\theta) \mathrm{d}(F_\theta x, y) = \int_0^{2\pi} \varphi(\theta) \mathrm{d}(F'_\theta x, y).$$

从而由 $C(S^1)$ 上连续泛函数表示的唯一性, 推得 $F_\theta = F'_\theta, \forall\theta \in [0, 2\pi]$ 成立, 故 $E_\lambda = E'_\lambda, \forall\lambda$. ■

下面我们给出无界自伴算子的谱的性质. 它们与第五章中有界正常算子的谱性质相同, 可以通过自伴算子的谱分解 (6.2.16) 与 (6.2.18) 式证明, 证明方法与第五章讨论有界正常算子的谱性质时的方法相同, 所以只列出结论.

定义 6.2.15 设 T 是 Hilbert 空间上的闭算子, 其谱集 $\sigma(T)$ 可以分解成互不相交的集合 $\sigma_p(T), \sigma_c(T)$ 与 $\sigma_r(T)$ 之并集, 其定义如下:

$$
\begin{aligned}
&\sigma_p(T) = \left\{ z \in \mathbb{C} \middle| \ker(zI - T) \neq \{\theta\} \right\}, \\
&\sigma_c(T) = \left\{ z \in \mathbb{C} \middle| \begin{array}{l} \ker(zI - T) = \{\theta\}, \overline{R(zI - T)} = \mathscr{H}, \\ (zI - T)^{-1} \text{ 无界} \end{array} \right\}, \\
&\sigma_r(T) = \left\{ z \in \mathbb{C} \middle| \ker(zI - T) = \{\theta\}, \overline{R(zI - T)} \neq \mathscr{H} \right\},
\end{aligned}
$$

它们分别称为 T 的**点谱**、**连续谱**和**剩余谱**.

命题 6.2.16 设 A 是自伴算子, $\{E_\lambda\}$ 是它的谱族, 则 $\lambda_0 \in \sigma_p(A)$ 必须且仅须 $E_{\lambda_0} - E_{\lambda_0 - 0} \neq 0$.

命题 6.2.17 设 A 是自伴算子, 则 $\sigma_r(A) = \phi$.

命题 6.2.18 设 A 是自伴算子, $\{E_\lambda\}$ 是它的谱族, 则 $\lambda_0 \in \sigma(A)$ 的充要条件是 $\forall\varepsilon > 0, E(I_\varepsilon) \neq 0$, 其中 $I_\varepsilon = (\lambda_0 - \varepsilon, \lambda_0 + \varepsilon)$.

定义 6.2.19 设 A 是 $\mathscr{H}$ 上一个自伴算子, 令

$$
\begin{aligned}
&\sigma_d(A) = \left\{ z \in \sigma_p(A) \middle| z \text{ 是孤立谱点, 且 } 0 < \operatorname{dimker}(zI - A) < +\infty \right\}, \\
&\sigma_{\text{ess}}(A) = \sigma(A) / \sigma_d(A),
\end{aligned}
$$

它们分别称为 A 的**离散谱**与**本质谱**.

显然, $\sigma_{\text{ess}}(A) =$ 全体 ∞ 重特征值 $+$ 谱的聚点, $\sigma(A) = \sigma_{\text{ess}}(A) \cup \sigma_d(A)$.

命题 6.2.20 设 A 是自伴算子, $\{E_\lambda\}$ 是它的谱族, 则 $\lambda_0 \in \sigma_{\text{ess}}(A)$ 的充要条件是, $\forall \varepsilon > 0$, 记 $I_\varepsilon = (\lambda_0 - \varepsilon, \lambda_0 + \varepsilon)$, 有

$$\dim R(E(I_\varepsilon)) = \infty.$$

习 题

6.2.1 考虑 $L^2(\mathbb{R})$ 上算子 $Au = \mathrm{i}u', D(A) = \{u \in L^2(R) | u$ 绝对连续, $u' \in L^2(\mathbb{R})\}$, 证明: A 是自伴算子. (提示: 证明对于每个 $u \in D(A)$, $\lim\limits_{x\to\pm\infty} u(x) = 0$, 而且 Fourier 变换 $\widehat{u} \in L^1(\mathbb{R})$)

6.2.2 证明推论 6.2.5.

6.2.3 在 $L^2[0,\infty)$ 中定义算子 $Au = \mathrm{i}u', D(A) = C_0^\infty[0,\infty)$, 试问 A 是本质自伴算子吗?

6.2.4 设 A 是稠定对称算子, 而且是正的, 即 $\forall x \in D(A)$, $(Ax, x) \geqslant 0$, 求证:

(1) $\|(A+I)x\|^2 \geqslant \|x\|^2 + \|Ax\|^2$;

(2) A 是闭算子的充要条件为 $R(A+I)$ 是闭集;

(3) A 是本质自伴的充要条件是 $A^*y = -y$ 无非零解.

6.2.5 令

$$\mathscr{H} = \left\{ f(z) = \sum_{n=0}^{\infty} c_n z^n, |z| < 1 \;\middle|\; \sum_{n=0}^{\infty} |c_n|^2 < \infty \right\}.$$

$\mathscr{H}$ 是一个 Hilbert 空间, 相应的范数是 $\|f\| = \left(\sum\limits_{n=0}^{\infty} |c_n|^2 \right)^{1/2}$. 在 $\mathscr{H}$ 上定义算子 U 和 A 分别如下:

$$\begin{aligned} (Uf)(z) &= zf(z), \\ (Af)(z) &= \mathrm{i}\frac{1+z}{1-z} f(z). \end{aligned}$$

求证: A 是 $\mathscr{H}$ 上的对称算子, U 是 A 的 Cayley 变换, 并求出 $R(A+\mathrm{i}I)$ 和 $R(A-\mathrm{i}I)$.

6.2.6 设 C 是 $\mathscr{H}$ 上的对称算子, A 是 $\mathscr{H}$ 上的某线性算子, 满足 $A \subset C, R(A+\mathrm{i}I) = R(C+\mathrm{i}I)$, 求证: $A = C$.

6.2.7 设 A 是 $\mathscr{H}$ 上的对称算子, $R(A+\mathrm{i}I) = \mathscr{H}, R(A-\mathrm{i}I) \neq \mathscr{H}$, 求证: A 没有自伴扩张.

6.2.8 设 V 是 $\mathscr{H}$ 上的等距算子: $\forall x \in D(V), \|Vx\| = \|x\|$, 则

(1) $(Vx, Vy) = (x, y), \quad \forall x, y \in D(V)$;

(2) 若 $R(I-V)$ 在 $\mathscr{H}$ 中稠, 则 $I-V$ 是一一的;

(3) 若 $D(V), R(V), \varGamma(V)$ 中有一个闭集, 则另外两个也是闭集.

6.2.9 设 T 是 Hilbert 空间 $\mathscr{H}$ 上的闭算子, 求证: 预解集 $\rho(T)$ 是一个开集. $\forall z \in \rho(T)$, 算子 $R_z(T) \triangleq (zI-T)^{-1}$, 求证: 在每个预解集的连通分支上, $R_z(T)$ 是 z 的解析函数, 并满足下列预解方程:

$$R_{z_1}(T) - R_{z_2}(T) = (z_2 - z_1) R_{z_1}(T) R_{z_2}(T).$$

6.2.10 证明命题 6.2.16, 6.2.17, 6.2.18.

6.2.11 证明命题 6.2.20.

§ 3 无界正常算子的谱分解

3.1 Borel 可测函数的算子表示

设 $\mathscr{H}$ 是一个 Hilbert 空间, $(\mathbb{C}, \mathscr{B}, E)$ 是一个谱族, 即 E 是取值于 $\mathscr{H}$ 上投影算子的测度 (见定义 5.5.13). 设 $f(z)$ 是有界 Borel 可测函数, 对于 $x, y \in \mathscr{H}$,

$$\int_{\mathbb{C}} f(z) \mathrm{d}(E(z)x, y)$$

是 $\mathscr{H}$ 上的双线性泛函, 而且

$$\left| \int_{\mathbb{C}} f(z) \mathrm{d}(E(z)x, y) \right| \leqslant \|f\| \|x\| \|y\|.$$

因此唯一地存在 $\Phi(f) \in L(\mathscr{H})$, 使得

$$(\Phi(f)x, y) = \int_{\mathbb{C}} f(z)\mathrm{d}(E(z)x, y). \tag{6.3.1}$$

引理 6.3.1 由 (6.3.1) 式所定义的 $\Phi(f)$ 满足:

(1) $\|\Phi(f)x\|^2 = \int_{\mathbb{C}} |f|^2 \mathrm{d}\|E(z)x\|^2$; (6.3.2)

(2) $\Phi(\overline{f}) = \Phi(f)^*$; (6.3.3)

(3) $\Phi(\alpha f + \beta g) = \alpha\Phi(f) + \beta\Phi(g), \alpha, \beta \in \mathbb{C}$; (6.3.4)

(4) $\Phi(fg) = \Phi(f)\Phi(g)$; (6.3.5)

(5) $\|\Phi(f)\| \leqslant \|f\|$; (6.3.6)

(6) $T \in L(\mathscr{H}), TE(\Delta) = E(\Delta)T, \forall$ Borel 集 $\Delta \subset \mathbb{C}$ 必须且仅须对于一切有界 Borel 可测函数 $f, T\Phi(f) = \Phi(f)T$.

证 设 $\{C_1, C_2, \cdots, C_n\}$ 是 $\mathbb{C}$ 的一个分划, h 是一个简单函数, 在 C_i 上 $h(z) = \alpha_i$. 定义 $\Phi(h) \in L(\mathscr{H})$,

$$\Phi(h) = \sum_{i=1}^{n} \alpha_i E(C_i).$$

因为每个 $E(C_i)$ 是自伴的,

$$\Phi(h)^* = \sum_{i=1}^{n} \overline{\alpha}_i E(C_i) = \Phi(\overline{h}).$$

设 $\{C'_1, C'_2, \cdots, C'_m\}$ 是 $\mathbb{C}$ 的另一个分划, k 是另一个简单函数, 在 C'_j 上 $k(z) = \beta_j$, 则

$$\Phi(h)\Phi(k) = \sum_{i=1}^{n}\sum_{j=1}^{m} \alpha_i\beta_j E(C_i \cap C'_j).$$

因为 hk 也是简单函数, 在 $C_i \cap C'_j$ 上 $(hk)(z) = \alpha_i\beta_j$, 所以

$$\Phi(h)\Phi(k) = \Phi(hk).$$

同理可得, $\forall \alpha, \beta \in \mathbb{C}$,

$$\Phi(\alpha h+\beta k)=\alpha \Phi(h)+\beta \Phi(k).$$

若 $x, y \in \mathscr{H}$, 由 $\Phi(h)$ 的定义,

$$(\Phi(h) x, y)=\sum_{i=1}^{n} \alpha_{i}(E(C_{i}) x, y)=\int h \mathrm{d}(E(z) x, y).$$

因为

$$\Phi(h)^{*} \Phi(h)=\Phi(\bar{h}) \Phi(h)=\Phi(\bar{h} h)=\Phi(|h|^{2}),$$

因此

$$\begin{aligned}
\|\Phi(h) x\|^{2} &=(\Phi(h)^{*} \Phi(h) x, x)=(\Phi(|h|^{2}) x, x) \\
&=\int|h|^{2} \mathrm{d}(E(z) x, x).
\end{aligned}$$

所以

$$\|\Phi(h) x\| \leqslant\|h\|\|x\|.$$

从而得到

$$\|\Phi(h)\| \leqslant\|h\|. \tag{6.3.7}$$

这样我们对于简单函数证明了 (1)—(5), 对于一般的有界 Borel 可测函数, 可以通过简单函数序列一致逼近加以证明. 由于 (6.3.7) 式, 极限与所取的简单函数列无关.

剩下只要证明 (6). $T \in L(\mathscr{H}), T$ 与 $E(\Delta)$ 可交换的充要条件是 T 与 $\Phi(h)$ 交换, 对任意的简单函数 h. 仍然通过逼近可知 (6) 成立. ■

下面我们要将关系式 (6.3.1) 推广到无界 Borel 可测函数 f 的情形.

引理 6.3.2 设 f 是复数域 $\mathbb{C}$ 上 Borel 可测函数, 令

$$D_{f}=\left\{x \in \mathscr{H} \,\middle|\, \int|f|^{2} \mathrm{d}\|E(z) x\|^{2}<\infty\right\}, \tag{6.3.8}$$

则 D_f 是 $\mathscr{H}$ 中的稠集. 若 $x \in D_f, y \in \mathscr{H}$, 则

$$\int |f| \mathrm{d}|(E(z)x, y)| \leqslant \|y\| \left(\int |f|^2 \mathrm{d}\|E(z)x\|^2 \right)^{1/2}. \tag{6.3.9}$$

又若 f 是有界的, $v = \Phi(f)y$, 则 $\forall x, y \in \mathscr{H}$,

$$\mathrm{d}(E(z)x, v) = \overline{f} \mathrm{d}(E(z)x, y). \tag{6.3.10}$$

证　对于 $n = 1, 2, 3, \cdots$, 记 $\Delta_n = \big\{ z \in \mathbb{C} \big| |f(z)| \leqslant n \big\}$. 若 $x \in R(E(\Delta_n))$, 则 $\forall \Delta \in \mathscr{B}$,

$$E(\Delta)x = E(\Delta)E(\Delta_n)x = E(\Delta \cap \Delta_n)x,$$

所以,

$$(E(\Delta)x, x) = (E(\Delta \cap \Delta_n)x, x),$$

因此,

$$\int |f|^2 \mathrm{d}(E(z)x, x) = \int_{\Delta_n} |f|^2 \mathrm{d}(E(z)x, x) \leqslant n^2 \|x\|^2 < \infty.$$

这说明 $R(E(\Delta_n)) \subset D_f$. 因为 $\mathbb{C} = \bigcup\limits_{n=1}^{\infty} \Delta_n, \forall y \in \mathscr{H}$,

$$y = \lim_{n \to \infty} E(\Delta_n)y.$$

所以 $y \in \overline{D}_f$. 故 D_f 是 $\mathscr{H}$ 中的稠集.

给定 $x, y \in \mathscr{H}$, 首先设 f 是有界的. 由测度论的 Radon-Nikodym 定理 (参考 P. R. Halmos 著的《测度论》), 存在可测函数 $u, |u| = 1$, 使得

$$uf \mathrm{d}(E(z)x, y) = |f| \mathrm{d}|(E(z)x, y)|.$$

因此,

$$\int_{\mathbb{C}} |f| \mathrm{d}|(E(z)x, y)| = (\Phi(uf)x, y) \leqslant \|\Phi(uf)x\| \|y\|.$$

由引理 6.3.1,

$$\|\varPhi(uf)x\|^2 = \int_{\mathbb{C}}|uf|^2\mathrm{d}\|E(z)x\|^2 = \int_{\mathbb{C}}|f|^2\mathrm{d}\|E(z)x\|^2.$$

于是对于有界 Borel 可测函数 f, 不等式 (6.3.9) 得证.

当 f 是任意 Borel 可测函数, $x \in D_f, y \in \mathscr{H}$ 时, $\chi_{\varDelta_n} \cdot f$ 是有界的, 其中 $\chi_{\varDelta_n}$ 是 $\varDelta_n$ 的特征函数, 于是

$$\begin{aligned}
&\int_{\varDelta_n}|f|\mathrm{d}|(E(z)x,y)| \\
&\quad = \int_{\mathbb{C}}|\chi_{\varDelta_n} f|\mathrm{d}(E(z)x,y) \\
&\quad \leqslant \|y\|\|\varPhi(\chi_{\varDelta_n} f)x\| \\
&\quad \leqslant \|y\|\left(\int_{\mathbb{C}}|f|^2\mathrm{d}\|E(z)x\|^2\right)^{1/2},
\end{aligned}$$

所以 (6.3.9) 式成立.

最后证明 (6.3.10) 式. 对于任意有界可测函数 g,

$$\begin{aligned}
\int_{\mathbb{C}} g\mathrm{d}(E(z)x,v) &= (\varPhi(g)x,v) = (\varPhi(g)x,\varPhi(f)y) \\
&= (\varPhi(\overline{f})\varPhi(g)x,y) = (\varPhi(\overline{f}g)x,y) \\
&= \int_{\mathbb{C}} g\overline{f}\mathrm{d}(E(z)x,y),
\end{aligned}$$

所以

$$\mathrm{d}(E(z)x,v) = \overline{f}\mathrm{d}(E(z)x,y)$$

成立. ■

定理 6.3.3 设 $\mathscr{H}$ 是 Hilbert 空间, $(\mathbb{C},\mathscr{B},E)$ 为一个谱族, 对于每一个复数域上 Borel 可测函数 f, 对应着一个 $\mathscr{H}$ 上的稠定闭算子 $\varPhi(f), D(\varPhi(f)) = D_f$, 满足

$$(\varPhi(f)x,y) = \int f(z)\mathrm{d}(E(z)x,y), \tag{6.3.11}$$

$\forall x \in D_f, y \in \mathscr{H}$, 并且

$$\|\varPhi(f)x\|^2 = \int|f|^2\mathrm{d}\|E(z)x\|^2, \quad \forall x \in D_f. \tag{6.3.12}$$

证　固定 $x \in D_f$, 由引理 6.3.2 的不等式 (6.3.9) 知 $y \mapsto \int f\mathrm{d}(E(z)x, y)$ 是 $\mathscr{H}$ 上有界共轭线性泛函, 它的范数不超过 $\left(\int |f|^2\mathrm{d}\|E(z)x\|^2\right)^{1/2}$, 所以存在唯一的元, 记作 $\varPhi(f)x \in \mathscr{H}$, 使得

$$(\varPhi(f)x, y) = \int f\mathrm{d}(E(z)x, y),$$

并且

$$\|\varPhi(f)x\|^2 \leqslant \int |f|^2\mathrm{d}\|E(z)x\|^2.$$

$\varPhi(f)$ 在 D_f 上显然是线性的. 此外 $f \mapsto \varPhi(f)$ 也是线性的.

记 $f_n = f \cdot \chi_{\Delta_n}$, 它是 f 的截断函数, 由于 f_n 是有界的, $D_{f-f_n} = D_f$, 由控制收敛定理, $\forall x \in D_f$,

$$\|\varPhi(f)x - \varPhi(f_n)x\|^2 \leqslant \int |f - f_n|^2\mathrm{d}\|E(z)x\|^2 \to 0, \quad 当\ n \to \infty.$$

由引理 6.3.1,

$$\|\varPhi(f_n)x\|^2 = \int |f_n|^2\mathrm{d}\|E(z)x\|^2,$$

再令 $n \to \infty$, 即得 (6.3.12) 式.

至此, 已经证明了对于每一个 Borel 可测函数 f, 存在稠定线性算子 $\varPhi(f)$ 以 D_f 为定义域, 满足 (6.3.11) 与 (6.3.12) 式. 还需要证明这样定义的 $\varPhi(f)$ 是闭算子. 下一个定理中将证明 $\varPhi(f)^* = \varPhi(\overline{f})$. 假定这关系式已成立, 则 $\varPhi(f) = \varPhi(\overline{f})^*$, 由于 $\varPhi(\overline{f})$ 是稠定算子, 根据定理 6.1.3, $\varPhi(f)$ 是闭算子. ■

由定理 6.3.3 给出的对应关系 $f \mapsto \varPhi(f)$, 还具有以下的性质.

定理 6.3.4　设 $\varPhi$ 是由定理 6.3.3 所给出的从 $\mathbb{C}$ 上的 Borel 可测函数到 $\mathscr{H}$ 上的稠定线性算子的对应, 则

(1) $\varPhi(f)\varPhi(g) \subset \varPhi(fg), D(\varPhi(f)\varPhi(g)) = D_g \cap D_{fg}$; (6.3.13)

(2) $\varPhi(f)^* = \varPhi(\overline{f})$. (6.3.14)

证 (1) 首先假定 f 是有界的, 则 $D_g \subset D_{fg}$. 若 $y \in \mathscr{H}, v = \Phi(\overline{f})y$, 则由引理 6.3.2 中的关系式 (6.3.10), 当 $x \in D_g$,

$$\begin{aligned}(\Phi(f)\Phi(g)x, y) &= (\Phi(g)x, v) \\ &= \int g\mathrm{d}(E(z)x, v) = \int fg\mathrm{d}(E(z)x, y) \\ &= (\Phi(fg)x, y),\end{aligned}$$

所以, 对于 $\forall x \in D_g$, 有

$$\Phi(f)\Phi(g)x = \Phi(fg)x.$$

设 $x \in D_g$, $u = \Phi(g)x$, 则 $\forall x \in D_{fg}, \forall$ 有界可测函数 f,

$$\begin{aligned}\int |f|^2 \mathrm{d}\|E(z)u\|^2 = \|\Phi(f)u\|^2 &= \|\Phi(fg)x\|^2 \\ &= \int |fg|^2 \mathrm{d}\|E(z)x\|^2.\end{aligned}$$

当 f 是任意的可测函数时, 上式等号仍然成立, 只要等号一边有意义, 另一边也有意义. 于是当 $x \in D_g$,

$$u \in D_f \Longleftrightarrow x \in D_{fg}.$$

因为

$$D(\Phi(f)\Phi(g)) = \left\{x \in D_g \middle| \Phi(g)x = u \in D_f\right\},$$

所以

$$D(\Phi(f)\Phi(g)) = \left\{x \in D_g \middle| x \in D_{fg}\right\} = D_{fg} \cap D_g.$$

现在任取 $x \in D_{fg} \cap D_g$, 记 $u = \Phi(g)x$, 取 f 的截断函数 $f_n = f\chi_{\Delta_n}$, 其中 $\chi_{\Delta_n}(z) = 1$, 当 $|f(z)| \leqslant n; \chi_{\Delta_n}(z) = 0$, 当 $|f(z)| > n$. 于是,

$$\int |f - f_n|^2 \mathrm{d}(E(z)u, u) \to 0, \quad \int |fg - f_n g|^2 \mathrm{d}(E(z)x, x) \to 0,$$

从而

$$\Phi(f)\Phi(g)x=\Phi(f)u=\lim_{n\to\infty}\Phi(f_n)u=\lim_{n\to\infty}\Phi(f_ng)x=\Phi(fg)x.$$

这就证明了 $\Phi(f)\Phi(g)\subset\Phi(fg)$.

(2) 先证明 $\Phi(\overline{f})\subset\Phi(f)^*$. 任取 $y\in D_{\overline{f}}, x\in D_f$, 则

$$\begin{aligned}(\Phi(f)x,y)&=\lim_{n\to\infty}(\Phi(f_n)x,y)\\&=\lim_{n\to\infty}(x,\Phi(\overline{f}_n)y)=(x,\Phi(\overline{f})y),\end{aligned}$$

所以 $y\in D(\Phi(f)^*)$, 而且 $\Phi(\overline{f})\subset\Phi(f)^*$.

为证明 $\Phi(\overline{f})\supset\Phi(f)^*$, 只要证明 $D(\Phi(f)^*)\subset D_{\overline{f}}$ 就足够了. 任取 $y\in D(\Phi(f)^*)$, 令 $v=\Phi(f)^*y$. 因为 $f_n=f\chi_{\Delta_n}$, 由 (1),

$$\Phi(f_n)=\Phi(f)\Phi(\chi_{\Delta_n}).$$

$\Phi(\chi_{\Delta_n})=E(\Delta_n)$ 是自伴的. $\forall x\in D(\Phi(f)\Phi(\chi_{\Delta_n}))$,

$$(\Phi(f)\Phi(\chi_{\Delta_n})x,y)=(\Phi(\chi_{\Delta_n})x,\Phi(f)^*y)=(x,\Phi(\chi_{\Delta_n})\Phi(f)^*y).$$

另一方面,

$$(\Phi(f)\Phi(\chi_{\Delta_n})x,y)=(\Phi(f_n)x,y)=(x,\Phi(\overline{f}_n)y),$$

因此

$$\Phi(\chi_{\Delta_n})v=\Phi(\overline{f}_n)y,\quad n=1,2,\cdots.$$

所以

$$\int|f_n|^2\mathrm{d}\|E(z)y\|^2=\int|\chi_{\Delta_n}|^2\mathrm{d}\|E(z)v\|^2\leqslant\|v\|^2.$$

令 $n\to\infty$, 得到 $y\in D_f=D_{\overline{f}}$. ■

推论 6.3.5 (1) $\Phi(f)\Phi(f)^*=\Phi(|f|^2)=\Phi(f)^*\Phi(f)$;

(2) $\Phi(f)\Phi(g)=\Phi(fg)$ 当且仅当 $D_{fg}\subset D_g$.

3.2 无界正常算子的谱分解

为了导出无界正常算子的谱分解, 需要下列引理.

引理 6.3.6 设 T 是 Hilbert 空间 $\mathscr{H}$ 上的稠定闭算子. 令

$$Q = I + T^*T, \quad D(Q) \triangleq D(T^*T) = \{x \in D(T) | Tx \in D(T^*)\},$$

则

(1) Q 是 $D(Q)$ 到 $\mathscr{H}$ 的一一在上映射;

(2) 存在 $B \in L(\mathscr{H}), C \in L(\mathscr{H})$, 适合 $\|B\| \leqslant 1, \|C\| \leqslant 1, B$ 是自伴正算子, $C = TB$, 并且

$$BQ \subset QB = I;$$

(3) 记 $T|_{D(T^*T)} = T'$, $\overline{\Gamma(T')} = \Gamma(T)$.

证 对于任意 $x \in D(Q), Tx \in D(T^*)$,

$$(x, Qx) = (x, x) + (Tx, Tx),$$

故 $\|Qx\| \geqslant \|x\|$, 这说明 Q 是一一映射.

由 (6.1.5) 式 $\Gamma(T^*) = {}^{\perp}V\Gamma(T)$, 可知 $\mathscr{H} \times \mathscr{H} = \Gamma(T^*) \oplus {}^{\perp}V\Gamma(T)$. 于是对于每一个 $h \in \mathscr{H}$, 存在唯一的 $b \in D(T)$ 和唯一的 $c \in D(T^*)$, 使得

$$\langle 0, h \rangle = \langle c, T^*c \rangle + \langle -Tb, b \rangle. \tag{6.3.15}$$

定义算子 $B : h \mapsto b$ 和算子 $C : h \mapsto c$. 显然 B, C 是线性算子. 因为 $\langle c, T^*c \rangle \perp \langle -Tb, b \rangle$,

$$\|\langle 0, h \rangle\|^2 = \|\langle c, T^*c \rangle\|^2 + \|\langle -Tb, b \rangle\|^2,$$

得到

$$\|h\|^2 \geqslant \|c\|^2 + \|b\|^2,$$

故 $\|B\| \leqslant 1, \|C\| \leqslant 1$.

比较等式 (6.3.15) 右边的第一分量, 有 $Tb = c$, 即得 $C = TB$. 比较等式 (6.3.15) 右边的第二分量, 有

$$h = T^*c + b = (T^*T + I)b = QBh,$$

所以 $QB = I$. 由此可知, Q 是 $D(Q)$ 到 $\mathscr{H}$ 的在上映射. 同时可知 B 是 $\mathscr{H}$ 到 $D(Q)$ 的一一在上映射.

对于任给 $y \in D(Q)$, 存在唯一的 $h \in \mathscr{H}$, 使得 $Bh = y$. 于是 $BQy = BQBh = B(QB)h = Bh = y$, 故 $BQ \subset I$.

又对于任给 $x \in \mathscr{H}$, 存在唯一的 $y \in D(Q)$, 使得 $Qy = x$, 故

$$(Bx, x) = (BQy, Qy) = (y, Qy) \geqslant 0,$$

因此 B 是自伴正算子. (1), (2) 获证.

最后证明 (3). 因为 T 是闭算子, $\Gamma(T)$ 是 $\mathscr{H} \times \mathscr{H}$ 中的闭子空间, $\Gamma(T)$ 本身也是一个 Hilbert 空间. 设 $\langle z, Tz\rangle \in \Gamma(T')^{\perp}$, 则 $\forall x \in D(T^*T)$,

$$0 = (\langle z, Tz\rangle, \langle x, Tx\rangle) = (z, x) + (Tz, Tx) = (z, Qx).$$

由于 $R(Q) = \mathscr{H}$, 得到 $z = 0$, 因此 $\overline{\Gamma(T')} = \Gamma(T)$. ■

推论 6.3.7　T 是稠定闭算子, 则 T^*T 是自伴算子.

证　由于 $QB = I, B$ 是一一的自伴算子, 所以 $Q = B^{-1}$ 也是自伴算子, 从而 $T^*T = Q - I$ 也是自伴算子. ■

定义 6.3.8　设 T 是 Hilbert 空间 $\mathscr{H}$ 上的稠定闭算子, 如果满足

$$T^*T = TT^*, \tag{6.3.16}$$

就称 T 是**无界正常算子** (有时省略 “无界” 两字).

定理 6.3.9　设 N 是 $\mathscr{H}$ 上的无界正常算子, 则

(1) $D(N) = D(N^*)$;

(2) $\|Nx\| = \|N^*x\|, \forall x \in D(N)$;

(3) 若 $N \subset M, M$ 也是无界正常算子, 则 $N = M$.

证 对于任意 $y \in D(N^*N) = D(NN^*)$, 则 $(Ny, Ny) = (y, N^*Ny)$, 又因为 N 是闭算子 $N^{**} = N$, 故

$$(N^*y, N^*y) = (y, N^{**}N^*y) = (y, NN^*y).$$

因为 $N^*N = NN^*$, 所以

$$\|Ny\| = \|N^*y\|, \quad 当\ y \in D(N^*N).$$

任取 $x \in D(N)$, 由引理 6.3.6 的 (3), $\langle x, Nx\rangle \in \overline{\Gamma(N')}$, 其中 N' 是 N 在 $D(N^*N)$ 上的限制, 所以存在 $y_i \in D(N^*N), i = 1, 2, \cdots$, 使得 $y_i \to x, Ny_i \to Nx$. 考虑序列 $\{N^*y_i\}$, 由于

$$\|N^*y_i - N^*y_j\| = \|Ny_i - Ny_j\|,$$

它也是 $\mathscr{H}$ 中的 Cauchy 列. 于是存在 $z \in \mathscr{H}$, 使得 $N^*y_i \to z$. 因为 N^* 是闭算子, 因此 $x \in D(N^*), z = N^*x$. 故 $D(N) \subset D(N^*)$, 且

$$\|N^*x\| = \|z\| = \lim_{i\to\infty} \|N^*y_i\| = \lim_{i\to\infty} \|Ny_i\| = \|Nx\|.$$

注意到 $N^{**} = N$, 于是 N^* 也是正常算子, 因此,

$$D(N^*) \subset D(N^{**}) = D(N).$$

(1) 和 (2) 获证.

最后证 (3). 由 $N \subset M$, 得到 $M^* \subset N^*$. M 与 N 都是正常算子, 所以

$$D(M) = D(M^*) \subset D(N^*) = D(N) \subset D(M),$$

这给出 $D(M) = D(N)$, 因此 $M = N$. 所以正常算子是自身的极大正常扩张. ■

下面将利用有界正常算子的谱分解来导出无界正常算子的谱分解. 设 N 是 $\mathscr{H}$ 上的无界正常算子, 将构造一列两两可交换的投影算子 $\{P_i\}, \sum\limits_i P_i = I$, 满足 $P_iN \subset NP_i, NP_i$ 是有界正常算子, 然后通过 NP_i 的谱族来构造 N 的谱族, 从而导出 N 的谱分解.

定理 6.3.10 设 N 是 $\mathscr{H}$ 上的无界正常算子, 则存在唯一的谱族 $(\mathbb{C}, \mathscr{B}, E)$, 使得

$$(Nx, y) = \int z\mathrm{d}(E(z)x, y), \quad \forall x \in D(N), y \in \mathscr{H}. \tag{6.3.17}$$

证 (1) 构造投影算子 $\{P_i\}$. 由引理 6.3.6 知, 存在 $B, C \in L(\mathscr{H})$, 满足 $\|B\| \leqslant 1, \|C\| \leqslant 1, B \geqslant 0, C = NB$, 并且

$$B(I + N^*N) \subset (I + N^*N)B = I. \tag{6.3.18}$$

因为 $N^*N = NN^*$, 由上式得到

$$\begin{aligned} BN &= BN(I + N^*N)B \\ &= B(I + N^*N)NB \subset NB = C. \end{aligned}$$

于是 $BC = B(NB) = (BN)B \subset CB$. 由于 B, C 都是有界的, $BC = CB$, 因此对于任意有界 Borel 可测函数 $\varphi(z)$,

$$\varphi(B)C = C\varphi(B). \tag{6.3.19}$$

B 是自伴的, $\sigma(B) \subset [0, 1]$. 记 E^B 为与 B 相关联的谱族. 因为 B 是一一的, $0 \notin \sigma_p(B)$, 因此 $E^B(\{0\}) = 0$, 这说明 E^B 集中在 $(0, 1]$ 上.

选择 $\{t_i\}, 1 = t_0 > t_1 > t_2 > \cdots, \lim\limits_{i\to\infty} t_i = 0$, 考虑特征函数

$$\chi_i(t) = \begin{cases} 1, & t_i < t \leqslant t_{i-1}, \\ 0, & \text{其他}. \end{cases}$$

并且设 $f_i(t) = \chi_i(t)/t, i = 1, 2, \cdots$. 于是 f_i 是 $\sigma(B)$ 上的有界可测函数. 定义投影算子

$$P_i = \chi_i(B) = E^B((t_i, t_{i-1}]), \tag{6.3.20}$$

由于 $\chi_i\chi_j = 0, i \neq j$, 所以 $P_iP_j = P_jP_i, i \neq j$. 又因为 $\sum\limits_i \chi_i = (0, 1]$, 所以 $\forall x \in \mathscr{H}$,

$$\sum_i P_i x = E^B((0, 1])x = x. \tag{6.3.21}$$

(2) 构造谱族 $(\mathbb{C}, \mathscr{B}, E)$. 由于 $\chi_i(t) = tf_i(t)$, 所以

$$NP_i = NBf_i(B) = Cf_i(B) \in L(\mathscr{H}).$$

另一方面 $P_iN = f_i(B)BN \subset f_i(B)C$, 由 (6.3.19) 式, 知

$$P_iN \subset NP_i. \tag{6.3.22}$$

由于 NP_i 是有界算子, $D(NP_i) = \mathscr{H}$, 所以

$$R(P_i) \subset D(N), \quad i = 1, 2, \cdots. \tag{6.3.23}$$

因此, 如果 $P_iy = y$, 由 (6.3.22) 式, $P_iNy = NP_iy = Ny$, 这说明 N 将 $R(P_i)$ 映入 $R(P_i)$ 内, 即 $R(P_i)$ 是 N 的不变集.

下面证明 NP_i 是有界正常算子. 由 (6.3.22) 式知

$$(NP_i)^* \subset (P_iN)^* = N^*P_i,$$

$(NP_i)^*$ 是有界算子, 定义域是全空间, 所以

$$(NP_i)^* = N^*P_i.$$

根据定理 6.3.9 的 (2), 有

$$\|NP_ix\| = \|N^*P_ix\| = \|(NP_i)^*x\|, \quad \forall x \in \mathscr{H},$$

所以 NP_i 是有界正常算子 (见习题 5.5.2).

记 E^i 为与 NP_i 相关联的谱族. 因为 $R(P_i)$ 是 N 的不变集, P_i 与 NP_i 可交换, 因此对于任意 Borel 集 $\varDelta \subset \mathbb{C}, P_i$ 与 $E^i(\varDelta)$ 可交换, 即

$$E^i(\varDelta)P_i = P_iE^i(\varDelta), \quad i = 1, 2, \cdots. \tag{6.3.24}$$

由 (6.3.21) 式,

$$\sum_i \|E^i(\varDelta)P_ix\|^2 \leqslant \sum_i \|P_ix\|^2 = \|x\|^2,$$

$\sum\limits_i E^i(\varDelta)P_ix$ 在 $\mathscr{H}$ 空间中收敛, 故可定义

$$E(\varDelta) = \sum_i E^i(\varDelta)P_i, \quad \varDelta \in \mathscr{B}. \tag{6.3.25}$$

显然 $(\mathbb{C}, \mathscr{B}, E)$ 是一个谱族.

(3) 证明 (6.3.17) 式. 根据定理 6.3.3, 可构造算子 M:

$$D(M) = \left\{ x \in \mathscr{H} \,\middle|\, \int |z|^2 \mathrm{d}\|E(z)x\|^2 < \infty \right\}, \tag{6.3.26}$$

$$(Mx, y) = \int z\mathrm{d}(E(z)x, y), x \in D(M), y \in \mathscr{H}. \tag{6.3.27}$$

由推论 6.3.5 知 M 是正常算子. 现在要证明 $M = N$. 事实上, 只要证明 $N \subset M$ 就足够, 因为当 $N \subset M$ 时, 由定理 6.3.9 的 (3) 可得 $N = M$.

若 $x \in R(P_i), x = P_ix$, 于是 $E(\varDelta)x = E^i(\varDelta)x$, 且 $\forall y \in \mathscr{H}$,

$$\begin{aligned}(Nx, y) = (NP_ix, y) &= \int z\mathrm{d}(E^i(z)x, y) \\ &= \int z\mathrm{d}(E(z)x, y) = (Mx, y).\end{aligned}$$

所以当 $x \in R(P_i)$ 时, $Nx = Mx$.

对于任意的 $x \in D(N), P_i x \in R(P_i)$, 所以

$$P_i N x = N P_i x = M P_i x, \quad i = 1, 2, \cdots.$$

记 $Q_i = P_1 + P_2 + \cdots + P_i$, 则 $Q_i N x = M Q_i x$, 因此,

$$\langle Q_i x, Q_i N x \rangle \in \Gamma(M), \quad i = 1, 2, \cdots.$$

因为 $\Gamma(M)$ 是闭的, 当 $i \to \infty$ 时, 得到 $\langle x, Nx \rangle \in \Gamma(M)$. 因此 $\Gamma(N) \subset \Gamma(M)$, 即 $N \subset M$.

(4) 唯一性. 设 $(\mathbb{C}, \mathscr{B}, E)$ 是使得

$$(Nx, y) = \int z \mathrm{d}(E(z)x, y), \quad \forall x \in D(N), y \in \mathscr{H}$$

成立的任意谱族.

由于 N^*N 是正算子, 它有唯一的正平方根算子, 记作 $(N^*N)^{1/2}$, 令

$$T = N(I + (N^*N)^{1/2})^{-1}, \tag{6.3.28}$$

则 $\forall x \in D_g, y \in \mathscr{H}$,

$$(Tx, y) = \int g(z) \mathrm{d}(E(z)x, y),$$

其中 $g(z) = z/(1 + |z|)$. 由于 g 有界, $D_g = \mathscr{H}, T \in L(\mathscr{H})$, 显然 T 是正常算子. 由于 g 是一一的, 因此,

$$(Tx, y) = \int z \mathrm{d}(E(g^{-1}(z))x, y).$$

记 T 的谱族为 E^T, 由有界正常算子的谱分解定理得

$$T = \int z \mathrm{d}E^T(z).$$

因为 T 的谱族唯一, 对于任意 Borel 集 Δ,

$$E^T(\Delta) = E(g^{-1}(\Delta)),$$

由此即得 N 的谱族是唯一的. ■

定理 6.3.11 设 N 是 $\mathscr{H}$ 上的无界正常算子, $(\mathbb{C},\mathscr{B},E)$ 是它的谱族. 设 $S\in L(\mathscr{H}), SN\subset NS$, 则对于任意 Borel 集 $\varDelta\subset\mathbb{C}, E(\varDelta)S=SE(\varDelta)$.

证 令 $\varDelta_n=\{z\big||z|\leqslant n\}$, 记 $E(\varDelta_n)=Q_n, f(z)=z\chi_{\varDelta_n}(z)$, 则 NQ_n 是有界正常算子, 而且

$$(NQ_nx,y)=\int f(z)\mathrm{d}(E(z)x,y)=\int z\mathrm{d}(E(f^{-1}(z))x,y),$$

上式最后一个等号, 作了积分变量替换. 记 NQ_n 的谱族为 E', 则由 E' 的唯一性, $E'(\varDelta)=E(f^{-1}(\varDelta))$, 其中 $\varDelta\in\mathscr{B}$. 当 $\varDelta\subset\varDelta_n$ 时,

$$E'(\varDelta)=\begin{cases}E(\varDelta), & \text{当 } 0\notin\varDelta,\\ E(\varDelta\cup(\mathbb{C}-\varDelta_n)), & \text{当 } 0\in\varDelta.\end{cases}$$

因此当 $\varDelta\subset\varDelta_n$ 时,

$$E(\varDelta)=E(\varDelta_n)E(\varDelta)=E(\varDelta_n)E'(\varDelta)=Q_nE'(\varDelta).$$

由谱族定义 (6.3.25) 式, $\forall\Delta\subset\mathbb{C}$, 由 (6.3.22) 式,

$$\begin{aligned}E(\varDelta)N&=\sum_i E^i(\varDelta)P_iN\subset\sum_i E^i(\varDelta)(NP_i)\\&=\sum_i NP_iE^i(\varDelta)=N\sum_i E^i(\varDelta)P_i\\&=NE(\varDelta),\end{aligned}$$

所以 $Q_nN\subset NQ_n=Q_nNQ_n$.

设 $S\in L(\mathscr{H}), SN\subset NS$, 则

$$(Q_nSQ_n)(NQ_n)=Q_nSNQ_n\subset Q_nNSQ_n\subset(NQ_n)(Q_nSQ_n).$$

因为 Q_nSQ_n, NQ_n 有界, 所以

$$(Q_nSQ_n)(NQ_n)=(NQ_n)(Q_nSQ_n),$$

由此推得 Q_nSQ_n 与 $E'(\Delta)$ 可交换.

任取有界可测集 Δ, 令 n 充分大使得 $\Delta \subset \Delta_n$, 于是

$$Q_nSE(\Delta) = Q_nSQ_nE'(\Delta) = E'(\Delta)Q_nSQ_n = E(\Delta)SQ_n.$$

令 $n \to \infty$, 即得

$$SE(\Delta) = E(\Delta)S.$$

从而对任意可测集上述等式也成立. ■

习　题

6.3.1　设 N 是正常算子, 求证: N^* 也是正常算子.

6.3.2　设 T 是稠定闭算子, $D(T) = D(T^*), \|Tx\| = \|T^*x\|$, $\forall x \in D(T)$, 求证: T 是正常算子. (提示: 先证明 $(Tx, Ty) = (T^*x, T^*y), \forall x, y \in D(T)$)

6.3.3　设 $L \in L(\mathscr{H}), M, N$ 是 $\mathscr{H}$ 上无界正常算子, 如果 $LM \subset LN$, 求证: $LM^* \subset N^*L$.

6.3.4　求证: $\mathscr{H}$ 上闭稠定算子 N 是无界正常算子的充要条件是下列两个条件同时成立:

(1) $D(N) = D(N^*)$;

(2) $\overline{N + N^*}, \overline{\mathrm{i}(N - N^*)}$ 是自伴的, 它们的谱族可交换.

6.3.5　求证: $\mathscr{H}$ 上闭稠定算子 N 是无界正常算子的充要条件是 N 有分解式 $N = A + \mathrm{i}B$, 其中 A, B 是自伴的, 而且它们的谱族可以交换.

6.3.6　设 N 是无界正常算子, 求证: 存在酉算子 U 和正的自伴算子 P, 使得

$$D(P) = D(N), \quad N = UP = PU.$$

6.3.7　设 N 是无界正常算子, $(\mathbb{C}, \mathscr{B}, E)$ 是它的谱族, 证明:

(1) $z \in \sigma_p(N) \Longleftrightarrow E(\{z\}) \neq 0$;

(2) $\sigma_r(N) = \varnothing$;

(3) $z \in \sigma(N) \Longleftrightarrow \forall$ Borel 集 $\Delta, z \in \Delta$, 有 $E(\Delta) \neq 0$.

6.3.8　设 N 是无界正常算子, E 是它的谱族, 令

$$\sigma_{\text{ess}}(N) = \left\{ z \in \sigma(N) \,\middle|\, \begin{array}{l} \forall z \text{ 的 Borel 邻域 } \Delta, \\ \dim R(E(\Delta)) = +\infty \end{array} \right\}$$

$$\sigma_d(N) = \sigma(N) \backslash \sigma_{\text{ess}}(N).$$

求证: $z \in \sigma_d(N)$ 必须且仅须 z 是有限孤立特征值, $z \in \sigma_{\text{ess}}(N)$ 当且仅当 z 是 $\sigma(N)$ 中的极限点或者无限重特征值.

6.3.9　设 $\mathscr{H}$ 是 Hilbert 空间, $(\mathbb{C}, \mathscr{B}, E)$ 是任意谱族, f, g 是 Borel 可测函数. 求证: $\varPhi(f)\varPhi(g) = \varPhi(fg)$ 当且仅当 $D_{fg} \subset D_g$, 其中 $\varPhi(f)$ 及 D_f 分别是由 (6.3.11), (6.3.8) 式所定义的.

6.3.10　设 $\mathscr{H}$ 是 Hilbert 空间, $(\mathbb{C}, \mathscr{B}, E)$ 是任意谱族, f 是有界 Borel 可测函数, 证明: 依算子范数, 积分

$$\int_{\mathbb{C}} f(z) \mathrm{d}E(z)$$

在 Lebesgue 意义下收敛, 而且

$$\varPhi(f) = \int_{\mathbb{C}} f(z) \mathrm{d}E(z),$$

其中 $\varPhi(f)$ 由 (6.3.1) 式所定义.

6.3.11　设 $\mathscr{H}$ 是 Hilbert 空间, $(\mathbb{C}, \mathscr{B}, E)$ 是任意谱族, f 是 Borel 可测函数, 记 $\Delta_n = \{z \big| |f(z)| \leqslant n\}$, $f_n(z) = \chi_{\Delta_n}(z) f(z)$, 证明:

$$\varPhi(f) = s\text{-}\lim_{n \to \infty} \varPhi(f_n),$$

其中 $\varPhi(f)$ 是由 (6.3.11) 式定义的.

§ 4 自 伴 扩 张

4.1 闭对称算子的亏指数与自伴扩张

我们在本章一开始就强调过, 对无界算子而言, 对称性与自伴性是两个不同的概念, 这两者的区别是要认真对待的. 在 §1 中, 我们已经用微分算子的例子表明这种差异在算子边界条件上的反映. 在这一节, 我们还要从谱集上来描写它们的区别. 更重要的, 我们要讨论: 在什么条件下, 一个对称算子可以扩张成为一个自伴算子. 首先考察 $D(A)$ 与 $D(A^*)$ 的关系.

定理 6.4.1(Von Neumann 定理) 设 A 是 Hilbert 空间 $\mathscr{H}$ 上的一个闭对称算子, 则有下列直和分解:

$$D(A^*) = D(A) \oplus \ker(A^* - \mathrm{i}I) \oplus \ker(A^* + \mathrm{i}I). \tag{6.4.1}$$

并且对于 $x \in D(A^*)$, 设 $x = x_0 + x_+ + x_-$, 其中 $x_0 \in D(A), x_+ \in \ker(A^* - \mathrm{i}I), x_- \in \ker(A^* + \mathrm{i}I)$, 则

$$A^*x = Ax + \mathrm{i}x_+ - \mathrm{i}x_-. \tag{6.4.2}$$

证 以下用 $D_\pm$ 表记 $\ker(A^* \mp \mathrm{i}I)$.

(1) 先证明 $D(A), D_+$ 与 D_- 是线性无关的子空间. 事实上, 设 $x_0 \in D(A), x_\pm \in D_\pm$, 又设 $x_0 + x_+ + x_- = \theta$. 两边同时作用 $A^* - \mathrm{i}I$, 注意到 $(A^* - \mathrm{i}I)x_- = -2\mathrm{i}x_-$, 得到

$$(A - \mathrm{i}I)x_0 = 2\mathrm{i}x_-.$$

但是因为 $x_- \in D_- = R(A - \mathrm{i}I)^\perp$, 所以 $x_- = \theta$. 同理推出 $x_+ = \theta$, 从而 $x_0 = \theta$. 因此 $D(A), D_+$ 与 D_- 是线性无关的子空间.

(2) 显然有 $D(A) \oplus D_+ \oplus D_- \subset D(A^*)$. 兹证 $D(A^*) \subset D(A) \oplus D_+ \oplus D_-$.

根据命题 6.2.2 及命题 6.2.3, $\mathscr{H} = R(A-\mathrm{i}I)\oplus D_-$. 对于任意 $x\in D(A^*)$, 令 $y=(A^*-\mathrm{i}I)x$ 有分解

$$y = y_1 + y_2,$$

其中 $y_1\in R(A-\mathrm{i}I), y_2\in D_-$. 记

$$x_- = -\frac{1}{2\mathrm{i}}y_2,$$

则 $A^*x_-=-\mathrm{i}x_-$, 所以 $x_-\in D_-$. 再令 $x_0\in D(A)$, 使得

$$(A-\mathrm{i}I)x_0 = y_1.$$

于是

$$y = (A-\mathrm{i}I)x_0 - 2\mathrm{i}x_- = (A^*-\mathrm{i}I)(x_0+x_-),$$

推得

$$(A^*-\mathrm{i}I)(x-x_0-x_-)=0.$$

再令 $x_+ = x-x_0-x_-\in D_+$, 即得

$$x = x_0+x_++x_-.$$

于是 (6.4.1) 等式获证. (6.4.2) 式是 (6.4.1) 式的直接推论. ■

注　正如命题 6.2.1, 6.2.2, 6.2.3 以及定理 6.2.4 中 $\pm\mathrm{i}$ 可以用 z 及 $\overline{z}, \mathrm{Im}z\neq 0$ 来代替. 定理 6.4.1 中的 $\pm\mathrm{i}$ 也可以用 $\mathrm{Im}z\neq 0$ 的 z 与 $\overline{z}$ 代替. 于是设 $z\in\mathbb{C}, \mathrm{Im}z\neq 0$, 则有下列直和分解:

$$D(A^*) = D(A)\oplus\ker(A^*-zI)\oplus\ker(A^*-\overline{z}I). \tag{6.4.3}$$

并且对于任意 $x\in D(A^*)$, 设分解式为 $x=x_0+x_++x_-$, 其中 $x_0\in D(A), x_+\in\ker(A^*-zI), x_-\in\ker(A^*-\overline{z}I)$, 则

$$A^*x = Ax + zx_+ + \overline{z}x_-. \tag{6.4.4}$$

定义 6.4.2 设 A 是 $\mathscr{H}$ 上的一个闭对称算子, 设

$$n_{\pm} = \dim \ker(A^* \mp \mathrm{i}I),$$

则称数对 (n_+, n_-) 为 A 的**亏指数** (deficiency index), 记作 $\mathrm{def}(A)$.

注 $n_{\pm}$ 可以取 ∞.

推论 6.4.3 为使闭对称算子 A 是自伴的, 必须且仅须其亏指数 $\mathrm{def}(A) = (0, 0)$.

引理 6.4.4 设 A 是 $\mathscr{H}$ 上的一个闭对称算子, 则对于任意 $z \in \mathbb{C}, \mathrm{Im} z > 0$, 有

$$\dim \ker(A^* - zI) = n_+,$$
$$\dim \ker(A^* - \overline{z}I) = n_-,$$

其中 $(n_+, n_-) = \mathrm{def}(A)$.

证 设 $z \in \mathbb{C}, \mathrm{Im} z \neq 0$, 只要证明当 $z' \in \mathbb{C}$ 适当小时, 有

$$\dim \ker(A^* - zI) = \dim \ker(A^* - (z + z')I)$$

就足够了, 即只要证明 $\ker(A^* - zI)$ 的维数局部是常数.

设 $z = a + b\mathrm{i}, b \neq 0$. 因为 A 是对称的, 对于 $\forall u \in D(A)$,

$$\|(A - zI)u\|^2 \geqslant b^2 \|u\|^2.$$

任取 $x \in \ker(A^* - (z + z')I), \|x\| = 1$, 若 $x \in \ker(A^* - zI)^{\perp} = R(A - \overline{z}I)$, 设 $u \in D(A), (A - \overline{z}I)u = x$, 由上面不等式知

$$\|x\| \geqslant |b| \|u\|. \tag{6.4.5}$$

另一方面,

$$\begin{aligned} 0 = ((A^* - (z + z')I)x, u) &= (x, (A - \overline{z}I)u) - z'(x, u) \\ &= \|x\|^2 - z'(x, u), \end{aligned}$$

可知 $\|x\| \leqslant |z'|\|u\|$. 于是当 $|z'| < |b|$ 时, 导致与 (6.4.5) 式矛盾的不等式. 这说明 $\ker(A^* - (z+z')I)$ 中不存在 x, 使得 $x \in \ker(A^* - zI)^{\perp}$. 由习题 6.4.4, 当 $|z'| < |b|$ 时, 有

$$\dim \ker(A^* - (z+z')I) \leqslant \dim \ker(A^* - zI).$$

运用同样的推理, 可证明当 $|z'| < |b|/2$ 时, 有

$$\dim \ker(A^* - zI) \leqslant \dim \ker(A^* - (z+z')).$$

所以当 $|z'| < |b|/2$ 时, 有

$$\dim \ker(A^* - (z+z')I) = \dim \ker(A^* - zI). \tag{6.4.6}$$

■

定理 6.4.5　设 A 是 $\mathscr{H}$ 上的闭对称算子, 为使 A 是自伴的, 必须且仅须 $\sigma(A) \subset \mathbb{R}$.

证　由定理 6.2.11, 当 A 自伴时, $\sigma(A) \subset \mathbb{R}$, 所以只要证明当 $\sigma(A) \subset \mathbb{R}$ 时 A 自伴.

若 $n_+ > 0$, 则上半开平面中, 每个点 $z \in \sigma_p(A^*)$, 此时

$$R(A - \overline{z}I) = \ker(A^* - zI)^{\perp} \neq \mathscr{H},$$

故 $\overline{z} \in \sigma_r(A)$. 因此当 $n_+ > 0$ 时, $\sigma_r(A)$ 充满下半开平面; 同理若 $n_- > 0$, 则 $\sigma_r(A)$ 充满上半开平面.

由于 $\sigma(A) \subset \mathbb{R}$, 故 $\mathrm{def}(A) = (n_+, n_-) = (0, 0)$, 由 Von Neumann 定理 (定理 6.4.1) 可知 A 是自伴的. ■

由引理 6.4.4 还可推得如下的命题.

命题 6.4.6　设 A 是一个闭对称算子, 则它的谱集 $\sigma(A)$ 只能是以下四种情况之一:

(1) 闭上半平面;

(2) 闭下半平面;

(3) 整个复平面;

(4) 实轴的子集, 此时 A 是自伴的.

命题 6.4.7 设 A 是一个闭对称算子, 若 A 的预解集 $\rho(A)$ 至少包含一个实数, 则 A 是自伴算子.

证明留作习题.

弄清了对称算子 A 的共轭算子 A^* 的定义域的构造以后, 我们问: 对于一个闭对称而不自伴的算子, 有没有可能把它扩张成为一个自伴算子呢?

还是回到 Cayley 变换, $A \mapsto V = (A - \mathrm{i}I)(A + \mathrm{i}I)^{-1}$, 它将 $\mathscr{H}$ 上的闭对称算子集合 $\mathscr{A}$ 一一地映射为等距闭算子集合 $\mathscr{V}$ 的子集 $\mathscr{V}_0 = \{V \in \mathscr{V} | \overline{R(I-V)} = \mathscr{H}\}$. 现在要证明 Cayley 变换是 $\mathscr{A}$ 到 $\mathscr{V}_0$ 上的满映射.

定理 6.4.8 设 $V \in \mathscr{V}_0$, 则必存在唯一的 $A \in \mathscr{A}$, 使得 V 是 A 的 Cayley 变换.

特别地, 当 V 是一个酉算子时, A 是自伴的.

证 (1) 由 $\overline{R(I-V)} = \mathscr{H}$, 推出 $(I-V)^{-1}$ 存在, 即

$$\ker(I-V) = \{\theta\}.$$

事实上, 若 $y \in \ker(I-V), z \in D(V)$, 则

$$\begin{aligned}((I-V)z, y) &= (z, y) - (Vz, y)\\ &= (Vz, Vy) - (Vz, y)\\ &= (Vz, (V-I)y) = 0.\end{aligned}$$

由于 $R(I-V)$ 是稠集, 推得 $y = \theta$.

(2) 定义 $A = \mathrm{i}(I+V)(I-V)^{-1}, D(A) = R(I-V)$. 这是稠定线性算子. 我们证明 A 是对称闭算子. 观察图 6.4.1.

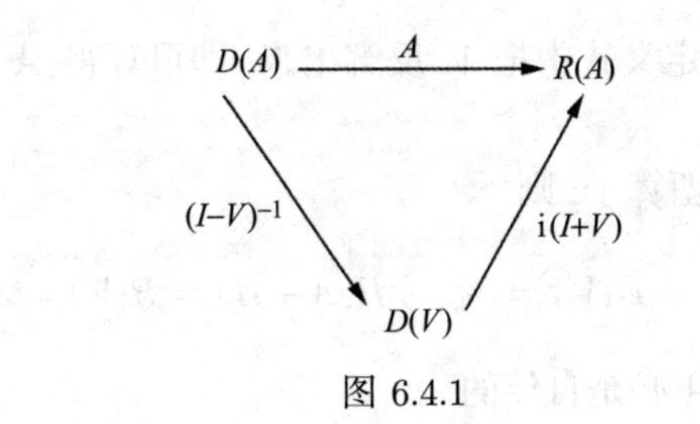

图 6.4.1

若 $x_n \in D(A), x_n \to x, Ax_n \to z$, 则有 $y_n \in D(V)$, 使得

$$(I-V)y_n = x_n,$$
$$\mathrm{i}(I+V)y_n = Ax_n.$$

解此方程组得

$$y_n = \frac{1}{2}(x_n - \mathrm{i}Ax_n) \to \frac{1}{2}(x - \mathrm{i}z) \triangleq y,$$
$$Vy_n = -\frac{1}{2}(x_n + \mathrm{i}Ax_n) \to -\frac{1}{2}(x + \mathrm{i}z) \triangleq w.$$

因为 V 是闭的, 所以 $y \in D(V)$, 并且 $w = Vy$, 从而可得 $x = (I-V)y \in D(A)$, 以及 $z = \mathrm{i}(I+V)y = Ax$, 故 A 是闭算子.

对于任意的 $x, x' \in D(A)$, 令 $y, y' \in D(V)$, 使得

$$x = (I-V)y, \quad x' = (I-V)y',$$

利用等式 $(Vu, Vv) = (u, v), \forall u, v \in D(V)$,

$$\begin{aligned}(Ax, x') &= (\mathrm{i}(I+V)y, (I-V)y') \\ &= \mathrm{i}\big[(y, y') + (Vy, y') - (y, Vy') - (Vy, Vy')\big] \\ &= -\mathrm{i}((I-V)y, (I+V)y') \\ &= (x, Ax'),\end{aligned}$$

故 A 是对称算子.

(3) 在 A 的定义式中把 V 反解出来, 即可算得 A 的 Cayley 变换是 V.

(4) 设 V 是酉算子, 则

$$R(A+\mathrm{i}I)=D(V)=\mathscr{H},\quad R(A-\mathrm{i}I)=R(V)=\mathscr{H},$$

根据定理 6.2.4, A 必是自伴的. ■

推论 6.4.9 设 A_1, A_2 是闭对称算子, V_1, V_2 分别是它们的 Cayley 变换, 则 $A_1 \subset A_2$ 当且仅当 $V_1 \subset V_2$.

因此给定一个闭对称算子以后, 有一个确定的 Cayley 变换 V_A. 要问有没有一个自伴扩张 $\widetilde{A} \supset A$, 就化归于问: V_A 有没有一个酉扩张 U (使得 $\overline{R(I-U)}=\mathscr{H}$)? 注意到

$$D(V_A)=R(A+\mathrm{i}I)=\ker(A^*-\mathrm{i}I)^{\perp},$$

而 $R(V_A)=R(A-\mathrm{i}I)=\ker(A^*+\mathrm{i}I)^{\perp}$. 问题便化归成: 是否存在 $\ker(A^*-\mathrm{i}I)\to\ker(A^*+\mathrm{i}I)$ 的等距在上算子?

推论 6.4.10 为使闭对称算子 A 有自伴扩张, 必须且仅须 $n_+=n_-$, 其中 $(n_+,n_-)=\operatorname{def}(A)$.

定理 6.4.11 设 A 是一个闭对称算子, $\operatorname{def}(A)=(n,n)$, 则 A 的任意一个自伴扩张 $\widetilde{A}$ 对应着唯一确定的 $D_+\to D_-$ 的等距在上算子 $\widehat{V}$:

$$D(\widetilde{A})=\left\{x'=x+z-\widehat{V}z\,\middle|\,x\in D(A), z\in D_+\right\}, \tag{6.4.7}$$

$$\widetilde{A}x'=Ax+\mathrm{i}z+\mathrm{i}\widehat{V}z. \tag{6.4.8}$$

证 观察图 6.4.2, 其中 $U=V\oplus\widehat{V}$ 为 $\widetilde{A}$ 的 Cayley 变换.

$\widetilde{A}$ 与 U 的对应关系由定理 6.4.8 完全确定. 为证 $\widetilde{A}$ 的表示式 (6.4.7) 和 (6.4.8), 我们设 $x'\in D(\widetilde{A})$, 按 Cayley 变换, 存在 $y'\in\mathscr{H}$, 使得

$$\begin{cases} x'=(I-U)y', \\ \widetilde{A}x'=\mathrm{i}(I+U)y'. \end{cases}$$

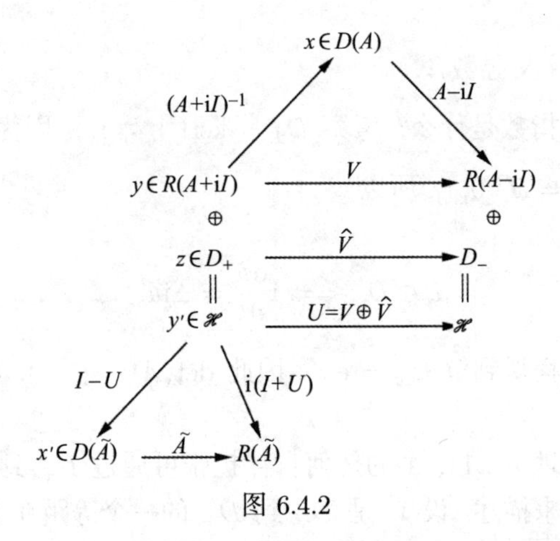

图 6.4.2

而 y' 有唯一分解: $y' = y + z$, 其中 $y \in R(A + \mathrm{i}I), z \in D_+$. 因为 $U|_{D_+} = \widehat{V}, U|_{R(A-\mathrm{i}I)} = V$, 因此又有 $x \in D(A)$, 使得

$$\begin{cases} y = (A + \mathrm{i}I)x, \\ Vy = (A - \mathrm{i}I)x, \end{cases}$$

以及

$$Uy' = Vy + \widehat{V}z.$$

联合起来, 便有

$$\begin{aligned} &x' = y' - Vy - \widehat{V}z = (I - V)y + z - \widehat{V}z = 2\mathrm{i}x + z - \widehat{V}z, \\ &\widetilde{A}x' = 2\mathrm{i}Ax + \mathrm{i}z + \mathrm{i}\widehat{V}z. \end{aligned}$$

■

下面举几个微分算子的例子.

例 6.4.12　设 $\mathscr{H} = L^2[0,1], A : u \mapsto \mathrm{i}\dfrac{\mathrm{d}u}{\mathrm{d}t}, D(A) = C_0^1[0,1]$, 则 A 是对称的, 但不闭, 其闭包 $\overline{A}$ 是:

$$\begin{aligned} &\overline{A}u = \mathrm{i}\frac{\widetilde{\mathrm{d}u}}{\mathrm{d}t}, \\ &D(\overline{A}) = H_0^1[0,1] = \big\{u \in H^1[0,1] \big| u(0) = u(1) = 0\big\}, \end{aligned}$$

其中 $\dfrac{\widetilde{\mathrm{d}}}{\mathrm{d}t}$ 是广义导数.

$\overline{A}$ 的亏指数是什么? 考察 $D_{\pm}=\ker(A^*\mp \mathrm{i}I)$. 因为 $A^*: u\mapsto \mathrm{i}\dfrac{\widetilde{\mathrm{d}}u}{\mathrm{d}t}, D(A^*)=H^1[0,1]$, 所以

$$u\in D_+ \Longleftrightarrow \mathrm{i}\frac{\widetilde{\mathrm{d}}u}{\mathrm{d}t}=\pm\mathrm{i}u.$$

解右边的方程得到解 $\varphi_{\pm}=\mathrm{e}^{\pm t}$. 因此 $\mathrm{def}(\overline{A})=(1,1)$. 所以 $\overline{A}$ 有自伴扩张.

利用定理 6.4.11, $\overline{A}$ 的任何自伴扩张可通过 D_+ 到 D_- 的等距在上算子来描述. 设 $\widehat{V}$ 是 D_+ 到 D_- 的一个等距在上算子, 则 $\widehat{V}$ 通过某复数 $a, |a|=1$, 由下式

$$\widehat{V}\varphi_+=\alpha\mathrm{e}\varphi_-$$

表现. 它唯一决定了一个自伴扩张:

$$\begin{aligned}
&D(\widetilde{A}_\alpha)=\big\{u=v+c(\varphi_+-\alpha\mathrm{e}\varphi_-)|v\in H_0^1[0,1], c\text{ 是复常数}\big\},\\
&\widetilde{A}_\alpha u=\mathrm{i}\widetilde{\frac{\mathrm{d}v}{\mathrm{d}t}}+\mathrm{i}c(\varphi_++\alpha\mathrm{e}\varphi_-)=\mathrm{i}\widetilde{\frac{\mathrm{d}u}{\mathrm{d}t}}.
\end{aligned}\tag{6.4.9}$$

定义域 $D(\widetilde{A}_\alpha)$ 可以用边界条件描写如下:

$$\begin{aligned}
D(\widetilde{A}_\alpha)&=\big\{u\in H^1[0,1]\big|(\mathrm{e}-\alpha)u(0)=(1-\alpha\mathrm{e})u(1)\big\}\\
&=\left\{u\in H^1[0,1]\left|\begin{array}{l}u(0)=\beta u(1),\text{ 其中}\\ \beta=\dfrac{1-\alpha\mathrm{e}}{\mathrm{e}-\alpha}\end{array}\right.\right\}.
\end{aligned}\tag{6.4.10}$$

事实上, 左式 $\subset$ 右式是显然的. 而 $H^1[0,1]/H_0^1[0,1]$ 是一个二维线性空间, 它由 $u(0), u(1)$ 决定. 注意到 $\dim D(\widetilde{A}_\alpha)/H_0^1[0,1]=1$, 而右式关于 $H^1[0,1]$ 恰好亏去一维, 所以右式 = 左式. (6.4.9) 式和 (6.4.10) 式给出了一切自伴扩张.

例 6.4.13　设 $\mathscr{H}=L^2[0,1], D(A)=C_0^\infty[0,1], A: u\mapsto -u''$, 则 A 是对称的, 但不闭. 由例 6.1.6, A 可以闭化成 $\overline{A}$:

$$D(\overline{A})=H_0^2[0,1]=\{u\in H^2[0,1]\big|u(0)=u'(0)=u(1)=u'(1)=0\},$$
$$\overline{A}: u\mapsto -\widetilde{\partial}_t^2 u,\quad \text{其中 } \widetilde{\partial}_t \text{ 表示广义导数.}$$

于是 $\overline{A}$ 是一个闭对称算子. 我们要问它能自伴扩张吗?

考察空间 $D_\pm=\ker(A^*\mp \mathrm{i}I)$. 按例 6.1.6 有

$$D(A^*)=H^2[0,1],$$
$$A^*: u\mapsto -\widetilde{\partial}_t^2 u.$$

因为, 为使 $y\in D_+$ 必须且仅须

$$-\widetilde{\partial}_t^2 y=\pm \mathrm{i}y.$$

设 $\varphi_1,\varphi_2\in L^2[0,1]$ 是满足下列齐次方程的两个归一的互相正交的解:

$$-\widetilde{\partial}_t^2 u=\mathrm{i}u$$

(可借初值问题解出, 应选择线性无关的初值), 于是 φ_1,φ_2 生成 $D_+, \overline{\varphi}_1,\overline{\varphi}_2$ 便生成 D_-. 因此 $\mathrm{def}(\overline{A})=(2,2)$, 从而 A 可以自伴扩张.

我们现在来求它的全部自伴扩张. 为使 $\widehat{V}$ 是 $D_+\to D_-$ 的一个等距在上算子, 必须且仅须有一个二阶酉矩阵 $(\alpha_{jk})_{2\times 2}$, 使得

$$\widehat{V}\varphi_j=\sum_{k=1}^{2}\alpha_{jk}\overline{\varphi}_k,\quad j=1,2.$$

于是若记

$$\psi_j=\varphi_j-\widehat{V}\varphi_j,\quad j=1,2,$$

就有

$$D(\widetilde{A}_{\widehat{V}}) = \left\{ u = v + \sum_{j=1}^{2} c_j \psi_j \,\middle|\, \begin{array}{l} v \in H_0^2[0,1], \\ (c_1, c_2) \in \mathbb{C}^2 \end{array} \right\},$$

$$\widetilde{A}_{\widehat{V}} u = -\widetilde{\partial}_t^2 v + \sum_{j=1}^{2} c_j (\mathrm{i}\varphi_j + \mathrm{i}\widehat{V}\varphi_j) = -\widetilde{\partial}_t^2 u. \tag{6.4.11}$$

为了进一步利用边界条件刻画 $D(\widetilde{A}_{\widehat{V}})$, 引用 Wronski 行列式

$$[u, v] = u'v - v'u.$$

我们指出

$$D(\widetilde{A}_{\widehat{V}}) = \left\{ u \in H^2[0,1] \,\middle|\, \left.\frac{[u, \psi_j]}{[\psi_1, \psi_2]}\right|_0^1 = 0, j = 1, 2 \right\}, \tag{6.4.12}$$

即为使 $u \in D(\widetilde{A}_{\widehat{V}})$ 必须且仅须 $u \in H^2[0,1]$ 满足上述边界条件.

特别地,

$$\begin{aligned} &D(A_D) = \{u \in H^2[0,1] \,|\, u(0) = u(1) = 0\}, \\ &A_D = -\widetilde{\partial}^2 \end{aligned} \tag{6.4.13}$$

是 Dirichlet 边界条件下的自伴扩张;

$$\begin{aligned} &D(A_N) = \{u \in H^2[0,1] \,|\, u'(0) = u'(1) = 0\}, \\ &A_N = -\widetilde{\partial}^2 \end{aligned} \tag{6.4.14}$$

是 Neumann 边界条件下的自伴扩张.

又如

$$\begin{aligned} &D(\widetilde{A}) = \{u \in H^2[0,1] \,|\, u(0) = 0, u'(1) = 0\}, \\ &\widetilde{A} = -\widetilde{\partial}^2 \end{aligned} \tag{6.4.15}$$

也是 A 的自伴扩张. 易知

$$\sigma(A_D)=\sigma(A_N)=\{n^2\pi^2\}, \tag{6.4.16}$$

$$\sigma(\widetilde{A})=\left\{\left(n+\frac{1}{2}\right)^2\pi^2\right\}, \tag{6.4.17}$$

可见不同的自伴扩张, 相应的扩张算子的谱未必相同.

例 6.4.14　设 $\mathscr{H}=L^2[0,\infty), D(A)=H_0^2[0,\infty), A=-\widetilde{\partial}^2$, 则 A 是对称闭算子, 而且 $D(A^*)=H^2[0,\infty), A^*=-\widetilde{\partial}^2$. 先求 A 的亏指数:

$$u\in D\Longleftrightarrow -\widetilde{\partial}^2u=\pm\mathrm{i}u,\quad u\in L^2[0,\infty),$$

得解 $\varphi_\pm=\exp\left(-\dfrac{\sqrt{2}}{2}(1\mp\mathrm{i})t\right)$, 因此 $\mathrm{def}(A)=(1,1)$. A 可以作自伴扩张. 为使 $\widehat{V}:D_+\to D_-$ 是等距在上的, 必须且仅须 $\widehat{V}\varphi_+=\alpha\varphi_-$, 其中 $|\alpha|=1$. 因此

$$\begin{aligned}&D(\widetilde{A}_{\widehat{V}})=\left\{u=v+c(\varphi_+-\alpha\varphi_-)\middle|v\in H_0^2[0,\infty),c\in\mathbb{C}\right\},\\&\widetilde{A}_{\widehat{V}}u=-\widetilde{\partial}^2u.\end{aligned} \tag{6.4.18}$$

用边界条件来描写 $D(\widetilde{A}_{\widehat{V}})$: 记 $\alpha=-\mathrm{e}^{\mathrm{i}\theta}$, 因为 $\varphi_\pm(0)=1$, $\varphi'_\pm(0)=-\dfrac{\sqrt{2}}{2}(1\mp\mathrm{i})=-\exp\left(\mp\mathrm{i}\dfrac{\pi}{4}\right)$, 即得

$$D(\widetilde{A}_{\widehat{V}})=\left\{u\in H^2[0,\infty)\middle|\cos\frac{\theta}{2}u'(0)+\cos\left(\frac{\theta}{2}-\frac{\pi}{4}\right)u(0)=0\right\}. \tag{6.4.19}$$

4.2　自伴扩张的判定准则

尽管亏指数给出了可自伴扩张的充要条件, 但有时亏指数不容易直接计算. 给出一些自伴扩张的判定准则也是很必要的. 下面介绍 Von Neumann 准则和 Friedrichs 扩张定理.

1. Von Neumann 准则

定义 6.4.15 设 $\mathscr{H}$ 是一个复 Hilbert 空间, C 是 $\mathscr{H}$ 到自身的共轭线性映射, 即

$$C(\alpha x+\beta y)=\overline{\alpha}Cx+\overline{\beta}Cy, \tag{6.4.20}$$

$\forall\alpha,\beta\in\mathbb{C},\forall x,y\in\mathscr{H}$. 如果

(1) $C^2=I$, (6.4.21)

(2) $\|Cx\|=\|x\|$, (6.4.22)

则称 C 是 $\mathscr{H}$ 上的一个**共轭** (conjugate).

例 6.4.16 设 $\mathscr{H}=L^2(\Omega)$, 则 $C:\varphi\mapsto\overline{\varphi}$ 是一个共轭.

引理 6.4.17 若 C 是 $\mathscr{H}$ 上的一个共轭, 则

$$(Cx,Cy)=(y,x),\quad \forall x,y\in\mathscr{H}. \tag{6.4.23}$$

证 事实上, $\forall x,y\in\mathscr{H}$,

$$\begin{aligned}(Cx,Cy)=\frac{1}{4}(&\|C(x+y)\|^2-\|C(x-y)\|^2\\&-\mathrm{i}\|C(x+\mathrm{i}y)\|^2+\mathrm{i}\|C(x-\mathrm{i}y)\|^2),\end{aligned}$$

而 $\|Cu\|^2=\|u\|^2$, 即得

$$\begin{aligned}(Cx,Cy)&=\frac{1}{4}(\|x+y\|^2-\|x-y\|^2\\&\qquad-\mathrm{i}\|x+\mathrm{i}y\|^2+\mathrm{i}\|x-\mathrm{i}y\|^2)\\&=(y,x).\end{aligned}$$

■

定理 6.4.18 设 A 是 $\mathscr{H}$ 上的一个闭对称算子, 若存在一个共轭 C 适合条件: $C:D(A)\to D(A)$, 并且 $AC=CA$, 则 A 是可以自伴扩张.

证 设 $x\in D_{\pm}$, 则 $Cx\in D_{\mp}$. 这是因为

$$\begin{aligned}(Cx,(A\mp\mathrm{i}I)Cy)&=(Cx,C(A\pm\mathrm{i}I)y)=((A\pm\mathrm{i}I)y,x)\\&=(y,(A^*\mp\mathrm{i}I)x)=0,\quad\forall y\in D(A).\end{aligned}$$

而 $C^2 = I$, 当 y 跑遍 $D(A)$ 时, Cy 跑遍 $D(A)$, 于是有 $Cx \in R(A \mp \mathrm{i}I)^{\perp} = \ker(A^* \pm \mathrm{i}I)$. 因此,

$$C : D_{\pm} \longrightarrow D_{\mp}.$$

又因为 $C^2 = I$, 所以 C 是一一在上的, 即得

$$\dim D_+ = \dim D_-.$$

由推论 6.4.10, A 有自伴扩张. ■

作为定理 6.4.18 的一个应用, 考察 $\mathscr{H} =$ 复 $L^2(\mathbb{R}^n)$, 设 $V \in L^2_{\mathrm{loc}}(\mathbb{R}^n)$, V 是一个实值函数. 定义

$$\begin{aligned} &D(A) = C_0^{\infty}(\mathbb{R}^n), \\ &A : u \mapsto -\Delta u + Vu, \end{aligned} \tag{6.4.24}$$

其中 Δ 是 Laplace 算子, 则 A 可以自伴扩张. 事实上, 考虑 $\mathscr{H}$ 上的共轭映射 $C : u \mapsto \overline{u}$, 易知 $C : D(A) \to D(A)$, 且

$$CAu = \overline{-\Delta u + Vu} = ACu,$$

于是由定理 6.4.18 得出 A 可以自伴扩张的结论.

作为定理 6.4.18 的另一个应用, 考虑下列矩问题. 设 μ 是 $\mathbb{R}$ 上的一个正测度, 使得下列积分都收敛:

$$a_n = \int_{-\infty}^{+\infty} x^n \mathrm{d}\mu(x), \quad n = 0, 1, 2, \cdots. \tag{6.4.25}$$

数列 $\{a_n\}$ 称为测度 μ 的各阶矩. 我们的问题是, 对于什么样条件的实数列 $\{a_n\}$ 存在 $\mathbb{R}$ 上的测度, 使得 (6.4.25) 式成立? 这个问题称为 Hamburger 矩问题.

定理 6.4.19　实数列 $\{a_n\}$ 是 $\mathbb{R}$ 上的一个正测度的各阶矩必须且仅须对于所有 N, 任意的 $\xi_0, \cdots, \xi_N \in \mathbb{C}$,

$$\sum_{n,m=0}^{N} a_{n+m} \xi_n \overline{\xi}_m \geqslant 0. \tag{6.4.26}$$

证 必要性. 设 μ 是 $\mathbb{R}$ 上的一个正测度并且 (6.4.25) 式成立, 则

$$\sum_{n,m=0}^{N} a_{n+m}\xi_n\overline{\xi}_m = \int_{-\infty}^{+\infty}\left|\sum_{n=0}^{N}\xi_n x^n\right|^2 \mathrm{d}\mu(x) \geqslant 0.$$

充分性. 设 (6.4.26) 式成立, $\mathscr{P}$ 是 $\mathbb{R}$ 上的全体复系数多项式. 在 $\mathscr{P}$ 上定义二次形式

$$\left(\sum_{n=0}^{N}\xi_n x^n, \sum_{m=0}^{M}\eta_m x^m\right) = \sum_{n=0}^{N}\sum_{m=0}^{M} a_{n+m}\overline{\eta}_m\xi_n. \tag{6.4.27}$$

由 (6.4.26) 式, (6.4.27) 式是非负二次形式. 令 $\mathscr{L}=\{\phi\in\mathscr{P}\big|(\phi,\phi)=0\}$, 作商空间 $\mathscr{P}/\mathscr{L}$. 于是 $\mathscr{P}/\mathscr{L}$ 是内积空间, 它的内积是

$$([\phi],[\psi]) = (\phi,\psi),$$

其中 $[\phi],[\psi]$ 分别表示 ϕ,ψ 在商空间中的陪集. 记此商空间的完备空间为 $\mathscr{H}$, 于是 $\mathscr{H}$ 是一个 Hilbert 空间.

考虑映射 $A:\mathscr{P}\to\mathscr{P}$:

$$A:\sum_{n=0}^{N}\xi_n x^n \mapsto \sum_{n=0}^{N}\xi_n x^{n+1}, \tag{6.4.28}$$

则 A 是对称的, 而且由 Schwarz 不等式

$$(A\phi,A\phi) = (A^2\phi,\phi) \leqslant (A^2\phi,A^2\phi)^{1/2}(\phi,\phi)^{1/2}$$

可知 $A:\mathscr{L}\to\mathscr{L}$. 因此可以定义商空间 $\mathscr{P}/\mathscr{L}$ 上的算子 $\widehat{A}$:

$$\widehat{A}[\phi] = [A\phi],$$

于是 $\widehat{A}$ 是 $\mathscr{H}$ 上的对称算子, $D(\widehat{A}) = \mathscr{P}/\mathscr{L}$. 设 C 是 $\mathscr{P}$ 上的共轭映射: $C\phi = \overline{\phi}$. 将 C 提升到商空间上, 定义

$$\widehat{C}:[\phi]\mapsto[\overline{\phi}],$$

则可将 $\widehat{C}$ 延拓到整个 $\mathscr{H}$ 上成为一个共轭. 它满足 $\widehat{C}:\mathscr{P}/\mathscr{L}\to\mathscr{P}/\mathscr{L}$, 并且 $\widehat{A}\widehat{C}=\widehat{C}\widehat{A}$. 根据定理 6.4.18, $\widehat{A}$ 有自伴扩张, 设为 $\widetilde{A}$. 令 E 是 $\widetilde{A}$ 的谱族, 于是 $\forall[\phi],[\psi]\in D(\widetilde{A})$,

$$\int x^n \mathrm{d}(E(x)[\phi],[\psi])=(\widetilde{A}^n[\phi],[\psi]).$$

取 $[\phi]=[\psi]=1$, 并令 $\mathrm{d}\mu=\mathrm{d}(E(x)1,1)$, 则

$$\int x^n \mathrm{d}\mu(x)=(A^n1,1)=(x^n,1)=a_n. \qquad \blacksquare$$

2. 用共轭双线性形式构造自伴扩张

设 $\mathscr{H}$ 是一个 Hilbert 空间, $V\subset\mathscr{H}$ 是一个稠的线性子集. 设 $a:V\times V\to\mathbb{C}$ 是 V 上的一个共轭双线性形式 (见上册第一章中的定义 1.6.1). 又设 a 是正定的, 即存在 $\alpha>0$, 使得

$$a(v,v)\geqslant\alpha\|v\|^2,\quad \forall v\in V. \tag{6.4.29}$$

V 称为形式 a 的定义域, 记成 $D(a)$.

注 1　如果 a 是正定的, 则 a 必对称, 即

$$a(u,v)=\overline{a(v,u)},\quad \forall u,v\in V. \tag{6.4.30}$$

证　$\forall\lambda\in\mathbb{C}$,

$$\begin{aligned}0&\leqslant a(\lambda u+v,\lambda u+v)\\&=|\lambda|^2a(u,u)+\lambda a(u,v)+\overline{\lambda}a(v,u)+a(v,v).\end{aligned}$$

故对于任意的 $\lambda\in\mathbb{C}$,

$$\overline{\lambda}[-\overline{a(u,v)}+a(v,u)]$$

总是实的, 这只有当 $a(u,v)=\overline{a(v,u)}$ 时才有可能. $\blacksquare$

注 2　如果 a 是正定的, 则有 Schwarz 不等式

$$|a(u,v)|^2\leqslant a(u,u)a(v,v). \tag{6.4.31}$$

证　利用注 1 的证明, 得到对于 $\lambda \in \mathbb{C}$,

$$|\lambda|^2 a(u,u) + 2\mathrm{Re}[\lambda a(u,v)] + a(v,v) \geqslant 0.$$

设 $a(u,v) = r\mathrm{e}^{\mathrm{i}\theta}$, 取 $\lambda = t\mathrm{e}^{-\mathrm{i}\theta}, t \in \mathbb{R}$. 于是,

$$t^2 a(u,u) + 2rt + a(v,v) \geqslant 0,$$

由根与系数关系:

$$r^2 \leqslant a(u,u)a(v,v),$$

即

$$|a(u,v)|^2 \leqslant a(u,u)a(v,v). \qquad \blacksquare$$

于是正定的共轭双线性形式 $a(u,v)$ 确定了 V 上的一个内积, 并由此诱导出 V 上的一个范数

$$|||v||| = a(v,v)^{\frac{1}{2}}. \tag{6.4.32}$$

显然, 范数 $|||\cdot|||$ 比 Hilbert 空间 $\mathscr{H}$ 上的范数 $\|\cdot\|$ 强.

定义 6.4.20　设 $a(u,v)$ 是正定共轭双线性形式, 如果 $D(a)$ 关于模 $|||\cdot|||$ 是完备的, 则称 a 是**闭的**.

当 a 是闭的正定共轭双线性形式时, 其定义域 $D(a)$ 在内积 $a(\cdot,\cdot)$ 下显然是一个 Hilbert 空间.

例 6.4.21　设 T 是一个稠定闭算子, 令 $D(a) = D(T)$,

$$a(x,y) = (x,y) + (Tx,Ty), \tag{6.4.33}$$

则 a 是一个闭的正定共轭双线性形式. 事实上, 模 $|||\cdot|||$ 与 T 的图模 (6.1.2) 式等价, 因此 $D(a)$ 在 $|||\cdot|||$ 下是完备的.

定理 6.4.22　设 a 是一个闭的正定共轭双线性形式, V 是 a 的定义域, 那么必存在唯一的正定自伴算子 A, 使得 $D(A) \subset V$, 而且对于任意 $u \in D(A), v \in V$,

$$(v, Au) = a(v,u). \tag{6.4.34}$$

证　(1) A 的定义. 令

$$D(A)=\left\{u\in V\,\middle|\,\begin{array}{l}\exists C_u>0,\ 使得\ \forall v\in V,\\ |a(v,u)|\leqslant C_u\|v\|\end{array}\right\},\tag{6.4.35}$$

由 Riesz 表示定理, 存在唯一的 $u^*\in\mathscr{H}$, 使得

$$a(v,u)=(v,u^*),\quad \forall v\in V.$$

令

$$A:u\mapsto u^*,\quad \forall u\in D(A).\tag{6.4.36}$$

(2) A 是稠定对称正定算子.

显然 A 是线性的, 而且由于 a 是正定的, 得到 A 是正定的.

下面证稠定性. 只需证明 $D(A)$ 在 V 中按模 □·□ 是稠的. 亦即要证明, 若 $v_0\in V, a(v_0,u)=0,\forall u\in D(A)$, 就有 $v_0=\theta$. 事实上, 对于 $\forall y\in\mathscr{H}$,

$$|(v,y)|\leqslant\|y\|\|v\|\leqslant\frac{1}{\sqrt{\alpha}}\|y\|□v□,\quad \forall v\in V.$$

再由 Riesz 表示定理, 存在 $u_0\in V$, 使得

$$(v,y)=a(v,u_0),\quad \forall v\in V.$$

按 (1) 中的定义, $u_0\in D(A), Au_0=y$. 于是,

$$R(A)=\mathscr{H}.\tag{6.4.37}$$

假设 $v_0\in V, a(v_0,u)=0,\forall u\in D(A)$, 于是 $v_0\perp R(A)$, 从而 $v_0=\theta$.

再证对称性. 对于任意 $u,v\in D(A)$,

$$(v,Au)=a(v,u)=\overline{a(u,v)}=\overline{(u,Av)}=(Av,u).$$

(3) A 是自伴算子.

只需证明 $D(A^*) \subset D(A)$. 若 $u \in D(A^*)$, 按定义存在 $u^* \in \mathscr{H}$, 使得 $\forall v \in D(A)$,

$$(u^*, v) = (u, Av).$$

但是由 (6.4.37) 式 $R(A) = \mathscr{H}$, 所以有 $w \in D(A)$, 使得 $u^* = Aw$, $(w, Av) = (Aw, v) = (u^*, v) = (u, Av)$, 从而 $u = w \in D(A)$.

(4) 唯一性.

设 A_1 是满足定理条件的另一个自伴算子. $\forall u \in D(A_1), A_1 u \in \mathscr{H} = R(A)$, 故存在 $w \in D(A)$, 使得

$$A_1 u = Aw.$$

从而, $\forall v \in V$,

$$(v, A_1 u) = (v, Aw),$$

即

$$a(v, u) = a(v, w), \quad \forall v \in V,$$

于是推得 $u = w \in D(A)$, 故 $A_1 \subset A$. 同理可得 $A \subset A_1$. ■

推论 6.4.23 设 A 是任意闭稠定算子, 则 $Q = I + A^*A$, $D(Q) = \{u \in D(A) | Au \in D(A^*)\}$ 是自伴算子.

证 在 $D(A)$ 上构造共轭双线性形式

$$a(u, v) = (u, v) + (Au, Av),$$

则 a 是正定的闭形式. 根据定理 6.4.22, 存在唯一的自伴算子 $\widetilde{Q}$, 如下:

$$D(\widetilde{Q}) = \{u \in D(A) | \exists u^* \in \mathscr{H}, a(u, v) = (u^*, v), \forall v \in D(A)\},$$
$$\widetilde{Q} u = u^*.$$

若 $u \in D(Q)$, 令 $u^* = Qu$, 则

$$a(u, v) = (u, v) + (A^*Au, v) = (Qu, v), \quad \forall v \in D(A).$$

所以 $u \in D(\widetilde{Q})$, 且 $Qu = \widetilde{Q}u$. 故 $Q \subset \widetilde{Q}$. 反之任取 $u \in D(\widetilde{Q})$, 要证明 $Au \in D(A^*)$, 从而 $u \in D(Q)$, 得到 $D(\widetilde{Q}) \subset D(Q)$, 所以有 $Q = \widetilde{Q}$. 令 $\widetilde{u} = (\widetilde{Q} - I)u$, 则由

$$a(u,v) = (\widetilde{Q}u, v) = (u,v) + (Au, Av),$$

可得

$$(\widetilde{u}, v) = (Au, Av), \quad \forall v \in D(A).$$

所以 $Au \in D(A^*)$. ■

定义 6.4.24 设 A 是 $\mathscr{H}$ 上的对称算子. 如果存在实数 c, 使得对于每一个 $x \in D(A)$, 有

$$(x, Ax) \geqslant c(x,x), \tag{6.4.38}$$

则称 A 是**下半有界**的, 记作 $A \geqslant c$. 若

$$(x, Ax) \leqslant c(x,x), \quad \forall x \in D(A), \tag{6.4.39}$$

则称 A 是**上半有界**的, 记作 $A \leqslant c$. 若 A 上半有界或下半有界, 则称 A 是**半有界**的. 使得不等式 (6.4.38) 成立的那些 c 的上确界称为 A 的**下界**, 使得不等式 (6.4.39) 成立的那些 c 的下确界称为 A 的**上界**.

定理 6.4.25 (Friedrichs 扩张定理) 设 A 是 $\mathscr{H}$ 上的对称算子, 且下半有界, 设 $A \geqslant -M$, 则 A 必有一个自伴扩张 $\widehat{A}, \widehat{A}$ 也是下半有界的, 并且 $\widehat{A} \geqslant -M$.

证 (1) 先设 $A \geqslant 1$, 则 $(u, Au) \geqslant \|u\|^2, \forall u \in D(A)$. 令

$$a(v,u) = (v, Au), \quad \forall u, v \in D(A). \tag{6.4.40}$$

又设 V 是 $D(A)$ 按模

$$⦀u⦀ = a(u,u)^{1/2}$$

的闭包. 将 $a(\cdot,\cdot)$ 延拓到 $V \times V$ 上, 记作 $\widehat{a}(\cdot,\cdot)$, 则 $\widehat{a}$ 是 V 上的闭的正定共轭双线性形式, V 在内积 $\widehat{a}(\cdot,\cdot)$ 下是一个 Hilbert 空间. 为了利用定理 6.4.22, 还需证明 $\widehat{a}$ 也是 $\mathscr{H}$ 上的闭形式, 因此必须证明 $V \subset \mathscr{H}$.

令 $i : D(A) \to \mathscr{H}$ 为恒同算子. 因为 $\|u\| \leqslant |||u|||$, 故 i 可以延拓成为 $V \to \mathscr{H}$ 上的有界算子 $\widehat{i}$. 事实上, 对于 $u \in V$, 任取 $u_n \in D(V)$, 满足 $|||u_n - u||| \to 0$, 则

$$\|\mathrm{i}u_n - \mathrm{i}u_m\| = \|u_n - u_m\| \leqslant |||u_n - u_m||| \to 0, \quad 当\ n, m \to \infty,$$

所以 $\{\mathrm{i}u_n\}$ 是 $\mathscr{H}$ 中的 Cauchy 列, 记它的极限为 $\widehat{i}u$. 易见 $\widehat{i}u$ 不依赖 Cauchy 列 $\{u_n\}$ 的选取, $\widehat{i}$ 是 V 上的线性算子, $\widehat{i}|_{D(A)} = i$. 对于不等式 $\|\mathrm{i}u_n\| \leqslant |||u_n|||$ 取极限, 可得 $\|\widehat{i}u\| \leqslant |||u|||$. 所以 $\widehat{i}$ 的算子范数 $\|\widehat{i}\| \leqslant 1$. 此外 $\widehat{i}$ 还是一一的. 事实上, 设 $\widehat{i}u = 0$, 取 $u_n \in D(A), |||u_n - u||| \to 0$. 于是,

$$\|u_n\| = \|\widehat{i}u_n\| = \|\widehat{i}(u_n - u)\| \leqslant |||u_n - u||| \to 0.$$

从而,

$$|||u|||^2 = \lim_{n\to\infty} \lim_{m\to\infty} a(u_n, u_m) = \lim_{n\to\infty} \lim_{m\to\infty} (u_n, Au_m) = 0,$$

故 $u = 0$. 由于 $\widehat{i}$ 是一一的, 我们可将 V 嵌入 $\mathscr{H}$ 内.

根据定理 6.4.22, 存在一个自伴算子 $\widehat{A}$, 满足

$$(v, \widehat{A}u) = \widehat{a}(v, u), \quad \forall u \in D(\widehat{A}), v \in V.$$

若 $u \in D(A)$, 则

$$|\widehat{a}(v, u)| = |(v, Au)| \leqslant \|Au\|\|v\|, \quad \forall v \in D(A).$$

上述不等式当 $v \in V$ 时也成立. 事实上, 只要取 $v_n \in D(A)$, 并令 $|||v_n - v||| \to 0$ 即可. 由此可得 $u \in D(\widehat{A})$, 所以 $D(A) \subset D(\widehat{A})$. 此

外, $\forall u \in D(A)$,

$$(v, Au) = a(v, u) = (v, \widehat{A}u), \quad \forall v \in D(A),$$

推得 $Au = \widehat{A}u$, 所以 $\widehat{A}$ 是 A 的自伴扩张.

(2) 在一般情形 $A \geqslant -M$ 时, 令 $A_1 = A + (M+1)I$, 则 $A_1 \geqslant 1$. 由 (1), 存在自伴扩张 $\widehat{A}_1 \geqslant 1$. 于是 $\widehat{A} = \widehat{A}_1 - (M+1)I \geqslant -M$ 是 A 的自伴扩张. ■

例 6.4.26 设 Ω 是 $\mathbb{R}^n$ 中边界光滑的有界开区域. $\mathscr{H} = L^2(\Omega)$. 令 $D(A) = H_0^2(\Omega), A = -\Delta$, 则 A 是闭对称算子. 考察 A 的 Friedrichs 自伴扩张 $\widehat{A}$. 令

$$a(u, v) = \int_\Omega \nabla u \overline{\nabla v} \mathrm{d}x, \quad u, v \in D(A). \tag{6.4.41}$$

由 Poincaré 不等式, $\exists \alpha > 0$,

$$(Au, u) = \int_\Omega |\nabla u(x)|^2 \mathrm{d}x \geqslant \alpha \int_\Omega |u(x)|^2 \mathrm{d}x, \tag{6.4.42}$$

可知 $A \geqslant \alpha$ 是正定的, 并且

$$|||u||| = \|u\|_{H_0^1(\Omega)}.$$

令 V 是 $H_0^2(\Omega)$ 在 $|||\cdot|||$ 下的闭包, 即 $H_0^1(\Omega)$. 于是 a 可扩张成为 $\mathscr{H}$ 中定义在 $H_0^1(\Omega) \times H_0^1(\Omega)$ 上的闭的正定共轭双线性形式.

再看自伴扩张 $\widehat{A}$. 令

$$D(\widehat{A}) = \left\{ u \in H_0^1(\Omega) \middle| \begin{array}{l} \exists C_u > 0, \text{ 使得对于 } \forall v \in H_0^1(\Omega), \\ \left| \int_\Omega \nabla u \overline{\nabla v} \mathrm{d}x \right| \leqslant C_u \|v\|_{L^2(\Omega)} \end{array} \right\}, \tag{6.4.43}$$

由 Riesz 定理, $\exists f \in L^2(\Omega)$, 使得

$$\int_\Omega \nabla u \overline{\nabla v} \mathrm{d}x = \int_\Omega f \widehat{v} \mathrm{d}x,$$

作 $f = -\widetilde{\Delta}u$. 但根据 $\widehat{A}$ 的定义, $\widehat{A}u = f$. 所以,

$$\widehat{A}u = -\widetilde{\Delta}u.$$

通过先验估计

$$\|u\|_{H^2(\Omega)} \leqslant C(\|u\|_{L^2(\Omega)} + \|-\widetilde{\Delta}u\|_{L^2(\Omega)}), \tag{6.4.44}$$

可得

$$D(\widehat{A}) = H^2(\Omega) \cap H_0^1(\Omega). \tag{6.4.45}$$

习　题

6.4.1　设 A_n 是 Hilbert 空间 $\mathscr{H}_n$ 上的对称算子, $n = 1, 2, \cdots$. 设 $D = \left\{ u = (u_1, u_2, \cdots) \in \bigoplus\limits_{n=1}^{\infty} \mathscr{H}_n \middle| u_n \in D(A_n), \text{只有有穷个 } u_n \text{ 非零} \right\}$, 求证:

(1) $A = \sum\limits_{n=1}^{\infty} A_n$ 在 D 上对称;

(2) $n_{\pm}(A) = \sum\limits_{n=1}^{\infty} n_{\pm}(A_n)$.

6.4.2　在 $L^2[0, \infty)$ 中定义算子 $T_1 = \mathrm{i}\dfrac{\mathrm{d}}{\mathrm{d}x}, D(T_1) = C_0^{\infty}[0, \infty)$; 在 $L^2(-\infty, 0)$ 中定义算子 $T_2 = \mathrm{i}\dfrac{\mathrm{d}}{\mathrm{d}x}, D(T_2) = C_0^{\infty}(-\infty, 0]$. 求证: $\mathrm{def}(T_1) = (0, 1), \mathrm{def}(T_2) = (1, 0)$. 由此请构造一个对称算子, 它具有任意给定的亏指数.

6.4.3　设 $p(x)$ 是实系数多项式. 令 $\mathscr{H} = L^2[0, \infty)$, 定义算子 $A = p\left(\mathrm{i}\dfrac{\mathrm{d}}{\mathrm{d}x}\right), D(A) = C_0^{\infty}(0, \infty)$, 证明:

(1) A 是对称算子;

(2) 若 $p(x)$ 无奇次幂项, 则 A 的亏指数相同;

(3) 若 $p(x)$ 是奇次多项式, 则 A 的亏指数不相同.

6.4.4 设 M, N 是 $\mathscr{H}$ 中的子空间, 若 $\dim M > \dim N$, 则存在 $u \in M, \|u\| = 1$, 使得 $u \in N^{\perp}$.

6.4.5 设 A 是一个闭对称算子, 求证: $\sigma(A)$ 或者是 (1) 闭上半平面; 或者是 (2) 闭下半平面; 或者是 (3) 整个平面; 或者是 (4) 实轴的子集.

6.4.6 设 A 是一个闭对称算子, A 的预解集至少包含一个实数, 证明: A 是自伴算子.

6.4.7 设 A 是一个对称算子, 若 A_1 是 A 的一个对称扩张, 则 $A_1 \subset A^*$. 在 $D(A^*)$ 上引入共轭双线性形式

$$\{x, y\} = (A^*x, y) - (x, A^*y).$$

求证: 当 $x, y \in D(A_1)$ 时, $\{x, y\} = 0$.

6.4.8 设 A 是一个对称算子. 设 D 是一个线性子空间, $D(A) \subset D \subset D(A^*)$, 在 $D \times D$ 上 $\{x, y\} = 0$, 证明: 存在 A 的一个对称扩张 A_1, 使得 $D(A_1) = D$.

6.4.9 设 A 是一个对称算子, 在 $D(A^*)$ 上引入内积

$$(x, y)_A = (x, y) + (A^*x, A^*y),$$

于是 $D(A^*)$ 在内积 $(\cdot, \cdot)_A$ 下是一个 Hilbert 空间. 证明:

(1) 6.4.7 题中引入的共轭双线性形式在由 $(\cdot, \cdot)_A$ 导出的拓扑下连续;

(2) A^* 的一个限制 A_1 是闭算子当且仅当 A_1 的定义域 $D(A_1)$ 在这个拓扑下是闭的.

6.4.10 设 A 是一个对称算子, $D(A^*)$ 看作内积 $(\cdot, \cdot)_A$ 下的 Hilbert 空间. 设 $S \subset D(A^*)$, 如果 $S \times S$ 上 $\{x, y\} = 0$, 就称 S 是对称的. 证明: 在 $D(A^*)$ 中全体包含 $D(A)$ 的闭对称子空间与 $D_+ \oplus D_-$ 中的全体闭对称子空间一一对应, 其中 $D_+ = \ker(A^* -$

$\mathrm{i}I), D_- = \ker(A^* + \mathrm{i}I)$. 而且若 $D \supset D(A)$ 是闭对称的, D 与 $D_+ \oplus D_-$ 中闭对称子空间 $\widetilde{D}$ 对应, 则有 $D = D(\overline{A}) \oplus \widetilde{D}$.

6.4.11 设 A 是对称算子, A^2 是稠定的算子, 求证: $A^*\overline{A}$ 是 A^2 的 Friedrichs 自伴扩张.

6.4.12 设 A 是下半有界的闭对称算子, $A \geqslant -M$, 则在区域 $\mathbb{C}\backslash[-M, \infty)$ 上 $\dim\ker(A^* - zI)$ 不变.

6.4.13 设 A 是下半有界的闭对称算子, $n_+(A) = n_-(A)$ 有限, 求证: A 的任意一个自伴扩张都下半有界.

6.4.14 设 T 是 Hilbert 空间上的任意稠定闭算子, 求证: 必存在正自伴算子 $A, D(A) = D(T)$ 和等距算子 $V : \ker T \to \overline{R(T)}$, 适合

$$T = VA.$$

此式称为闭算子的极分解. 证明: 若要求 $\ker A = \ker T$, 则上述分解式唯一.

6.4.15 设 A 是 Hilbert 空间上的对称算子, 求证: A 是本质自伴的充要条件是 $\dim\ker(A^* \mp \mathrm{i}I) \triangleq n_\pm = 0$.

6.4.16 设 $\mathscr{S}(\mathbb{R}^3)$ 是 Schwartz 函数空间, 在范数 $\|u\|_1^2 = \int_{\mathbb{R}^3} |\nabla u|^2 \mathrm{d}x$ 下, $\mathscr{S}(\mathbb{R}^3)$ 的闭包记作 $K_1(\mathbb{R}^3)$. 令 $\mathscr{H} = K_1(\mathbb{R}^3) \times L^2(\mathbb{R}^3)$, 在 $\mathscr{H}$ 上定义内积

$$(\langle f_1, f_2\rangle, \langle g_1, g_2\rangle) = \int_{\mathbb{R}^3} (\nabla f_1 \cdot \overline{\nabla g_1} + f_2 \overline{g}_2)\mathrm{d}x.$$

在 Hilbert 空间 $\mathscr{H}$ 上考虑算子

$$A = \begin{pmatrix} 0 & I \\ \Delta & 0 \end{pmatrix},$$
$$D(A) = \mathscr{S}(\mathbb{R}^3) \times \mathscr{S}(\mathbb{R}^3).$$

求证: (1) $\mathrm{i}A$ 是对称算子; (2) $\mathrm{i}A$ 是本质自伴的.

§ 5　自伴算子的扰动

在一个已知算子 A 上叠加上另一个相对 “小” 的算子 B, 变成 $A+B$, 称为 A 的扰动. 所谓扰动问题是指算子 A 的某些性质在扰动后有些什么变化、能否保持不变? 比如, 设 A 是闭算子, 对于什么样的算子 B 才能使 $A+B$ 还是闭算子? 设 A 是自伴算子, B 是对称的, 要问 $A+B$ 还是自伴算子吗? 或者更一般些, 当 A 是本质自伴算子, B 是对称算子, B 要满足什么条件才能使 $A+B$ 还是本质自伴的? 自伴算子 A 的谱 $\sigma(A)$ 和本质谱 $\sigma_{\text{ess}}(A)$ 在 A 经过扰动后有什么变化?

算子扰动问题不仅是算子理论中一类有趣且有意义的数学问题, 更重要的是它具有深刻的物理背景. 在量子力学中 Schrödinger 算子 H:

$$(Hu)(x) = -\Delta u(x) + V(x)u(x)$$

是用来描写微观粒子运动状态的, 其中 Δ 是 Laplace 算子, $V(x)$ 是实值函数. 大家知道算子 $A = -\Delta, D(A) = H^2(\mathbb{R}^3)$ 是一个正自伴算子, 它代表动能, 称为动能算子. 算子 $B: u \mapsto Vu$, 作为 $L^2(\mathbb{R}^3)$ 上的乘法算子, 在适当定义域上也是自伴的, 它代表势能, 叫作势能算子. $H = A + B$ 代表能量, 叫作能量算子. 量子力学中可观测物理量用对称算子来描述, 观测值应当是该算子的谱. 由于观测值是实数, 该算子必须是自伴算子. 因此量子力学理论中只有自伴算子才是可观测物理量. 这就要求 Schrödinger 能量算子 H 是自伴的. 但是并不是对于任意的势函数 $V, H = -\Delta + V$ 都是自伴的. 因此自然会提出对于哪类势函数 V, 可保证 H 是自伴的, 从而使得 H 能真正刻画微观粒子的能量? Laplace 算子的谱 $\sigma(A)$ 和本质谱 $\sigma_{\text{ess}}(A)$ 容易确定, 而能量算子 H 的谱 $\sigma(H)$ 和本质谱 $\sigma_{\text{ess}}(H)$ 一般比较复杂, 因此了解 $\sigma(A)$ 和 $\sigma(A+B)$ 的关系、$\sigma_{\text{ess}}(A)$ 与 $\sigma_{\text{ess}}(A+B)$ 的关系无疑是很重要的.

5.1 稠定算子的扰动

定义 6.5.1 设 A 和 B 是 Hilbert 空间 $\mathscr{H}$ 上的稠定算子, $D(A)$ 上赋以图模 $|||x||| = \|x\| + \|Ax\|$, 如果:

(1) $D(B) \supset D(A)$,

(2) $B : (D(A), |||\cdot|||) \to (H, \|\cdot\|)$ 是有界的,

则称 B **是** A **有界的**.

注 B 是 A 有界的定义中条件 (2) 等价于:

(2)$'$ 存在 $a > 0, b > 0$, 使得

$$\|Bx\| \leqslant a\|Ax\| + b\|x\|, \quad \forall x \in D(A). \tag{6.5.1}$$

使上式成立的 a 的下确界称为 B **关于** A **的界**.

条件 (2)$'$ 又等价于下列条件 (2)$''$:

(2)$''$ 存在正常数 a', b', 使得

$$\|Bx\|^2 \leqslant {a'}^2\|Ax\|^2 + {b'}^2\|x\|^2, \quad \forall x \in D(A). \tag{6.5.2}$$

易知若 (6.5.2) 式成立, 则只要取 $a = a', b = b'$, 就有 (6.5.1) 式成立. 反之, 若 (6.5.1) 式成立, 则对于任意 $\varepsilon > 0$, 只要取 $a' = \sqrt{1+\varepsilon}a$, $b' = \sqrt{1+\varepsilon^{-1}}b$, (6.5.2) 式就会成立. 由此可知, 使 (6.5.2) 式成立的 a' 的下确界等于 B 关于 A 的界.

显然, 当 B 是有界算子时, B 关于 A 必是有界的, 而且界是 0.

定理 6.5.2 设 A, B 是 $\mathscr{H}$ 上的稠定算子, B 关于 A 是有界的, B 关于 A 的界小于 1. 在 $D(A)$ 上定义 $A+B$. 为使 $A+B$ 是可闭化的算子必须且仅须 A 是可闭化的算子. 而且在此种情形有

$$D(\overline{A+B}) = D(\overline{A}).$$

证 在不等式 (6.5.1) 中不妨已经有 $a < 1$. 于是,

$$\begin{aligned}(1-a)\|Ax\| - b\|x\| &\leqslant \|(A+B)x\| \\ &\leqslant (1+a)\|Ax\| + b\|x\|.\end{aligned} \tag{6.5.3}$$

对于 $D(A)$ 中的任意序列 $\{x_n\}$, 由 (6.5.3) 式知 $\{Ax_n\}$ 是 Cauchy 列当且仅当 $\{(A+B)x_n\}$ 是 Cauchy 列. 进一步, 设 $x_n \to 0$, 仍由 (6.5.3) 式知 $Ax_n \to 0$ 当且仅当 $(A+B)x_n \to 0$. 由本章 §1 中的注 3, A 可闭化 $\Longleftrightarrow A+B$ 可闭化.

设 A 可闭化, 从而 $A+B$ 也可闭化. 任取 $x \in D(\overline{A})$, 存在 $x_n \in D(A), x_n \to x$, 同时 Ax_n 收敛. 由上述可知 $(A+B)x_n$ 也收敛, 故 $x \in D(\overline{A+B})$, 从而 $D(\overline{A}) \subset D(\overline{A+B})$. 同理可证 $D(\overline{A+B}) \subset D(\overline{A})$. ■

推论 6.5.3 设 B 关于 A 有界, 且界小于 1, 则 $A+B$ 是闭算子的充要条件是 A 为闭算子.

在定理 6.5.2 中, 算子 A 和 $A+B$ 在假设条件中地位不对称, 但是结论是对称的. 由于这个缘故, 定理 6.5.2 还可以改成下列假设条件呈对称的形式.

推论 6.5.4 给定稠定算子 A 和 $T, D(A) = D(T)$, 若存在非负常数 a', a'', b, 而且 $a' < 1, a'' < 1$, 使得

$$\|Ax - Tx\| \leqslant a'\|Ax\| + a''\|Tx\| + b\|x\|, \quad \forall x \in D(A), \tag{6.5.4}$$

则为使 A 是可闭化的, 必须且仅须 T 可闭化, 此时

$$D(\overline{T}) = D(\overline{A}).$$

证 记 $B = T - A, T(\lambda) = A + \lambda B, 0 \leqslant \lambda \leqslant 1. T(\lambda)$ 的定义域是 $D(A), T(0) = A, T(1) = T$, 而且 $Tx = T(\lambda)x + (1-\lambda)Bx, Ax = T(\lambda)x - \lambda Bx$. 记 $a = \max(a', a'')$, 则由 (6.5.4) 式,

$$\|Bx\| \leqslant (a' + a'')\|T(\lambda)x\| + a\|Bx\| + b\|x\|,$$

即得

$$\|Bx\| \leqslant \frac{a' + a''}{1-a}\|T(\lambda)x\| + \frac{b}{1-a}\|x\|.$$

记 $h = \dfrac{a' + a''}{1 - a}$, 则

$$\|(\lambda' - \lambda)Bx\| \leqslant |\lambda' - \lambda|h\|T(\lambda)x\| + \frac{b|\lambda' - \lambda|}{1 - a}\|x\|.$$

故当 $|\lambda' - \lambda| < 1/h$ 时, 可由定理 6.5.2 得到 $T(\lambda')$ 可闭化, 当且仅当 $T(\lambda)$ 可闭化. 于是 $T(\lambda)$ 的可闭性可从 $\lambda = 0$ 传递到 $\lambda = 1$ 或从 $\lambda = 1$ 传递到 $\lambda = 0$. ■

例 6.5.5 设 $\mathscr{H} = L^2[0,1], Au = u', D(A) = C_0^1[0,1], Bu = u(\alpha)$, 其中 $\alpha \in (0,1)$ 是一个给定的点, $D(B) = C(0,1]$, 则 B 关于 A 有界, 而且 B 关于 A 的界为 0.

令

$$g(x) = \begin{cases} \dfrac{x^{n+1}}{\alpha^n}, & \text{当 } 0 \leqslant x \leqslant \alpha, \\ -\dfrac{(1-x)^{n+1}}{(1-\alpha)^n}, & \text{当 } \alpha < x \leqslant 1; \end{cases}$$

$$h(x) = \begin{cases} (n+1)\left(\dfrac{x}{\alpha}\right)^n, & \text{当 } 0 \leqslant x \leqslant \alpha, \\ (n+1)\left(\dfrac{1-x}{1-\alpha}\right)^n, & \text{当 } \alpha < x \leqslant 1. \end{cases}$$

则

$$u(\alpha) = (u', g) + (u, h),$$

所以

$$\begin{aligned} |u(\alpha)| &\leqslant \|g\|\|u'\| + \|h\|\|u\| \\ &\leqslant \left(\frac{1}{2n+3}\right)^{1/2}\|u'\| + \frac{n+1}{(2n+1)^{1/2}}\|u\|. \end{aligned}$$

当 n 充分大, $\|u'\|$ 的系数可以充分小, 因此 B 关于 A 有界, 而且 B 关于 A 的界是 0.

定义 6.5.6　设 A 和 B 是 Hilbert 空间 $\mathscr{H}$ 上的稠定算子, $D(A)$ 上赋以图模 $\square x\square = \|x\| + \|Ax\|$, 如果:

(1) $D(B) \supset D(A)$,

(2) $B : (D(A), \square\cdot\square) \to (\mathscr{H}, \|\cdot\|)$ 是紧的,

则称 B **关于** A **是紧的**, 或者说 B 是A **紧的算子**.

A 紧算子一定是 A 有界的. A 紧算子有如下的刻画.

命题 6.5.7　设 B 是可闭化算子, B 是 A 紧的, 则对于 $\forall\varepsilon > 0$, 总有 $b_\varepsilon > 0$, 使得

$$\|Bx\| \leqslant \varepsilon\|Ax\| + b_\varepsilon\|x\|, \quad \forall x \in D(A). \tag{6.5.5}$$

证　若不然, 必存在 $\varepsilon_0 > 0, x_n \in D(A)$, 使得

$$\|Bx_n\| \geqslant \varepsilon_0\|Ax_n\| + n\|x_n\|.$$

取 $y_n = x_n/\|Bx_n\|$, 则

$$\varepsilon_0\square y_n\square = \varepsilon_0\|y_n\| + \varepsilon_0\|Ay_n\| \leqslant \varepsilon_0\|Ay_n\| + n\|y_n\| \leqslant 1.$$

于是 $y_n \to \theta$, 并且 $\{y_n\}$ 在 $(D(A), \square\cdot\square)$ 中是有界点列, 故 By_n 在 $(\mathscr{H}, \|\cdot\|)$ 中列紧. 所以存在收敛子列 By_{n_j}, 在空间 $\mathscr{H}$ 中收敛到 z. 由于 B 是可闭化的, 故 $z = \theta$. 但这与 $\|By_{n_j}\| = 1$ 矛盾. 所得矛盾证明了命题成立. ■

注　上述命题中的条件 B 是可闭化的算子可以换成 A 是可闭化的算子, (6.5.5) 不等式估计仍成立. 因为, 在 $\mathscr{H}$ 中 $y_n \to \theta, \{Ay_n\}$ 有界, 可知存在弱收敛子列 Ay_{n_i}, 记弱收敛极限为 h. 于是,

$$(\theta, h) = w\text{-}\lim_{i\to\infty}(y_{n_i}, Ay_{n_i}) \in \overline{\Gamma(A)}.$$

由于 A 可闭化, $h = \theta$. 从而 y_{n_i} 在 $(D(A), \square\cdot\square)$ 中弱收敛到 θ. 由于 B 是 A 紧的, 推得 $By_{n_i} \to \theta$. 这与 $\|By_{n_i}\| = 1$ 矛盾.

定理 6.5.8　设 B 是可闭化算子, 则 B 是 A 紧的当且仅当 B 是 $A + B$ 紧的.

证 因为 $D(A+B)=D(A), D(A)\subset D(B)$, 所以 $D(A+B)\subset D(B)$. 此外, 在 $D(A)$ 上由 A 产生的图模 $|\!|\!|\cdot|\!|\!|_A$ 与由 $A+B$ 产生的图模 $|\!|\!|\cdot|\!|\!|_{A+B}$ 等价. 事实上, 根据命题 6.5.7, 存在 $b>0$,

$$\|Bx\|\leqslant \frac{1}{2}\|Ax\|+b\|x\|,\quad \forall x\in D(A),$$

于是

$$\begin{aligned}|\!|\!|x|\!|\!|_{A+B}&=\|x\|+\|Ax+Bx\|\\&\leqslant (1+b)\|x\|+\frac{3}{2}\|Ax\|\\&\leqslant \max\left(\frac{3}{2},1+b\right)|\!|\!|x|\!|\!|_A.\end{aligned}$$

另一方面, 设 $d\geqslant 1+b$,

$$\begin{aligned}d|\!|\!|x|\!|\!|_{A+B}&\geqslant d\|x\|+\|Ax+Bx\|\\&\geqslant (d-b)\|x\|+\frac{1}{2}\|Ax\|\\&\geqslant \frac{1}{2}|\!|\!|x|\!|\!|_A,\end{aligned}$$

所以 $|\!|\!|x|\!|\!|_{A+B}\geqslant \dfrac{1}{2d}|\!|\!|x|\!|\!|_A$.

因此, B 是 $(D(A),|\!|\!|\cdot|\!|\!|_A)$ 到 $(\mathscr{H},\|\cdot\|)$ 的紧算子必须且仅须它是 $(D(A),|\!|\!|\cdot|\!|\!|_{A+B})$ 到 $(\mathscr{H},\|\cdot\|)$ 的紧算子. ■

此外, 根据命题 6.5.7 的注, 以及定理 6.5.2, 我们还有如下的结论.

定理 6.5.9 设 A 是可闭化的算子, 则 B 关于 A 是紧的当且仅当 B 关于 $A+B$ 是紧的, 此时 $A+B$ 是可闭化的. 特别地, 当 A 是闭算子时, $A+B$ 也是闭算子.

5.2 自伴算子的扰动

下面着重讨论自伴算子的扰动. 首先证明扰动相对于自伴算

子不太大时, 自伴性在扰动下不变, 即自伴性在 “小” 扰动下是稳定的.

定理 6.5.10 (Kato-Rellich 定理)　设 $\mathscr{H}$ 是 Hilbert 空间, A 是自伴算子, B 是对称算子, B 关于 A 有界, 而且界 $a<1$, 则 $A+B$ 在 $D(A)$ 上是自伴算子. 特别地, 当 B 是有界自伴算子时, $A+B$ 在 $D(A)$ 上为自伴算子.

证　只需证明存在 $\mu_0>0$, 使得 $\mathscr{H}=R(A+B\pm \mathrm{i}\mu_0 I)$.

对于 $\forall \mu>0, u\in D(A)$, 有

$$\|(A\pm \mathrm{i}\mu I)u\|^2=\|Au\|^2+\mu^2\|u\|^2.$$

对于任意 $x\in\mathscr{H}$, 用 $(A\pm \mathrm{i}\mu I)^{-1}x$ 代入上式的 u, 我们得到

$$\begin{aligned}&\|A(A\pm \mathrm{i}\mu I)^{-1}\|\leqslant 1,\\&\|(A\pm \mathrm{i}\mu I)^{-1}\|\leqslant \frac{1}{\mu}.\end{aligned}$$

由于

$$A+B\pm \mathrm{i}\mu I=[B(A\pm \mathrm{i}\mu I)^{-1}+I](A\pm \mathrm{i}\mu I),$$

为证 $R(A+B\pm \mathrm{i}\mu_0 I)=\mathscr{H}$, 只需证明存在 $\mu_0>0$, 使得

$$\|B(A\pm \mathrm{i}\mu_0 I)^{-1}\|<1.$$

因为 B 是 A 有界的, 界 $a<1$. 故 $\exists a',b>0, a<a'<1$,

$$\|Bu\|\leqslant a'\|Au\|+b\|u\|,\quad \forall u\in D(A).$$

对于任意 $x\in\mathscr{H}$, 再用 $(A\pm \mathrm{i}\mu I)^{-1}x$ 代替上式的 u, 即得

$$\begin{aligned}&\|B(A\pm \mathrm{i}\mu I)^{-1}x\|\\&\quad\leqslant a'\|A(A\pm \mathrm{i}\mu I)^{-1}x\|+b\|(A\pm \mathrm{i}\mu I)^{-1}x\|\\&\quad\leqslant \left(a'+\frac{b}{\mu}\right)\|x\|.\end{aligned}$$

取 μ_0 足够大, 使得 $a' + \dfrac{b}{\mu_0} < 1$ 即可. ■

例 6.5.11 在 $L^2(\mathbb{R}^3)$ 上考虑 Schrödinger 算子:

$$H = -\Delta + V(x), \tag{6.5.6}$$

其中 $V(x) = V_1(x) + V_2(x), V_1(x), V_2(x)$ 都是实值函数, $V_1(x) \in L^2(\mathbb{R}^3), V_2(x) \in L^\infty(\mathbb{R}^3)$.

令 $D(-\Delta) = H^2(\mathbb{R}^3), -\Delta$ 是自伴算子. 又设 $D(V) = \{u \in L^2(\mathbb{R}^3) \big| Vu \in L^2(\mathbb{R}^3)\}$. 于是乘积算子 V 也是自伴算子. 显然 $D(-\Delta) \subset D(V)$. 将要证明 H 在 $D(-\Delta)$ 上是自伴的.

设 $u \in C_0^\infty(\mathbb{R}^3)$, 则

$$\begin{aligned}
\|V_2 u\|_{L^2} &\leqslant \|V_2\|_{L^\infty} \|u\|_{L^2}, \\
\|V_1 u\|_{L^2} &\leqslant \|V_1\|_{L^2} \|u\|_{L^\infty}.
\end{aligned}$$

由 Schwarz 不等式,

$$\begin{aligned}
\|u\|_{L^\infty} &\leqslant \int |\widehat{u}(\xi)| \mathrm{d}\xi \\
&= \int (1 + |\xi|^2) |\widehat{u}(\xi)| \frac{1}{1 + |\xi|^2} \mathrm{d}\xi \\
&\leqslant C \|(1 + |\xi|^2) \widehat{u}(\xi)\|_{L^2} \\
&\leqslant C \|\widehat{u}\|_{L^2} + C \||\xi|^2 \widehat{u}(\xi)\|_{L^2},
\end{aligned}$$

其中 $\widehat{u}(\xi)$ 表示 u 的 Fourier 变换.

对于任意的正数 $\lambda > 0$, 令 $u_\lambda(x) = u\left(\dfrac{x}{\lambda}\right)$, 则

$$\widehat{u}_\lambda(\xi) = \lambda^3 \widehat{u}(\lambda \xi), \quad \|u_\lambda\|_{L^\infty} = \|u\|_{L^\infty}$$

以及

$$\|\widehat{u}_\lambda\|_{L^2} = \lambda^{3/2} \|\widehat{u}\|_{L^2}, \quad \||\xi|^2 \widehat{u}_\lambda(\xi)\|_{L^2} = \lambda^{-\frac{1}{2}} \||\xi|^2 \widehat{u}\|_{L^2}.$$

所以,

$$\begin{aligned}\|u\|_{L^\infty} &\leqslant C\lambda^{-\frac{1}{2}}\||\xi|^2\widehat{u}\|_{L^2} + C\lambda^{\frac{3}{2}}\|\widehat{u}\|_{L^2}\\ &= C_1\lambda^{-\frac{1}{2}}\|\Delta u\|_{L^2} + C\lambda^{\frac{3}{2}}\|u\|_{L^2},\end{aligned}$$

选取 λ 充分大, 使得 $\lambda > C_1^2\|V_1\|_{L^2}^2$, 于是,

$$\|Vu\|_{L^2} \leqslant \|V_1u\|_{L^2} + \|V_2u\|_{L^2} \leqslant a\|\Delta u\|_{L^2} + b\|u\|_{L^2},$$

其中 $a = C_1\lambda^{-\frac{1}{2}}\|V_1\|_{L^2} < 1, b = \|V_2\|_{L^\infty} + C\lambda^{\frac{3}{2}}\|V_1\|_{L^2}$.

上述不等式对于每一个 $u \in H^2(\mathbb{R}^3)$ 也成立, 故 V 关于 $-\Delta$ 是有界的, 而且相对界 $a < 1$, 由 Kato-Rellich 定理 (定理 6.5.10) 知 Schrödinger 算子 $H = -\Delta + V$ 在 $H^2(\mathbb{R}^3)$ 上是自伴的.

推论 6.5.12 设 $\mathscr{H}$ 是 Hilbert 空间, A 是本质自伴算子, B 是对称算子, 若 B 关于 A 有界, 并且 B 关于 A 的界小于 1, 则 $A+B$ 也是本质自伴的, 而且 $\overline{A+B} = \overline{A} + \overline{B}$.

证 根据所设条件, $\exists a', b' > 0, a' < 1$,

$$\|Bx\|^2 \leqslant a'^2\|Ax\|^2 + b'^2\|x\|^2, \quad \forall x \in D(A). \tag{6.5.7}$$

考虑闭算子 $\overline{A}$ 和 $\overline{B}$, 要证明 $\overline{B}$ 关于 $\overline{A}$ 有界, $\overline{B}$ 关于 $\overline{A}$ 的界小于 1. 任取 $x \in D(\overline{A}), \langle x, \overline{A}x\rangle \in \Gamma(\overline{A}) = \overline{\Gamma(A)}$. $\exists \langle x_n, Ax_n\rangle \in \Gamma(A), \langle x_n, Ax_n\rangle \to \langle x, \overline{A}x\rangle$. 于是 $\{x_n\}, \{Ax_n\}$ 是 $\mathscr{H}$ 中的 Cauchy 列. 由不等式 (6.5.7) 可知 $\{Bx_n\}$ 也是 Cauchy 列, 所以 $\langle x_n, Bx_n\rangle \to \langle x, \overline{B}x\rangle$. 这说明 $x \in D(\overline{B})$, 因此,

$$D(\overline{B}) \supset D(\overline{A}).$$

在不等式 (6.5.7) 中, 用 x_n 代替 x, 再令 $n \to \infty$, 取极限得到

$$\|\overline{B}x\|^2 \leqslant a'^2\|\overline{A}x\| + b'^2\|x\|^2.$$

因此 $\overline{B}$ 关于自伴算子 $\overline{A}$ 有界, 而且 $\overline{B}$ 关于 $\overline{A}$ 的界小于 1. 由 Kato-Rellich 定理 (定理 6.5.10), $\overline{A} + \overline{B}$ 是自伴算子.

$\overline{A}+\overline{B}$ 是闭算子, $\overline{A}+\overline{B} \supset A+B$, 所以 $\overline{A}+\overline{B} \supset \overline{A+B}$.

另一方面,

$$\langle x_n, (A+B)x_n \rangle \to \langle x, (\overline{A}+\overline{B})x \rangle \in \overline{\Gamma(A+B)} = \Gamma(\overline{A+B}),$$

故 $x \in D(\overline{A+B})$, 且 $\overline{A+B}x = (\overline{A}+\overline{B})x$. 这说明 $\overline{A}+\overline{B} \subset \overline{A+B}$. 所以有 $\overline{A+B} = \overline{A}+\overline{B}$, $A+B$ 是本质自伴的. ■

Kato-Rellich 定理 (定理 6.5.10) 以及推论 6.5.12 中, A 和 $A+B$ 的地位是不对称的. 下面给出的定理是它们的推广, 在已知条件和结论中 A 和 $A+B$ 的地位呈对称形式. 读者可仿照推论 6.5.4 自己加以证明.

定理 6.5.13 设 A 和 T 是 Hilbert 空间中的两个对称算子, $D(A) = D(T) = D$, 并且

$$\|(T-A)x\| \leqslant a'\|Ax\| + a''\|Tx\| + b\|x\|, \quad \forall x \in D, \tag{6.5.8}$$

其中 a', a'', b 是非负常数, $a' < 1, a'' < 1$. 那么 A 本质自伴的充要条件是 T 本质自伴, 此时 $D(\overline{A}) = D(\overline{T})$. 特别地, 为使 A 是自伴算子必须且仅须 T 是自伴算子.

Kato-Rellich 定理 (定理 6.5.10), 它的推论 (推论 6.5.12) 以及定理 6.5.13 中假设相对界小于 1 是一个本质的条件, 我们的证明大大地依赖于这个条件. 当放宽这一条件, 设相对界可以为 1 时, 情况有所不同. 显然, 我们不能期待命题的结论和原先完全一致, 而应当有所减弱.

定理 6.5.14 设 $\mathscr{H}$ 是 Hilbert 空间, A 是 $\mathscr{H}$ 上的自伴算子, B 是 $\mathscr{H}$ 上的对称算子, 设 B 关于 A 是有界的, 且 (6.5.1) 式中 $a = 1$, 则 $A+B$ 在 $D(A)$ 上本质自伴.

证 为了证明 $A+B$ 是本质自伴的, 根据推论 6.2.5, 只要证明 $\ker((A+B)^* \pm \mathrm{i}I) = \{\theta\}$ 就够了.

假设 $((A+B)^* - \mathrm{i}I)h = 0$. 要证 $h = \theta$.

因为 B 关于 A 有界, 相对界 $a=1$, 所以对于每一个 $t<1$, tB 关于 A 有界, 而且关于 A 的界等于 t. 由 Kato-Rellich 定理 (定理 6.5.10), $A+tB$ 在 $D(A)$ 上是自伴的. 因此 $R(A+tB+\mathrm{i}I)=\mathscr{H}$. 设 $x_t\in D(A)$, 使得 $(A+tB+\mathrm{i}I)x_t=h$. 于是,

$$\|h\|^2=\|x_t\|^2+\|(A+tB)x_t\|^2,$$

得到

$$\|x_t\|\leqslant\|h\|,\quad \|(A+tB)x_t\|\leqslant\|h\|.$$

设 $y_t=h-(t-1)Bx_t$, 则

$$(y_t,h)=((A+B+\mathrm{i}I)x_t,h)=0.$$

由于

$$\begin{aligned}
&\|Bu\|\leqslant\|Au\|+c\|u\|,\quad \forall u\in D(A) &(6.5.9)\\
\Longrightarrow\ &\|Ax_t\|\leqslant\|(A+tB)x_t\|+\|tBx_t\|\\
&\qquad\leqslant\|(A+tB)x_t\|+t\|Ax_t\|+tc\|x_t\|,
\end{aligned}$$

故得

$$\begin{aligned}
(1-t)\|Ax_t\|&\leqslant\|(A+tB)x_t\|+tc\|x_t\|\\
&\leqslant\|h\|+tc\|h\|\\
&\leqslant(1+c)\|h\|.
\end{aligned}$$

再由 (6.5.9) 式,

$$(1-t)\|Bx_t\|\leqslant(1-t)\|Ax_t\|+(1-t)c\|x_t\|\leqslant(1+2c)\|h\|.$$

由 y_t 的定义, 即得

$$\|y_t\|\leqslant(2+2c)\|h\|.$$

于是, $\forall u \in D(A)$,

$$\lim_{t\uparrow 1}(y_t - h, u) = \lim_{t\uparrow 1}(1-t)(x_t, Bu) = 0,$$

因为 $\|x_t\|$ 一致有界. 由此推得 $h = w\text{-}\lim\limits_{t\uparrow 1} y_t$. 但是,

$$(h, h) = \lim_{t\uparrow 1}(y_t, h) = 0.$$

故得到 $h = \theta$, 所以 $\ker((A+B)^* - \mathrm{i}I) = \{\theta\}$. 同理可证 $\ker((A+B)^* + \mathrm{i}I) = \{\theta\}$. ■

推论 6.5.15 设 $\mathscr{H}$ 是 Hilbert 空间, A 是 $\mathscr{H}$ 上的本质自伴算子, B 是 $\mathscr{H}$ 上的对称算子. 假定 B 关于 A 是有界的, 且 (6.5.1) 式中 $a = 1$, 那么 $A + B$ 在 $D(A)$ 上本质自伴.

证 考虑闭算子 $\overline{A}$ 和 $\overline{B}$. $\overline{A}$ 是自伴算子, $\overline{B}$是对称算子. 根据推论 6.5.12 的证明, $\overline{B}$ 关于 $\overline{A}$ 是有界的, $\overline{B}$ 关于 $\overline{A}$ 的界等于 B 关于 A 的界, 即为 1. 于是由定理 6.5.14 知 $\overline{A} + \overline{B}$ 是本质自伴的.

由推论 6.5.12 的证明可知 $\overline{A} + \overline{B} \subset \overline{A+B}$. (注意, 推论 6.5.12 中证明此包含关系时并未用到界 $a < 1$ 这个条件, 所以目前仍可运用.) 由于 $\overline{A+B}$ 是闭对称算子, $\overline{A} + \overline{B}$ 本质自伴, 故 $\overline{A+B}$ 是自伴的, 这就证明了 $A + B$ 是本质自伴的. ■

半有界的自伴算子在一个关于它有界的对称算子微扰下的一个重要性质是当相对界不大时, 半有界性是稳定的. 具体地说, 有如下的定理.

定理 6.5.16 设 A 是自伴算子, 下有界. 设 B 是对称算子, 关于 A 是有界的, 关于 A 的界小于 1, 则 $A + B$ 是自伴算子, 也是下有界的. 记 A 的下界为 M_A, $A + B$ 的下界为 M_{A+B}, 若常数 a, b 适合 $0 < a < 1, b > 0$,

$$\|Bx\| \leqslant a\|Ax\| + b\|x\|, \quad \forall x \in D(A), \tag{6.5.10}$$

则

$$M_{A+B} \geqslant M_A - \max\left(\frac{b}{1-a}, b + a|M_A|\right). \tag{6.5.11}$$

证　由 Kato-Rellich 定理 (定理 6.5.10) 知 $A+B$ 是自伴的, 只需证明 $A+B$ 下半有界.

易知一个自伴算子 T 为下半有界, 并且界 $M_T \geqslant c$ 的充要条件是 $(-\infty, c) \subset \rho(T)$. 此外对于任意 $\lambda < c$, 对于预解算子 $R_\lambda(T)$ 显然有 $\|R_\lambda(T)\| \leqslant (M_T - \lambda)^{-1}$. 又由于 $TR_\lambda(T) = \lambda R_\lambda(T) - I$, $TR_\lambda(T)$ 是有界的, 而且

$$\begin{aligned}\|TR_\lambda(T)\| &\leqslant \sup_{\zeta \in \sigma(T)} |\zeta|(\zeta - \lambda)^{-1} \\ &\leqslant \max(1, |M_T|(M_T - \lambda)^{-1}).\end{aligned} \tag{6.5.12}$$

将这些结果用到自伴算子 A 上去. 任取 $c < M_A - \max\left(\dfrac{b}{1-a}, b + a|M_A|\right)$, 将要证明 $(-\infty, c) \subset \rho(A+B)$.

对于任意的 $\lambda < c$, 由关系式 (6.5.10) 有

$$\begin{aligned}\|BR_\lambda(A)\| &\leqslant a\|AR_\lambda(A)\| + b\|R_\lambda(A)\| \\ &\leqslant a\max(1, |M_A|(M_A - \lambda)^{-1}) + b(M_A - \lambda)^{-1} \\ &\leqslant a\max(1, |M_A|(M_A - c)^{-1}) + b(M_A - c)^{-1} \\ &< 1.\end{aligned} \tag{6.5.13}$$

因为

$$\lambda I - (A+B) = (I - BR_\lambda(A))(\lambda I - A),$$

上式右边两括号均可逆, 所以当 $\lambda < c$ 时, $(\lambda I - (A+B))^{-1}$ 存在, 故 $\lambda \in \rho(A+B)$. ■

Kato-Rellich 定理 (定理 6.5.10) 有一种较弱形式的推广, 是通过共轭二次形式来表达的. 设 A 是下半有界的自伴算子, 若 (Bx, x) 在某种意义上相对于 (Ax, x) "小" 时, 尽管 B 相对于 A 不一定有界, 仍然有一个下半有界自伴算子 C, 它与 $A+B$ 生成同一个共轭二次形式, 于是在共轭二次形式意义下它们是相同的. 具体来说, 有如下 Kato-Lax-Milgram-Nelson 定理.

定理 6.5.17 (KLMN 定理) 在一个 Hilbert 空间 $\mathscr{H}$ 上, 设 A 是正的自伴算子, B 是闭对称算子, 适合条件:

(1) $D(B) \supset D(A)$,

(2) $|(Bu,u)| \leqslant a(Au,u) + b\|u\|^2, \forall u \in D(A)$, (6.5.14)

其中 $0 < a < 1, b \in \mathbb{R}$. 那么存在唯一的自伴算子 C, 使得 C 对应一个共轭双线性形式 (a, V), 其中 $V = D(A^{1/2}) \supset D(C)$, 有

$$a(u,v) = (Cu,v), \quad \forall u \in D(C), v \in V; \tag{6.5.15}$$

$$a(u,v) = ((A+B)u,v), \quad \forall u \in D(A), v \in V. \tag{6.5.16}$$

此外有 $C \geqslant -b$.

证 引入共轭双线性形式

$$a_1(u,v) = (Au,v) + (Bu,v) + (1+b)(u,v), \tag{6.5.17}$$

其中 $u, v \in D(A)$. 由条件 (1), (2), $a_1(u,v)$ 可以连续地扩张为 $V = D(A^{1/2})$ 上的一个共轭双线性形式, 并且

$$\begin{aligned}\|v\|^2 + (1-a)\|A^{1/2}v\|^2 &\leqslant a_1(v,v) \\ &\leqslant (1+2b)\|v\|^2 + (1+a)\|A^{1/2}v\|^2.\end{aligned}$$

这表明 $|\!|\!|v|\!|\!| = a_1(v,v)^{1/2}$ 与 $A^{1/2}$ 的图模等价. 因此, (a_1, V) 是一个闭形式. 根据定理 6.4.22, 存在唯一的自伴算子 C_1, 使得

$$(C_1u,v) = a_1(u,v), \quad \forall u \in D(C_1), v \in V. \tag{6.5.18}$$

取 $C = C_1 - (1+b)I$ 即得结论.

由于 $C_1 \geqslant 1$, 所以 $C \geqslant b$. ■

5.3 自伴算子的谱集在扰动下的变化

自伴算子经过微扰后, 它的谱集有些什么样的变化呢? 这是一个复杂问题. 我们将按照离散谱点和本质谱点两种情形分别讨论.

设 $\mathscr{H}$ 是 Hilbert 空间, A 是 $\mathscr{H}$ 上的自伴算子, B 是 $\mathscr{H}$ 上的对称算子. 设 B 关于 A 有界, B 关于 A 的界小于 1. 于是存在常数 $a, b, 0 < a < 1, b > 0$, 使得

$$\|Bx\| \leqslant a\|Ax\| + b\|x\|, \quad \forall x \in D(A). \tag{6.5.19}$$

由 Kato-Rellich 定理 (定理 6.5.10), $A + B$ 是自伴算子.

任取 $\lambda_0 \in \sigma_d(A)$, 设 $\dim \ker(\lambda_0 I - A) = m$. 我们来考察 A 经 B 的扰动后, 点谱 λ_0 的变化.

由于 λ_0 是孤立点, 存在 $r > 0, [\lambda_0 - r, \lambda_0 + r] \cap \sigma(A) = \{\lambda_0\}$. 令 $D = \big\{z \in \mathbb{C} \big| |z - \lambda_0| < r/2\big\}, \varGamma = \partial D$, 则 $\varGamma \subset \rho(A)$.

定理 6.5.18　若使得 (6.5.19) 式成立的常数 a, b 以及 λ_0 和 r 满足下列不等式:

$$2a(|\lambda_0| + r) + 2b < r, \tag{6.5.20}$$

那么 $A+B$ 在 $\left(\lambda_0 - \dfrac{r}{2}, \lambda_0 + \dfrac{r}{2}\right)$ 中恰有 m 个点谱 (有重数的点谱依重数计算个数), 并且没有其他的谱点.

定理 6.5.18 说明, 在不等式 (6.5.20) 成立的条件下, A 的孤立离散谱点经微扰后仍是离散谱点, 且谱点个数不变, 而且散布在原离散谱点周围. 如果 $A + B$ 的这 m 个点谱不在同一个位置, 那么称点谱 λ_0 经微扰后产生了裂变. 能量算子离散谱点的裂变现象是量子力学、原子物理学中的重要现象.

定理 6.5.18 的证明　对于 $s \in [0, 1]$, 令

$$T_s = A + sB. \tag{6.5.21}$$

于是 $T_0 = A, T_1 = A + B$. 仍由 Kato-Rellich 定理 (定理 6.5.10) 知, T_s 是自伴算子. 记 T_s 的谱族为 $(\mathbb{C}, \mathscr{B}, E^{T_s}), E^{T_s}$ 的支撑集是 $\mathbb{R}$, 即 $E^{T_s}(\mathbb{R}) = I$. 还记 A 的谱族为 $(\mathbb{C}, \mathscr{B}, E^A)$, 当然 $E^{T_0} = E^A$. 于是,

$$\ker(\lambda_0 I - A) = E^A(D)\mathscr{H}.$$

我们将要证明 $\dim E^{T_s}(D)\mathscr{H}$ 是一个常数, 于是,

$$\dim E^{T_1}(D)\mathscr{H} = \dim E^{T_0}(D)\mathscr{H} = m.$$

这说明 $T_1 = A + B$ 在 D 中恰好有 m 个点谱. 由于 $A+B$ 是自伴算子, 所以 $\left(\lambda_0 - \dfrac{r}{2}, \lambda_0 + \dfrac{r}{2}\right)$ 中恰好含有 $A+B$ 的 m 个点谱并且没有其他的谱点.

(1) $\Gamma \subset \rho(T_s)$.

$\forall \zeta \in \Gamma$, 显然有

$$\|R_\zeta(A)\| = \sup_{\lambda \in \sigma(A)} |\zeta - \lambda|^{-1} = 2/r. \tag{6.5.22}$$

因为 $AR_\zeta(A) = \zeta R_\zeta(A) - I, |\zeta| \leqslant |\lambda_0| + r/2$, 所以

$$\|AR_\zeta(A)\| \leqslant 1 + \frac{2|\zeta|}{r} \leqslant \frac{2(r + |\lambda_0|)}{r}. \tag{6.5.23}$$

记

$$h = \frac{2a(r + |\lambda_0|) + 2b}{r}, \tag{6.5.24}$$

由已知条件 (6.5.20), 可得 $h < 1$. 又由 (6.5.19) 式,

$$\|sBx\| \leqslant sa\|Ax\| + sb\|x\|,$$

得到

$$\begin{aligned}\|sBR_\zeta(A)\| &\leqslant sa\|AR_\zeta(A)\| + sb\|R_\zeta(A)\| \\ &\leqslant \frac{2sa(r + |\lambda_0|)}{r} + \frac{2sb}{r} \\ &= sh < 1. \end{aligned}\tag{6.5.25}$$

由于

$$\zeta I - T_s = (I - sBR_\zeta(A))(\zeta I - A),$$

上式等号右端两个因式都可逆, 所以

$$(\zeta I - T_s)^{-1} = R_\zeta(A)(I - sBR_\zeta(A))^{-1} \in \mathscr{L}(\mathscr{H}).$$

因此 $\zeta \in \rho(T_s)$, 故 $\varGamma \subset \rho(T_s)$.

此外还有如下估计:

$$\begin{aligned}\|R_\zeta(T_s)\| &\leqslant \|R_\zeta(A)\|/(1 - \|sBR_\zeta(A)\|)\\ &\leqslant \frac{2}{r(1-hs)} \leqslant \frac{2}{r(1-h)},\end{aligned} \tag{6.5.26}$$

$$\begin{aligned}\|AR_\zeta(T_s)\| &\leqslant \|AR_\zeta(A)\|/(1 - \|sBR_\zeta(A)\|)\\ &\leqslant \frac{2(r+|\lambda_0|)}{r(1-h)}.\end{aligned} \tag{6.5.27}$$

(2) 谱投影算子 $E^{T_s}(D)$ 关于 s 的连续性.

设 $s, t \in [0,1], \zeta \in \varGamma$,

$$R_\zeta(T_t) - R_\zeta(T_s) = (s-t)R_\zeta(T_t)BR_\zeta(T_s).$$

根据已知条件 (6.5.20), 以及不等式 (6.5.26), (6.5.27) 推得

$$\begin{aligned}\|BR_\zeta(T_s)\| &\leqslant a\|AR_\zeta(T_s)\| + b\|R_\zeta(T_s)\|\\ &\leqslant \frac{2a(r+|\lambda_0|)+2b}{r(1-h)}.\end{aligned} \tag{6.5.28}$$

从而对于 $\forall \varepsilon > 0$, 只要 $|t-s| < \varepsilon r^2(1-h)^2/[4(b+ar+a|\lambda_0|)]$, 就有

$$\|R_\zeta(T_t) - R_\zeta(T_s)\| < \varepsilon.$$

这说明在算子模意义下, $R_\zeta(T_s)$ 关于 s 一致连续, 而且连续性关于 $\zeta \in \varGamma$ 也是一致的. 由于

$$E^{T_s}(D) = \frac{1}{2\pi\mathrm{i}}\oint_\varGamma R_\zeta(T_s)\mathrm{d}\zeta, \tag{6.5.29}$$

推得

$$\|E^{T_s}(D) - E^{T_t}(D)\| < \frac{r}{2}\varepsilon, \tag{6.5.30}$$

因此 $E^{T_s}(D)$ 关于 s 也是一致连续的.

(3) $\dim E^{T_s}(D)\mathscr{H}$ 是常数.

根据下述引理的推论 6.5.20 即得. ■

引理 6.5.19 设 P, Q 是 Hilbert 空间 $\mathscr{H}$ 上的两个投影算子, $\|P-Q\|<1$, 则

$$\dim P\mathscr{H} = \dim Q\mathscr{H}, \quad \dim(I-P)\mathscr{H} = \dim(I-Q)\mathscr{H}.$$

证 我们将定义一个酉算子 U, 使得 $Q = UPU^{-1}$. 于是 $U: P\mathscr{H} \to Q\mathscr{H}; U^{-1}: Q\mathscr{H} \to P\mathscr{H}$. 因此 U 是 $P\mathscr{H}$ 到 $Q\mathscr{H}$ 的等距同构, 所以 $\dim P\mathscr{H} = \dim Q\mathscr{H}$. 同理有

$$\dim(I-P)\mathscr{H} = \dim(I-Q)\mathscr{H}.$$

记

$$R = (P-Q)^2 = P + Q + PQ - QP, \tag{6.5.31}$$

则 R 与 P 和 Q 都交换. 令

$$U' = QP + (I-Q)(I-P), \quad V' = PQ + (I-P)(I-Q), \tag{6.5.32}$$

则

$$U'V' = V'U' = I - R,$$

并且

$$\begin{aligned} &U': P\mathscr{H} \longrightarrow Q\mathscr{H}, \quad U': (I-P)\mathscr{H} \longrightarrow (I-Q)\mathscr{H}; \\ &V': Q\mathscr{H} \longrightarrow P\mathscr{H}, \quad V': (I-Q)\mathscr{H} \longrightarrow (I-P)\mathscr{H}. \end{aligned}$$

根据已知条件 $\|P-Q\|<1$, 可知 $\|R\|<1$. 于是 $(1-R)^{-1}$ 存在, 并且二项级数

$$T = \sum_{n=0}^{\infty} \begin{pmatrix} -\frac{1}{2} \\ n \end{pmatrix} (-R)^n \tag{6.5.33}$$

绝对收敛, $T^2 = (1-R)^{-1}$. 由于 R 与 P,Q 可交换, 因此 T 与 U',V' 也可交换. 最后令

$$U = U'T = TU', \tag{6.5.34}$$

$$V = V'T = TV', \tag{6.5.35}$$

则 $UV = VU = I, V = U^{-1}$.

由 (6.5.32) 式有 $U'P = QP = QU', QV' = PQ = V'Q$, 所以 $UP = QU, PV = VQ$, 即 $Q = UPU^{-1}, P = U^{-1}QU$. ■

推论 6.5.20 设 $s \in [0,1], P(s)$ 是 $\mathscr{H}$ 上的投影算子, 若 $P(s)$ 关于 s 一致连续, 则 $P(s)\mathscr{H}$ 关于不同的 s 互相同构, 特别地, $\dim R(P(s))$ 是常数.

定理 6.5.21(Weyl 定理) 设 A 是 Hilbert 空间 $\mathscr{H}$ 上的自伴算子, B 是 $\mathscr{H}$ 上的对称算子, 若 B 是 A 紧的算子, 则

$$\sigma_{\text{ess}}(A+B) = \sigma_{\text{ess}}(A). \tag{6.5.36}$$

此定理称为 Weyl 谱扰动定理. 为证此定理, 需要下面的引理.

引理 6.5.22 设 A 是 $\mathscr{H}$ 上的一个自伴算子, 则为使 $\lambda_0 \in \sigma_{\text{ess}}(A)$ 必须且仅须存在序列 $x_n \in D(A), \|x_n\| = 1, n = 1,2,\cdots$ 满足

$$w\text{-}\lim_{n\to\infty} x_n = \theta, \tag{6.5.37}$$

$$\lim_{n\to\infty} (\lambda_0 I - A)x_n = \theta, \tag{6.5.38}$$

其中 $w\text{-}\lim$ 表示弱极限.

证 必要性. 设 $\lambda_0 \in \sigma_{\text{ess}}(A)$.

(1) 若 λ_0 是 ∞ 重特征值, 则取 $\{x_n\}$ 为 $\ker(\lambda_0 I - A)$ 中的标准正交基即可.

(2) 若 λ_0 是谱的聚点. 取 $\lambda_n \in \sigma(A), n = 1,2,\cdots,\lambda_n$ 互不相同, 而且不等于 $\lambda_0, \lambda_n \to \lambda_0$, 则存在 $\varepsilon_n > 0, \varepsilon_n$ 单调下降

趋于 0, 使得 $I_n = [\lambda_n - \varepsilon_n, \lambda_n + \varepsilon_n]$ 为互不相交的区间. 选取 $x_n \in R(E(I_n)), \|x_n\| = 1$, 其中 E 是 A 的谱族. 于是,

$$(x_n, x_m) = \delta_{n,m},$$

$$\lim_{n\to\infty} (\lambda_0 I - A)x_n = \theta.$$

$\forall x \in \mathscr{H}, \sum\limits_n |(x, x_n)|^2 \leqslant \|x\|^2$, 由此推得 $(x, x_n) \to 0$, 即得

$$w\text{-}\lim_{n\to\infty} x_n = \theta.$$

充分性. 设存在 $D(A)$ 中的序列 $\{x_n\}, \|x_n\| = 1$, 满足 (6.5.37) 与 (6.5.38) 两关系式. 由 (6.5.38) 式知 $\lambda_0 \in \sigma(A)$. 若 $\lambda_0 \in \sigma_d(A)$, 即 λ_0 是孤立谱点, 而且是有限重特征值. 于是存在 $r > 0, I_r \cap \sigma(A) = \{\lambda_0\}$, 其中 $I_r = (\lambda_0 - r, \lambda_0 + r)$. 作直和分解 $x_n = x_n' + x_n''$, 使得 $x_n' \in \ker(\lambda_0 I - A), x_n'' \in (\ker(\lambda_0 I - A))^\perp$. 由于

$$\begin{aligned}
\|(\lambda_0 I - A)x_n\| &= \|(\lambda_0 I - A)x_n''\| \\
&= \left(\int |\lambda_0 - \lambda|^2 \mathrm{d}\|E_\lambda x_n''\|^2\right)^{1/2} \\
&= \left(\int_{\mathbb{R}\setminus I_r} |\lambda_0 - \lambda|^2 \mathrm{d}\|E_\lambda x_n''\|^2\right)^{1/2} \\
&\geqslant r\|x_n''\|.
\end{aligned}$$

所以 $\lim\limits_{n\to\infty} x_n'' = \theta$, 从而 $w\text{-}\lim\limits_{n\to\infty} x_n' = \theta$. 由于 $\ker(\lambda_0 I - A)$ 是有穷维子空间, 因为有穷维子空间中弱收敛与强收敛等价, 所以 $\lim\limits_{n\to\infty} x_n' = \theta$, 故得到结论 $\lim\limits_{n\to\infty} x_n = \theta$, 而这与 $\|x_n\| = 1$ 矛盾. 所得矛盾证明了 $\lambda_0 \in \sigma_{\mathrm{ess}}(A)$. ■

注 在引理 6.5.22 中, 可以取

$$x_n \in R(E(I)), \quad I = [\lambda_0 - 1, \lambda_0 + 1].$$

Weyl 定理 (定理 6.5.21) 的证明 先证明 $\sigma_{\mathrm{ess}}(A) \subset \sigma_{\mathrm{ess}}(A + B)$.

设 $\lambda_0 \in \sigma_{\text{ess}}(A)$, 由引理 6.5.22, 存在 $x_n \in R(E(I))$, 其中 $I = [\lambda_0 - 1, \lambda_0 + 1], \|x_n\| = 1, w\text{-}\lim\limits_{n\to\infty} x_n = \theta, \lim\limits_{n\to\infty}(\lambda_0 I - A)x_n = \theta$, 由于

$$Ax_n = \lambda_0 x_n - (\lambda_0 I - A)x_n, \quad w\text{-}\lim_{n\to\infty} Ax_n = \theta,$$

所以在 Hilbert 空间 $(D(A), \Box\cdot\Box)$ 中, $\{x_n\}$ 弱收敛到 θ. 因为 B 是 A 紧的算子, 故 Bx_n 在 $(\mathscr{H}, \|\cdot\|)$ 中强收敛到 θ. 于是推得 $(\lambda_0 I - (A + B))x_n \to \theta$. 再应用引理 6.5.22, 得到 $\lambda_0 \in \sigma_{\text{ess}}(A+B)$, 从而 $\sigma_{\text{ess}}(A) \subset \sigma_{\text{ess}}(A + B)$.

根据定理 6.5.9, B 是 $A+B$ 紧的, 所以 $-B$ 也是 $A+B$ 紧的, 由上面的证明有

$$\sigma_{\text{ess}}(A + B) \subset \sigma_{\text{ess}}(A + B - B) = \sigma_{\text{ess}}(A). \qquad \blacksquare$$

习　　题

6.5.1　设 A 是自伴算子, B 是对称算子, 若 B 关于 A 有界, 证明: B 关于 A 的界是

$$a = \lim_{n\to\infty} \|B(A + \mathrm{i}n)^{-1}\|.$$

6.5.2　设 A 是稠定闭算子, B 是可闭化算子, 若 $D(A) \subset D(B)$, 证明: B 关于 A 有界.

6.5.3　设 A, B 是 Hilbert 空间上的稠定算子, B 关于 A 有界, 于是存在非负常数 $a, b, a < 1$,

$$\|Bx\| \leqslant a\|Ax\| + b\|x\|, \quad \forall x \in D(A).$$

求证:

(1) B 关于 $A + B$ 有界, 而且相对界小于等于 $\dfrac{a}{1-a}$;

(2) 设 C 是任意的 A 有界算子, 相对界是 c, 则 C 也是 $A+B$ 有界的, 而且相对界小于等于 $\dfrac{c}{1-a}$.

6.5.4 设 $\mathscr{H}$ 是 Hilbert 空间, A 是 $\mathscr{H}$ 上的稠定闭算子, 线性算子 B 关于 A 有界, 满足

$$\|Bx\| \leqslant a\|Ax\| + b\|x\|.$$

又设 $\lambda \in \rho(A)$, 满足

$$a\|AR_\lambda(A)\| + b\|R_\lambda(A)\| < 1,$$

其中 $R_\lambda(A) = (\lambda I - A)^{-1}$ 是 A 的预解算子. 求证: $A+B$ 是闭算子, $\lambda \in \rho(A+B)$, 并且

$$\|R_\lambda(A+B)\| \leqslant \|R_\lambda(A)\|(1 - a\|AR_\lambda(A)\| - b\|R_\lambda(A)\|)^{-1}.$$

6.5.5 设 A, B 是 $\mathscr{H}$ 上的稠定算子, 并且存在 $A^{-1} \in L(\mathscr{H})$. 设 B 关于 A 有界, 满足

$$\|Bx\| \leqslant a\|Ax\| + b\|x\|, \quad x \in D(A),$$

假定 $a + b\|A^{-1}\| < 1$, 求证:

(1) $A+B$ 是闭算子, 且可逆;

(2) $\|(A+B)^{-1}\| \leqslant \|A^{-1}\|(1 - a - b\|A^{-1}\|)^{-1}$,

$\|(A+B)^{-1} - A^{-1}\| \leqslant \|A^{-1}\|(a + b\|A^{-1}\|)(1 - a - b\|A^{-1}\|)^{-1}$;

(3) 又若 A^{-1} 是紧算子, 则 $(A+B)^{-1}$ 也是紧算子.

6.5.6 设 A, B 是稠定算子, B 关于 A 有界, 而且 $\dim R(B) < \infty$, 证明: B 是 A 紧的.

6.5.7 设 A, B 是对称算子, $D(A) = D(B) = D$, 并且

$$\|(A-B)x\| \leqslant a'\|Ax\| + a''\|Bx\| + b\|x\|, \quad \forall x \in D,$$

其中 $0 < a' < 1, 0 < a'' < 1, b > 0$. 证明: A 本质自伴的充要条件是 B 本质自伴, 并且此时等式 $D(\overline{A}) = D(\overline{B})$ 成立.

6.5.8 设 A 是自伴算子, B 是对称算子, 证明: B 是 A 紧的算子的充要条件是

(1) $D(B) \supset D(A)$;

(2) $\forall\lambda \in \rho(A), B(\lambda I - A)^{-1}$ 是紧算子.

进一步证明条件 (2) 可以用下列条件 (2)′ 代替:

(2)′ 存在 $\lambda \in \rho(A)$, 使得 $B(\lambda I - A)^{-1}$ 是紧算子.

6.5.9　在 Hilbert 空间 $\mathscr{H} = L^2(\mathbb{R}^3)$, 设 $V \in L^2(\mathbb{R}^3), \lambda > 0$, 证明:

$$\lim_{\lambda\to\infty} \|V(-\Delta + \lambda)^{-1}\| = 0,$$

并进而证明 V 关于 $-\Delta$ 是紧的.

6.5.10　设 A 是本质自伴算子, B 是有界对称算子, 证明: $A+B$ 本质自伴.

6.5.11　设 A 是自伴算子, B 是对称算子, $D(B) \supset D(A)$, 并且 $B^2 \leqslant A^2 + b^2 I$, 其中 b 是常数, 证明: $A + B$ 是本质自伴算子.

6.5.12　在 Hilbert 空间 $\mathscr{H}$ 上, A 是非负自伴算子, B 是对称算子, $D(B) \supset D(A)$,

$$\|Bx\| \leqslant \|Ax\|, \quad \forall x \in D(A),$$

求证: $|(Bx, x)| \leqslant (Ax, x), \forall x \in D(A)$.

6.5.13　设 $V_1, V_2 \in L^2(\mathbb{R}^3)$ 是实值函数, 将 $V_1(x_1), V_2(x_2)$ 看作 $L^2(\mathbb{R}^6)$ 中的乘积算子. 证明: $-\Delta + V_1(x_1) + V_2(x_2)$ 是 $C_0^\infty(\mathbb{R}^6)$ 上的本质自伴算子, 其中 Δ 是 $L^2(\mathbb{R}^6)$ 中的 Laplace 算子.

6.5.14　设 A 是自伴算子, B 是有界对称算子. 证明: $A + B$ 是自伴算子, 而且

$$\operatorname{dist}(\sigma(A), \sigma(A+B)) \leqslant \|B\|,$$

即

$$\sup_{\lambda\in\sigma(A)} \operatorname{dist}(\lambda, \sigma(A+B)) \leqslant \|B\|,$$
$$\sup_{\lambda\in\sigma(A+B)} \operatorname{dist}(\sigma(A), \lambda) \leqslant \|B\|.$$

6.5.15 设 A 是自伴算子, $D \subset \mathbb{C}$ 是 Borel 可测集, 其边界 $\Gamma = \partial D$ 是一个光滑闭曲线. 设 $\Gamma \subset \rho(A)$, 求证:

$$E(D) = \frac{1}{2\pi \mathrm{i}} \oint_{\Gamma} (zI - A)^{-1} \mathrm{d}z,$$

其中 E 是 A 的谱族.

6.5.16 设 A 是自伴算子, C 是紧算子, 则

$$\sigma_{\text{ess}}(A) = \sigma_{\text{ess}}(A + C).$$

6.5.17 设 $V \in L^2(\mathbb{R}^3)$ 是实值函数, 证明: $\sigma_{\text{ess}}(-\Delta + V) = [0, \infty)$. (提示: 利用 $\sigma_{\text{ess}}(-\Delta) = [0, \infty)$)

§ 6 无界算子序列的收敛性

无界算子的定义域是稠密集而不是全空间, 当我们要引入无界算子序列 A_n 趋向于 A 的收敛性概念时, 它会引起很大麻烦, 这是因为无穷个稠密集 $D(A_n)$ 的交集可能很小, 甚至是空集. 例如在 $L^2(\mathbb{R})$ 上, $A_n x = \left(1 - \dfrac{1}{n}\right) x$ 在某种意义上, 显然应当有 $A_n \to A \subset I$, 然而可以选取定义域 $D(A_n), D(A)$ 互不相交, 而使 A_n, A 均为本质自伴. 为了避开这个困难, 我们自然要用某种无界算子的有界函数来代替它, 而认为两个无界算子很 "近", 是指它们的某种有界函数很接近. 我们熟知预解算子是无界算子的有界函数. 这就导致无界算子序列在预解算子意义下的收敛性. 另外, 一个避开这个困难的办法是将 Hilbert 空间 $\mathscr{H}$ 上的无界算子 A_n 看成 $\mathscr{H} \times \mathscr{H}$ 中的图 $\Gamma(A_n)$, 而研究 $\mathscr{H} \times \mathscr{H}$ 中子集 $\Gamma(A_n)$ 的序列极限, 这就导致无界算子序列图意义下的收敛概念. 本节将引入这两种无界算子序列的收敛性, 着重讨论自伴算子序列在这两种不同意义下收敛的性质, 以及这两种收敛性的关系.

6.1　预解算子意义下的收敛性

考虑 Hilbert 空间 $\mathscr{H}$ 上的闭算子 T, 它的预解集 $\rho(T)$ 是复平面 $\mathbb{C}$ 上的开集. 对于 $\lambda \in \rho(T)$, 它的预解算子

$$R_\lambda(T) = (\lambda I - T)^{-1} \tag{6.6.1}$$

是 $\mathscr{H}$ 上的有界线性算子. 预解算子满足下列预解方程:

$$R_\lambda(T) - R_\mu(T) = -(\lambda - \mu)R_\lambda(T)R_\mu(T), \tag{6.6.2}$$

其中 $\lambda, \mu \in \rho(T)$. 由上述预解方程可知预解算子关于 λ 在 $\rho(T)$ 的每个连通分支上解析. 事实上, 当 $|\lambda - \lambda_0| < \|R_{\lambda_0}(T)\|^{-1}$ 时, 有展式

$$R_\lambda(T) = \sum_{n=0}^{\infty}(\lambda - \lambda_0)^n (R_{\lambda_0}(T))^{n+1}. \tag{6.6.3}$$

因此,

$$\left(\frac{\mathrm{d}}{\mathrm{d}\lambda}\right)^n R_\lambda(T) = (-1)^n n!(R_\lambda(T))^{n+1}, \quad n = 1, 2, 3, \cdots, \tag{6.6.4}$$

而且

$$\|R_{\lambda_0}(T)\| \geqslant 1/\mathrm{dist}(\lambda_0, \sigma(T)). \tag{6.6.5}$$

如果记 $R_{\lambda_0}(T)$ 的谱半径为 r, 那么还有

$$r = 1/\mathrm{dist}(\lambda_0, \sigma(T)). \tag{6.6.6}$$

定义 6.6.1　设 $\{A_n\}$, A 是 Hilbert 空间 $\mathscr{H}$ 上的自伴算子. 如果对于每一个 $\lambda \in \mathbb{C}, \mathrm{Im}\lambda \neq 0, R_\lambda(A) = s\text{-}\lim\limits_{n\to\infty} R_\lambda(A_n)$, 就称 A_n **在强预解意义下收敛到** A, 记作

$$A_n \to A(\mathrm{S.R.S}) \quad 或者 \quad \mathrm{S.R.S}\text{-}\lim_{n\to\infty} A_n = A.$$

如果 $R_\lambda(A) = \lim\limits_{n\to\infty} R_\lambda(A_n)$, 对于每个 $\mathrm{Im}\lambda \neq 0$ 的 $\lambda \in \mathbb{C}$ 成立, 就称 A_n **在算子模预解意义下收敛到** A, 记作

$$A_n \to A \text{ (N.R.S)} \quad 或者 \quad \text{N.R.S-}\lim_{n\to\infty} A_n = A.$$

注 如果对于每个 $\lambda \in \mathbb{C}, \mathrm{Im}\lambda \neq 0$, 有

$$R_\lambda(A) = w\text{-}\lim_{n\to\infty} R_\lambda(A_n),$$

则称 A_n **在弱预解意义下收敛到** A, 记作

$$A_n \to A \text{ (W.R.S)} \quad 或者 \quad \text{W.R.S-}\lim_{n\to\infty} A_n = A.$$

显然 $A_n \to A(\text{N.R.S}) \Rightarrow A_n \to A(\text{S.R.S}) \Rightarrow A_n \to A$ (W.R.S). 但是由预解方程 (6.6.2), 当 $A_n \to A$ (W.R.S) 时, 有

$$\begin{aligned}
&\|(R_\lambda(A_n) - R_\lambda(A))x\|^2 \\
&\quad = (R_\lambda(A_n)x, R_\lambda(A_n)x) - (R_\lambda(A)x, R_\lambda(A_n)x) \\
&\qquad -(R_\lambda(A_n)x, R_\lambda(A)x) + (R_\lambda(A)x, R_\lambda(A)x) \\
&\quad = (R_{\overline{\lambda}}(A_n)R_\lambda(A_n)x, x) - (R_\lambda(A)x, R_\lambda(A_n)x) \\
&\qquad -(R_\lambda(A_n)x, R_\lambda(A)x) + (R_\lambda(A)x, R_\lambda(A)x) \\
&\quad \to 0,
\end{aligned}$$

这说明 $A_n \to A$ (S.R.S). 所以弱预解意义下的收敛性等价于强预解意义下的收敛性.

命题 6.6.2 设 $\{A_n\}, A$ 是 Hilbert 空间 $\mathscr{H}$ 上的有界自伴算子, 而且一致有界, 则

$$A_n \to A(\text{N.R.S}) \Longleftrightarrow A_n \to A(依算子模).$$

证 “$\Longleftarrow$” 设 $\|A_n - A\| \to 0$. 任取 $\lambda \in \mathbb{C}, \mathrm{Im}\lambda \neq 0$, 则 $(A_n - A)(\lambda I - A)^{-1} \to 0$. 由于

$$(\lambda I - A_n)^{-1} = (\lambda I - A)^{-1}[I + (A - A_n)(\lambda I - A)^{-1}]^{-1},$$

所以

$$(\lambda I - A_n)^{-1} \to (\lambda I - A)^{-1}.$$

“$\Longrightarrow$” 设 N.R.S-$\lim\limits_{n\to\infty} A_n = A$, 则对于 $\forall\lambda \in \mathbb{C}, \mathrm{Im}\lambda \neq 0$, $\|R_\lambda(A_n) - R_\lambda(A)\| \to 0$. 由于

$$\begin{aligned} A - A_n &= (\lambda I - A_n) - (\lambda I - A) \\ &= (\lambda I - A_n)[(\lambda I - A)^{-1} - (\lambda I - A_n)^{-1}](\lambda I - A) \end{aligned}$$

以及 A_n 模一致有界, 推得 $\|A_n - A\| \to 0$. ■

定理 6.6.3 设 $\{A_n\}, A$ 是自伴算子.

(1) 如果存在 $\lambda_0 \in \mathbb{C}, \mathrm{Im}\lambda_0 \neq 0$, 使得 $\|R_{\lambda_0}(A_n) - R_{\lambda_0}(A)\| \to 0$, 那么

$$\text{N.R.S-}\lim_{n\to\infty} A_n = A;$$

(2) 如果存在 $\lambda_0 \in \mathbb{C}, \mathrm{Im}\lambda_0 \neq 0$, 使得 $s\text{-}\lim\limits_{n\to\infty} R_{\lambda_0}(A_n) = R_{\lambda_0}(A)$, 那么

$$\text{S.R.S-}\lim_{n\to\infty} A_n = A.$$

证 (1) 设 $\lim\limits_{n\to\infty} R_{\lambda_0}(A_n) = R_{\lambda_0}(A)$. 不妨设 $\mathrm{Im}\lambda_0 > 0$. 由于 $R_\lambda(A), R_\lambda(A_n)$ 在上半开平面解析, 故有幂级数展式

$$R_\lambda(A) = \sum_{k=0}^{\infty} (\lambda_0 - \lambda)^k (R_{\lambda_0}(A))^{k+1}, \tag{6.6.7}$$

以及

$$R_\lambda(A_n) = \sum_{k=0}^{\infty} (\lambda_0 - \lambda)^k (R_{\lambda_0}(A_n))^{k+1}. \tag{6.6.8}$$

级数在开圆 $\left\{\lambda \in \mathbb{C} \big| |\lambda - \lambda_0| < \mathrm{Im}\lambda_0\right\}$ 上依算子模意义收敛. 于是由 $R_{\lambda_0}(A_n) \to R_{\lambda_0}(A)$, 得到在开圆 $\left\{\lambda \in \mathbb{C} \big| |\lambda - \lambda_0| < \mathrm{Im}\lambda_0\right\}$ 上, $R_\lambda(A_n) \to R_\lambda(A)$. 重复以上过程, 可得当 $\lambda \in \mathbb{C}, \mathrm{Im}\lambda > 0$ 时, 有 $R_\lambda(A_n) \to R_\lambda(A)$.

利用恒等式

$$
\begin{aligned}
&(-\mathrm{i}I - A_n)^{-1} - (-\mathrm{i}I - A)^{-1} \\
&\quad = [(A_n - \mathrm{i}I)(A_n + \mathrm{i}I)^{-1}] \cdot [R_i(A_n) - R_i(A)] \\
&\qquad \cdot [(A - \mathrm{i}I)(A + \mathrm{i}I)^{-1}].
\end{aligned} \tag{6.6.9}
$$

上式等号右边第一、第三因式分别是 A_n 及 A 的 Cayley 变换, 它们的模小于等于 1. 所以由 $R_i(A_n) \to R_i(A)$, 即得 $R_{-i}(A_n) \to R_{-i}(A)$. 用与上面同样的推理, 可证在下半开平面上 $R_\lambda(A_n) \to R_\lambda(A)$ 也成立. 故 N.R.S-$\lim\limits_{n\to\infty} A_n = A$.

(2) 重复 (1) 中的证明, 用强收敛代替算子模收敛, 即得结论. ■

命题 6.6.4 设 $\{A_n\}, A$ 是自伴算子, 具有相同的定义域 D.

(1) 若对于每一个 $x \in D$, $\lim\limits_{n\to\infty} A_n x = Ax$, 则

$$\text{S.R.S-}\lim_{n\to\infty} A_n = A;$$

(2) 在 D 上赋以图模 $\|x\|_A = \|x\| + \|Ax\|$, 若

$$\lim_{n\to\infty} \sup_{x\in D, \|x\|_A = 1} \|(A_n - A)x\| = 0, \tag{6.6.10}$$

则

$$\text{N.R.S-}\lim_{n\to\infty} A_n = A.$$

证 (1) 任取 $x \in D$, 记 $y = (A - \mathrm{i}I)x$, 则

$$R_i(A_n)y - R_i(A)y = R_i(A_n)(A - A_n)x \to 0.$$

这是因为 $\|R_i(A_n)\| \leqslant 1, (A - A_n)x \to 0$. 由于 A 自伴, $\mathscr{H} = R(A - \mathrm{i}I)$, 故 s-$\lim\limits_{n\to\infty} R_i(A_n) = R_i(A)$. 根据定理 6.6.3, 有

$$\text{S.R.S-}\lim_{n\to\infty} A_n = A.$$

(2) 对任意的 $y \in \mathscr{H}$, 记 $x = R_i(A)y$, 则 $x \in D, y = (\mathrm{i}I - A)x, \|y\|^2 = \|x\|^2 + \|Ax\|^2$,

$$\frac{1}{\sqrt{2}}\|x\|_A \leqslant \|y\| \leqslant \|x\|_A.$$

于是

$$\frac{\|(A_n - A)x\|}{\|x\|_A} \leqslant \frac{\|(A_n - A)R_i(A)y\|}{\|y\|} \leqslant \sqrt{2}\frac{\|(A_n - A)x\|}{\|x\|_A}. \tag{6.6.11}$$

当 y 跑遍整个 $\mathscr{H}$ 时, x 跑遍整个定义域 D. 因此已知条件

$$\lim_{n\to\infty} \sup_{x\in D, \|x\|_A=1} \|(A_n - A)x\| = 0$$

等价于

$$\lim_{n\to\infty} \|(A_n - A)R_i(A)\| = 0.$$

故 $I + (A - A_n)R_i(A) \to I$. 于是由恒等式

$$R_i(A_n) = R_i(A)[I + (A - A_n)R_i(A)]^{-1}$$

推得 $\lim\limits_{n\to\infty} \|R_i(A_n) - R_i(A)\| = 0$. 根据定理 6.6.3, 有

$$\text{N.R.S-}\lim_{n\to\infty} A_n = A. \qquad \blacksquare$$

依照定义 6.6.1 或定理 6.6.3 来判定自伴算子序列在预解算子意义下的收敛性, 事先需要知道极限算子. 如果只给出了某自伴算子序列, 如何判定它是否在预解算子意义下收敛, 并且当已知收敛时如何给出极限算子? 下列的 Trotter-Kato 定理给出了这个问题的一个答案.

定理 6.6.5 (Trotter-Kato 定理)　设 $\{A_n\}$ 是 Hilbert 空间 $\mathscr{H}$ 上的自伴算子序列, $\lambda_0, \mu_0 \in \mathbb{C}, \mathrm{Im}\lambda_0 > 0, \mathrm{Im}\mu_0 < 0, R_{\lambda_0}(A_n)$,

$R_{\mu_0}(A_n)$ 在 $\mathscr{H}$ 上强收敛, 记极限算子分别为 T_{λ_0}, T_{μ_0}:

$$\lim_{n\to\infty} R_{\lambda_0}(A_n)x = T_{\lambda_0}x, \tag{6.6.12}$$

$$\lim_{n\to\infty} R_{\mu_0}(A_n)x = T_{\mu_0}x. \tag{6.6.13}$$

若 T_{λ_0}, T_{μ_0} 的值域在 $\mathscr{H}$ 中稠密, 则存在自伴算子 A, 使得

$$\text{S.R.S-}\lim_{n\to\infty} A_n = A.$$

证　引用定理 6.6.3 的证明方法, 由 $R_{\lambda_0}(A_n)$ 强收敛可推出对于每一个 $\lambda \in \mathbb{C}, \text{Im}\lambda > 0, R_\lambda(A_n)$ 强收敛. 记

$$\lim_{n\to\infty} R_\lambda(A_n)x = T_\lambda x, \quad x \in \mathscr{H},$$

则 T_λ 关于 λ 在上半开平面解析. 同理可延拓 T_{μ_0} 成 $T_\mu, \forall \mu \in \mathbb{C}, \text{Im}\mu < 0, T_\mu$ 关于 μ 在下半开平面解析. 易见诸 T_λ 交换, $T_\lambda^* = T_{\overline{\lambda}}$, 而且 T_λ 适合预解方程 (6.6.2). 所以诸 T_λ 的值域相同, 记作 D. 根据已知条件, D 在 $\mathscr{H}$ 中稠密.

因为 $\ker T_\lambda = (\text{Ran}T_\lambda^*)^\perp = (\text{Ran}T_{\overline{\lambda}})^\perp = D^\perp = \{\theta\}$, 所以 T_λ^{-1} 存在. 定义算子 A:

$$D(A) = D, \tag{6.6.14}$$

$$Ax = \lambda x - T_\lambda^{-1}x, \quad \forall x \in D. \tag{6.6.15}$$

由于 T_λ 适合预解方程

$$T_\lambda - T_\mu = -(\lambda - \mu)T_\lambda T_\mu,$$

依次右乘 T_μ^{-1} 及左乘 T_λ^{-1}, 得到

$$\lambda - T_\lambda^{-1} = \mu - T_\mu^{-1}.$$

所以 A 的定义与 λ 的选择无关.

易见 A 是稠定对称算子, 又因为

$$R(A \pm \mathrm{i}I) = R(-T_{\mp\mathrm{i}}^{-1}) = \mathscr{H}.$$

根据定理 6.2.4, 可知 A 是自伴算子, $T_\lambda = R_\lambda(A)$. 所以,

$$\text{S.R.S-}\lim_{n\to\infty} A_n = A. \qquad \blacksquare$$

定理 6.6.6 给定 $\mathscr{H}$ 上的自伴算子 $\{A_n\}, A$.

(1) 设 f 是 $\mathbb{R}$ 上的连续函数, $f(\pm\infty)=0$, 若 $\text{N.R.S-}\lim\limits_{n\to\infty} A_n = A$, 则 $\|f(A_n) - f(A)\| \to 0$.

(2) 设 f 是 $\mathbb{R}$ 上的有界连续函数, 若 $\text{S.R.S-}\lim\limits_{n\to\infty} A_n = A$, 则

$$s\text{-}\lim_{n\to\infty} f(A_n) = f(A).$$

证 (1) 令

$$C_\infty(\mathbb{R}) = \{f \text{ 在 } \mathbb{R} \text{ 上连续}, f(\pm\infty) = 0\}, \tag{6.6.16}$$

$$\mathscr{A} = \left\{ P\left(\frac{1}{t+\mathrm{i}}, \frac{1}{t-\mathrm{i}}\right) \middle| P \text{ 为二元多项式} \right\}. \tag{6.6.17}$$

由逼近定理 5.4.11, $\mathscr{A}$ 在 $C_\infty(\mathbb{R})$ 中稠密. 给定 $\varepsilon > 0, \exists$ 多项式 $P(t,s)$, 使得

$$\sup_{x\in\mathbb{R}} \left| f(x) - P\left(\frac{1}{x+\mathrm{i}}, \frac{1}{x-\mathrm{i}}\right) \right| \leqslant \frac{\varepsilon}{3}.$$

由谱分解定理,

$$\|f(A_n) - P((A_n + \mathrm{i}I)^{-1}, (A_n - \mathrm{i}I)^{-1})\| \leqslant \frac{\varepsilon}{3},$$

$$\|f(A) - P((A + \mathrm{i}I)^{-1}, (A - \mathrm{i}I)^{-1})\| \leqslant \frac{\varepsilon}{3}.$$

已知 $A_n \to A(\text{N.R.S}), \exists N$, 使得当 $n > N$ 时,

$$\|P((A_n + \mathrm{i}I)^{-1}, (A_n - \mathrm{i}I)^{-1}) - P((A + \mathrm{i}I)^{-1}, (A - \mathrm{i}I)^{-1})\| \leqslant \frac{\varepsilon}{3}.$$

于是得

$$\|f(A_n)-f(A)\| \leqslant \varepsilon.$$

(2) 设 $g_m(t)=\exp(-t^2/m)\in C_\infty(\mathbb{R})$. 因为 $\lim\limits_{m\to\infty} g_m(t)=1$, 所以对于 $\forall x\in\mathscr{H}$, $\lim\limits_{m\to\infty} g_m(A)x=x$. 于是对于给定的 $x\in\mathscr{H},\varepsilon>0$, 存在 m_0, 使得

$$\|g_{m_0}(A)x-x\| \leqslant \varepsilon/(6\|f\|_\infty).$$

重复 (1) 中的证明, 可知当 $A_n\to A$ (S.R.S) 时, 对于任意 $f\in C_\infty(\mathbb{R}), f(A_n)\xrightarrow{s} f(A)$. 特别地, 由于 $g_{m_0}\in C_\infty(\mathbb{R})$, 存在 N_1, 使得当 $n>N_1$ 时,

$$\|g_{m_0}(A_n)x-g_{m_0}(A)x\| \leqslant \varepsilon/(6\|f\|_\infty).$$

于是, 当 $n>N_1$ 时,

$$\|g_{m_0}(A_n)x-x\| \leqslant \varepsilon/(3\|f\|_\infty).$$

又因为 $f(t)g_{m_0}(t)\in C_\infty(\mathbb{R})$, 所以存在 N_2, 当 $n>N_2$ 时,

$$\|f(A_n)g_{m_0}(A_n)x-f(A)g_{m_0}(A)x\| < \varepsilon/3.$$

取 $N=\max(N_1,N_2)$, 则当 $n>N$,

$$\begin{aligned}\|f(A_n)x-f(A)x\| \leqslant{}& \|f(A_n)x-f(A_n)g_{m_0}(A)x\| \\ &+\|f(A_n)g_{m_0}(A)x-f(A_n)g_{m_0}(A_n)x\| \\ &+\|f(A_n)g_{m_0}(A_n)x-f(A)g_{m_0}(A)x\| \\ &+\|f(A)g_{m_0}(A)x-f(A)x\| \\ \leqslant{}& \varepsilon.\end{aligned}$$

■

例 6.6.7 对于 $t\in\mathbb{R}$, 函数 $f(s)=\exp(\mathrm{i}ts)$ 是 $\mathbb{R}$ 上的有界连续函数, 于是若 S.R.S-$\lim\limits_{n\to\infty} A_n=A$, 则

$$s\text{-}\lim_{n\to\infty}\exp(\mathrm{i}tA_n)=\exp(\mathrm{i}tA).$$

这个例子的逆命题也是正确的, 即由

$$s\text{-}\lim_{n\to\infty}\exp(\mathrm{i}tA_n)=\exp(\mathrm{i}tA),\quad \forall t\in\mathbb{R}$$

成立, 可推出

$$\text{S.R.S-}\lim_{n\to\infty}A_n=A.$$

为证明此命题, 先推导有关预解算子的一个等式. 任取 $\mu\in\mathbb{C},\mathrm{Im}\mu<0$. 对于 $u,v\in\mathscr{H}$,

$$\begin{aligned}(R_\mu(A)u,v)&=\int_{-\infty}^{+\infty}\frac{1}{\mu-\lambda}\mathrm{d}(E_\lambda u,v)\\&=\int_{-\infty}^{+\infty}\left(\mathrm{i}\int_0^{\infty}\mathrm{e}^{-\mathrm{i}t\mu}\mathrm{e}^{\mathrm{i}t\lambda}\mathrm{d}t\right)\mathrm{d}(E_\lambda u,v)\\&=\mathrm{i}\int_0^{+\infty}\mathrm{e}^{-\mathrm{i}t\mu}\left(\int_{-\infty}^{+\infty}\mathrm{e}^{\mathrm{i}t\lambda}\mathrm{d}(E_\lambda u,v)\right)\mathrm{d}t\\&=\mathrm{i}\int_0^{+\infty}\mathrm{e}^{-\mathrm{i}t\mu}(\mathrm{e}^{\mathrm{i}tA}u,v)\mathrm{d}t\\&=\left(\mathrm{i}\int_0^{+\infty}\mathrm{e}^{-\mathrm{i}t\mu}\mathrm{e}^{\mathrm{i}tA}u\mathrm{d}t,v\right),\end{aligned}$$

其中 $\{E_\lambda\}$ 是自伴算子 A 的谱族. 所以当 $\mathrm{Im}\mu<0$ 时,

$$R_\mu(A)u=\mathrm{i}\int_0^{+\infty}\mathrm{e}^{-\mathrm{i}t\mu}\mathrm{e}^{\mathrm{i}tA}u\mathrm{d}t. \tag{6.6.18}$$

将等式 (6.6.18) 用到自伴算子 $\{A_n\},A$ 上, 对于任意 $x\in\mathscr{H}$,

$$\|R_\mu(A_n)x-R_\mu(A)x\|\leqslant\int_0^{+\infty}\mathrm{e}^{(\mathrm{Im}\mu)t}\|\mathrm{e}^{\mathrm{i}tA_n}x-\mathrm{e}^{\mathrm{i}tA}x\|\mathrm{d}t.$$

如果 $s\text{-}\lim\limits_{n\to\infty}\exp(\mathrm{i}tA_n)=\exp(\mathrm{i}tA)$, 则可由控制收敛定理得到

$$s\text{-}\lim_{n\to\infty}R_\mu(A_n)=R_\mu(A),\quad \mathrm{Im}\mu<0.$$

再由定理 6.6.3 得

$$\text{S.R.S-}\lim_{n\to\infty}A_n=A.$$

下面讨论当自伴算子序列在预解算子意义下收敛时, 它们的谱族序列的收敛性质.

定理 6.6.8 给定自伴算子 $\{A_n\}, A$, 设 N.R.S-$\lim\limits_{n\to\infty} A_n = A$.

(1) 若 $\mu \notin \sigma(A)$, 则存在 N, 当 $n > N$ 时, 有 $\mu \notin \sigma(A_n)$, 而且

$$\|R_\mu(A_n) - R_\mu(A)\| \to 0.$$

(2) 记 A_n, A 的谱族分别为 $\{E_\lambda(A_n)\}$ 与 $\{E_\lambda(A)\}, n=1,2,\cdots$. 设 $a, b \in \mathbb{R}, a < b, a, b \in \rho(A)$, 则

$$\|E_{[a,b)}(A_n) - E_{[a,b)}(A)\| \to 0, \tag{6.6.19}$$

其中

$$E_{[a,b)}(A_n) = E_{b-0}(A_n) - E_a(A_n), \quad E_{[a,b)}(A) = E_{b-0}(A) - E_a(A).$$

证 (1) 只需考虑 μ 是实数情形. 因为 $\mu \in \rho(A), \exists \delta > 0$, 使得 $(\mu - \delta, \mu + \delta) \cap \sigma(A) = \varnothing$.

$$\begin{aligned}\|R_{\mu+\mathrm{i}\delta/3}(A)x\|^2 &= \left\|\int_{-\infty}^{+\infty} \left(\mathrm{i}\frac{\delta}{3} + \mu - \lambda\right)^{-1} \mathrm{d}E_\lambda x\right\|^2 \\ &\leqslant \int_{-\infty}^{+\infty} |\mu - \lambda|^{-2} \mathrm{d}\|E_\lambda x\|^2 \leqslant \frac{1}{\delta^2}\|x\|^2,\end{aligned}$$

所以 $\|R_{\mu+\mathrm{i}\delta/3}(A)\| < 1/\delta$. 于是存在 N, 使得

$$\|R_{\mu+\mathrm{i}\delta/3}(A_n)\| \leqslant 2/\delta, \quad \text{当 } n > N.$$

这说明 $R_\lambda(A_n)$ 关于 $\lambda_0 = \mu + \mathrm{i}\delta/3$ 处的幂级数展式 (6.6.3) 至少有收敛半径 $\delta/2$. 故当 $n > N$ 时, $\mu \in \rho(A_n)$, 并且 $\|R_\mu(A_n) - R_\mu(A)\| \to 0$.

(2) 因为 $a, b \in \rho(A)$, 由 (1) 知当 n 充分大就有 $a, b \in \rho(A_n)$, 并且 $\|R_a(A_n) - R_a(A)\| \to 0, \|R_b(A_n) - R_b(A)\| \to 0$. 故存在 N

及 $\varepsilon < \frac{1}{2}(b-a)$, 使得

$$\sup_{n\geqslant N}\{\|R_a(A_n)\|, \|R_b(A_n)\|\} \leqslant \frac{1}{\varepsilon}.$$

所以当 $n \geqslant N$ 时, $\sigma(A_n)\cap(a-\varepsilon, b+\varepsilon) \subset (a+\varepsilon, b-\varepsilon)$.

令连续函数 $f(x)$, 满足 $0 \leqslant f(x) \leqslant 1$, 且

$$f(x)=\begin{cases}1, & x\in(a+\varepsilon, b-\varepsilon),\\ 0, & x\notin(a-\varepsilon, b+\varepsilon).\end{cases}$$

于是

$$E_{[a,b)}(A_n)=f(A_n),\quad E_{[a,b)}(A)=f(A).$$

运用定理 6.6.6 中的 (1), 即得 $E_{[a,b)}(A_n)\to E_{[a,b)}(A)$. ■

定理 6.6.9 给定 $\mathscr{H}$ 上的自伴算子序列 $\{A_n\}$ 和自伴算子 A, 假设 S.R.S-$\lim\limits_{n\to\infty} A_n = A$.

(1) 若 $\lambda\in\sigma(A)$, 则存在 $\lambda_n\in\sigma(A_n)$, 使得 $\lambda_n\to\lambda$.

(2) 设 $a, b\in\mathbb{R}, a<b, a, b\notin\sigma_p(A)$, 则对于每个 $x\in\mathscr{H}$, 有 $\lim\limits_{n\to\infty} E_{(a,b)}(A_n)x = E_{(a,b)}(A)x$, 其中 $E_{(a,b)}(A_n)$ 以及 $E_{(a,b)}(A)$ 的意义与定理 6.6.8 中的意义相同.

证 (1) 只要证明: 若 $a, b\in\mathbb{R}, a<b$, 并且 $(a,b)\cap\sigma(A_n)=\varnothing, \forall n$ 成立, 则 $(a,b)\cap\sigma(A)=\varnothing$.

记 $\lambda_0=\frac{a+b}{2}+\mathrm{i}\frac{b-a}{2}$, 由谱分解定理易得 $(a,b)\cap\sigma(A)=\varnothing$ 等价于

$$\|R_{\lambda_0}(A)\|\leqslant\sqrt{2}/(b-a). \tag{6.6.20}$$

因为 $s\text{-}\lim\limits_{n\to\infty}(\lambda_0 I-A_n)^{-1}=(\lambda_0 I-A)^{-1}$, 故

$$\|(\lambda_0 I-A)^{-1}\|\leqslant\varliminf_{n\to\infty}\|(\lambda_0 I-A_n)^{-1}\|\leqslant\sqrt{2}/(b-a).$$

这就证明了 (1).

(2) 用 χ_Δ 表示 $\mathbb{R}$ 上 Borel 集 Δ 的特征函数. 我们选取满足下列条件的一致有界连续函数列 f_n 与 g_n:

$$0 \leqslant f_n \leqslant \chi_{(a,b)}, \forall t, f_n(t) \uparrow \chi_{(a,b)}(t);$$
$$\chi_{[a,b]} \leqslant g_n, \forall t, g_n(t) \downarrow \chi_{[a,b]}(t).$$

于是

$$s\text{-}\lim_{n\to\infty} f_n(A) = E_{(a,b)}(A), \quad s\text{-}\lim_{n\to\infty} g_n(A) = E_{[a,b]}(A).$$

因为 $a, b \notin \sigma_p(A)$, 故 $E_{(a,b)}(A) = E_{[a,b]}(A)$. 于是对于给定的 $\varepsilon > 0, x \in \mathscr{H}$, 存在有界连续函数 f, g, 适合 $0 \leqslant f \leqslant \chi_{(a,b)} \leqslant \chi_{[a,b]} \leqslant g$, 并且

$$\|f(A)x - g(A)x\| \leqslant \varepsilon/5.$$

按照定理 6.6.6, 存在 N, 使得当 $n > N$ 时,

$$\|f(A_n)x - f(A)x\| \leqslant \varepsilon/5,$$
$$\|g(A_n)x - g(A)x\| \leqslant \varepsilon/5.$$

因此

$$\|f(A_n)x - g(A_n)x\| \leqslant 3\varepsilon/5.$$

又因为

$$\|f(A)x - E_{(a,b)}(A)x\| \leqslant \|f(A)x - g(A)x\|,$$
$$\|f(A_n)x - E_{(a,b)}(A_n)x\| \leqslant \|f(A_n)x - g(A_n)x\|,$$

推得

$$\|E_{(a,b)}(A_n)x - E_{(a,b)}(A)x\| \leqslant \varepsilon. \qquad \blacksquare$$

推论 6.6.10 设 $\{A_n\}$ 是正自伴算子序列, A 是自伴算子, 若 $\text{S.R.S-}\lim A_n = A$, 则 A 是正算子.

证 $\forall (a,b) \subset (-\infty, 0)$, 因为 $(a,b) \cap \sigma(A_n) = \varnothing, \forall n$ 成立, 故由定理 6.6.9 中的 (1) 知, $(a,b) \cap \sigma(A) = \varnothing$, 所以 A 是正算子. $\blacksquare$

6.2　图意义下的收敛性

定义 6.6.11　设 $\{T_n\}$ 是 Hilbert 空间 $\mathscr{H}$ 上的线性闭算子序列. 若 $u_n \in D(T_n), u_n \to u$ 并且 $T_n u_n \to v$, 则 $\langle u, v\rangle \in \mathscr{H} \times \mathscr{H}$ 称为 $\{T_n\}$ 的**强图极限点**. 全体强图极限点组成的集合记作 Γ_∞^S. 若线性算子 T 的图恰是 Γ_∞^S, 则称 T 是 $\{T_n\}$ 的**强图极限**, 或者说 T_n 在强图意义下收敛到 T, 并记作 $sg\text{-}\lim\limits_{n\to\infty} T_n = T$.

对于自伴算子序列, 下面的定理将预解意义下的强收敛性与强图意义下的收敛性联系起来, 事实上, 两种收敛性是等价的.

定理 6.6.12　设 $\{A_n\}, A$ 是 $\mathscr{H}$ 上的自伴算子, 则

$$\text{S.R.S-}\lim_{n\to\infty} A_n = A \Longleftrightarrow sg\text{-}\lim_{n\to\infty} A_n = A. \tag{6.6.21}$$

证　"$\Longrightarrow$"　$\forall u \in D(A)$, 令

$$u_n = (\mathrm{i}I - A_n)^{-1}(\mathrm{i}I - A)u \in D(A_n).$$

因为 $A_n \to A$ (S.R.S), 故 $u_n \to u$, 并且 $A_n u_n = \mathrm{i}u_n - (\mathrm{i}I - A)u \to Au$. 所以 $\langle u, Au\rangle \in \Gamma_\infty^S$, 从而 $\Gamma(A) \subset \Gamma_\infty^S$.

反之, 任取 $\langle u, v\rangle \in \Gamma_\infty^S$, 根据强图极限定义, $\exists u_n \in D(A_n) u_n \to u, A_n u_n \to v$. 令 $w_n = (\mathrm{i}I - A)^{-1}(\mathrm{i}I - A_n)u_n \in D(A)$, 则

$$\begin{aligned} w_n - u_n &= [(\mathrm{i}I - A)^{-1} - (\mathrm{i}I - A_n)^{-1}](\mathrm{i}I - A_n)u_n \\ &= [(\mathrm{i}I - A)^{-1} - (\mathrm{i}I - A_n)^{-1}](\mathrm{i}u_n - \mathrm{i}u - A_n u_n + v) \\ &\quad + [(\mathrm{i}I - A)^{-1} - (\mathrm{i}I - A_n)^{-1}](\mathrm{i}u - v) \to 0, \end{aligned}$$

所以 $w_n \to u$. 又 $(\mathrm{i}I - A)w_n = (\mathrm{i}I - A_n)u_n \to \mathrm{i}u - v$, 推得 $Aw_n \to v$. 由于 A 是闭的, 故 $u \in D(A), v = Au$, 即 $\langle u, v\rangle \in \Gamma(A)$, 所以 $\Gamma_\infty^S \subset \Gamma(A)$. 这样我们已经证明了 $\Gamma(A) = \Gamma_\infty^S$, 即 $A = sg\text{-}\lim\limits_{n\to\infty} A_n$.

"$\Longleftarrow$"　设 $A = sg\text{-}\lim\limits_{n\to\infty} A_n$. 于是对于 $\forall u \in D(A), \langle u, Au\rangle \in \Gamma(A) = \Gamma_\infty^S$. 由强图极限定义, $\exists u_n \in D(A_n)$, 使得 $u_n \to u$, 并且

$A_n u_n \to Au$. 因为 $\|(\mathrm{i}I - A_n)^{-1}\| \leqslant 1$,

$$\begin{aligned}
&[R_i(A_n) - R_i(A)](\mathrm{i}I - A)u \\
&\quad = (\mathrm{i}I - A_n)^{-1}[(\mathrm{i}I - A)u - (\mathrm{i}I - A_n)u] \\
&\quad = (\mathrm{i}I - A_n)^{-1}[(\mathrm{i}I - A)u - (\mathrm{i}I - A_n)u_n] + u_n - u \\
&\quad \to 0.
\end{aligned}$$

又因为 $R(\mathrm{i}I - A) = \mathscr{H}$, 故 $R_i(A_n) \xrightarrow{s} R_i(A)$. 由定理 6.6.3, 得到 $\text{S.R.S-}\lim\limits_{n\to\infty} A_n = A$. ■

习　题

6.6.1　设 $\{A_n\}, A$ 是自伴算子, $\forall x, y \in \mathscr{H}, \forall \lambda \in \mathbb{C}, \mathrm{Im}\lambda \neq 0$,

$$(R_\lambda(A_n)x, y) \to (R_\lambda(A)x, y),$$

求证: $A_n \to A$ (S.R.S).

6.6.2　设 $\{A_n\}, A$ 是正自伴算子, 求证: $A_n \to A$ (S.R.S) 当且仅当 $(A_n + I)^{-1} \xrightarrow{s} (A + I)^{-1}$.

6.6.3　设 A 是自伴算子, 求证:

(1) $\text{N.R.S-}\lim\limits_{t\to t_0} tA = t_0 A$, 其中 $t_0 \neq 0$;

(2) $\lim\limits_{t\to t_0} \|\exp(\mathrm{i}tA) - \exp(\mathrm{i}t_0 A)\| = 0$ 当且仅当 A 是有界的.

6.6.4　设 $\{A_n\}, A$ 是一致有界自伴算子, 求证:

$$A_n \longrightarrow A(\text{S.R.S}) \Longleftrightarrow A_n \xrightarrow{s} A.$$

6.6.5　设 $\{A_n\}, A$ 是自伴算子, 求证: $A_n \to A$ (S.R.S), 当且仅当 $\exp(\mathrm{i}tA_n) \xrightarrow{s} \exp(\mathrm{i}tA)$ 在任意 t 的有穷区间上一致成立.

6.6.6　设 $\{A_n\}, A$ 是一致有界自伴算子, $A_n \xrightarrow{w} A$, 但是 $A_n \not\xrightarrow{s} A$, 试问依弱预解算子意义 A_n 收敛到 A 吗? 为什么?

6.6.7　设 $\{A_n\}, A$ 是正自伴算子, $\exp(-tA_n) \xrightarrow{s} \exp(-tA)$, 对于每个 $t>0$ 成立, 求证: S.R.S-$\lim\limits_{n\to\infty} A_n = A$.

6.6.8　设 $\{A_n\}$ 是对称算子序列, 令

$$D_\infty^S = \{x | \exists y \in \mathscr{H}, \langle x, y\rangle \in \Gamma_\infty^S\}.$$

若 D_∞^S 在 $\mathscr{H}$ 中稠密, 求证: $\{A_n\}$ 存在强图极限, 并且极限算子也是对称算子, 而且是闭算子.

6.6.9　设 $\{A_n\}$ 是 $\mathscr{H}$ 上的一列线性算子, 记

$$\Gamma_\infty^w = \left\{\langle u, v\rangle \in \mathscr{H} \times \mathscr{H} \middle| \exists u_n \in D(A_n), u_n \to u, A_n u_n \xrightarrow{w} v\right\}.$$

若 Γ_∞^w 是一个线性算子 A 的图, 则称 A 是 $\{A_n\}$ 的弱图极限, 记作 $A = wg\text{-}\lim\limits_{n\to\infty} A_n$. 设 $\{A_n\}, A$ 是一致有界的自伴算子, 求证:

$$A = wg\text{-}\lim_{n\to\infty} A_n \quad \text{当且仅当} \quad w\text{-}\lim_{n\to\infty} A_n = A.$$

6.6.10　设 $\{A_n\}$ 是一列对称算子, 记 $D_\infty^w = \left\{x \middle| \exists y \in \mathscr{H}, \langle x, y\rangle \in \Gamma_\infty^w\right\}$. 若 D_∞^w 在 $\mathscr{H}$ 中稠密, 求证: Γ_∞^w 是一个对称算子的图.

第七章　算 子 半 群

设 $\mathscr{X}$ 是一个 Banach 空间. 一族 $\mathscr{X}$ 到它自身的有界线性算子 $\{T(t)|t\in\mathbb{R}_+\}$ 称为一个强连续线性算子半群 (简称强连续半群) 是指:

(1) $T(0)=I$;

(2) $T(s)T(t)=T(s+t), \forall s,t\geqslant 0$;

(3) $\forall x\in\mathscr{X}, t\mapsto T(t)x$ 在 $\mathscr{X}$ 模下连续.

其中 (2) 称为半群条件, (3) 称为连续条件.

注　联合条件 (1) 与 (2), 假设条件 (3) 可以换成形式上较弱的等价条件:

$(3)'$ $\forall x\in\mathscr{H}, \|T(t)x-x\|\to 0$, 当 $t\downarrow 0$.

其中 $(3)'$ 称为在 $t=0$ 点处的连续条件.

这种算子半群在微分方程、概率论 (Markov 过程)、系统理论、逼近论和量子理论中是经常出现的. 而其最简单的原型在线性常微分方程的初值问题中早就遇到了.

设 A 是一个 $n\times n$ 实矩阵, 方程组

$$\begin{cases}\dfrac{\mathrm{d}x(t)}{\mathrm{d}t}=Ax(t),\\[2ex] x(0)=x_0\in\mathbb{R}^n\end{cases}$$

在空间 $C^1([0,\infty),\mathbb{R}^n)$ 中的解存在唯一. 设 $t\geqslant 0$, 考察映射

$$T(t):x_0\mapsto x(t).$$

那么由解的存在性, $\{T(t)|t\geqslant 0\}$ 有定义. 它们显然是线性算子, 并且由解对初值的连续依赖性, 它们是有界的.

现在看它们是否构成强连续算子半群, 即检查是否满足强连续半群的三个条件. 因为

条件 (1) 为初值定义所蕴含;

条件 (2) 由方程平移不变性和唯一性所保证;

条件 (3) 由解的连续性推出.

所以这样定义的算子族 $\{T(t)|t \geqslant 0\}$ 是一个强连续线性算子半群.

在常微分方程理论中, 我们可以把算子半群 $\{T(t)|t \geqslant 0\}$ 通过矩阵写出来:

$$T(t) = \mathrm{e}^{tA} = \sum_{n=0}^{\infty} \frac{t^n A^n}{n!}.$$

上式揭示了算子半群 $\{T(t)|t \geqslant 0\}$ 与矩阵 A 的关系: $T(t)$ 可以通过 A 的指数表达出来.

我们自然要问, 对于一般的强连续线性算子半群 $\{T(t)|t \geqslant 0\}$, 是不是也有一个线性算子 A, 使得 $T(t) = \exp(tA)$? 若有, 此式的意义如何? 又这种算子存在的充要条件是什么?

这是本章要解决的中心问题, 这个问题的答案是本章 §1 中的 Hille-Yosida 定理 (定理 7.1.5). 本章还讨论酉算子群的结构, 给出了 Stone 定理 (定理 7.3.5). 算子半群理论的应用是十分广泛的, 本章将给出算子半群在 Markov 过程、遍历理论、发展方程以及散射理论中应用的简单介绍.

习题 1　在算子半群条件 (1), (2) 下, 证明: $(3)' \Longleftrightarrow (3)$.

习题 2　设 $A \in L(\mathscr{X}, \mathscr{X})$, 令 $\exp(tA) = \sum\limits_{n=0}^{\infty} t^n A^n/n!$, 求证: $\{\exp(tA)|t \geqslant 0\}$ 是 $\mathscr{X}$ 上的一个强连续半群.

§ 1　无穷小生成元

1.1　无穷小生成元的定义和性质

设 $\mathscr{X}$ 是 Banach 空间, $\{T(t)|t \in \mathbb{R}_+\}$ 是 $\mathscr{X}$ 上的一个强连续

线性算子半群, 我们来寻找线性算子 A. 令

$$A_t = t^{-1}(T(t) - I), \quad \forall t > 0. \tag{7.1.1}$$

定义 7.1.1 按下列方式定义 $\mathscr{X}$ 上的算子:

$$D(A) = \left\{x \in \mathscr{X} \middle| \exists x^* \in \mathscr{X}, \lim_{t \downarrow 0} A_t x = x^*\right\}, \tag{7.1.2}$$

$$A : x \mapsto x^*. \tag{7.1.3}$$

算子 A 称为 $\{T(t)|t \in \mathbb{R}_+\}$ 的**无穷小生成元**, 简称**生成元**.

由上述定义给出的无穷小生成元, 有下列简单的性质:

(1) A 是线性的;

(2) A 是稠定的.

证 对于任意 $x \in \mathscr{X}$, 对于每一个 $s \in \mathbb{R}_+$, 令

$$x_s = \frac{1}{s}\int_0^s T(t)x\mathrm{d}t, \tag{7.1.4}$$

则

$$\begin{aligned}
T(r)x_s &= \frac{1}{s}\int_0^s T(t+r)x\mathrm{d}t, \\
A_r x_r &= \frac{1}{rs}\int_0^s [T(t+r) - T(t)]x\mathrm{d}t \\
&= \frac{1}{rs}\int_r^{s+r} T(t)x\mathrm{d}t - \frac{1}{rs}\int_0^s T(t)x\mathrm{d}t \\
&= \frac{1}{rs}\int_s^{s+r} T(t)x\mathrm{d}t - \frac{1}{rs}\int_0^r T(t)x\mathrm{d}t \\
&\to \frac{1}{s}(T(s)x - x) = A_s x, \quad \text{当 } r \downarrow 0.
\end{aligned}$$

所以 $x_s \in D(A)$. 又因为 $x_s \to x$, 当 $s \downarrow 0$, 所以 $D(A)$ 是稠密的.■

此外,

(3) $T(t)$ 将 $D(A)$ 映入 $D(A)$ 内, 并且当 $x \in D(A)$ 时,

$$\frac{\mathrm{d}}{\mathrm{d}t}T(t)x = AT(t)x = T(t)Ax. \tag{7.1.5}$$

证 由 A_s 的定义, 有

$$A_sT(t)x = s^{-1}[T(t+s) - T(t)]x = T(t)A_sx.$$

设 $x \in D(A)$, 令 $s \downarrow 0$, 由于上式右边存在极限 $T(t)Ax$, 说明 $T(t)x \in D(A)$, 故 $T(t): D(A) \to D(A)$, 而且

$$\frac{\mathrm{d}^+T(t)x}{\mathrm{d}t} = \lim_{s\downarrow 0}\frac{T(t+s)x - T(t)x}{s} = T(t)Ax = AT(t)x.$$

故如能证 $\dfrac{\mathrm{d}^-T(t)x}{\mathrm{d}t} = \dfrac{\mathrm{d}^+T(t)x}{\mathrm{d}t}$, 那么 (7.1.5) 式就得证.

对于任意 $\delta > 0$, 有

$$\begin{aligned}
&\left\|\frac{T(t)x - T(t-\delta)x}{\delta} - T(t)Ax\right\| \\
&\leqslant \left\|T(t-\delta)\left[\frac{T(\delta)x - x}{\delta} - Ax\right]\right\| + \|T(t-\delta)[Ax - T(\delta)Ax]\| \\
&\leqslant \|T(t-\delta)\|\left\|\frac{T(\delta)x - x}{\delta} - Ax\right\| + \|T(t-\delta)\|\|Ax - T(\delta)Ax\|.
\end{aligned}$$

对于一般的强连续线性算子半群, 我们将要证明算子范数是指数型增长的, 即存在常数 $M > 0, \omega > 0$, 使得 $\|T(t)\| \leqslant M\exp(\omega t)$ (见 (7.1.21) 式). 暂且承认这一事实, 于是当 $\delta \to 0+$ 时, 上面不等式的最右边趋于 0. 因此,

$$\frac{\mathrm{d}^-T(t)x}{\mathrm{d}t} = \lim_{\delta\downarrow 0}\frac{T(t)x - T(t-\delta)x}{\delta} = T(t)Ax = \frac{\mathrm{d}^+T(t)x}{\mathrm{d}t}. \qquad \blacksquare$$

注 (7.1.5) 式也可写成积分形式: 对于 $\forall x \in D(A)$,

$$T(t)x - x = \int_0^t T(s)Ax\mathrm{d}s = \int_0^t AT(s)x\mathrm{d}s. \tag{7.1.6}$$

(4) A 是闭算子.

证 若 $x_n \in D(A)$, 满足 $x_n \to x, y_n = Ax_n \to y$, 则

$$\begin{aligned}\lim_{r\to 0+} A_r x &= \lim_{r\to 0+}\lim_{n\to\infty} A_r x_n \\ &= \lim_{r\to 0+}\lim_{n\to\infty} \frac{1}{r}(T(r)-I)x_n \\ &= \lim_{r\to 0+}\lim_{n\to\infty} \frac{1}{r}\int_0^r T(t)Ax_n \mathrm{d}t \quad (\text{由性质 (3)}) \\ &= \lim_{r\to 0+} \frac{1}{r}\int_0^r T(t)y\mathrm{d}t \\ &= y.\end{aligned}$$

从而 $x \in D(A)$, 而且 $Ax = y$. ■

总结性质 (1)—(4), 我们得到下面的定理.

定理 7.1.2 设 $\{T(t)|t \geqslant 0\}$ 是一个强连续线性算子半群, 则它的生成元 A 是一个线性稠定闭算子. 此外, 对于每一个 $x \in D(A)$, 有

$$\frac{\mathrm{d}T(t)x}{\mathrm{d}t} = AT(t)x = T(t)Ax.$$

1.2 Hille-Yosida 定理

以下要讨论一个线性稠定闭算子能成为某算子半群的无穷小生成元的充要条件. 首先限制于一类较特殊的算子半群来讨论.

定义 7.1.3 一个强连续线性算子半群 $\{T(t)|t \geqslant 0\}$, 如果算子模满足如下条件: 对于每一个 $t \geqslant 0$,

$$\|T(t)\| \leqslant 1, \tag{7.1.7}$$

就称 $\{T(t)|t \geqslant 0\}$ 是**强连续线性算子压缩半群**, 简称**压缩半群**.

由算子微分方程 (7.1.5), 可以得到形式解 $T(t) = \exp(tA)$, 所以有形式运算

$$\int_0^{+\infty} \mathrm{e}^{-\lambda t}T(t)\mathrm{d}t = \int_0^{+\infty} \mathrm{e}^{-\lambda t}\mathrm{e}^{tA}\mathrm{d}t = \frac{1}{\lambda - A} = R_\lambda(A).$$

上式左边是半群 $\{T(t)|t \geqslant 0\}$ 的 Laplace 变换, 而最右边则是 A 的预解式. 尽管这是一个形式运算, 但是它给了我们一个启迪. 对于压缩半群, 可以建立左端半群的 Laplace 变换与右端无穷小生成元的预解算子的严格关系.

设 $\{T(t)|t \geqslant 0\}$ 是压缩半群, 则积分

$$\int_0^{+\infty} \mathrm{e}^{-\lambda t} T(t) \mathrm{d}t \tag{7.1.8}$$

在右半平面 $\{\lambda \in \mathbb{C} | \mathrm{Re}\lambda > 0\}$ 上收敛, 记作 R_λ. R_λ 是一个有界线性算子, 满足

$$\|R_\lambda\| \leqslant \int_0^{+\infty} \mathrm{e}^{-(\mathrm{Re}\lambda)t} \mathrm{d}t = \frac{1}{\mathrm{Re}\lambda}. \tag{7.1.9}$$

引理 7.1.4 设 A 是压缩半群 $\{T(t)|t \geqslant 0\}$ 的生成元, 则 $\{\lambda \in \mathbb{C}|\mathrm{Re}\lambda > 0\} \subset \rho(A)$, 而且当 $\mathrm{Re}\lambda > 0$ 时,

$$R_\lambda(A) = \int_0^{+\infty} \mathrm{e}^{-\lambda t} T(t) \mathrm{d}t. \tag{7.1.10}$$

证 要证明当 $\mathrm{Re}\lambda > 0$ 时, $(\lambda - A)^{-1} = R_\lambda$, 即要证明对于 $\forall x \in \mathscr{X}$, 有 $R_\lambda x \in D(A)$, 而且

$$(\lambda - A) R_\lambda x = x; \tag{7.1.11}$$

以及, 对于 $\forall x \in D(A)$, 有

$$R_\lambda (\lambda - A) x = x. \tag{7.1.12}$$

为证明 (7.1.11) 式, 只需证明极限

$$\lim_{s \to 0+} (\lambda - A_s) R_\lambda x = x.$$

事实上,

$$\begin{aligned} A_s R_\lambda x &= \frac{1}{s} \int_0^{+\infty} \mathrm{e}^{-\lambda t} [T(t+s) - T(t)] x \mathrm{d}t \\ &= \frac{\mathrm{e}^{\lambda s} - 1}{s} \int_0^{+\infty} \mathrm{e}^{-\lambda t} T(t) x \mathrm{d}t - \frac{\mathrm{e}^{\lambda s}}{s} \int_0^s \mathrm{e}^{-\lambda t} T(t) x \mathrm{d}t \\ &\to \lambda R_\lambda x - x, \quad \text{当 } s \to 0+. \end{aligned}$$

故 $R_\lambda x \in D(A)$, 并且关系式 (7.1.11) 成立.

当 $x \in D(A)$ 时, 由 (7.1.5) 式,

$$\begin{aligned}R_\lambda Ax &= \int_0^{+\infty} \mathrm{e}^{-\lambda t} T(t)Ax\mathrm{d}t \\ &= \int_0^{+\infty} \mathrm{e}^{-\lambda t} \frac{\mathrm{d}}{\mathrm{d}t} T(t)x\mathrm{d}t \\ &= \mathrm{e}^{-\lambda t} T(t)x \Big|_{t=0}^{+\infty} + \lambda \int_0^{+\infty} \mathrm{e}^{-\lambda t} T(t)x\mathrm{d}t \\ &= -x + \lambda R_\lambda x,\end{aligned}$$

即得关系式 (7.1.12). ■

由公式 (7.1.10) 和 (7.1.9) 立即可得: 压缩半群生成元 A 是一个稠定闭算子, 并且满足

(1) $(0, \infty) \subset \rho(A)$;

(2) 当 $\lambda > 0$ 时, $\|R_\lambda(A)\| \leqslant 1/\lambda$.

现在要证明条件 (1) 和 (2) 还是稠定闭算子成为某压缩半群的生成元的充分条件. 具体来说, 设 A 是一个稠定闭算子, 满足条件 (1) 和 (2), 则可以构造一个强连续线性算子压缩半群 $\{T(t)|t \geqslant 0\}$, 使得它以 A 为无穷小生成元, 即

$$Ax = \lim_{t\to 0+} t^{-1}(T(t) - I)x, \quad \forall x \in D(A)$$

成立.

为此, 对于每一个 $\lambda > 0$, 首先引进算子

$$B_\lambda = \lambda^2(\lambda - A)^{-1} - \lambda. \tag{7.1.13}$$

由于 A 满足条件 (1), B_λ 在全空间 $\mathscr{X}$ 上有定义; 又由于条件 (2), $\|B_\lambda\| \leqslant 2\lambda$. 故对于每个固定的参数 $\lambda > 0, B_\lambda$ 是有界线性算子, 于是可定义强连续线性算子半群

$$T_\lambda(t) = \exp(tB_\lambda). \tag{7.1.14}$$

我们将证明:

(1) 在 $D(A)$ 上, $s\text{-}\lim\limits_{\lambda\to+\infty} B_\lambda = A$, 即 $\forall x\in D(A)$,

$$\lim_{\lambda\to+\infty} B_\lambda x = Ax;$$

(2) 对于 $\forall t>0, T_\lambda(t)$ 强收敛, 记 $T(t) = s\text{-}\lim\limits_{\lambda\to+\infty} T_\lambda(t)$;

(3) $\{T(t)|t\geqslant 0\}$ 是一个压缩半群;

(4) $\{T(t)|t\geqslant 0\}$ 以 A 为生成元.

证　(1) 注意到 $B_\lambda = \lambda(\lambda-A)^{-1}A$, 所以当 $x\in D(A)$ 时,

$$B_\lambda x - Ax = \lambda(\lambda-A)^{-1}Ax - Ax = [\lambda(\lambda-A)^{-1}-I]Ax.$$

而对于任意的 $y\in D(A)$, 当 $\lambda\to+\infty$,

$$\|[\lambda(\lambda-A)^{-1}-I]y\| = \|(\lambda-A)^{-1}Ay\| \leqslant \frac{1}{\lambda}\|Ay\| \to 0.$$

由于 $D(A)$ 在 $\mathscr{X}$ 中稠密, 以及

$$\|\lambda(\lambda-A)^{-1}-I\| \leqslant 2,$$

所以 $\lambda(\lambda-A)^{-1} \xrightarrow{s} I$, 当 $\lambda\to+\infty$. 这就推得

$$\lim_{\lambda\to+\infty} B_\lambda x = Ax, \quad \forall x\in D(A).$$

(2) 因为

$$\begin{aligned}\|T_\lambda(t)\| &= \|\mathrm{e}^{-\lambda t}\mathrm{e}^{\lambda^2 t(\lambda-A)^{-1}}\| \\ &\leqslant \mathrm{e}^{-\lambda t}\sum_{n=0}^{\infty}\frac{(\lambda^2 t)^n}{n!}\|(\lambda-A)^{-1}\|^n \leqslant 1,\end{aligned}$$

故 $\{T_\lambda(t)|t\geqslant 0\}$ 是压缩半群. 对于任意 $x\in D(A)$,

$$\begin{aligned}&\|T_\lambda(t)x-T_\mu(t)x\|\\&=\left\|\int_0^t\frac{\mathrm{d}}{\mathrm{d}s}(\mathrm{e}^{sB_\lambda}\mathrm{e}^{(t-s)B_\mu}x)\mathrm{d}s\right\|\\&\leqslant\int_0^t\|\mathrm{e}^{sB_\lambda}(B_\lambda-B_\mu)\mathrm{e}^{(t-s)B_\mu}x\|\mathrm{d}s\\&\leqslant\int_0^t\|\mathrm{e}^{sB_\lambda}\|\|\mathrm{e}^{(t-s)B_\mu}\|\|(B_\lambda-B_\mu)x\|\mathrm{d}s\\&\leqslant t\|(B_\lambda-B_\mu)x\|\to 0,\quad 当\ \lambda,\mu\to\infty.\end{aligned}$$

在上面第二个不等式中, 我们交换了算子 $B_\lambda-B_\mu$ 与 $\mathrm{e}^{(t-s)B_\mu}$ 的位置, 这是因为预解算子 $R_\lambda(A)$ 与 $R_\mu(A)$ 可交换. 最后的极限在 t 的有穷区间上一致成立. 由于 $\|T_\lambda(t)-T_\mu(t)\|\leqslant 2$, 即 $T_\lambda(t)-T_\mu(t)$ 一致有界, 因此 $T_\lambda(t)$ 关于 λ 强收敛. 记其极限为 $T(t)$, 即 $\forall x\in\mathscr{X}$,

$$T(t)x=\lim_{\lambda\to+\infty}T_\lambda(t)x. \tag{7.1.15}$$

此极限在 t 的有穷区间上一致成立.

(3) $T(t)$ 显然是线性算子. 由于 $\{T_\lambda(t)|t\geqslant 0\}$ 是强连续压缩半群, 推得 $\{T(t)|t\geqslant 0\}$ 也是强连续压缩半群. 半群条件与压缩条件显然满足. 这里只有 $\{T(t)|t\geqslant 0\}$ 的强连续性是要验证的. 事实上, 由于在 t 的任何有穷区间上, $T_\lambda(t)x$ 一致趋于 $T(t)x$, 以及

$$\begin{aligned}\|T(t)x-T(t_0)x\|\leqslant&\|T(t)x-T_\lambda(t)x\|+\|T_\lambda(t)x-T_\lambda(t_0)x\|\\&+\|T_\lambda(t_0)x-T(t_0)x\|.\end{aligned}$$

于是对于给定的 $\varepsilon>0$, 可以取 λ 足够大, 使得上式右边第一项与第三项各小于 $\varepsilon/3$, 固定 λ, 再取 $|t-t_0|<\delta$, 使得第二项小于 $\varepsilon/3$, 即得结论.

(4) 设压缩半群 $\{T(t)|t\geqslant 0\}$ 具有生成元 $\widetilde{A}$, 兹证 $\widetilde{A}=A$. 构造 $\widetilde{A}_s=s^{-1}(T(s)-I), s>0$. 因为对于 $\forall x\in\mathscr{X}$,

$$T_\lambda(s)x-x=\int_0^s T_\lambda(u)B_\lambda x\mathrm{d}u, \tag{7.1.16}$$

$T_\lambda(t)x \to T(t)x, \lambda \to +\infty$, 以及当 $x \in D(A)$ 时, $B_\lambda x \to Ax, \lambda \to +\infty$, 应用 Lebesgue 控制收敛定理, 得到对于 $\forall x \in D(A)$,

$$T(s)x - x = \int_0^s T(u)Ax\mathrm{d}u, \tag{7.1.17}$$

即

$$\widetilde{A}_s x = \frac{1}{s}\int_0^s T(u)Ax\mathrm{d}u.$$

令 $s \to 0+, \widetilde{A}_s x \to Ax$. 这说明 $\widetilde{A} \supset A$.

剩下来证明 $D(\widetilde{A}) = D(A)$. 事实上, 由于 $\widetilde{A}$ 是压缩半群 $\{T(t)|t \geqslant 0\}$ 的生成元, 由前面关于必要性的证明, 知 $\rho(\widetilde{A}) \supset (0,\infty)$. 所以对于任意的 $\lambda > 0$,

$$(\lambda - \widetilde{A})D(\widetilde{A}) = \mathscr{X} = (\lambda - A)D(A),$$

所以 $D(\widetilde{A}) = D(A)$. ■

总结 (1)—(4), 以及前面的讨论, 我们已经证明了下面的定理.

定理 7.1.5 (Hille-Yosida 定理) 为使一个线性稠定闭算子 A 是一个压缩半群的生成元, 必须且仅须:

(1) $(0,\infty) \subset \rho(A)$; (7.1.18)

(2) $\|R_\lambda(A)\| \leqslant 1/\lambda, \forall \lambda > 0$. (7.1.19)

注 利用 Laplace 变换的反演公式知 $A \mapsto \{T(t)|t \geqslant 0\}$ 的对应还是一一的.

现在回到一般的强连续线性算子半群.

由于对于任意的 $x \in \mathscr{X}, \{\|T(t)x\| | 0 \leqslant t \leqslant 1\}$ 是有界的, 由共鸣定理得到

$$\sup_{0\leqslant t\leqslant 1} \|T(t)\| = M < \infty. \tag{7.1.20}$$

当 $t \in \mathbb{R}_+$ 时, $t = [t] + \{t\}$, 其中 $[t]$ 表示 t 的最大整数部分, $0 \leqslant \{t\} < 1$. 由算子族的半群性质,

$$T(t) = T(\{t\})T([t]) = T(\{t\})T(1)^{[t]}.$$

故

$$\|T(t)\| \leqslant \|T(\{t\})\|\|T(1)\|^{[t]} \leqslant M^{1+[t]} \leqslant M\mathrm{e}^{\omega t}, \quad (7.1.21)$$

其中 $\omega = \ln M$. 所以强连续线性算子半群的算子模是指数型增长的. 记 ω_0 为使不等式 (7.1.21) 成立的 ω 中的下确界. 于是仿照引理 7.1.4 的证明, 可得下面的引理.

引理 7.1.6 设 A 是强连续线性算子半群 $\{T(t)|t \geqslant 0\}$ 的生成元, 则 $\{\lambda \in \mathbb{C}|\mathrm{Re}\lambda > \omega_0\} \subset \rho(A)$, 并且当 $\mathrm{Re}\lambda > \omega_0$ 时,

$$R_\lambda(A) = \int_0^\infty \mathrm{e}^{-\lambda t}T(t)\mathrm{d}t. \quad (7.1.22)$$

此外当 $\mathrm{Re}\lambda > \omega > \omega_0$ 时,

$$\|(\lambda - A)^{-n}\| \leqslant M/(\mathrm{Re}\lambda - \omega)^n, \quad n = 1, 2, \cdots. \quad (7.1.23)$$

证 只证明不等式 (7.1.23). 因为

$$\begin{aligned}(\lambda - A)^{-n}x &= \frac{(-1)^{n-1}}{(n-1)!}\left(\frac{\mathrm{d}}{\mathrm{d}\lambda}\right)^{n-1}(\lambda - A)^{-1}x \\ &= \frac{1}{(n-1)!}\int_0^\infty t^{n-1}\mathrm{e}^{-\lambda t}T(t)x\mathrm{d}t.\end{aligned}$$

由于 $\|T(t)\| \leqslant M\mathrm{e}^{\omega t}$,

$$\begin{aligned}\|(\lambda - A)^{-n}x\| &\leqslant \frac{M}{(n-1)!}\int_0^\infty t^{n-1}\mathrm{e}^{-(\mathrm{Re}\lambda - \omega)t}\mathrm{d}t\|x\| \\ &= \frac{M}{(\mathrm{Re}\lambda - \omega)^n}\|x\|.\end{aligned}$$

即得不等式 (7.1.23). ■

由引理 7.1.6 可知:

$(1)'$ $(\omega_0, \infty) \subset \rho(A)$;

$(2)'$ 当 $\lambda > \omega > \omega_0$ 时,

$$\|(\lambda - A)^{-n}\| \leqslant M/(\lambda - \omega)^n, \quad n = 1, 2, \cdots$$

是一个稠定闭算子 A 成为强连续算子半群的生成元的必要条件. 与定理 7.1.5 的充分性证明类似, 可证 (1)′, (2)′ 也是充分条件, 这就是下面的定理.

定理 7.1.7 (Hille-Yosida-Phillips 定理) 为使一个闭稠定线性算子 A 成为一个强连续算子半群 $\{T(t)|t \geqslant 0\}$ 的无穷小生成元, 必须且仅须:

(1) $\exists \omega_0 > 0$, 使得

$$(\omega_0, \infty) \subset \rho(A); \tag{7.1.24}$$

(2) $\exists M > 0$, 使得当 $\lambda > \omega > \omega_0$ 时,

$$\|(\lambda - A)^{-n}\| \leqslant M/(\lambda - \omega)^n, \quad n = 1, 2, \cdots. \tag{7.1.25}$$

由算子半群与它的生成元的关系式 (7.1.5), 不难看出定理 7.1.5 与定理 7.1.7 的充分性部分, 实际上给出了算子微分方程

$$\begin{cases} \dfrac{\mathrm{d}}{\mathrm{d}t} x(t) = Ax(t), \\ x(0) = x_0 \in D(A) \end{cases} \tag{7.1.26}$$

的解.

事实上, Hille-Yosida 定理 (定理 7.1.5) 表明: 当稠定闭算子 A 满足条件 (7.1.18) 式与 (7.1.19) 式时, $x(t) = T(t)x_0$ 是上列微分方程 (7.1.26) 的一个解. 易知 $T(\cdot)x_0 \in C(\mathbb{R}_+, D(A)) \cap C^1(\mathbb{R}_+, \mathscr{X})$. 现在来证唯一性: 微分方程 (7.1.26) 在函数类 $C(\mathbb{R}_+, D(A)) \cap C^1(\mathbb{R}_+, \mathscr{X})$ 中的解是唯一的.

设 $\widehat{x}(t)$ 是微分方程 (7.1.26) 的解, $\widehat{x}(\cdot) \in C(\mathbb{R}_+, D(A)) \cap C^1(\mathbb{R}_+, \mathscr{X})$. 又设 $T_\lambda(t) = \exp(tB_\lambda)$, 其中 B_λ 的定义如前: $B_\lambda = \lambda^2(\lambda - A)^{-1} - \lambda$. 故由 $\widehat{x}(\cdot) \in C^1(\mathbb{R}_+, \mathscr{X})$, 得到

$$\begin{aligned} \widehat{x}(t) - T_\lambda(t)x_0 &= \int_0^t \frac{\mathrm{d}}{\mathrm{d}s}(T_\lambda(t-s)\widehat{x}(s))\mathrm{d}s \\ &= \int_0^t [T_\lambda(t-s)A\widehat{x}(s) - T_\lambda(t-s)B_\lambda\widehat{x}(s)]\mathrm{d}s. \end{aligned}$$

因为 $\|T_\lambda(t-s)\| \leqslant 1$, 并且 $\widehat{x}(\cdot) \in C(\mathbb{R}_+, D(A))$; 联合定理 7.1.5 证明中的第一个结论, $\forall y \in D(A), B_\lambda y \to Ay$. 运用 Lebesgue 控制收敛定理, 得到

$$\lim_{\lambda\to+\infty} \|\widehat{x}(t) - T_\lambda(t)x_0\| = 0,$$

故 $\widehat{x}(t) = T(t)x_0$. 因此有下面的推论.

推论 7.1.8 当线性稠定闭算子 A 满足条件 (7.1.18) 式与 (7.1.19) 式时, 算子微分方程 (7.1.26) 在函数类 $C(\mathbb{R}_+, D(A)) \cap C^1(\mathbb{R}_+, \mathscr{X})$ 中存在唯一的解 $x(t) = T(t)x_0$.

我们已经证明了

$$T(t) = s\text{-}\lim_{\lambda\to+\infty} T_\lambda(t),$$

其中 $T_\lambda(t) = \exp(tB_\lambda), B_\lambda = \lambda^2(\lambda - A)^{-1} - \lambda = A\left(I - \dfrac{A}{\lambda}\right)^{-1}$, 所以

$$T(t) = s\text{-}\lim_{n\to\infty} \exp\left(A\left(I - \frac{A}{n}\right)^{-1} t\right).$$

这是半群 $\{T(t)|t \geqslant 0\}$ 通过极限的一种表示. 这个表示和形式 $\exp(tA)$ 还不完全一致. 以下对压缩算子半群, 给出另一种更简练的表示形式.

定理 7.1.9 设 $\{T(t)|t \geqslant 0\}$ 是一个强连续线性算子压缩半群, A 是它的生成元, 则

$$T(t) = s\text{-}\lim_{n\to\infty} \left(I - \frac{t}{n}A\right)^{-n}. \tag{7.1.27}$$

为了证明这个定理, 我们首先指出下面的引理.

引理 7.1.10 设 A 是满足条件 (7.1.18) 式与 (7.1.19) 式的一个线性稠定闭算子, 则

$$D(A^2) = \left\{x \in D(A) \middle| Ax \in D(A)\right\} \tag{7.1.28}$$

是 $\mathscr{X}$ 中的稠密集.

证　对于 $x \in D(A)$, 令 $x_\lambda = \lambda(\lambda - A)^{-1}x$, 则因为

$$\|x_\lambda - x\| = \|(\lambda - A)^{-1}Ax\| \leqslant \frac{1}{\lambda}\|Ax\| \to 0, \quad \lambda \to +\infty,$$

以及 $D(A)$ 在 $\mathscr{X}$ 中稠密, 推得集合 $\{x_\lambda | \lambda > 0, x \in D(A)\}$ 在 $\mathscr{X}$ 中稠密. 然而 $x_\lambda \in D(A^2)$, 故 $D(A^2)$ 在 $\mathscr{X}$ 中稠密. ■

定理 7.1.9 的证明　首先由条件 (7.1.18) 式与 (7.1.19) 式,

$$\left\|\left(I - \frac{t}{n}A\right)^{-1}\right\| \leqslant 1$$

对所有 $t > 0, n \in \mathbb{Z}_+$ 一致成立. 又当 $x \in D(A^2)$ 时,

$$\begin{aligned}
&\left(I - \frac{t}{n}A\right)^{-n} x - \left(I - \frac{t}{m}A\right)^{-m} x \\
&= \lim_{\varepsilon \to 0+} \int_\varepsilon^{t-\varepsilon} \frac{\mathrm{d}}{\mathrm{d}s}\left[\left(I - \frac{s}{n}A\right)^{-n}\left(I - \frac{t-s}{m}A\right)^{-m} x\right] \mathrm{d}s \\
&= \lim_{\varepsilon \to 0+} \int_\varepsilon^{t-\varepsilon} \left[\left(I - \frac{s}{n}A\right)^{-n-1}\left(I - \frac{t-s}{m}A\right)^{-m-1}\right. \\
&\quad \left. \cdot \left(\frac{s}{n} - \frac{t-s}{m}\right) A^2 x\right] \mathrm{d}s.
\end{aligned}$$

故当 $n, m \to \infty$ 时,

$$\left\|\left(I - \frac{t}{n}A\right)^{-n} x - \left(I - \frac{t}{m}A\right)^{-m} x\right\| \leqslant \frac{1}{2}\left(\frac{1}{n} + \frac{1}{m}\right) t^2 \|A^2 x\| \to 0$$

在 t 的任意有穷区间上一致成立. 由于 $D(A^2)$ 是稠密集, 以及 $\left\|\left(I - \frac{t}{n}A\right)^{-n}\right\| \leqslant 1$ 一致成立, 即得

$$T_n(t) = \left(I - \frac{t}{n}A\right)^{-n}$$

在 t 的有穷区间上一致地强收敛到 $\mathscr{X}$ 上的一族算子 $\widetilde{T}(t)$:

$$s\text{-}\lim_{n\to\infty} T_n(t) = \widetilde{T}(t).$$

由收敛关于 t 一致可推得 $\{\widetilde{T}(t)|t \geqslant 0\}$ 是强连续的. 为了证明 $\widetilde{T}(t) = T(t), \forall t \geqslant 0$, 我们将证明对于 $x_0 \in D(A), \widetilde{T}(t)x_0$ 是算子微分方程 (7.1.26) 在函数类 $C(\mathbb{R}_+, D(A)) \cap C^1(\mathbb{R}_+, \mathscr{X})$ 中的一个解, 于是由推论 7.1.8 解的唯一性知 $\widetilde{T}(t) = T(t)$ 成立.

对于 $\forall x \in D(A), T_n(t)x$ 是可微的, 有

$$\begin{aligned}\frac{\mathrm{d}}{\mathrm{d}t}T_n(t)x &= AT_n(t)\left(I - \frac{t}{n}A\right)^{-1} x \\ &= T_n(t)\left(I - \frac{t}{n}A\right)^{-1} Ax.\end{aligned}$$

因当 $n \to \infty$,

$$\begin{aligned}&T_n(t)\left(I - \frac{t}{n}A\right)^{-1} x \to \widetilde{T}(t)x, \\ &T_n(t)\left(I - \frac{t}{n}A\right)^{-1} Ax \to \widetilde{T}(t)Ax.\end{aligned}$$

考虑到 A 是闭算子, 由上列等式的最后两式得到

$$\begin{aligned}&\widetilde{T}(t)x \in D(A), \\ &A\widetilde{T}(t)x = \widetilde{T}(t)Ax, \quad \forall x \in D(A).\end{aligned}$$

故 $\widetilde{T}(\cdot)x \in C(\mathbb{R}_+, D(A))$. 又由

$$\begin{aligned}(\widetilde{T}(t) - \widetilde{T}(\varepsilon))x &= \lim_{n\to\infty}\int_\varepsilon^t \frac{\mathrm{d}}{\mathrm{d}s}T_n(s)x\mathrm{d}s \\ &= \lim_{n\to\infty}\int_\varepsilon^t T_n(s)\left(I - \frac{s}{n}A\right)^{-1} Ax\mathrm{d}s \\ &= \int_\varepsilon^t \widetilde{T}(s)Ax\mathrm{d}s\end{aligned}$$

$$= \int_{\varepsilon}^{t} A\widetilde{T}(s)x\mathrm{d}s,$$

令 $\varepsilon \to 0+$, 得

$$(\widetilde{T}(t) - I)x = \int_{0}^{t} A\widetilde{T}(s)x\mathrm{d}s, \quad x \in D(A).$$

此即

$$\begin{cases} \dfrac{\mathrm{d}\widetilde{T}(t)x}{\mathrm{d}t} = A\widetilde{T}(t)x = \widetilde{T}(t)Ax, \\ \widetilde{T}(0)x = x. \end{cases}$$

由此可知 $\widetilde{T}(t)x \in C^1(\mathbb{R}_+, \mathscr{X})$. 因此 $\widetilde{T}(t)x_0$ 是微分方程 (7.1.26) 的解, 而且 $\widetilde{T}(t)x_0 \in C(\mathbb{R}_+, D(A)) \cap C^1(\mathbb{R}_+, \mathscr{X})$. ■

习 题

7.1.1 设 $\{T(t)|t \geqslant 0\}$ 是 Banach 空间 $\mathscr{X}$ 上的有界算子半群, 即满足 $T(t)T(s) = T(t+s), \forall s, t > 0; T(0) = I$. 记 $f(t) = \ln\|T(t)\|$, 设 $f(t)$ 在 $[0, a]$ 上有界. 证明:

(1) $f(t)$ 是次可加函数, 即对于 $t, s > 0$,

$$f(t+s) \leqslant f(t) + f(s);$$

(2) $\lim\limits_{t\to+\infty} \dfrac{1}{t} f(t) = \inf\limits_{t>0} \dfrac{1}{t} f(t)$.

7.1.2 设 $\{T(t)|t \geqslant 0\}$ 是 $\mathscr{X}$ 上的有界线性算子半群, 满足 $T(0) = I$, 且在 $t = 0$ 处强连续, 即 $s\text{-}\lim\limits_{t\to 0+} T(t) = I$. 证明: 此半群是强连续的.

7.1.3 设 $\{T(t)|t \geqslant 0\}$ 是 Hilbert 空间 $\mathscr{X}$ 上的有界算子半群, 满足 $T(0) = I$, 且在 $t = 0$ 处弱连续, 即 $w\text{-}\lim\limits_{t\to 0+} T(t) = I$, 证明: 此半群是强连续的.

7.1.4 设 $\{T(t)|t \geqslant 0\}$ 是 $\mathscr{X}$ 上的强连续算子半群, A 是它的无穷小生成元, 求证下列三个条件等价:

(1) $D(A) = \mathscr{X}$;

(2) $\lim\limits_{t\to 0+} \|T(t) - I\| = 0$;

(3) $A \in L(\mathscr{X})$, 而且 $T(t) = \exp(tA)$.

7.1.5 设 $\mathscr{X} = C_0[0,\infty] = \left\{f \in C[0,\infty) \,\middle|\, \lim\limits_{x\to+\infty} f(x) = 0\right\}$, $\|f\| = \sup|f(s)|$. 定义 $\mathscr{X}$ 上的线性算子

$$T(t) : \alpha(\cdot) \mapsto \alpha(t + \cdot).$$

证明: $\{T(t)|t \geqslant 0\}$ 是 $\mathscr{X}$ 上的强连续压缩半群.

7.1.6 设 $\mathscr{H} = L^2(-\infty,\infty)$, 对于 $x \in \mathbb{R}, y \in \mathbb{R}_+$, 令

$$\begin{cases} (T(y)f)(x) = \dfrac{1}{\pi}\displaystyle\int_{-\infty}^{+\infty} \dfrac{y}{(x-\xi)^2 + y^2} f(\xi)\mathrm{d}\xi, \quad y > 0, \\ T(0)f = f. \end{cases}$$

证明: $\{T(y)|y \geqslant 0\}$ 是 $\mathscr{H}$ 上的强连续算子半群, 且 $\|T(y)\| = 1$. (注: 积分表示上半平面的调和函数, 以 f 为边界值).

7.1.7 设 $\{T(t)|t \geqslant 0\}$ 是 $\mathscr{X}$ 上的强连续线性算子半群, 设 $x \in \mathscr{X}$, $w\text{-}\lim\limits_{t\to 0+} \dfrac{1}{t}(T(t) - I)x = y$, 证明: $x \in D(A), y = Ax$.

7.1.8 设 $\{T(t)|t \geqslant 0\}$ 是 Hilbert 空间上的强连续算子半群, A 是生成元. 若对一切 $t > 0, T(t)$ 是正常算子, 运用 Gelfand 变换证明: A 是正常算子.

7.1.9 证明 Hille-Yosida-Phillips 定理 (定理 7.1.7).

7.1.10 设 A 是强连续线性算子半群 $\{T(t)|t \geqslant 0\}$ 的生成元, 并且设 $\omega_0 \in \mathbb{R}$, 使得 $\{\lambda|\mathrm{Re}\lambda > \omega_0\} \subset \rho(A)$. 证明:

(1) 集合 $\{R_\lambda(A)x|x \in D(A)\}$ 在 $D(A)$ 中稠密;

(2) $R_\lambda(A)^n$ 的值域是 $\mathscr{X}$ 中的稠集, $n = 1, 2, \cdots$, 其中 $\mathrm{Re}\lambda > \omega_0$;

(3) $D(A^n)$ 是稠集, $n = 1, 2, \cdots$.

7.1.11　设 A 是 $\mathscr{X}$ 上的强连续线性算子半群 $\{T(t)|t\geqslant 0\}$ 的生成元. 设 $f\in C^1([0,\infty),\mathscr{X})$, 证明: 算子微分方程

$$\begin{cases}\dfrac{\mathrm{d}x(t)}{\mathrm{d}t}=Ax(t)+f(t),\\ x(0)=x_0\in D(A)\end{cases}$$

在函数类 $C(\mathbb{R}_+,D(A))\cap C^1(\mathbb{R}_+,\mathscr{X})$ 中存在唯一解

$$x(t)=T(t)x_0+\int_0^t T(t-s)f(s)\mathrm{d}s.$$

§ 2　无穷小生成元的例子

给定了强连续线性算子半群, 要确定它的无穷小生成元的具体表达形式, 不是很简单的. 本节将给出几个典型的压缩半群例子, 讨论如何确定它们的无穷小生成算子. 通过这些例子, 还能看到如何运用 Hille-Yosida 定理 (定理 7.1.5).

例 7.2.1　设 $\mathscr{X}=C_\infty[0,\infty]$, 即 $[0,\infty]$ 上的在 ∞ 处取值为 0 的连续函数空间, 以函数值的绝对值的上确界为其模. 考虑平移半群

$$T_1(t):\alpha(\cdot)\mapsto\alpha(\cdot+1).\tag{7.2.1}$$

它显然是一个强连续压缩半群.

我们来找它的生成元. 事实上有下列的定理.

定理 7.2.2　记 A_1 为平移半群 $\{T_1(t)|t\geqslant 0\}$ 的生成元, 则

$$D(A_1)=\big\{u\in C_\infty[0,\infty]\big|u\text{ 可微, 且 }u'\in C_\infty[0,\infty]\big\},\tag{7.2.2}$$

$$A_1:u\mapsto u'.$$

证　对任意 $\lambda>0$, 作 A_1 的预解算子 $(\lambda-A_1)^{-1}=R_\lambda(A_1)$, 则 $R_\lambda(A_1)\mathscr{X}=D(A_1)$. 对任意的 $u\in\mathscr{X}$, 记 $v_\lambda=R_\lambda(A_1)u$, 当

u 跑遍 $\mathscr{X}$ 时, v_λ 跑遍了 $D(A_1)$. 由预解算子与半群的关系引理 7.1.4, 得

$$\begin{aligned} v_\lambda(s) &= \int_0^{+\infty} \mathrm{e}^{-\lambda t}(T(t)u)(s)\mathrm{d}t \\ &= \int_0^{+\infty} \mathrm{e}^{-\lambda t}u(t+s)\mathrm{d}t \\ &= \int_s^{+\infty} \mathrm{e}^{-\lambda(t-s)}u(t)\mathrm{d}t. \end{aligned}$$

可见 v_λ 可微. 对 s 求导数, 得到

$$v'_\lambda(s) = \lambda v_\lambda(s) - u(s).$$

这说明 $v'_\lambda \in \mathscr{X}$. 由等式

$$\lambda R_\lambda(A_1) - I = A_1 R_\lambda(A_1)$$

可知,

$$v'_\lambda(s) = (A_1 R_\lambda(A_1)u)(s) = (A_1 v_\lambda)(s).$$

故 $D(A_1) \subset \{u \in \mathscr{X} | u' \in \mathscr{X}\}, A_1 : u \mapsto u'$.

反之, 设 $v, v' \in \mathscr{X}$. 令 $u = -(v' - \lambda v) \in \mathscr{X}$, 其中 $\lambda > 0$, 并且仍记 $v_\lambda = R_\lambda(A_1)u$. 于是,

$$v'_\lambda - \lambda v_\lambda = -u = v' - \lambda v.$$

解此方程得到 $v_\lambda(s) - v(s) = C\mathrm{e}^{\lambda s}$, 其中 C 是常数. 因为 $\lambda > 0$, $C\mathrm{e}^{\lambda s} \in \mathscr{X}$, 故必有 $C = 0$, 即得 $v = v_\lambda \in D(A_1)$. 这样我们证明了 $D(A_1) = \{u \in \mathscr{X} | u' \in \mathscr{X}\}$. ■

例 7.2.3 设 A_2 是 Hilbert 空间 $\mathscr{H}$ 上的一个正自伴算子, 则 $-A_2$ 必是一个压缩半群的无穷小生成元.

这是因为 $\sigma(A_2) \subset (0, \infty)$, 推得 $\rho(-A_2) \supset (0, \infty)$. 并且对每一个 $\lambda > 0$, 由

$$\|(\lambda + A_2)x\|\|x\| \geqslant ((\lambda + A_2)x, x) \geqslant \lambda \|x\|^2$$

得到

$$\|(\lambda + A_2)^{-1}\| \leqslant \lambda^{-1}.$$

由 Hille-Yosida 定理 (定理 7.1.5) 知, $-A_2$ 是一个压缩半群的无穷小生成元.

通过 A_2 的谱分解, 还可以求出这个压缩半群. 记 A_2 的谱族为 $\{E_\lambda | \lambda \geqslant 0\}$, 于是

$$A_2 = \int_0^{+\infty} \lambda \mathrm{d}E_\lambda. \tag{7.2.3}$$

对于 $t \in [0, +\infty)$, 构造算子 $T_2(t)$:

$$T_2(t)x = \int_0^\infty \mathrm{e}^{-\lambda t} \mathrm{d}E_\lambda x, \quad \forall x \in \mathscr{H}. \tag{7.2.4}$$

由算符演算知 $\{T_2(t)|t \geqslant 0\}$ 是一个强连续线性算子压缩半群.

我们来验证 $\{T_2(t)|t \geqslant 0\}$ 是由 $-A_2$ 生成的, 或者说半群 $\{T_2(t)|t \geqslant 0\}$ 的生成元是 $-A_2$. 为此设 $\{T_2(t)|t \geqslant 0\}$ 的生成元是 B. 任取 $x \in D(-A_2)$, 则

$$\begin{aligned}
&\int_0^\infty \lambda^2 \mathrm{d}\|E_\lambda x\|^2 < \infty, \\
&\|t^{-1}(T(t) - I)x - (-A_2)x\|^2 \\
&\quad = \left\|\int_0^\infty [t^{-1}(\mathrm{e}^{-\lambda t} - 1) + \lambda] \mathrm{d}E_\lambda x\right\|^2 \\
&\quad = \int_0^\infty [t^{-1}(\mathrm{e}^{-\lambda t} + \lambda t - 1)]^2 \mathrm{d}\|E_\lambda x\|^2 \\
&\quad \to 0, \quad \text{当 } t \to 0+.
\end{aligned}$$

这说明 $x \in D(B)$, 而且 $Bx = -A_2 x$, 故

$$-A_2 \subset B.$$

另一方面, 由

$$(\lambda - B)D(B) = \mathscr{H} = [\lambda - (-A_2)]D(-A_2),$$

推得 $D(B)=D(-A_2)$, 所以

$$-A_2=B.$$

例 7.2.4 设 $\mathscr{X}=C_\infty(\mathbb{R}^n)$, 它是 Schwartz 函数类 $\mathscr{S}(\mathbb{R}^n)$ 在空间 $L^\infty(\mathbb{R}^n)$ 中的闭包. 对于 $t\geqslant 0$, 定义 $\mathscr{X}$ 上的有界线性算子族

$$(T_3(t)u)(x)=\begin{cases}\dfrac{1}{(4\pi t)^{n/2}}\displaystyle\int_{\mathbb{R}^n}\mathrm{e}^{-\frac{|x-y|^2}{4t}}u(y)\mathrm{d}y, & \text{当 } t>0,\\ u(x), & \text{当 } t=0.\end{cases}\tag{7.2.5}$$

对于每个 $t>0$, 记

$$G_t(x)=\frac{1}{(4\pi t)^{n/2}}\mathrm{e}^{-\frac{|x|^2}{4t}}.\tag{7.2.6}$$

于是

$$(T_3(t)u)(x)=\int_{\mathbb{R}^n}G_t(x-y)u(y)\mathrm{d}y,\quad t>0,\tag{7.2.7}$$

即

$$T_3(t)u=G_t*u,\quad t>0,\tag{7.2.8}$$

上式右端表示函数 G_t 与 u 的卷积.

$G_t(x)$ 称为 **Gauss 概率密度**, 它在 $\mathbb{R}^n$ 上的积分为 1, 即

$$\int_{\mathbb{R}^n}G_t(x)\mathrm{d}x=1.\tag{7.2.9}$$

由 (7.2.7) 式知 $T_3(t)$ 是以 Gauss 密度为积分核的积分算子.

我们首先证明 $\{T_3(t)|t\geqslant 0\}$ 是强连续压缩算子半群. 它将称为 Gauss 半群.

压缩性是显然的, 这是因为, 对于 $\forall u\in\mathscr{X}$,

$$\|T_3(t)u\|\leqslant\int_{\mathbb{R}^n}G_t(x-y)\mathrm{d}y\|u\|=\|u\|,\quad \text{当 } t>0 \text{ 时}.$$

这也蕴含了 $T_3(t)$ 是 $\mathscr{X}$ 上的有界算子.

半群性质由下述 Fourier 变换的性质容易看出. 记

$$(\mathscr{F}\varphi)(\xi) \triangleq \int_{\mathbb{R}^n} \mathrm{e}^{-2\pi \mathrm{i} x\cdot\xi}\varphi(x)\mathrm{d}x, \quad \forall \varphi \in \mathscr{S}(\mathbb{R}^n). \tag{7.2.10}$$

$\mathscr{F}\varphi$ 是 φ 的 Fourier 变换, 则对于任意的 $\varphi, \psi \in \mathscr{S}(\mathbb{R}^n)$,

$$\mathscr{F}(\varphi * \psi) = \mathscr{F}\varphi \cdot \mathscr{F}\psi, \tag{7.2.11}$$

以及对于 $m > 0$,

$$\mathscr{F}(\mathrm{e}^{-\pi\frac{|x|^2}{m}}) = m^{\frac{n}{2}}\mathrm{e}^{-m\pi|\xi|^2}. \tag{7.2.12}$$

(参考上册第四章 §4)

对于 $t > 0, G_t \in \mathscr{S}(\mathbb{R}^n)$, 由公式 (7.2.12) 可知

$$(\mathscr{F}G_t)(\xi) = \mathrm{e}^{-4t\pi^2|\xi|^2}. \tag{7.2.13}$$

当限制 $u \in \mathscr{S}(\mathbb{R}^n)$ 时, 对于 $t, s > 0$,

$$\begin{aligned}
\mathscr{F}(T_3(t)T_3(s)u)(\xi) &= \mathscr{F}(G_t * G_s * u)(\xi) \\
&= (\mathscr{F}G_t)(\mathscr{F}G_s)(\mathscr{F}u)(\xi) \\
&= \mathrm{e}^{-4(t+s)\pi^2|\xi|^2}(\mathscr{F}u)(\xi) \\
&= (\mathscr{F}G_{t+s})(\mathscr{F}u)(\xi) \\
&= \mathscr{F}(G_{t+s} * u)(\xi) \\
&= \mathscr{F}(T_3(t+s)u)(\xi).
\end{aligned}$$

由 Fourier 逆变换的唯一性得到

$$T_3(t)T_3(s) = T_3(t+s), \quad t, s > 0 \tag{7.2.14}$$

在 $\mathscr{S}(\mathbb{R}^n)$ 上成立, 从而在 $\mathscr{X}$ 上也成立. 上述等式显然可以推广到 $t, s \geqslant 0$ 的情形, 于是半群性质得证.

再看强连续性, 只需验证在 $t=0$ 处的强连续性即可.

$$\begin{aligned}\|T_3(t)u-u\| &= \left\|\frac{1}{(4\pi t)^{n/2}}\int_{\mathbb{R}^n}\mathrm{e}^{-\frac{|x-y|^2}{4t}}[u(y)-u(x)]\mathrm{d}y\right\|\\ &= \left\|\frac{1}{\pi^{n/2}}\int_{\mathbb{R}^n}\mathrm{e}^{-|z|^2}[u(x-2\sqrt{t}z)-u(x)]\mathrm{d}z\right\|\\ &\leqslant \frac{1}{\pi^{n/2}}\int_{\mathbb{R}^n}\mathrm{e}^{-|z|^2}\|u(x-2\sqrt{t}z)-u(x)\|\mathrm{d}z,\end{aligned}$$

其中作了积分变换 $z=(x-y)/\sqrt{4t}$. 现在令 $t\to 0+$, 由 Lebesgue 控制收敛定理, 上述不等式右边趋于 0, 所以

$$\lim_{t\to 0+} T_3(t)u=u.$$

现在来找半群 $\{T_3(t)|t\geqslant 0\}$ 的生成元. 记 A_3 为半群 $\{T_3(t)|t\geqslant 0\}$ 的生成元.

(i) 当 $u\in\mathscr{S}(\mathbb{R}^n)$ 时, $\mathscr{F}u\in\mathscr{S}(\mathbb{R}^n)$, 并且

$$\begin{aligned}&\mathscr{F}(T_3(t)u-u)=(\mathrm{e}^{-4t\pi^2|\xi|^2}-1)\mathscr{F}u,\\ &\frac{1}{t}[(T_3(t)u)(x)-u(x)]\\ &\qquad=\mathscr{F}^{-1}\left(\frac{\mathrm{e}^{-4t\pi^2|\xi|^2}-1}{t\pi^2|\xi|^2}\pi^2|\xi|^2(\mathscr{F}u)\right)(x).\end{aligned}$$

于是极限

$$\lim_{t\to 0+}\frac{1}{t}[(T_3(t)u)(x)-u(x)]=\mathscr{F}^{-1}(-4\pi^2|\xi|^2(\mathscr{F}u))(x)$$

是关于 x 一致的, 即

$$\lim_{t\to 0+}\frac{1}{t}(T_3(t)u-u)=\Delta u$$

在 $\mathscr{X}=C_\infty(\mathbb{R}^n)$ 中成立. 所以,

$$\begin{aligned}&\mathscr{S}(\mathbb{R}^n)\subset D(A_3),\\ &A_3u=\Delta u,\ \text{当}\ u\in\mathscr{S}(\mathbb{R}^n).\end{aligned}$$

(ii) 由上一段讨论, 我们已经看到 A_3 在 $\mathscr{S}(\mathbb{R}^n)$ 中的限制是 Laplace 算子. 由此可以猜测 A_3 应当是 Laplace 算子, 问题是它的确切的定义域是什么. 为此定义算子 B 如下:

$$D(B) = \{u \in C_\infty(\mathbb{R}^n) \big| \Delta u \in C_\infty(\mathbb{R}^n)\}, \tag{7.2.15}$$

$$B : u \mapsto \Delta u. \tag{7.2.16}$$

首先来证明这样定义的算子 B 是一个强连续压缩半群的生成元, 然后验证它恰好就是 A_3.

根据 Hille-Yosida 定理 (定理 7.1.5), 就是要证明对于每一个 $\lambda > 0$,

$$\|(\lambda - \Delta)^{-1} u\| \leqslant \lambda^{-1}\|u\|, \quad \forall u \in C_\infty(\mathbb{R}^n).$$

为此对任意的 $u \in D(B)$, 我们来估计 $\max\limits_{x\in\mathbb{R}^n} |\lambda u(x) - \Delta u(x)|$. 引入切泛函 $u^* \in C_\infty^*(\mathbb{R}^n)$,

$$u^* : v \mapsto \overline{u(x_0)} v(x_0), \tag{7.2.17}$$

其中 x_0 是使得

$$\max_{x\in\mathbb{R}^n} |u(x)| = |u(x_0)| \tag{7.2.18}$$

成立的 $\mathbb{R}^n$ 中的向量. u^* 称为 u 的切泛函. 因为对于 $\forall v \in C_\infty(\mathbb{R}^n)$,

$$|\langle u^*, v\rangle| = |\overline{u(x_0)} v(x_0)| \leqslant \|u\|\|v\|,$$

所以

$$\|u^*\| \leqslant \|u\|.$$

另一方面, 根据定义,

$$\langle u^*, u\rangle = |u(x_0)|^2 = \|u\|^2,$$

得到

$$\|u\| \leqslant \|u^*\|.$$

所以

$$\|u^*\| = \|u\|. \tag{7.2.19}$$

如今, 对于任意的 $u \in \mathscr{S}(\mathbb{R}^n), \forall \lambda > 0$,

$$\begin{aligned}
\lambda\|u\|^2 &\leqslant \lambda\|u\|^2 + 2|\nabla u(x_0)|^2 - \Delta|u(x_0)|^2 \\
&= \lambda\|u\|^2 + \operatorname{Re}\overline{u(x_0)}(-\Delta u)(x_0) \\
&= \operatorname{Re}\langle u^*, (\lambda - \Delta)u\rangle \\
&\leqslant \|u^*\|\|(\lambda - \Delta)u\| \\
&= \|u\|\|(\lambda - \Delta)u\|.
\end{aligned}$$

记 $\mathscr{S}(\mathbb{R}^n)$ 按图模 □u□ $= \|u\| + \|\Delta u\|$ 的闭包为 D, D 可以嵌入 $C_\infty(\mathbb{R}^n)$ 内. 上述不等式表明, 在 D 上不等式

$$\lambda\|u\| \leqslant \|(\lambda - \Delta)u\| \tag{7.2.20}$$

成立. 因此对于每一个 $v \in R(\lambda - \Delta)$,

$$\|(\lambda - \Delta)^{-1}v\| \leqslant \lambda^{-1}\|v\|. \tag{7.2.21}$$

因为算子 (Δ, D) 是闭算子, 由不等式 (7.2.20) 可知值域 $R(\lambda - \Delta)$ 是 $C_\infty(\mathbb{R}^n)$ 中的闭子空间. 不仅如此, 还有

$$R(\lambda - \Delta) = C_\infty(\mathbb{R}^n). \tag{7.2.22}$$

事实上, 这是因为对于任意的 $f \in \mathscr{S}(\mathbb{R}^n)$, 令

$$u = \mathscr{F}^{-1}\left(\frac{1}{\lambda + 4\pi^2|\xi|^2}(\mathscr{F}f)(\xi)\right) \in \mathscr{S}(\mathbb{R}^n),$$

就有 $\mathscr{F}((\lambda - \Delta)u) = \mathscr{F}f$, 推得 $f = (\lambda - \Delta)u$, 这表明 $\mathscr{S}(\mathbb{R}^n) \subset R(\lambda - \Delta)$. 因此 $R(\lambda - \Delta)$ 在 $C_\infty(\mathbb{R}^n)$ 中稠密, 所以 (7.2.22) 式成立.

根据 Hille-Yosida 定理 (定理 7.1.5), 不等式 (7.2.21) 表明算子 (Δ, D) 确实是一个强连续压缩半群的生成元.

剩下要证明 $D(B) = D$. 根据 D 的定义, 显然有 $D \subset D(B)$. 反之, 设 $u \in D(B)$, 由于 $(1-\Delta)u \in C_\infty(\mathbb{R}^n), \exists v_n \in \mathscr{S}(\mathbb{R}^n)$, 使得 $v_n \to (1-\Delta)u$. 再令 $u_n \in \mathscr{S}(\mathbb{R}^n)$, 使得 $v_n = (1-\Delta)u_n$, 即 $u_n = (1-\Delta)^{-1}v_n$. 由于 $(1-\Delta)^{-1}$ 是 D 上有界算子, $u_n \to \widetilde{u} \in D$. 再由 $1-\Delta$ 的闭性推得 $(1-\Delta)\widetilde{u} = (1-\Delta)u$, 从而 $u = \widetilde{u} \in D$. 这便证明了 $D(B) \subset D$. 所以 B 是一个压缩半群的生成元.

(iii) 最后证明 $A_3 = B$. 由 (i) 知,

$$A_3|_{\mathscr{S}(\mathbb{R}^n)} = B|_{\mathscr{S}(\mathbb{R}^n)} = \Delta|_{\mathscr{S}(\mathbb{R}^n)}.$$

而由 (ii) 知 B 是 $(\Delta, \mathscr{S}(\mathbb{R}^n))$ 的闭包, 所以 $A_3 \supset B$. 因为 A_3, B 都是无穷小生成元, 故

$$(\lambda - A_3)D(A_3) = (\lambda - B)D(B), \quad 当\ \lambda > 0,$$

由此立即可得 $D(A_3) = D(B)$, 所以 $A_3 = B$.

总结上面的讨论, 我们得到下面的定理.

定理 7.2.5　在 $C_\infty(\mathbb{R}^n)$ 上, Gauss 半群 $\{T_3(t) | t \geqslant 0\}$ 的无穷小生成元是 Laplace 算子 Δ, 其定义域

$$D(\Delta) = \left\{u \in C_\infty(\mathbb{R}^n) \middle| \Delta u \in C_\infty(\mathbb{R}^n)\right\}.$$

注　如果 Gauss 半群的积分核取为

$$g_t(x) = \frac{1}{(2\pi t)^{n/2}} \mathrm{e}^{-\frac{|x|^2}{2t}}, \quad t > 0, x \in \mathbb{R}^n. \tag{7.2.23}$$

那么无穷小生成元是 $\dfrac{1}{2}\Delta$, 定义域仍是

$$D(\Delta) = \left\{u \in C_\infty(\mathbb{R}^n) \middle| \Delta u \in C_\infty(\mathbb{R}^n)\right\}.$$

由此例子可以引申出下列关于稠定闭算子成为一个压缩半群的无穷小生成元的另一个充要条件.

定义 7.2.6 设 $\mathscr{X}$ 是一个 Banach 空间, 对于给定的 $x \in \mathscr{X}$, 考虑满足下列两个条件的线性泛函 $x^* \in \mathscr{X}^*$:

(1) $\langle x^*, x\rangle = \|x\|^2$; (7.2.24)

(2) $\|x^*\| = \|x\|$. (7.2.25)

泛函 x^* 称为 x 的**规范切泛函**. x 的规范切泛函的全体记作 $\Gamma(x)$. 由 Hahn-Banach 定理, $\Gamma(x)$ 非空.

作为例子, 在 $C_\infty(\mathbb{R}^n)$ 中, 由 (7.2.17) 式定义的泛函 u^* 是 u 的规范切泛函.

易知在 Hilbert 空间中, 对于任意元 x, x 是它自身的规范切泛函, 而且 $\Gamma(x) = \{x\}$.

定义 7.2.7 设 A 是 $\mathscr{X}$ 上的一个稠定算子, 如果对于每一个 $x \in D(A)$, 存在 $x^* \in \Gamma(x)$, 使得

$$\operatorname{Re}\langle x^*, Ax\rangle \geqslant 0, \tag{7.2.26}$$

就称 A 是**增殖算子** (accretive operator). 如果 $-A$ 是增殖算子, 就称 A 是**耗散算子** (dissipative operator).

当 $\mathscr{X}$ 是一个 Hilbert 空间时, 算子 A 是耗散算子必须且仅须

$$\operatorname{Re}\langle x, Ax\rangle \leqslant 0, \quad \forall x \in D(A). \tag{7.2.27}$$

定理 7.2.8 为使稠定闭算子 A 是一个强连续压缩算子半群的生成元必须且仅须 A 是耗散算子, 并且存在 $\lambda_0 > 0$, 使得

$$R(\lambda_0 - A) = \mathscr{X}. \tag{7.2.28}$$

证 *必要性*. 只需证明 A 是耗散的. 设 $\{T(t) | t \geqslant 0\}$ 是由 A 生成的半群. 当 $x^* \in \Gamma(x)$ 时,

$$|\langle x^*, T(t)x\rangle| \leqslant \|x^*\|\|x\| = \|x\|^2 = \langle x^*, x\rangle,$$

因此,

$$\operatorname{Re}\langle x^*, T(t)x - x\rangle \leqslant 0.$$

于是对于 $\forall x \in D(A)$,

$$\mathrm{Re}\langle x^*, Ax\rangle = \frac{\mathrm{d}}{\mathrm{d}t}\mathrm{Re}\langle x^*, T(t)x\rangle\Big|_{t=0} \leqslant 0.$$

所以 A 是耗散算子.

充分性. 设 A 是耗散算子, 并满足 (7.2.28) 式. 要证对于 $\forall \lambda > 0, (\lambda - A)^{-1}$ 存在, 而且

$$\|(\lambda - A)^{-1}\| \leqslant \lambda^{-1}.$$

事实上, 对于任意的 $x \in D(A)$,

$$\begin{aligned}\lambda\|x\|^2 &\leqslant \lambda\langle x^*, x\rangle - \mathrm{Re}\langle x^*, Ax\rangle \\ &= \mathrm{Re}\langle x^*, (\lambda - A)x\rangle \\ &\leqslant \|x\|\|(\lambda - A)x\|,\end{aligned}$$

其中 $x^* \in \Gamma(x)$, 使得 $\mathrm{Re}\langle x^*, Ax\rangle \leqslant 0$. 所以,

$$\lambda\|x\| \leqslant \|(\lambda - A)x\|.$$

由此可知 $R(\lambda - A)$ 是 $\mathscr{X}$ 中的闭子空间, 而且 $\lambda - A$ 在 $D(A)$ 上是一一的. 因此存在 $(\lambda - A)^{-1} : R(\lambda - A) \to D(A)$, 而且在 $R(\lambda - A)$ 上,

$$\|(\lambda - A)^{-1}v\| \leqslant \lambda^{-1}\|v\|.$$

只需证明 $R(\lambda - A) = \mathscr{X}$. 如今已有 $\lambda_0 > 0$, 适合 $R(\lambda_0 - A) = \mathscr{X}$. 因此 $(\lambda_0 - A)^{-1} \in L(\mathscr{X})$, 而且 $\|(\lambda_0 - A)^{-1}\| \leqslant \lambda_0^{-1}$. 由于

$$\lambda - A = [I + (\lambda - \lambda_0)(\lambda_0 - A)^{-1}](\lambda_0 - A),$$

所以只要

$$|\lambda - \lambda_0|\|(\lambda_0 - A)^{-1}\| \leqslant 1,$$

即只要 $0 < \lambda < 2\lambda_0$, 就有 $(\lambda - A)^{-1} \in L(\mathscr{X})$, 这说明此时 $R(\lambda - A) = \mathscr{X}$. 于是此等式可以延拓到一切 $\lambda > 0$. ∎

推论 7.2.9 设 A 是 $\mathscr{X}$ 上的稠定闭算子, A^* 是 A 的共轭算子. 如果 A 和 A^* 都是耗散算子, 则 A 是一个强连续压缩半群的生成元.

证 假如 $R(1-A)$ 不是 $\mathscr{X}$ 中的稠集, 由 Hahn-Banach 定理, 存在 $f \in \mathscr{X}^*$, 使得对于一切 $u \in D(A)$,

$$\langle f, (I-A)u \rangle = 0.$$

因此 $f \in D(A^*)$, 而且 $(I - A^*)f = 0$. 任取 $f^* \in \Gamma(f), f^*$ 是 f 在 $\mathscr{X}^{**}$ 中的规范切泛函, 则 $\langle f^*, f \rangle = \|f\|^2$, 所以

$$\langle f^*, A^* f \rangle = \|f\|^2 > 0.$$

这与 A^* 是耗散算子的假设条件矛盾. 故值域 $R(1-A)$ 是 $\mathscr{X}$ 中的稠集. 由于 A 是耗散的, 由定理 7.2.8 充分性的证明知 $R(1-A)$ 是闭子空间. 故 $R(1-A) = \mathscr{X}$. 应用定理 7.2.8 即得结论. ∎

对于增殖算子, 韦东奕在 2021 年建立了下面基于算子预解界的半群估计①, 该估计在流动稳定性问题中有重要应用.

定理 7.2.10 设 A 为 Hilbert 空间 X 上的增殖算子且为半群 e^{-tA} 的无穷小生成元, 则对于任意的 $t \geqslant 0$, 成立

$$\|\mathrm{e}^{-tA}\| \leqslant \mathrm{e}^{-t\Psi(A)+\pi/2},$$

其中 $\Psi(A) = \inf\left\{\|(A - \mathrm{i}\lambda)f\| \big| f \in D(A), \lambda \in \mathbb{R}, \|f\| = 1\right\}$.

证 令 $\Psi = \Psi(A)$. 由于 $D(A)$ 在 X 中稠密, 只需证: 对于任意 $f \in D(A), t \geqslant 0$, 成立

$$\|\mathrm{e}^{-tA} f\| \leqslant \mathrm{e}^{-t\Psi+\pi/2}\|f\|.$$

---

① Wei D Y. Diffusion and Mixing in Fluid Flow Via the Resolvent Estimate. Sci. China Math, 2021, 64(3): 507–518.

设 $f \in D(A)$, $t \geqslant 0$, 令$g(t) = \|\mathrm{e}^{-tH} f\|^2$. 由于 A 是增殖的, $g(t)$ 单调递减，故我们只需考虑 $t\Psi > \pi/2$ 的情形. 令

$$t_1 = \frac{\pi}{4\Psi}, \quad t_2 = t - \frac{\pi}{4\Psi}, \quad t_3 = t + \frac{\pi}{4\Psi}, \quad l = t + \frac{\pi}{2\Psi}.$$

令 $f_1(s) = \chi(s)\mathrm{e}^{-sA} f$, $f_2(s) = \chi'(s)\mathrm{e}^{-sA} f$,其中 $\chi \in C^1[0, l]$, $\chi(0) = \chi(l) = 0$, 则对 $t \in [0, l]$, 有 $\partial_t f_1 + A f_1 = f_2$. 关于时间取 Fourier 变换:

$$\widehat{f_j}(\lambda) = \int_0^l f_j(s)\mathrm{e}^{-\mathrm{i}\lambda s}\mathrm{d}s, \quad j = 1, 2, \lambda \in \mathbb{R},$$

则有

$$\widehat{f_2}(\lambda) = (\mathrm{i}\lambda + A)\widehat{f_1}(\lambda).$$

由 Ψ 的定义, $\|\widehat{f_2}(\lambda)\| \geqslant \Psi \|\widehat{f_1}(\lambda)\|$. 于是利用 Plancherel 定理得

$$\begin{aligned}\|f_2\|_{L^2([0,l],X)} &= (2\pi)^{-\frac{1}{2}}\|\widehat{f_2}\|_{L^2(\mathbb{R},X)} \geqslant (2\pi)^{-\frac{1}{2}}\Psi\|\widehat{f_1}\|_{L^2(\mathbb{R},X)} \\ &= \Psi\|f_1\|_{L^2([0,l],X)}.\end{aligned}$$

根据 f_1, f_2, g 的定义, 上面的不等式可化成为

$$\int_0^l \chi'(s)^2 g(s)\mathrm{d}s \geqslant \Psi^2 \int_0^l \chi(s)^2 g(s)\mathrm{d}s.$$

下面我们取如下的截断函数 $\chi(s)$:

$$\chi(s) = \begin{cases} \sin \Psi s, & 0 \leqslant s \leqslant t_1, \\ \mathrm{e}^{\Psi s - \pi/4}/\sqrt{2}, & t_1 \leqslant s \leqslant t_2, \\ \mathrm{e}^{\Psi l - \pi}\sin(\Psi(l - s)), & t_2 \leqslant s \leqslant l. \end{cases}$$

令 $h(s) = \chi'(s)^2 - \Psi^2\chi(s)^2$, 则有 $\int_0^l h(s)g(s)\mathrm{d}s \geqslant 0$ 和

$$h(s) = \begin{cases} \Psi^2\cos(2\Psi s), & 0 \leqslant s \leqslant t_1, \\ 0, & t_1 \leqslant s \leqslant t_2, \\ \Psi^2\mathrm{e}^{2\Psi l - 2\pi}\cos(2\Psi(l - s)), & t_2 \leqslant s \leqslant l. \end{cases}$$

易见, 当 $0 \leqslant s \leqslant t_1$ 或 $t_3 \leqslant s \leqslant l$ 时, 有 $h(s) \geqslant 0$; 当 $t_2 \leqslant s \leqslant t_3$ 时, 有 $h(s) \leqslant 0$. 由于 g 是单调递减的, 故有

$$\begin{aligned} h(s)g(s) &\leqslant h(s)g(0), \quad 0 \leqslant s \leqslant t_1, \\ h(s)g(s) &\leqslant h(s)g(t), \quad t_2 \leqslant s \leqslant t, \\ h(s)g(s) &\leqslant h(s)g(t_3), \quad t \leqslant s \leqslant l. \end{aligned}$$

从而可得

$$\begin{aligned} 0 &\leqslant \int_0^l h(s)g(s)\mathrm{d}s = \int_0^{t_1} h(s)g(s)\mathrm{d}s + \int_{t_2}^l h(s)g(s)\mathrm{d}s \\ &\leqslant \int_0^{t_1} h(s)g(0)\mathrm{d}s + \int_{t_2}^t h(s)g(t)\mathrm{d}s + \int_t^l h(s)g(t_3)\mathrm{d}s \\ &= \frac{\Psi}{2}g(0) - \frac{\Psi}{2}\mathrm{e}^{2\Psi l - 2\pi}g(t) + 0. \end{aligned}$$

因此, $g(t) \leqslant \mathrm{e}^{-2\Psi l + 2\pi}g(0)$, 也即

$$\|\mathrm{e}^{-tH}f\| \leqslant \mathrm{e}^{-\Psi l + \pi}\|f\| = \mathrm{e}^{-\Psi t + \pi/2}\|f\|. \qquad \blacksquare$$

下面给出闭算子的核的概念. 这是一个十分重要而且有用的概念.

定义 7.2.11 设 T 是一个闭算子, 设 $D \subset D(T)$, 如果 $T|_D$ 可闭化, 而且 $\overline{T|_D} = T$, 那么 D 称为 T 的**核**, 其中 $T|_D$ 表示 T 在 D 上的限制.

由定义可知, 如果 T 是可闭化算子, D 是它的定义域, 则 D 是闭包 $\overline{T}$ 的核.

由定义还可知, 当 D 是某自伴算子 A 的核时, 则 A 限制到 D 上时是本质自伴算子.

例如, 在 $L^2[0,1]$ 上 $T = -\widetilde{\partial}^2, D(T) = H_0^2[0,1]$ 是闭算子 (例 6.1.6), 集合 $D = C_0^\infty[0,1]$ 是 T 的核. 又如, $L^2(\mathbb{R}^n)$ 上的 Laplace 算子 Δ 在 $H^2(\mathbb{R}^n)$ 上是自伴的, 集合 $D = C_0^\infty(\mathbb{R}^n)$ 是它的核, 因此 Δ 在 D 上是本质自伴的.

下面我们给出关于压缩半群生成元的一个核定理.

定理 7.2.12 设 $\mathscr{X}$ 是 Banach 空间, $\{T(t)|t \geqslant 0\}$ 是强连续压缩半群, A 是它的生成元. 设 D 是一个稠集, $D \subset D(A)$, 如果 $T(t): D \to D, \forall t \geqslant 0$ 成立, 则 D 是 A 的核.

证 记 $B = \overline{A|_D}$, 显然有 $B \subset A$, 因此只须证明 $D(B) = D(A)$.

首先证明当 $\lambda > 0$ 时, $R(\lambda - A|_D)$ 是稠集. 假若不然, 必存在 $f \in \mathscr{X}^*, f \neq 0$, 使得对于 $\forall u \in D$,

$$\langle f, (\lambda - A)u \rangle = 0.$$

但是当 $u \in D$ 时, 因为 $T(t)u \in D$, 由上述等式得到

$$\frac{\mathrm{d}}{\mathrm{d}t}\langle f, T(t)u \rangle = \langle f, AT(t)u \rangle = \lambda \langle f, T(t)u \rangle.$$

于是

$$\langle f, T(t)u \rangle = \mathrm{e}^{\lambda t}\langle f, u \rangle.$$

由于 $\{T(t)|t \geqslant 0\}$ 是压缩的, 推知 $\langle f, u \rangle = 0$, 因为 D 是稠集, 故 $f = 0$. 这与 $f \neq 0$ 矛盾. 所得矛盾证明 $R(\lambda - A|_D)$ 是稠集.

当 $u \in D$ 时, 由于 A 是生成元,

$$\|(\lambda - B)u\| = \|(\lambda - A)u\| \geqslant \lambda \|u\|.$$

上述不等式还可推广到 $D(B)$ 上:

$$\|(\lambda - B)u\| \geqslant \lambda \|u\|, \quad \forall u \in D(B).$$

于是立即可知 $R(\lambda - B)$ 是闭子空间. 由于 $R(\lambda - B) \supset R(\lambda - A|_D)$, 所以 $R(\lambda - B) = \mathscr{X}$.

最后由 $(\lambda - B)D(B) = \mathscr{X} = (\lambda - A)D(A)$, 以及 $B \subset A$, 推得 $D(B) = D(A)$. ■

回到前面的例子. Gauss 半群 $\{T_3(t)|t \geqslant 0\}$ 是一个强连续压缩半群. 令 $D = \mathscr{S}(\mathbb{R}^n)$, 易见 $T_3(t): D \to D$. 通过 Fourier 变换得到 $D \subset D(A_3), A_3|_D = \Delta$, 其中 A_3 是 $\{T_3(t)|t \geqslant 0\}$ 的生成元. 于是由定理 7.2.12 知 $A_3 = \overline{\Delta|_D}$. 由此直接可得

$$A_3 = \Delta, \quad D(A_3) = \big\{u \in C_\infty(\mathbb{R}^n)\big|\Delta u \in C_\infty(\mathbb{R}^n)\big\}.$$

因此, 运用定理 7.2.12 可以避免本节 (ii) 和 (iii) 的直接验证.

例 7.2.13 设 $\Omega \subset \mathbb{R}^n$ 是一个有光滑边界 $\partial\Omega$ 的有界开区域.

$$L = \sum_{i,j=1}^{n} a_{ij}(x)\partial_{ij}^2 + \sum_{i=1}^{n} b_i(x)\partial_i, \tag{7.2.29}$$

其中 $a_{ij}(x), b_i(x) \in C^\infty(\overline{\Omega}), L$ 是一致椭圆型算子.

取 $\mathscr{X} = C(\overline{\Omega})$, 并定义算子

$$\begin{aligned} &D(A_4) = C_0^\infty(\Omega) \text{ 在图模 } \|\cdot\|_L \text{ 下的闭包}, \\ &A_4 = L, \end{aligned} \tag{7.2.30}$$

则 A_4 是一个压缩半群的生成元.

这只需证明: 对于 $\forall\lambda > 0$,

$$\|(\lambda - A)^{-1}\| \leqslant \frac{1}{\lambda}.$$

设 $u \in C_0^\infty(\Omega)$, 令 v 为 Dirichlet 问题

$$\begin{cases} (\lambda - L)v = u, & \text{在 } \Omega \text{ 上}, \\ v|_{\partial\Omega} = 0 \end{cases} \tag{7.2.31}$$

的解, 则 $v \in C(\overline{\Omega})$, 并且满足

$$\|v\| \leqslant \frac{1}{\lambda}\|u\|. \tag{7.2.32}$$

事实上, 设 $p \in \Omega$, 使得 $|v(p)| = \max |v(x)| = \|v\|$. 不妨设 $v(p) > 0$. 由于 $\partial_i v(p) = 0, \{\partial_{ij} v(p)\}$ 是负定矩阵, 从而

$$\sum_{i,j} a_{ij}(p) \cdot \partial_{ij} v(p) \leqslant 0,$$

推得 $Lv(p) \leqslant 0$. 于是,

$$\lambda v(p) \leqslant u(p) \leqslant \|u\|.$$

故 (7.2.32) 式成立. 关系式 (7.2.32) 还可拓广到 $u \in D(A_4)$ 上, 并且用同样的推理得到 $R(\lambda - A_4) = \mathscr{X}$, 以及

$$\|(\lambda - A)^{-1}\| \leqslant \frac{1}{\lambda}, \quad \forall \lambda > 0.$$

例 7.2.14 设 $\mathscr{X} = C_\infty(\mathbb{R}^n)$ 如例 7.2.4. 定义算子如下:

$$(T_5(t)u)(x) = \begin{cases} u(x), & \text{当 } t = 0, \\ c_n \int_{\mathbb{R}^n} \dfrac{tu(y)}{(t^2 + |x-y|^2)^{\frac{n+1}{2}}} \mathrm{d}y, & \text{当 } t > 0, \end{cases} \tag{7.2.33}$$

其中 $c_n = \Gamma\left(\dfrac{n+1}{2}\right) / \pi^{\frac{n+1}{2}}$.

对于 $t > 0$, 令

$$P_n(t, x) = c_n t / (t^2 + |x|^2)^{\frac{n+1}{2}}. \tag{7.2.34}$$

它是 $\mathbb{R}^n \times \mathbb{R}_+$ 上的 Poisson 核. 于是,

$$T_5(t)u = \begin{cases} u, & \text{当 } t = 0, \\ P_n(t) * u, & \text{当 } t > 0. \end{cases} \tag{7.2.35}$$

又令

$$U(x, t) = (T_5(t)u)(x), \tag{7.2.36}$$

则 $U(x,t)$ 是上半空间 $\mathbb{R}^n \times \mathbb{R}_+$ 上的调和函数.

我们将证明 $\{T_5(t)|t \geqslant 0\}$ 是压缩型强连续算子半群. 由于 $T_5(t)$ 是以 Poisson 核为积分核的积分算子, 故称此半群为 Poisson 半群.

由于

$$\int_{\mathbb{R}^n} \frac{\mathrm{d}x}{(1+|x|^2)^{\frac{n+1}{2}}} = \frac{2\pi^{n/2}}{\Gamma\left(\dfrac{n}{2}\right)} \int_0^\infty \frac{r^{n-1}}{(1+r^2)^{\frac{n+1}{2}}} \mathrm{d}r = \frac{1}{c_n}, \tag{7.2.37}$$

所以

$$\int_{\mathbb{R}^n} P_n(t,x)\mathrm{d}x = 1, \quad \forall t > 0. \tag{7.2.38}$$

因此

$$\|T_5(t)u\| \leqslant \int_{\mathbb{R}^n} P_n(t, x-y)\mathrm{d}y \|u\| = \|u\|, \tag{7.2.39}$$

推得 $\{T_5(t)|t \geqslant 0\}$ 是 $C_\infty(\mathbb{R}^n)$ 上的压缩算子族.

半群性质是由下列 Fourier 变换导出的:

$$\mathscr{F}(P_n(1,x)) = \mathrm{e}^{-2\pi|\xi|},$$

从而

$$\mathscr{F}(P_n(t,x)) = \mathrm{e}^{-2\pi t|\xi|}.$$

于是, 由

$$\begin{aligned} \mathscr{F}(T_5(t)T_5(s)u) &= \mathscr{F}(P_n(t) * P_n(s) * u) \\ &= \mathrm{e}^{-2\pi t|\xi|}\mathrm{e}^{-2\pi s|\xi|}(\mathscr{F}u)(\xi) \\ &= \mathrm{e}^{-2\pi(t+s)|\xi|}(\mathscr{F}u)(\xi) \\ &= \mathscr{F}(T_5(t+s)u), \quad t,s > 0 \end{aligned}$$

得到, $T_5(t)T_5(s) = T_5(t+s)$ 在 $\mathscr{S}(\mathbb{R}^n)$ 上, 当 $t,s > 0$ 成立. 于是立刻可推得当 $t,s \geqslant 0$ 时, 在 $\mathscr{X}$ 上 $T_5(t)T_5(s) = T_5(t+s)$ 成立.

再看强连续性, 只需验证在 $t=0$ 处的强连续性. 和例 7.2.4 一样, 有

$$\begin{aligned}\|T_5(t)u-u\| &\leqslant \left\|\int_{\mathbb{R}^n} P_n(1,y)[u(x-ty)-u(x)]\mathrm{d}y\right\| \\ &\leqslant \int_{\mathbb{R}^n} P_n(1,y)\|u(x-ty)-u(x)\|\mathrm{d}y \\ &\to 0, \quad \text{当 } t\to 0+.\end{aligned}$$

下面来考察半群 $\{T_5(t)|t\geqslant 0\}$ 的生成元 A_5.

当 $u\in\mathscr{S}(\mathbb{R}^n)$ 时,

$$\frac{1}{t}\mathscr{F}(T_5(t)u-u)=\frac{1}{t}(\mathrm{e}^{-2\pi t|\xi|}-1)(\mathscr{F}u),$$

令 $t\to 0+$, 得到

$$\mathscr{F}(A_5u)=-2\pi|\xi|(\mathscr{F}u).$$

故 $u\in D(A_5)$, 而且 $A_5u\in\mathscr{S}(\mathbb{R}^n)$. 利用这一等式还可得到

$$\mathscr{F}(A_5^2u)=4\pi^2|\xi|^2(\mathscr{F}u).$$

因此当 $u\in\mathscr{S}(\mathbb{R}^n)$ 时,

$$A_5^2u=-\Delta u.$$

由于 $|\xi|$ 可以表成一个奇异积分核的 Fourier 变换, 所以 A_5 是一个奇异积分算子. 本质上 $A_5=-\sqrt{-\Delta}$. 关于定义域的讨论可参考 Yosida 著的 *Functional Analysis* 中的第九章 §11. 由于 $T_5(t):\mathscr{S}(\mathbb{R}^n)\to\mathscr{S}(\mathbb{R}^n)$, 根据定理 7.2.12 可知 $\mathscr{S}(\mathbb{R}^n)$ 是 A_5 的核.

习 题

7.2.1 设 $\mathscr{H}=\left\{f:\mathbb{D}\to\mathbb{C}\,\middle|\,f(z)=\sum\limits_{n=0}^{\infty}c_nz^n, \|f\|^2=\sum\limits_{n=0}^{\infty}|c_n|^2<\infty\right\}$, 其中 $\mathbb{D}$ 是复平面内的开圆盘. 在 $\mathscr{H}$ 上定义算子

$$(T(t)f)(z) = \sum_{n=0}^{\infty}(n+1)^{-t}c_n z^n.$$

证明: $\{T(t)|t \geqslant 0\}$ 是强连续算子半群; 对于 $\forall t > 0, T(t)$ 是正自伴算子. 试求出无穷小生成元 A, 并证明 $\ln \dfrac{1}{n+1}, n = 0, 1, 2, \cdots$ 是 A 的特征值.

7.2.2 设 $\mathscr{X} = L^2(-\pi, \pi)$, 定义算子

$$(T(t)f)(\theta) = \frac{1}{2\pi}\int_{-\pi}^{\pi} G(\theta - \xi, t) f(\xi) \mathrm{d}\xi, \quad t > 0,$$
$$T(0)f = f,$$

其中积分核 $G(\theta, t) = 1 + 2\sum\limits_{n=1}^{\infty} \mathrm{e}^{-n^2 t} \cos n\theta$, 证明: $\{T(t)|t \geqslant 0\}$ 是强连续算子半群. 它是压缩半群吗?

7.2.3 设 $\mathscr{X} = C(-\infty, \infty)$, 定义线性算子

$$(T(t)u)(s) = \begin{cases} u(s), & t = 0, \\ \mathrm{e}^{-\lambda t}\sum\limits_{n=0}^{\infty}\dfrac{(\lambda t)^n}{n!}u(s - n\mu), & t > 0, \end{cases}$$

其中参数 $\lambda, \mu > 0$. 证明: $\{T(t)|t \geqslant 0\}$ 是强连续压缩半群, 并证明: 它的无穷小生成元是差分算子

$$(Au)(s) = \lambda(u(s - \mu) - u(s)).$$

7.2.4 设 $\mathscr{X} = C(\mathbb{R}^n, R), b \in C^1(\mathbb{R}^n, \mathbb{R}^n)$. 考虑下列常微分方程组

$$\frac{\mathrm{d}x(t)}{\mathrm{d}t} = b(x(t)), \quad x(0) = \xi.$$

这是一个自治方程组. 对于每一个 $\xi \in \mathbb{R}^n$, 都存在一个解 $x(t, \xi)$, $-\infty < t < +\infty$, 使得 $x(t) \in C(\mathbb{R}, \mathbb{R}^n)$. 在 $\mathscr{X}$ 上定义线性算子

$$T(t) : f(\xi) \mapsto f(x(t, \xi)), \quad t \geqslant 0.$$

证明: $\{T(t)|t \geqslant 0\}$ 是一个强连续线性算子半群. 设 A 是这个半群的生成元, 则 $C_0^1(\mathbb{R}^n, R) \subset D(A)$, 而且当 $f \in C_0^1(\mathbb{R}^n, R)$ 时,

$$(Af)(x) = \sum_{i=1}^{n} b^i(x) \frac{\partial f(x)}{\partial x_i}.$$

7.2.5　设 A 是一个压缩半群的无穷小生成元. 设 B 是耗散算子, 满足 $D(B) \supset D(A)$, 并且当 $u \in D(A)$ 时,

$$\|Bu\| \leqslant a\|Au\| + b\|u\|,$$

其中 $0 < a < 1/2, b > 0$ 是参数. 求证: $A+B$ 是闭的耗散算子, 而且也是压缩半群的生成元.

7.2.6　设 A 和 C 是 Banach 空间上的耗散算子. 设 D 是稠集, $D \subset D(A), D \subset D(C)$, 并且在 D 上,

$$\|(A-C)u\| \leqslant a(\|Au\| + \|Cu\|) + b\|u\|,$$

其中参数 $0 \leqslant a < 1, b > 0$. 求证:

(1) $\overline{A}$ 是压缩半群的生成元当且仅当 $\overline{C}$ 也是某压缩半群的生成元;

(2) $D(\overline{A|_D}) = D(\overline{C|_D})$.

§ 3　单参数酉群和 Stone 定理

本节讨论单参数酉群和单参数酉群的表示. Stone 定理 (定理 7.3.5) 是单参数酉群的表示定理, 它在量子力学中起着和谱定理一样基本的重要作用, 同时它在群表示论和统计力学里也有许多应用. 我们将证明 Stone 定理 (定理 7.3.5), 并且给出它的一些应用, 特别是在遍历理论中的应用. 我们将证明 Von Neumann 平均遍历定理 (定理 7.3.7). 此外还要讨论 Trotter 乘积公式 (定理 7.3.14).

3.1 单参数酉群的表示 —— Stone 定理

定义 7.3.1 设 $\mathscr{H}$ 是一个 Hilbert 空间, 称 $\{U(t)|t\in\mathbb{R}\}$ 是一个**强连续酉算子群**, 是指它满足:

(1) 对于每个 $t\in\mathbb{R},U(t)$ 是 $\mathscr{H}$ 上的酉算子, 即

$$U(t)U^*(t)=U^*(t)U(t)=I;$$

(2) $U(t+s)=U(t)U(s),\forall s,t\in\mathbb{R}$;

(3) 对于每个 $x\in\mathscr{H},t\mapsto U(t)x$ 连续.

Stone 定理 (定理 7.3.5) 将把酉算子群表示为 $\exp(\mathrm{i}tA)$ 的形式, 其中 A 是一个自伴算子.

在进行讨论 Stone 定理之前, 我们来考察一个强连续线性算子压缩半群 $\{T(t)|t\geqslant 0\}$ 的共轭半群 $\{T^*(t)|t\geqslant 0\}$. 由定义, 显然有

(1) $T^*(0)=I$;

(2) $T^*(s)T^*(t)=T^*(t+s),\forall t,s\geqslant 0$.

自然要问 $\{T^*(t)|t\geqslant 0\}$ 是否还强连续? 答案是肯定的. 这是因为

$$\|T^*(t)x-x\|^2=\|T^*(t)x\|^2-(T^*(t)x,x)-(x,T^*(t)x)+\|x\|^2,$$

由于 $\|T^*(t)x\|\leqslant\|T(t)\|\|x\|\leqslant\|x\|$, 以及

$$(T^*(t)x,x)=(x,T(t)x)\to\|x\|^2,\quad t\to 0+,$$

所以

$$\varlimsup_{t\to 0+}\|T^*(t)x-x\|^2\leqslant 0.$$

于是强连续线性算子压缩半群的共轭半群, 也是强连续压缩半群.

记 B 为 $\{T^*(t)|t\geqslant 0\}$ 的无穷小生成元, 则有下面的引理.

引理 7.3.2 共轭半群 $\{T^*(t)|t \geqslant 0\}$ 的生成元 B 是压缩半群 $\{T(t)|t \geqslant 0\}$ 的生成元 A 的共轭算子, 即

$$B = A^*. \tag{7.3.1}$$

证 对于任意的 $x \in D(A), y \in D(B)$, 有

$$\begin{aligned}(Ax, y) &= \lim_{t\to 0+} t^{-1}(T(t)x - x, y) \\ &= \lim_{t\to 0+} t^{-1}(x, T^*(t)y - y) \\ &= (x, By).\end{aligned}$$

所以 $B \subset A^*$. 另一方面, 设 $y \in D(A^*)$, 则

$$\begin{aligned}(T(t)x - x, y) &= \int_0^t (AT(t)x, y)\mathrm{d}t \\ &= \int_0^t (x, T^*(t)A^*y)\mathrm{d}t, \quad \forall x \in D(A).\end{aligned}$$

故

$$T^*(t)y - y = \int_0^t T^*(t)A^*y\mathrm{d}t.$$

所以 $By = A^*y$, 这就得到 $A^* \subset B$. ■

总结起来, 我们有下面结论.

定理 7.3.3 设 $\mathscr{H}$ 是一个 Hilbert 空间, $\{T(t)|t \geqslant 0\}$ 是一个强连续压缩半群, 有无穷小生成元 A, 则共轭半群 $\{T^*(t)|t \geqslant 0\}$ 也是一个强连续压缩半群, 有生成元 A^*.

注 若在 Banach 空间上考虑一般的强连续算子半群, 则 $\{T^*(t)|t \geqslant 0\}$ 未必能保持强连续性. 然而有下面的定理.

Phillips 定理 设 $\mathscr{X}$ 是一个 Banach 空间, $\{T(t)|t \geqslant 0\}$ 是 $\mathscr{X}$ 上的一个强连续线性算子半群, 它的生成元记为 A. 记 $\mathscr{X}^+ = \overline{D(A^*)}, T^+(t) = T^*(t)|_{\mathscr{X}^+}$, 则 $\{T^+(t)|t \geqslant 0\}$ 是 $\mathscr{X}^+$ 上的一个强连续算子半群, 有无穷小生成元 A^+, 它是使 A^* 的定义域及值域都在 $\mathscr{X}^+$ 上的最大限制.

参看 Yosida 著的《泛函分析》中的第九章 §13.

现在回过来看 Stone 定理 (定理 7.3.5), 先看几个注.

注 1 设 $\{T(t)|t \geqslant 0\}$ 是一个强连续酉算子半群, 即对于 $\forall t, T(t)$ 是酉算子. 那么, 当

$$U(t)=\begin{cases}T(t), & t \geqslant 0,\\ T(-t)^*, & t<0\end{cases} \tag{7.3.2}$$

时, $\{U(t)|-\infty<t<+\infty\}$ 构成一个单参数强连续酉算子群.

事实上, 群性质由 $T(t)$ 的半群性质和酉性质导出, 而强连续性则由定理 7.3.3 导出.

注 2 关于 $\{T(t)|t \geqslant 0\}$ 的强连续性假设 (3) (定义 7.3.1) 可以被下列弱连续性假设 $(3)'$ 所代替:

$(3)'$ $\forall x, y \in \mathscr{H}, t \mapsto (U(t)x, y)$ 连续.

事实上, $\|U(t)x\|=\|x\|$, 所以当 $t \to 0$ 时, $\|U(t)x\| \to \|x\|$. 从而由弱收敛性以及模收敛可推出强收敛.

注 3 进一步假设 $\mathscr{H}$ 是可分的, 则弱连续性假设 $(3)'$ 还可以被下列弱可测条件 $(3)''$ 所代替:

$(3)''$ $\forall x, y \in \mathscr{H}, (U(t)x, y)$ 是可测函数.

证 由弱可测条件 $(3)''$ 以及 Riesz 表示定理可知, 对于 $\forall a \in \mathbb{R}, \forall y \in \mathscr{H}, \exists y_a \in \mathscr{H}$, 使得

$$(y_a, x)=\int_0^a (U(t)y, x)\mathrm{d}t, \quad \forall x \in \mathscr{H} \tag{7.3.3}$$

成立. 由于 $\left|\int_0^a (U(t)y, x)\mathrm{d}t\right| \leqslant |a|\|y\|\|x\|$, 可见

$$\|y_a\| \leqslant |a|\|y\|.$$

令

$$D=\left\{y_a \in \mathscr{H} \middle| \forall a \in \mathbb{R}, y \in \mathscr{H}, y_a \text{ 满足 (7.3.3) 式}\right\}.$$

(1) $U(t)$ 在 D 上弱连续, 这是因为

$$\begin{aligned}(U(t)y_a, z) &= (y_a, U(-t)z)\\ &= \int_0^a (U(s)y, U(-t)z)\mathrm{d}s\\ &= \int_t^{a+t} (U(s)y, z)\mathrm{d}s.\end{aligned}$$

(2) D 在 $\mathscr{H}$ 中稠密.

若不然, 设 $z \in D^{\perp}$. 任取 $\mathscr{H}$ 的一组完备正交基 $\{e_n\}_1^{\infty}$, 则对于 $\forall a \in \mathbb{R}$,

$$0 = (e_{n_a}, z) = \int_0^a (U(t)e_n, z)\mathrm{d}t,$$

推得

$$(U(t)e_n, z) = 0, \quad \text{a.e.}, n = 1, 2, \cdots,$$

从而 $\exists t_0 \in \mathbb{R}$, 使得

$$(U(t_0)e_n, z) = 0, \quad n = 1, 2, \cdots.$$

于是 $U(-t_0)z = 0$, 故 $z = \theta$. 得到矛盾.

综合 (1), (2) 知 $(3)'' \Rightarrow (3)'$. ■

定理 7.3.4 设 $\{U(t) | t \in \mathbb{R}\}$ 是一个弱可测酉算子群, 则必有一个自伴算子 A, 使得 $\mathrm{i}A$ 是它的生成元.

证 记 $T_+(t) = U(t)$, 当 $t \geqslant 0$ 时, $\{T_+(t) | t \geqslant 0\}$ 是一个强连续酉算子半群, 设其生成元为 B. 令 $A = -\mathrm{i}B$, 则

$$A \text{ 自伴} \iff B = -B^*.$$

然而由生成元的定义,

$$\begin{aligned}Bx &= \lim_{t\to 0+} t^{-1}(T_+(t) - I)x\\ &= \lim_{t\to 0+} U(t)t^{-1}(I - U(-t))x\\ &= -\lim_{t\to 0+} U(t)t^{-1}(U^*(t) - I)x\\ &= -B^*x,\end{aligned}$$

故 $B=-B^*$. 所以 A 是自伴算子. 由于 $B=\mathrm{i}A$, 定理获证. ■

定理 7.3.4 的逆命题也成立. 设 A 是一个自伴算子, 它有谱分解

$$A=\int_{-\infty}^{+\infty}\lambda\mathrm{d}E_\lambda. \tag{7.3.4}$$

令

$$U(t)=\int_{-\infty}^{+\infty}\mathrm{e}^{\mathrm{i}t\lambda}\mathrm{d}E_\lambda,\quad t\in\mathbb{R}, \tag{7.3.5}$$

则由算符演算知

$$U^*(t)=U(-t)=U(t)^{-1},$$

并且不难验证 $\{U(t)|t\in\mathbb{R}\}$ 构成 $\mathscr{H}$ 上的一个强连续酉算子群, 而且它的生成元是 $\mathrm{i}A$.

总结起来, 得到下面的单参数强连续酉算子群的表示定理.

定理 7.3.5 (Stone 定理) 为使闭稠定算子 B 是 Hilbert 空间 $\mathscr{H}$ 上的一个单参数强连续酉算子群 $\{U(t)|t\in\mathbb{R}\}$ 的无穷小生成元, 必须且仅须存在自伴算子 A, 使得 $B=\mathrm{i}A$. 此时,

$$U(t)=\exp(\mathrm{i}tA), \tag{7.3.6}$$

或者用 A 的谱族 $\{E_\lambda|-\infty<\lambda<+\infty\}$ 来表示:

$$U(t)=\int_{-\infty}^{+\infty}\mathrm{e}^{\mathrm{i}t\lambda}\mathrm{d}E_\lambda. \tag{7.3.7}$$

当关系式 (7.3.6) 或 (7.3.7) 成立时, 我们称自伴算子 A 生成强连续酉算子群 $\{U(t)|t\in\mathbb{R}\}$.

3.2 Stone 定理的应用

1. Bochner 定理

定理 7.3.6 (Bochner 定理) 为使复值连续函数 $f(t),-\infty<t<+\infty$, 有积分表示

$$f(t)=\int_{-\infty}^{+\infty}\mathrm{e}^{\mathrm{i}t\lambda}\mathrm{d}v(\lambda), \tag{7.3.8}$$

其中 $v(\lambda)$ 是非减的有界右连续函数, 必须且仅须 $f(t)$ 是正定的, 即对于任意具有紧支集的连续函数 φ,

$$\int_{-\infty}^{+\infty}\int_{-\infty}^{+\infty} f(t-s)\varphi(t)\overline{\varphi(s)}\mathrm{d}t\mathrm{d}s \geqslant 0. \tag{7.3.9}$$

注 在第六章 §4 中讨论的 Hamburger 矩问题是积分表示 (7.3.8) 式的离散情形. Bochner 定理 (定理 7.3.6) 的证明思路与定理 6.4.19 的证明相仿.

证 运用积分形式 (7.3.8), 直接验证可得不等式 (7.3.9), 于是必要性成立.

兹证充分性, 即假定 $f(t)$ 满足不等式 (7.3.9), 要证明 $f(t)$ 有积分表示 (7.3.8) 式. 为此, 构造空间

$$L = \left\{ x(t) : \mathbb{R} \longrightarrow \mathbb{C} \middle| \text{除了有穷个 } t \text{ 值外}, x(t) = 0 \right\}. \tag{7.3.10}$$

按函数的加法与数乘规定 L 上的运算, 并定义

$$(x, y) = \sum_{-\infty<t,s<+\infty} f(t-s)x(t)\overline{y(s)}, \quad \forall x(\cdot), y(\cdot) \in L. \tag{7.3.11}$$

由于 f 是正定的, 故有

$$(x, x) \geqslant 0, \quad \forall x \in L.$$

在 L 上引入平移算子 U_τ:

$$(U_\tau x)(t) = x(t-\tau), \tag{7.3.12}$$

则易见

$$(U_\tau x, U_\tau y) = (x, y),$$
$$U_\tau U_\sigma = U_{\tau+\sigma},$$
$$U_0 = I.$$

注意到 L 不是内积空间, 为此令

$$N=\{x\in L|(x,x)=0\}.$$

作商空间 L/N. 于是 L/N 是内积空间, 它的内积为

$$([x],[y])=(x,y), \tag{7.3.13}$$

其中 $[x],[y]$ 分别表示 x,y 在商空间中的陪集. 商空间上, 内积之所以有意义是因为 $(x,y)=0,\forall x\in L,y\in N$. 记此商空间的完备空间为 $\mathscr{H}$, 于是 $\mathscr{H}$ 是一个 Hilbert 空间.

因为 $U_\tau N\subseteq N$, 所以由 U_τ 自然导出商空间 L/N 上的算子 $\widehat{U}_\tau$:

$$\widehat{U}_\tau[x]=[U_\tau x],\quad \forall x\in L,\tau\in\mathbb{R}. \tag{7.3.14}$$

$\widehat{U}_\tau$ 可以连续延拓到整个 $\mathscr{H}$ 上, 仍记成 $\widehat{U}_\tau$. 由 U_τ 的性质可知, $\{\widehat{U}_\tau|\tau\in\mathbb{R}\}$ 是 $\mathscr{H}$ 上的酉算子群.

将证明 $\{\widehat{U}_\tau|\tau\in\mathbb{R}\}$ 是强连续的. 对任意的 $x\in L$,

$$\begin{aligned}
\|\widehat{U}_{\tau_1}[x]-\widehat{U}_{\tau_2}[x]\|^2&=\|U_{\tau_1}x-U_{\tau_2}x\|^2\\
&=\|U_{|\tau_1-\tau_2|}x-x\|^2\\
&=2\|x\|^2-2\mathrm{Re}(U_{|\tau_1-\tau_2|}x,x)\\
&=2\mathrm{Re}(\|x\|^2-(U_{|\tau_1-\tau_2|}x,x))\\
&=2\mathrm{Re}\bigg(\sum_{t,s}f(t-s)x(t)\overline{x(s)}\\
&\quad-\sum_{t,s}f(t-s)x(t-|\tau_1-\tau_2|)\overline{x(s)}\bigg)\\
&=2\mathrm{Re}\left\{\sum_{t,s}\big[f(t-s)-f(t-s+|\tau_1-\tau_2|)\big]x(t)\overline{x(s)}\right\}.
\end{aligned}$$

由 f 的连续性得到, 当 $|\tau_1-\tau_2|\to 0$ 时,

$$\|\widehat{U}_{\tau_1}[x]-\widehat{U}_{\tau_2}[x]\|^2\to 0.$$

于是 $\{\widehat{U}_\tau|\tau\in\mathbb{R}\}$ 构成 $\mathscr{H}$ 上的一个强连续酉算子群.

根据 Stone 定理 (定理 7.3.5), 存在谱族 $\{E_\lambda|-\infty<\lambda<+\infty\}$,

$$\widehat{U}_\tau=\int_{-\infty}^{+\infty}\mathrm{e}^{\mathrm{i}\tau\lambda}\mathrm{d}E_\lambda. \tag{7.3.15}$$

现在取

$$x_0(t)=\begin{cases}1, & 当\ t=0,\\ 0, & 当\ t\neq 0,\end{cases} \tag{7.3.16}$$

则 $x_0\in L$. 此时,

$$f(\tau)=(U_\tau x_0,x_0)=([U_\tau x_0],[x_0])=(\widehat{U}_\tau[x_0],[x_0]),$$

即得

$$f(\tau)=\int_{-\infty}^{+\infty}\mathrm{e}^{\mathrm{i}\tau\lambda}\mathrm{d}\|E_\lambda[x_0]\|^2. \tag{7.3.17}$$

■

2. Schrödinger 方程的解

量子力学的基本方程是 Schrödinger 方程

$$\mathrm{i}\hbar\frac{\partial}{\partial t}\psi(x,t)=H\psi(x,t), \tag{7.3.18}$$

其中 H 是 Hamilton 算子 $-\dfrac{\hbar^2}{2m}\Delta+V(x),\hbar=\dfrac{h}{2\pi},h$ 是 Plank 常数, 而 $\psi(x,t)$ 是波函数, $|\psi(x,t)|^2$ 的物理意义是: 在时刻 t, 粒子出现在点 x 处的概率密度. 确切地说, 对于任意 Borel 集 $E\subset\mathbb{R}^3$, 积分 $\int_E|\psi(x,t)|^2\mathrm{d}x$ 表示在时刻 t, 粒子进入区域 E 的概率. 特别地, $\int_{\mathbb{R}^3}|\psi(x,t)|^2\mathrm{d}x=1$, 即波函数是归一的.

Schrödinger 方程的解联系着初始时刻的波函数 $\psi(x,0)$ 与 t 时刻的波函数 $\psi(x,t)$. 定义

$$U(t):\psi(x,0)\mapsto\psi(x,t). \tag{7.3.19}$$

于是 $U(t)$ 是全体波函数集上的一个变换. 物理过程要求

$$U(t+s) = U(t)U(s).$$

又因为波函数是归一的, 推知 $U(t)$ 是等距的. 因此 $\{U(t) | -\infty < t < +\infty\}$ 是一族单参数酉群, 并且自然可以要求 $U(t)$ 是弱可测的. 于是应用 Stone 定理 (定理 7.3.5), H 必是自伴算子, 并且

$$\psi(x,t) = U(t)\psi(x,0) = \mathrm{e}^{-\mathrm{i}\frac{1}{\hbar}Ht}\psi(x,0). \tag{7.3.20}$$

Stone 定理 (定理 7.3.5) 不但给出 Schrödinger 方程的解, 而且还断定 Hamilton 算子 H 必须是自伴算子. 在方程 (7.3.18) 中 $-\dfrac{\hbar^2}{2m}\Delta + V(x)$ 只是形式确定的, 并没有给出边界条件. Stone 定理 (定理 7.3.5) 则提供了算子 $-\dfrac{\hbar^2}{2m}\Delta + V(x)$ 定义域的限制. 这对物理问题的求解起了积极的作用.

3. 遍历 (ergodic) 定理

完整的经典力学系统, 可看成具有 $2n$ 个自由度的粒子, 其相空间由 $\mathbb{R}^{2n}$ 中的点 $x = (q_1, q_2, \cdots, q_n; p_1, p_2, \cdots, p_n)$ 来描述, 其中 q_i 是位置坐标, p_i 是动量坐标. 相空间上的点 x 遵从 Hamilton 方程组

$$\begin{cases} \dot{q}_i = \dfrac{\partial H}{\partial p_i}, \\ \dot{p}_i = -\dfrac{\partial H}{\partial q_i}, \quad i = 1, 2, \cdots, n, \end{cases} \tag{7.3.21}$$

其中 $H = H(q,p)$ 表示这个力学系统的能量, 称为 Hamilton 量. 从方程组容易看出 Hamilton 量是这个方程组的一个第一积分. 换句话说, 在相空间上的点只能在一个等能量面上运动. 只要 Hamilton 函数 $H(q,p)$ 有 2 次可微性, 并且假设它的等能量面是紧的, 那么由常微分方程存在性理论, 这个方程组存在整体解. 这样一来, 这个方程组决定了从初值 x_0 到 $x(t)$ 的连续变换 $\varGamma_t$. 设 $H(x_0) = c$,

记 $\Sigma_c = H^{-1}(c) \subset \mathbb{R}^{2n}$, 则对于每一个 $t \in \mathbb{R}$,

$$\Gamma_t : \Sigma_c \longrightarrow \Sigma_c. \tag{7.3.22}$$

于是 $\{\Gamma_t | t \in \mathbb{R}\}$ 构成 Σ_c 上的一个变换群,

$$\Gamma_t \Gamma_s = \Gamma_{t+s}. \tag{7.3.23}$$

在此力学系统上, Liouville 定理成立, 即

$$\Gamma_t \text{ 是 } \mathbb{R}^{2n} \longrightarrow \mathbb{R}^{2n} \text{ 中的一个保测变换.}$$

证　设 D 是 $\mathbb{R}^{2n}$ 中的一个可测集, 令 $D_t = \Gamma_t(D)$. 用 $\mathrm{mes}(D_t)$ 表示集合 D_t 的 Lebesgue 测度, 则

$$\mathrm{mes}(D_t) = \int_{D_0} \det \frac{\partial \Gamma_t x}{\partial x} \mathrm{d}x. \tag{7.3.24}$$

$\Gamma_t x = x(t)$ 满足方程组 (7.3.21), 即满足

$$\dot{x}(t) = \mathrm{grad} H(x(t)) \cdot J, \quad x(0) = x, \tag{7.3.25}$$

其中

$$\begin{aligned} \mathrm{grad} H &= \left(\frac{\partial H}{\partial q_1}, \frac{\partial H}{\partial q_2}, \cdots, \frac{\partial H}{\partial q_n}, \frac{\partial H}{\partial p_1}, \cdots, \frac{\partial H}{\partial p_n} \right), \\ J &= \begin{pmatrix} 0 & I \\ -I & 0 \end{pmatrix}_{2^n \times 2^n}. \end{aligned} \tag{7.3.26}$$

当 $x \to 0$ 时, $x(t) = x + t\mathrm{grad} H(x) \cdot J + O(t^2)$. 因此,

$$\frac{\partial \Gamma_t x}{\partial x} = I + t \frac{\partial \mathrm{grad} H \cdot J}{\partial x} + O(t^2).$$

由于对于任意矩阵 A,

$$\det(I + tA) = 1 + t \mathrm{tr}\, A + O(t^2),$$

以及

$$\operatorname{tr}\frac{\partial}{\partial x}(\operatorname{grad}H\cdot J)=0,$$

故

$$\det\frac{\partial\Gamma_t x}{\partial x}=1+O(t^2),\quad \text{当 } t\to 0 \text{ 时}.$$

代入 (7.3.24) 式, 当 $t\to 0$ 时, 有

$$\operatorname{mes}(D_t)=\int_{D_0}(1+O(t^2))\mathrm{d}x.$$

由于起始时刻可以任意, 上面讨论中可用任意时刻 t_0 代替 $t=0$, 从而有

$$\frac{\mathrm{d}}{\mathrm{d}t}\operatorname{mes}(D_t|_{t=t_0})=0.$$

故 $\operatorname{mes}(D_t)=\text{const.}$, 于是 Liouville 定理成立. ■

现在考虑能量曲面 Σ_c, 在 Σ_c 上引入测度

$$\mathrm{d}\sigma=\frac{\mathrm{d}S}{\|\operatorname{grad}H\|_{L^2(\mathbb{R}^{2n})}},\tag{7.3.27}$$

其中 $\mathrm{d}S$ 是 $\mathbb{R}^{2n}$ 上 Lebesgue 测度在能量曲面 Σ_c 上导出的曲面测度. 由 Liouville 定理立知 $\mathrm{d}\sigma$ 是 Σ_c 上的关于变换 Γ_t 的一个不变测度, 即 $\forall\Lambda\subset\Sigma_c,\sigma(\Lambda)=\sigma(\Gamma_t\Lambda)$.

考察空间 $L^2(\Sigma_c,\mathrm{d}\sigma)$. 在这个空间上引入 Γ_t 的一个算子表示: $\forall f\in L^2(\Sigma_c,\mathrm{d}\sigma)$,

$$(U(t)f)(x)=f(\Gamma_t x),\quad x\in\Sigma_c.\tag{7.3.28}$$

由 Γ_t 的不变性, 立得

$$\int_{\Sigma_c}|f(\Gamma_t x)|^2\mathrm{d}\sigma(x)=\int_{\Sigma_c}|f(x)|^2\mathrm{d}\sigma(x),\tag{7.3.29}$$

这表示 $U(t)$ 是等距的. 又因为 Γ_t 是连续变换群, 所以有

$$U(t+s)=U(t)U(s),\quad\forall t,s\in\mathbb{R},\tag{7.3.30}$$

并且 $U(t)$ 是在上的. 这就得到 $\{U(t)|-\infty < t < +\infty\}$ 是 $L^2(\Sigma_c, \mathrm{d}\sigma)$ 上的一个酉算子群. 这个算子还是弱可测的.

在热力学中有一个基本定律: 任何孤立系统趋于平衡态. 在这个假设下, 为了观察一个系统的任何物理量, 往往通过长时间的观测, 取物理量在过程中的平均, 即

$$\frac{1}{T}\int_0^T f(\Gamma_t x)\mathrm{d}t,$$

然后令 $T \to \infty$, 以极限值表示对该物理量的观测值. 于是自然要问: 这个极限存在吗? 在什么条件下存在? 以及极限在什么意义下存在?

当运用 Γ_t 的酉算子表示 (7.3.25) 式时, 上述极限问题化归为求极限

$$\lim_{T\to\infty}\frac{1}{T}\int_0^T U(t)f\mathrm{d}t.$$

利用 Stone 定理 (定理 7.3.5), 我们可证明下列平均遍历 (mean ergodic) 定理.

定理 7.3.7 (Von Neumann 平均遍历定理)　设 $\{U(t)|t \in \mathbb{R}\}$ 是 Hilbert 空间 $\mathscr{H}$ 上的一个单参数强连续酉算子群. 令 $\mathscr{H}_0 = \{y \in \mathscr{H}|\forall t, U(t)y = y\}, \mathscr{H}_0$ 是 $\mathscr{H}$ 的子空间. 记 P 是 $\mathscr{H}$ 到 $\mathscr{H}_0$ 的投影, 则下列极限存在

$$\lim_{T\to\infty}\frac{1}{T}\int_0^T U(t)x\mathrm{d}t = Px, \quad \forall x \in \mathscr{H}. \tag{7.3.31}$$

证　由 Stone 定理 (定理 7.3.5), 我们有

$$U(t) = \int_{-\infty}^{+\infty} \mathrm{e}^{\mathrm{i}t\lambda}\mathrm{d}E_\lambda,$$

其中 $\{E_\lambda|\lambda \in \mathbb{R}\}$ 是酉算子群 $\{U(t)|t \in \mathbb{R}\}$ 的生成元的谱族. 引入函数

$$e(\lambda) = \begin{cases} 1, & \lambda = 0, \\ 0, & \lambda \neq 0. \end{cases}$$

因为

$$\frac{1}{T}\int_0^T \mathrm{e}^{\mathrm{i}t\lambda}\mathrm{d}t = \begin{cases} \dfrac{\mathrm{e}^{\mathrm{i}\lambda T}-1}{\mathrm{i}\lambda T}, & \lambda \neq 0, \\ 1, & \lambda = 0, \end{cases}$$

所以

$$\lim_{T\to\infty}\frac{1}{T}\int_0^T \mathrm{e}^{\mathrm{i}t\lambda}\mathrm{d}t = e(\lambda).$$

由 Fubini 定理, 以及 Lebesgue 控制收敛定理,

$$\begin{aligned}&\left\|\frac{1}{T}\int_0^T U(t)x\mathrm{d}t - E_{\{0\}}x\right\|^2 \\ &\quad = \int_{-\infty}^{+\infty}\left|\frac{1}{T}\int_0^T \mathrm{e}^{\mathrm{i}\lambda t}\mathrm{d}t - e(\lambda)\right|^2 \mathrm{d}\|E_\lambda x\|^2 \\ &\quad \to 0, \quad 当\ T\to\infty.\end{aligned}$$

故

$$\lim_{T\to\infty}\frac{1}{T}\int_0^T U(t)x\mathrm{d}t = E_{\{0\}}x.$$

接下来证 $E_{\{0\}} = P$, 只要证明它们有相同值域即可. 因为

$$U(t)E_{\{0\}}x = \int_{-\infty}^{+\infty}\mathrm{e}^{\mathrm{i}t\lambda}\mathrm{d}E_\lambda E_{\{0\}}x = E_{\{0\}}x,$$

故 $E_{\{0\}}x \in \mathscr{H}_0$. 这说明 $R(E_{\{0\}}) \subset R(P)$. 另一方面, 对于任意 $y \in \mathscr{H}_0$,

$$E_{\{0\}}y = \lim_{T\to\infty}\frac{1}{T}\int_0^T U(t)y\mathrm{d}t = y,$$

推得 $y \in E_{\{0\}}\mathscr{H}$. 故 $R(P) \subset R(E_{\{0\}})$. 于是 $E_{\{0\}} = P$, (7.3.31) 式得证. ■

定理 7.3.7 的证明还给出了如下的结论: 0 是单参数强连续酉算子群的生成元的特征值, 相应的特征空间即生成元的核是酉算子群的不动点的全体.

将 Von Neumann 平均遍历定理 (定理 7.3.7) 用到前面所讨论的力学系统, 则有下面推论.

推论 7.3.8 设 $\{\Gamma_t | -\infty < t < +\infty\}$ 是由 Hamilton 方程组 (7.3.21) 所决定的能量曲面 Σ_c 上保持测度 σ 不变的运动, 则对于任意 $f \in L^2(\Sigma_c, \mathrm{d}\sigma)$, 下列极限在 L^2 意义下存在:

$$\lim_{T\to\infty} \frac{1}{T}\int_0^T f(\Gamma_t x)\mathrm{d}t = \overline{f}(x). \tag{7.3.32}$$

而且极限函数满足

$$\int_{\Sigma_c} \overline{f}(x)\mathrm{d}\sigma(x) = \int_{\Sigma_c} f(x)\mathrm{d}\sigma(x). \tag{7.3.33}$$

证 考虑 Γ_t 的酉算子表示, 则 $\{U(t)| -\infty < t < +\infty\}$ 是单参数弱可测酉算子群, 由注 2 和注 3, $\{U(t)| -\infty < t < +\infty\}$ 是强连续的. 因为

$$\frac{1}{T}\int_0^T f(\Gamma_t x)\mathrm{d}t = \frac{1}{T}\int_0^T (U(t)f)(x)\mathrm{d}t,$$

由 Von Neumann 平均遍历定理 (定理 7.3.7) 得到 (7.3.32) 式. 因此只要证明 (7.3.33) 式. 极限 (7.3.32) 式是在 $L^2(\Sigma_c, \mathrm{d}\sigma)$ 意义下成立. 由于 $\sigma(\Sigma_c) < +\infty$, 所以 (7.3.32) 式在 $L^1(\Sigma_c, \mathrm{d}\sigma)$ 意义下也成立. 于是由 Fubini 定理,

$$\begin{aligned}
\int_{\Sigma_c} \overline{f}(x)\mathrm{d}\sigma(x) &= \lim_{T\to\infty}\int_{\Sigma_c}\frac{1}{T}\int_0^T f(\Gamma_t x)\mathrm{d}t\mathrm{d}\sigma(x) \\
&= \lim_{T\to\infty}\frac{1}{T}\int_0^T \mathrm{d}t\int_{\Sigma_c} f(\Gamma_t x)\mathrm{d}\sigma(x) \\
&= \int_{\Sigma_c} f(x)\mathrm{d}\sigma(x).
\end{aligned}$$

■

除了上述的在 $L^2(\Sigma_c, \mathrm{d}\sigma)$ 及 $L^1(\Sigma_c, \mathrm{d}\sigma)$ 意义下, 物理量对时

间的平均, 当 T 趋于 ∞ 时, 存在平均极限, 事实上, 这个极限还是几乎处处 σ 测度下成立. 这就是下面的定理.

定理 7.3.9 (Birkhoff 个别遍历定理) 设 $\{\Gamma_t|-\infty<t<+\infty\}$ 是由 Hamilton 方程组 (7.3.21) 所决定的能量曲面 Σ_c 上保持测度 σ 不变的运动, 则对于任意 $f\in L^p(\Sigma_c,\mathrm{d}\sigma)\,,p=1,2$, 极限

$$\lim_{T\to\infty}\frac{1}{T}\int_0^T f(\Gamma_t x)\mathrm{d}t=\overline{f}(x),\quad \sigma\to\text{a.e.}. \tag{7.3.34}$$

由于本课程不准备涉及遍历论较深刻的内容, 这个定理我们就不证明了. 有兴趣的读者可参看 Yosida 著的《泛函分析》中的第八章 §2, 或者 Cornfeld, Fomin 和 Sinai 著的 *Ergodic Theory* (Springer-Verlag, 1980).

定义 7.3.10 相空间 $(\Sigma_c,\mathrm{d}\sigma)$ 上的保测变换群 $\{\Gamma_t|-\infty<t<+\infty\}$ 称为是**遍历的**, 如果对于任意 $f\in L^p(\Sigma_c,\mathrm{d}\sigma)\,,p=1,2$, 极限

$$\lim_{T\to\infty}\frac{1}{T}\int_0^T f(\Gamma_t x)\mathrm{d}x$$

是一个常值函数.

推论 7.3.11 若 $\{\Gamma_t|-\infty<t<+\infty\}$ 是遍历的, 则对于 $\forall f\in L^2(\Sigma_c,\mathrm{d}\sigma)\,,p=1,2$,

$$\lim_{T\to\infty}\frac{1}{T}\int_0^T f(\Gamma_t x)\mathrm{d}t=\frac{1}{\sigma(\Sigma_c)}\int_{\Sigma_c}f(x)\mathrm{d}\sigma(x). \tag{7.3.35}$$

证 由遍历性假设, $E_{\{0\}}$的值域只能是一维的, 而且只能由常值函数组成, 所以由 (7.3.33) 式,

$$\overline{f}\sigma(\Sigma_c)=\int_{\Sigma_c}f(x)\mathrm{d}\sigma(x).$$

于是得到 (7.3.35) 式. ∎

根据平均遍历定理 (7.3.35) 在 $L^2(\Sigma_c,\mathrm{d}\sigma)$ 或 $L^1(\Sigma_c,\mathrm{d}\sigma)$ 意义下成立, 而根据个别遍历定理 (7.3.35) 在几乎处处 σ 测度意义

下成立. (7.3.35) 式的物理意义是在遍历性假设下物理量的时间平均等于相空间平均 (几乎处处意义下相等).

所以做这样的定义是由于有下面的定理.

定理 7.3.12 $\{\Gamma_t | -\infty < t < +\infty\}$ 是遍历的充要条件是如果 Σ_c 内可测集 E 在 Γ_t 下不变, 即 $\Gamma_t E = E$, 则有 $\sigma(E) = 0$ 或者 $\sigma(E) = \sigma(\Sigma_c)$.

证 $\{\Gamma_t | -\infty < t < +\infty\}$ 是遍历的 $\Longleftrightarrow \forall f \in L^2(\Sigma_c, \mathrm{d}\sigma)$, $E_{\{0\}} f = \dfrac{1}{\sigma(\Sigma_c)} \displaystyle\int_{\Sigma_c} f(x) \mathrm{d}\sigma(x)$; 又

$$\begin{aligned} \Gamma_t E = E &\Longleftrightarrow U(t)\chi_E = \chi_E, \forall t \in \mathbb{R} \\ &\Longleftrightarrow E_{\{0\}}\chi_E = \chi_E, \end{aligned}$$

其中 $\chi_E(x)$ 是可测集 E 的示性函数.

必要性. 取 $f = \chi_E$, 则 $\chi_E = E_{\{0\}}\chi_E = \dfrac{\sigma(E)}{\sigma(\Sigma_c)}$ 是常值函数, 只能是 0 或 1, 即得 $\sigma(E) = 0$ 或者 $\sigma(E) = \sigma(\Sigma_c)$.

充分性. 设 $f \in R(E_{\{0\}})$, 则 $f(\Gamma_t x) = f(x)$ 对于 $\forall t \in \mathbb{R}$ 成立. $\forall a \in \mathbb{R}$, 令

$$F_a = \left\{x \in \Sigma_c \middle| f(x) < a\right\}. \tag{7.3.36}$$

于是 $\Gamma_t F_a = Fa$, 由假设 $\sigma(F_a) = 0$ 或者 1, 推得 f 必是一常值函数. 因此 $\{\Gamma_t | -\infty < t < +\infty\}$ 是遍历的. ■

定理 7.3.12 说明, 运动 $\{\Gamma_t | t \in \mathbb{R}\}$ 遍历是指相空间 Σ_c 上不存在一个真正的可测子集 E, 使得流 Γ_t 保持 E 不变. 换句话说, 在时间平均意义下, Σ_c 的各部分将逐渐转移到 Σ_c 的其他各部分, 以及从任意初态 $x \in \Sigma_c$ 出发, $\Gamma_t x$ 几乎处处跑遍整个相空间 Σ_c, 这就是统计力学 "各态历经" 或遍历性的意义.

3.3 Trotter 乘积公式

考察 $L^2(\mathbb{R}^3)$ 中自由粒子的 Schrödinger 方程

$$\mathrm{i}\hbar\frac{\partial\psi(x,t)}{\partial t}=-\frac{\hbar^2}{2m}\Delta\psi(x,t). \tag{7.3.37}$$

$H_0=-\dfrac{\hbar^2}{2m}\Delta$ 在定义域 $H^2(\mathbb{R}^3)$ 上是自伴算子. 由 Stone 定理 (定理 7.3.5), 波函数随时间的发展是

$$\psi(x,t)=\mathrm{e}^{-\mathrm{i}\frac{H_0}{\hbar}t}\psi(x,0).$$

现在考虑有外场作用的自由粒子, 相应的 Schrödinger 方程是

$$\mathrm{i}\hbar\frac{\partial\psi(x,t)}{\partial t}=-\frac{\hbar^2}{2m}\Delta\psi(x,t)+V(x)\psi(x,t). \tag{7.3.38}$$

令 $H_1=V$ 为 $L^2(\mathbb{R}^3)$ 上的乘积算子. 在定义域

$$D(H_1)=\left\{u\in L^2(\mathbb{R}^3)\middle|Vu\in L^2(\mathbb{R}^3)\right\}$$

上, H_1 是自伴算子, 它生成强连续酉群 $\left\{\mathrm{e}^{\mathrm{i}\frac{H_1}{\hbar}t}\middle|t\in\mathbb{R}\right\}$. 于是, 在外场 V 下, 自由粒子的能量算子 $H=H_0+H_1$. 对于适当的势函数 V (例如, 取例 6.5.11 中的势函数), 在定义域 $H^2(\mathbb{R}^3)$ 上, H 也是自伴算子. 自由粒子在外场作用下的波函数通过强连续酉算子群 $\left\{\mathrm{e}^{-\mathrm{i}\frac{H}{\hbar}t}\middle|t\in\mathbb{R}\right\}$ 作用在初值上得到

$$\psi(x,t)=\mathrm{e}^{-\mathrm{i}\frac{H}{\hbar}t}\psi(x,0). \tag{7.3.39}$$

方程 (7.3.37) 可通过变量分离方法容易求解. 方程 (7.3.38) 的解一般不能通过显式给出, 这是因为酉算子 $\mathrm{e}^{-\mathrm{i}\frac{H}{\hbar}t}$ 比 $\mathrm{e}^{-\mathrm{i}\frac{H_0}{\hbar}t}$ 复杂. 于是为了讨论 (7.3.39) 式给出的波函数, 自然希望通过相对简单的酉群 $\left\{\exp\left(-\mathrm{i}\dfrac{H_0}{\hbar}t\right)\middle|t\in\mathbb{R}\right\}$ 与酉群 $\left\{\exp\left(-\mathrm{i}\dfrac{H_1}{\hbar}t\right)\middle|t\in\mathbb{R}\right\}$ 来得到酉群 $\left\{\exp\left(-\mathrm{i}\dfrac{H_0+H_1}{\hbar}t\right)\middle|t\in\mathbb{R}\right\}$. 因为算子乘积不可交换,

$\exp\left(-\mathrm{i}\dfrac{H_0+H_1}{\hbar}t\right)$ 不是 $\exp\left(-\mathrm{i}\dfrac{H_0}{\hbar}t\right)$ 与 $\exp\left(-\mathrm{i}\dfrac{H_1}{\hbar}t\right)$ 的乘积. 那么它们之间的关系如何呢?

首先讨论有穷维空间的情形, 此时线性算子用矩阵表示. 设 A 和 B 是矩阵, 问题就化为矩阵 $\mathrm{e}^{t(A+B)}$ 如何通过 e^{tA} 和 e^{tB} 来表示. 我们有如下的乘积公式.

引理 7.3.13 (Lie 乘积公式) 设 A 和 B 是有穷维空间上的矩阵, 则

$$\mathrm{e}^{A+B}=\lim_{n\to\infty}\left(\mathrm{e}^{\frac{A}{n}}\mathrm{e}^{\frac{B}{n}}\right)^n. \tag{7.3.40}$$

证 记 $S_n=\mathrm{e}^{\frac{A+B}{n}}, T_n=\mathrm{e}^{\frac{A}{n}}\mathrm{e}^{\frac{B}{n}}$,

$$\begin{aligned}S_n^n-T_n^n&=S_n^n-S_n^{n-1}T_n+S_n^{n-1}T_n-S_n^{n-2}T_n^2\\&\quad+S_n^{n-2}T_n^2-\cdots-S_nT_n^{n-1}+S_nT_n^{n-1}-T_n^n\\&=\sum_{j=0}^{n-1}S_n^j(S_n-T_n)T_n^{n-1-j}.\end{aligned}$$

记 $M=\max(\|S_n\|,\|T_n\|)$, 则 $M\leqslant \mathrm{e}^{\frac{\|A\|+\|B\|}{n}}$. 于是,

$$\begin{aligned}\|S_n^n-T_n^n\|&\leqslant nM^{n-1}\|S_n-T_n\|\\&\leqslant n\|S_n-T_n\|\mathrm{e}^{\|A\|+\|B\|}.\end{aligned}$$

因为有下列估计:

$$\begin{aligned}\|S_n-T_n\|&=\left\|\sum_{j=0}^{\infty}\frac{1}{j!}\left(\frac{A+B}{n}\right)^j-\sum_{j=0}^{\infty}\frac{1}{j!}\left(\frac{A}{n}\right)^j\sum_{j=0}^{\infty}\frac{1}{j!}\left(\frac{B}{n}\right)^j\right\|\\&\leqslant C/n^2,\end{aligned}$$

其中 C 仅依赖 $\|A\|$ 和 $\|B\|$, 所以

$$\lim_{n\to\infty}\|S_n^n-T_n^n\|=0.$$

■

对于无穷维 Hilbert 空间, 引理 7.3.13 可推广到无界自伴算子情形.

定理 7.3.14 (Trotter 乘积公式) 设 A 和 B 是 Hilbert 空间 $\mathscr{H}$ 上的自伴算子, 设 $A+B$ 在 $D=D(A)\cap D(B)$ 上自伴, 则

$$\mathrm{e}^{\mathrm{i}t(A+B)}=s\text{-}\lim_{n\to\infty}\left(\mathrm{e}^{\mathrm{i}\frac{t}{n}A}\mathrm{e}^{\mathrm{i}\frac{t}{n}B}\right)^n. \tag{7.3.41}$$

证 设 $x\in D$, 则当 $s\to 0$ 时,

$$\frac{1}{s}(\mathrm{e}^{\mathrm{i}sA}\mathrm{e}^{\mathrm{i}sB}x-x)=\frac{1}{s}(\mathrm{e}^{\mathrm{i}sA}x-x)+\frac{1}{s}\mathrm{e}^{\mathrm{i}sA}(\mathrm{e}^{\mathrm{i}sB}-x)\to\mathrm{i}Ax+\mathrm{i}Bx,$$
$$\frac{1}{s}(\mathrm{e}^{\mathrm{i}s(A+B)}x-x)\to\mathrm{i}(A+B)x.$$

记 $T_s=\frac{1}{s}(\mathrm{e}^{\mathrm{i}sA}\mathrm{e}^{\mathrm{i}sB}-\mathrm{e}^{\mathrm{i}s(A+B)})$, 则 $\forall x\in D,\lim\limits_{s\to 0}T_sx=0$, 此外显然有 $\lim\limits_{s\to\infty}T_sx=0$.

由于 $A+B$ 在 D 上自伴, D 在图模

$$\|x\|_{A+B}=\|x\|+\|(A+B)x\|$$

下是一个 Banach 空间. 于是 T_s 是 $(D,\|\cdot\|_{A+B})$ 到 $(\mathscr{H},\|\cdot\|)$ 的有界线性算子, 并且对于每个 $x\in D,\|T_sx\|$ 关于 s 有界. 由一致有界定理可知, 算子族 $\{T_s|s\in\mathbb{R}\}$ 一致有界, 即存在常数 C, 使得

$$\|T_sx\|\leqslant C\|x\|_{A+B},\quad \forall x\in D.$$

从而对于 Banach 空间 D 上的任意紧集 K, 极限 $\lim\limits_{s\to 0}T_sx=0$ 在 $x\in K$ 上一致成立.

易证当 $x\in D$ 时, $\mathrm{e}^{\mathrm{i}s(A+B)}x\in D$, 并且映射 $s\mapsto\mathrm{e}^{\mathrm{i}s(A+B)}x$ 是 $\mathbb{R}$ 到 $(D,\|\cdot\|_{A+B})$ 的连续映射. 由于 $[-1,1]$ 是 $\mathbb{R}$ 中的紧集, 因此对于固定的 $x\in D$, 集合 $\{\mathrm{e}^{\mathrm{i}s(A+B)}x|-1\leqslant s\leqslant 1\}$ 是 D 中的紧集, 所以,

$$\lim_{r\to 0}\frac{1}{r}\left(\mathrm{e}^{\mathrm{i}rA}\mathrm{e}^{\mathrm{i}rB}-\mathrm{e}^{\mathrm{i}r(A+B)}\right)\mathrm{e}^{\mathrm{i}s(A+B)}x=0$$

在 $s\in[-1,1]$ 上一致成立.

现在仿照引理 7.3.13 的证明方法, 通过插值

$$\begin{aligned}&\left(\mathrm{e}^{\mathrm{i}\frac{t}{n}A}\mathrm{e}^{\mathrm{i}\frac{t}{n}B}\right)^n x-\left(\mathrm{e}^{\mathrm{i}\frac{t}{n}(A+B)}\right)^n x\\&\quad=\sum_{k=0}^{n-1}\left(\mathrm{e}^{\mathrm{i}\frac{t}{n}A}\mathrm{e}^{\mathrm{i}\frac{t}{n}B}\right)^k\left(\mathrm{e}^{\mathrm{i}\frac{t}{n}A}\mathrm{e}^{\mathrm{i}\frac{t}{n}B}-\mathrm{e}^{\mathrm{i}\frac{t}{n}(A+B)}\right)\\&\qquad\cdot\left(\mathrm{e}^{\mathrm{i}\frac{t}{n}(A+B)}\right)^{n-1-k}x,\end{aligned}$$

易见

$$\begin{aligned}&\left\|\left(\mathrm{e}^{\mathrm{i}\frac{t}{n}A}\mathrm{e}^{\mathrm{i}\frac{t}{n}B}\right)^n x-\left(\mathrm{e}^{\mathrm{i}\frac{t}{n}(A+B)}\right)^n x\right\|\\&\quad\leqslant|t|\max_{|s|<t}\left\|\frac{n}{t}\left(\mathrm{e}^{\mathrm{i}\frac{t}{n}A}\mathrm{e}^{\mathrm{i}\frac{t}{n}B}-\mathrm{e}^{\mathrm{i}\frac{t}{n}(A+B)}\right)\mathrm{e}^{\mathrm{i}s(A+B)}x\right\|\\&\quad\to 0,\quad 当\ n\to\infty\ 时.\end{aligned}$$

所以,

$$\lim_{n\to\infty}(\mathrm{e}^{\mathrm{i}\frac{t}{n}A}\mathrm{e}^{\mathrm{i}\frac{t}{n}B})^n x=\mathrm{e}^{\mathrm{i}t(A+B)}x,\quad\forall x\in D.$$

由于 D 在 $\mathscr{H}$ 中稠密, 酉算子界为 1, 故上述极限在整个 $\mathscr{H}$ 上也成立. ■

定理 7.3.14 还可作如下的推广:

设 A 和 B 是自伴算子, $A+B$ 在 $D(A)\cap D(B)$ 上本质自伴, 则 Trotter 乘积公式 (7.3.41) 仍然成立.

上述的证明方法不再适用于推广后的命题, 证明要复杂得多, 超出本课程的基本范围, 我们就不去证明了. 有兴趣的读者可参看 P. R. Chernoff 的 *Semigroup Product Formulas and Addition of Unbounded Operators* (Bull. Amer Math Soc., 1970, 76: 395-398.

将 Trotter 乘积公式 (7.3.41) 用到 (7.3.39) 式, 我们得到

$$\psi(x,t)=\lim_{n\to\infty}\left(\mathrm{e}^{-\mathrm{i}\frac{H_0}{\hbar}\frac{t}{n}}\mathrm{e}^{-\mathrm{i}\frac{H_1}{\hbar}\frac{t}{n}}\right)^n\psi(x,0),$$

极限是在 L^2 意义下取的. 量子力学中著名的 Feynman 路径积分可通过上述乘积公式导出.

习　题

7.3.1　设 $\{U(t)|t\in\mathbb{R}\}$ 是 $\mathscr{H}$ 上的强连续酉算子群. D 是 $\mathscr{H}$ 中的稠集, 满足 $U(t)D\subset D,\forall t\in\mathbb{R}$. 设 $U(t)$ 在 D 上强可导, 即对于每个 $x\in D,U(t)x$ 关于 t 可微. 证明: $\mathrm{i}^{-1}\left.\dfrac{\mathrm{d}U(t)}{\mathrm{d}t}\right|_{t=0}$ 在 D 上本质自伴, 而且它的闭包是 A, 其中 A 是此酉群的生成元.

7.3.2　(Stone 定理 (定理 7.3.5) 的另一证明)　设 $\{U(t)|-\infty<t<+\infty\}$ 是 $\mathscr{H}$ 上的强连续酉算子群.

(1) $\forall f\in C_0^\infty(\mathbb{R}),\forall x\in\mathscr{H}$, 定义

$$x_f=\int_{-\infty}^{+\infty}f(t)U(t)x\mathrm{d}t,$$

积分在 Riemann 意义下有意义. 令 D 是一切 x_f 的有界线性组合构成的集合, 证明: D 是稠集.

(2) 当 $x\in D$ 时, $U(t)x$ 可导, 计算

$$\left.\frac{\mathrm{d}U(t)x}{\mathrm{d}t}\right|_{t=0}.$$

(3) 定义算子如下:

$$D(A)=D,\quad Ax=U'(0)x,$$

证明: A 是本质自伴的.

(4) 令 $V(t)=\mathrm{e}^{\mathrm{i}t\overline{A}}$, 证明: $V(t)=U(t)$.

7.3.3　设 A_n 是 $\mathscr{H}$ 上的自伴算子, 若对 $\forall x\in\mathscr{H},t\in\mathbb{R},\mathrm{e}^{\mathrm{i}tA_n}$ 在 $\mathscr{H}$ 中强收敛, 证明: 存在自伴算子 A, 使得 $A_n\to A$ (S.R.S).

7.3.4　设 U 是 $\mathscr{H}$ 上的酉算子, 则极限

$$\lim_{N\to\infty}\frac{1}{N}\sum_{n=0}^{N-1}U^nx=\overline{x}$$

存在, 而且 $U\overline{x}=\overline{x}$.

7.3.5　设 $(\Omega,\mathscr{B},\sigma)$ 是有限测度空间，设 Ω 上保测变换群 $\{\Gamma_t|t\in\mathbb{R}\}$ 是遍历的，求证:

(1) $\forall f,g\in L^2(\Omega,\mathscr{B},\sigma)$,

$$\lim_{T\to\infty}\frac{1}{T}\int_0^T(f(\Gamma_t x),g)\mathrm{d}t=\frac{1}{\sigma(\Omega)}\int_\Omega f\mathrm{d}\sigma\int_\Omega g\mathrm{d}\sigma;$$

(2) 设 $A,B\in\mathscr{B}$, 则

$$\lim_{T\to\infty}\frac{1}{T}\int_0^T\sigma(\Gamma_t A\cap B)\mathrm{d}t=\frac{1}{\sigma(\Omega)}\sigma(A)\sigma(B).$$

7.3.6　设 A 和 B 是正自伴算子，$A+B$ 在 $D(A)\cap D(B)$ 上自伴. $-A,-B$ 和 $-(A+B)$ 均可生成强连续压缩半群，分别记为 $\{T^A(t)|t\geqslant 0\},\{T^B(t)|t\geqslant 0\}$ 和 $\{T^{A+B}(t)|t\geqslant 0\}$. 证明:

$$T^{A+B}(t)=s\text{-}\lim_{n\to\infty}\left(T^A\left(\frac{t}{n}\right)T^B\left(\frac{t}{n}\right)\right)^n.$$

§ 4　Markov　过　程

在经典力学中，质点系在任何时刻的真实运动完全由任一过去时刻 t_0 的运动状况决定. 换句话说，已知 t_0 时刻质点系的状况 (相空间中的坐标，指位置和速度)，就能完全确定以后任何时刻的状况. 因此质点系状况随时间的发展完全确定，这种过程称为确定性过程. 除经典力学之外，在全部现代物理学中，必须处理这样一种比较复杂的情况: 即使知道一个体系在某时刻 t_0 乃至 t_0 以前时刻的全部情况的信息，也不足以唯一地确定该体系以后时刻的情况，而只能决定 “该体系处于某一可能情况之一” 的概率. 于是体系随时间的发展，其情况的变化是不确定的，称为随机的. 如果体系在 $t<t_0$ 的情况的信息不影响上述的概率，也就是说，这个概率只取决于 t_0 时刻情况的信息而与过去 (t_0 以前) 的信息无关,

这种现象称为无后效现象. 这种随机的过程称为无后效过程或者称为 Markov 过程 (马氏过程).

考察具有无后效现象的体系. 用 $X(t)$ 表示体系在 t 时刻的状况, $\{X(t)\}_{t=0}^{\infty}$ 是体系随时间的发展, 称为过程的轨道. 以 E 表示该体系所有可能情况的某一子集合. 那么体系在时刻 t_0 处于情况 x 而在以后的某时刻 t 转为集合 E 中的情况之一的概率用

$$\text{Prob}\{X(t) \in E | X(t_0) = x\}$$

表示, 并记成

$$P(t_0, x; t, E) = \text{Prob}\{X(t) \in E | X(t_0) = x\}.$$

这个概率称为转移概率.

如果转移概率只依赖时间间隔 $t - t_0$, 而与考虑的初始时刻 t_0 无关, 那么对于任意 s,

$$\text{Prob}\{X(t+s) \in E | X(t_0+s) = x\} = \text{Prob}\{X(t) \in E | X(t_0) = x\}.$$

这是一类特殊的转移概率, 称为齐次转移概率, 具有这种齐次转移概率的过程 $\{X(t)\}_{t\geqslant 0}$ 称为齐次 Markov 过程. 对于齐次 Markov 过程, 转移概率记成

$$P(t, x, E) = \text{Prob}\{X(t+s) \in E | X(s) = x\}.$$

研究 Markov 过程主要用两种手段: 一种是用概率方法讨论它的轨道性质, 另一种是用分析方法讨论它的转移概率. 算子半群理论是讨论 Markov 过程的转移概率的有效工具. 本节将只讨论 Markov 过程的转移概率.

4.1 Markov 转移函数

设 M 是一个完备度量空间, 称为状态空间; $\mathscr{B}$ 是 M 上一切 Borel 子集构成的集族; λ 是 $(M, \mathscr{B})$ 上的非负测度.

定义 7.4.1　函数 $P(t,x,E):\overline{\mathbb{R}}_+\times M\times\mathscr{B}\to\mathbb{R}$ 称为一个**Markov 转移函数**是指:

(1) 对于任意 $t\geqslant 0, x\in M, P(t,x,\cdot)$ 是 $(M,\mathscr{B})$ 上的一个概率测度, 即 $P(t,x,\cdot)$ 是 M 上的一个完全可加非负值集函数, 满足 $P(t,x,M)=1$;

(2) 对于任意 $t\geqslant 0, E\in\mathscr{B}, P(t,\cdot,E)$ 是 M 上的一个 Borel 可测函数;

(3) $P(0,x,E)=\chi_E(x)$ 是 E 的特征函数;

(4) 对于任意的 $t,s\geqslant 0, x\in M, E\in\mathscr{B}$,

$$P(t+s,x,E)=\int_M P(t,x,\mathrm{d}y)P(s,y,E). \tag{7.4.1}$$

(7.4.1) 式叫作 **Chapman-Kolmogorov 方程**, 简记为 C-K 方程.

若存在函数 $p(t,x,y):\overline{\mathbb{R}}_+\times M\times M\to\mathbb{R}_+$, 使得

$$P(t,x,E)=\int_E p(t,x,y)\lambda(\mathrm{d}y),$$

则称 $p(t,x,y)$ 为 **Markov 转移密度**.

我们来考察 C-K 方程. 设 $P(t,x,E)$ 是某齐次 Markov 过程的转移函数. 当过程从 x 出发, 经时间间隔 t 转移到任意点 y 的小邻域 $\mathrm{d}y$ 内的概率是 $P(t,x,\mathrm{d}y)$; 而再从 y 出发经时间间隔 s 转移到 E 内的概率, 由齐次性可知是 $P(s,y,E)$. 于是由 Markov 过程的无后效性可知, 从 x 出发经时间间隔 $t+s$ 转移到 E 内, 而于中间时刻 t 时要经过点 y 的小区域 $\mathrm{d}y$ 的概率是 $P(t,x,\mathrm{d}y)P(s,y,E)$. 由于过程在中间时刻 t 可能转移到 M 中的任何区域 $\mathrm{d}y$, 因此时间间隔 $t+s$ 中由 x 转移到 E 内的概率, 应当是 $P(t,x,\mathrm{d}y)P(s,y,E)$ 关于一切可能的 $\mathrm{d}y$ 求积分. 所以 Markov 函数满足 C-K 方程, 反映了 Markov 过程的无后效性.

记 $C_0(M)$ 为 M 上一致连续的有界函数空间. 在一致模 $\|u\|=\sup\{|u(x)|\,|\,x\in M\}$ 下, $C_0(M)$ 是一个 Banach 空间. 在 $C_0(M)$ 上

定义算子半群:

$$(T(t)u)(x) = \int_M u(y)P(t,x,\mathrm{d}y). \tag{7.4.2}$$

定义 7.4.2 一个 Markov 转移函数 $P(t,x,E)$ 称为一个 **Feller 函数**, 是指如果

$$T(t)u \in C_0(M), \quad \forall t \geqslant 0$$

对每一个 $u \in C_0(M)$ 成立.

定义 7.4.3 设 $P(t,x,E)$ 是 Markov 转移函数, $B(x,\varepsilon)$ 表示 M 中以 x 为中心、ε 为半径的球. 如果

$$\lim_{t\downarrow 0} P(t,x,B(x,\varepsilon)) = 1 \tag{7.4.3}$$

对于一切 $x \in M, \varepsilon > 0$ 成立, 就称 $P(t,x,E)$ 是**随机连续的**. 如果极限 (7.4.3) 式关于 M 中的 x 一致成立, 就称 $P(t,x,E)$ 是**一致随机连续的**.

定理 7.4.4 若 $P(t,x,E)$ 是一个一致随机连续的 Feller 函数, 则 $\{T(t)|t \geqslant 0\}$ 是 $C_0(M)$ 上的一个强连续压缩半群.

证 由转移函数定义 (定义 7.4.1) 中的条件 (3) 立得 $T(0) = I$, 而由条件 (1),

$$\begin{aligned}\|T(t)u\|_{C_0(M)} &= \sup_{x\in M}\left|\int_M P(t,x,\mathrm{d}y)u(y)\right| \\ &\leqslant \|u\| \sup_{x\in M}\int_M P(t,x,\mathrm{d}y) \\ &= \|u\|,\end{aligned}$$

推出 $T(t)$ 是压缩的. 由 C-K 方程 (7.4.1),

$$\begin{aligned}(T(t+s)u)(x) &= \int_M P(t+s,x,\mathrm{d}y)u(y) \\ &= \int_M\int_M P(t,x,\mathrm{d}z)P(s,z,\mathrm{d}y)u(y) \\ &= \int_M P(t,x,\mathrm{d}z)(T(s)u)(z) \\ &= (T(t)T(s)u)(x),\end{aligned}$$

即得半群性质

$$T(t+s)=T(t)T(s).$$

最后验证强连续性. 设 $u\in C_0(M)$, 则

$$\begin{aligned}\|T(t)u-u\| &= \sup_{x\in M}\left|\int_M P(t,x,\mathrm{d}y)[u(y)-u(x)]\right| \\ &\leqslant \sup_{x\in M}\left|\int_{B(x,\delta)} P(t,x,\mathrm{d}y)[u(y)-u(x)]\right| \\ &\quad +2\|u\|\sup_{x\in M}\int_{M\backslash B(x,\delta)} P(t,x,\mathrm{d}y).\end{aligned}$$

对于任给的 $\varepsilon>0$, 选取 $\delta>0$, 使得

$$|u(y)-u(x)|\leqslant\frac{\varepsilon}{2},\quad \forall x\in M, y\in B(x,\delta);$$

固定 $\delta>0$, 再取 $\eta>0$ 足够小, 使得当 $t\in(0,\eta)$ 时,

$$\sup_{x\in M}P(t,x,M\backslash B(x,\delta))\leqslant\frac{\varepsilon}{4\|u\|},$$

便得到

$$\|T(t)u-u\|\leqslant\varepsilon,\quad 当\ 0<t<\eta.$$

■

例 7.4.5 设 $M=\mathbb{R}^n$, 令

$$P(t,x,E)=\begin{cases}\dfrac{1}{(2\pi t)^{n/2}}\displaystyle\int_E \exp\left(-\dfrac{|x-y|^2}{2t}\right)\mathrm{d}y, & t>0,\\ \chi_E(x), & t=0.\end{cases} \tag{7.4.4}$$

这是一个 Markov 转移函数. 它所对应的随机过程称为 n 维 Brown 运动. 容易证明它是一致随机连续的 Feller 函数, 所以它在 $C_0(\mathbb{R}^n)$ 上生成强连续压缩半群. 这个半群已经在例 7.2.4 中讨论过了. 不过在例 7.2.4 中空间 $C_\infty(\mathbb{R}^n)$ 不包括常值函数. 如果将此定义扩充一维, 把常值函数也包括进去, 就与本节定义的空间一致了. 例

7.2.4 中关于生成元的结论在本节所考虑的空间上也成立. 记此半群生成元为 A, 由定理 7.2.5 后的注, 可知

$$\begin{aligned} D(A) &= \left\{u \in C_0(\mathbb{R}^n) \middle| \Delta u \in C_0(\mathbb{R}^n)\right\}, \\ Au &= \frac{1}{2}\Delta u. \end{aligned}$$

命题 7.4.6 设 $\{T(t)|t \geqslant 0\}$ 是由一个一致随机连续的 Feller 函数所构造的 $C_0(M)$ 上的半群, 它的无穷小生成元为 A, 则

(1) 对于每个 $\lambda > 0, v \in C_0(M)$, 方程

$$\lambda u - Au = v$$

在 $D(A)$ 上有解;

(2) 如果 $u \in D(A), u(x_0) \geqslant u(x), \forall x \in M$, 那么

$$(Au)(x_0) \leqslant 0;$$

(3) $1 \in D(A)$, 而且 $A1 = 0$.

证 (1) 由 Hille-Yosida 定理 (定理 7.1.5) 的必要性推得.

(2) 由于 $u \in D(A)$, 以及 $u(x_0) \geqslant u(x)$,

$$(Au)(x_0) = \lim_{t\to 0+} \int \frac{1}{t} P(t, x_0, \mathrm{d}y)[u(y) - u(x_0)] \leqslant 0.$$

(3) 在上述极限中取 $u = 1$, 由于 $T(t)1 = 1$, 即得 $A1 = 0$. ■

由定理 7.4.4, 一个一致随机连续的 Feller 函数在 $C_0(M)$ 上构造出一个强连续压缩算子半群, 我们将称此算子半群的生成元为该 Feller 函数的生成元. 命题 7.4.6 讨论了 Feller 函数的生成元的性质. 于是我们要问, $C_0(M)$ 上什么样的算子是某个一致随机连续 Feller 函数的无穷小生成元?

定理 7.4.7 设 M 是紧度量空间, $C(M)$ 是 M 上的全体连续函数, A 是 $C(M)$ 上的闭稠定线性算子, 那么 A 是 M 上的某个随机连续 Feller 函数的无穷小生成元的充要条件是

(1) 对于每一个 $\lambda > 0$, 任意 $v \in C(M)$, 方程

$$\lambda u - Au = v$$

在 $D(A)$ 中有解;

(2) 如果 $u \in D(A)$, 而且 $u(x_0) \geqslant u(x), \forall x \in M$, 则

$$(Au)(x_0) \leqslant 0;$$

(3) $1 \in D(A)$, 而且 $A1 = 0$.

证　M 是紧度量空间, 所以 $C(M) = C_0(M)$, 而且随机连续等价于一致随机连续. 必要性已在命题 7.4.6 中证明, 故只需证明充分性.

由条件 (1) 知

$$(\lambda - A)D(A) = C(M), \quad \forall \lambda > 0.$$

由条件 (2), 如果 $u(x) \geqslant 0, \forall x \in M$, 则

$$\lambda u(x_0) - (Au)(x_0) \geqslant \lambda u(x_0) = \lambda \max u(x),$$

故

$$\max[(\lambda - A)u(x)] \geqslant \lambda \max u(x);$$

如果 $u(x) \leqslant 0, \forall x \in M$, 则用 $-u(x)$ 代入上式得

$$\min[(\lambda - A)u(x)] \leqslant \lambda \min u(x);$$

如果 $u(x)$ 变号, 则 $u(x_0) > 0$, 重复上面的讨论仍有

$$\max[(\lambda - A)u(x)] \geqslant \lambda \max u(x), \tag{7.4.5}$$

再用 $-u(x)$ 代替 u, 可得

$$\min[(\lambda - A)u(x)] \leqslant \lambda \min v(x). \tag{7.4.6}$$

总之

$$\|(\lambda - A)u\| \geqslant \lambda\|u\|. \tag{7.4.7}$$

联合条件 (1), 由 Hille-Yosida 定理 (定理 7.1.5) 知 A 是 $C(M)$ 上的一个强连续压缩算子半群 $\{T(t)|t \geqslant 0\}$ 的生成元.

下面将通过半群 $\{T(t)|t \geqslant 0\}$ 构造 Markov 转移函数, 并且证明随机连续性.

令 $C_+(M) = \{u \in C(M)|u(x) \geqslant 0\}$. 如果 $u \notin C_+(M)$, 由关系式 (7.4.6) 知 $(\lambda - A)u \notin C_+(M)$, 故当 $(\lambda - A)u = v \in C_+(M)$ 时, $u \in C_+(M)$, 即得 $R_\lambda C_+(M) \subset C_+(M)$.

令 $T_\lambda(t) = \mathrm{e}^{tB_\lambda}$, 其中 $B_\lambda = \lambda^2 R_\lambda - \lambda$, 则 $T_\lambda(t)C_+(M) \subset C_+(M)$. 由 §1 中的 (7.1.5) 式, 当 $\lambda \to \infty$ 时, $T_\lambda(t) \xrightarrow{s} T(t)$. 所以有

$$T(t)C_+(M) \subset C_+(M). \tag{7.4.8}$$

由 Riesz 表示定理得

$$(T(t)u)(x) = \int_M u(y)P(t, x, \mathrm{d}y), \tag{7.4.9}$$

其中 $P(t, x, \cdot)$ 是 M 的 Borel 集族 $\mathscr{B}$ 上的测度. 由 (7.4.8) 式得到, $\forall E \in \mathscr{B}, P(t, x, E) \geqslant 0$, 由半群压缩性得到 $P(t, x, E) \leqslant 1$. 又由条件 (3),

$$T(t)1 - 1 = \int_0^t T(s)A1\mathrm{d}s = 0,$$

得到 $P(t, x, M) = 1$, 故 $P(t, x, \cdot)$ 是 $(M, \mathscr{B})$ 上的概率测度. 由于 $T(0) = I$ 可知 $P(0, x, E) = \chi_E(x)$. 为证明 $P(t, x, E)$ 是 Markov 转移函数, 还需证明 $P(t, \cdot, E)$ 是 $\mathscr{B}$ 可测函数, 并且 C-K 方程 (7.4.1) 成立.

令 L 表示满足如下条件的 M 上函数 u 组成的集合:

(1) $\forall t \geqslant 0, \int_M u(y)P(t, x, \mathrm{d}y)$ 是关于 x 的 $\mathscr{B}$ 可测函数;

(2) $\forall t, s \geqslant 0$,

$$\int_M P(s, x, \mathrm{d}y)\int_M P(t, y, \mathrm{d}z)u(z) = \int_M P(t+s, x, \mathrm{d}z)u(z).$$

由 $\{T(t)|t \geqslant 0\}$ 的半群性质知 $L \supset C(M)$, 而且 L 关于单调序列的极限封闭, 即若 $u_n \in L, u_n$ 单调收敛到 u, 则 $u \in L$. 记 ρ 为 M 中的度量. 对于任意开集 $G \in \mathscr{B}$, 取 $u(x) = \inf\{\rho(x,y)|y \notin G\} \in C(M)$, 以及

$$f_n(r) = \begin{cases} 1, & \text{当 } |r| \geqslant \dfrac{1}{n}, \\ n|r|, & \text{当 } |r| < \dfrac{1}{n}, \end{cases}$$

则 $u_n(x) = f_n(u(x)) \uparrow \chi_G(x)$, 当 $n \to \infty$. 因为 $f_n(u(x)) \in C(M)$, 所以 $\chi_G(x) \in L$.

现在考察 M 的子集族

$$\varLambda = \{A \subset M|_{\chi_A} \in L\}.$$

于是 $\varLambda \supset$ 全体开集 G. $\varLambda$ 具有如下性质:

$$S_1, S_2 \in \varLambda, S_1 \cap S_2 = \varnothing \Rightarrow S_1 \cup S_2 \in \varLambda;$$
$$S_1, S_2 \in \varLambda, S_1 \supset S_2 \Rightarrow S_1 - S_2 \in \varLambda;$$
$$S_n \in \varLambda, S_n \uparrow S \Rightarrow S \in \varLambda.$$

由测度论理论知, 具有如上性质的集族 $\varLambda$ 当包含全体开集时必包含由全体开集生成的最小 σ 代数. 故 $\varLambda \supset \mathscr{B}$.

现在取 $u(x) = \chi_E(x)$, 即得 $P(t,\cdot,E)$ 是 $\mathscr{B}$ 可测的而且满足 C-K 方程, 所以 $P(t,x,E)$ 确是 Markov 转移函数.

由于半群 $\{T(t)|t \geqslant 0\}$ 保持 $C(M)$ 不变, $P(t,x,E)$ 显然是 Feller 函数. 最后证明转移函数是随机连续的. 对任意 $x \in M, \varepsilon > 0$, 取

$$u(y) = \rho(y, M\backslash B(x,\varepsilon)) \in C(M).$$

令

$$v(y)=\begin{cases}1, & 若\ u(y)\geqslant u(x),\\ \dfrac{u(y)}{u(x)}, & 若\ 0<u(y)<u(x),\\ 0, & 若\ u(y)=0,\end{cases}$$

于是 $0\leqslant v(y)\leqslant 1, v(y)\in C(M)$, 且 $v(y)=0$, 当 $y\notin B(x,\varepsilon)$, 故

$$\begin{aligned}v(x)-(T(t)v)(x)&=1-\int_M P(t,x,\mathrm{d}y)v(y)\\&\geqslant 1-P(t,x,B(x,\varepsilon))\geqslant 0.\end{aligned}$$

令 $t\to 0+$, 即得

$$\lim_{t\to 0+}P(t,x,B(x,\varepsilon))=1.$$ ■

例 7.4.8 考虑 $M=S^1$, 即平面上的单位圆周, 于是,

$$C(S^1)=\{u(\theta)\big|u\ 是周期为\ 2\pi\ 的连续函数\}.$$

令

$$A=a(\theta)\frac{\mathrm{d}^2}{\mathrm{d}\theta^2}+b(\theta)\frac{\mathrm{d}}{\mathrm{d}\theta},\tag{7.4.10}$$

其中 $a(\theta)>0, a(\theta), a'(\theta), b(\theta), b'(\theta)\in C(S^1)$. 设

$$D(A)=\{u\in C(S^1)\big|u', u''\in C(S^1)\},\tag{7.4.11}$$

则 A 是随机连续 Feller 函数的生成元.

事实上, 显然有 $1\in D(A), A1=0$. 设 $u\in D(A), u(\theta)$ 在 θ_0 达到极大值, 则 $u'(\theta_0)=0, u''(\theta_0)\leqslant 0$, 故

$$(Au)(\theta_0)=a(\theta_0)u''(\theta_0)\leqslant 0.$$

所以定理 7.4.7 的条件 (2), (3) 满足, 而条件 (1) 由常微分方程理论得到.

4.2 扩散过程转移函数

下面来讨论扩散过程. 这是一类重要的 Markov 过程. 这类过程之所以重要, 是因为它给出统计力学中扩散现象的精确描述. 讨论扩散过程可用不同方法, 有纯概率方法, 还有纯分析的方法. 每种方法都有各自的特色, 也有各自的局限性, 它们互为补充, 从不同的角度揭示扩散过程的实质. 我们在这里用分析方法讨论, 这种方法与算子半群理论以及偏微分方程理论有密切关系.

定义 7.4.9 设 $P(t,x,E)$ 是状态空间 $(\mathbb{R}^n,\mathscr{B}^n,\mathrm{d}x)$ 上的 Markov 转移函数, 其中 $\mathscr{B}^n$ 是 n 维 Borel σ 代数, $\mathrm{d}x$ 是 n 维 Lebesgue 测度, 若转移函数满足: 对于 $\forall\varepsilon>0$,

$$(1)\ \lim_{t\to0+}\frac{1}{t}\sup_x P(t,x,B(x,\varepsilon)^c)=0, \tag{7.4.12}$$

$$(2)\ \lim_{t\to0+}\frac{1}{t}\int_{y\in B(x,\varepsilon)}(y-x)P(t,x,\mathrm{d}y)=b(x), \tag{7.4.13}$$

$$(3)\ \lim_{t\to0+}\frac{1}{t}\int_{y\in B(x,\varepsilon)}(y-x)\otimes(y-x)P(t,x,\mathrm{d}y)=a(x), \tag{7.4.14}$$

其中 $B(x,\varepsilon)=\{y\in\mathbb{R}^n||y-x|<\varepsilon\},B(x,\varepsilon)^c=\mathbb{R}^n\backslash B(x,\varepsilon)$. 自然 $b(x)=\{b_j(x)|j=1,\cdots,n\}$ 是 n 维矢量函数, $a(x)=(a_{ij}(x))_{n\times n}$ 是函数矩阵. 又若对每一个 x, 矩阵 $a(x)$ 是正定的, 则称 $P(t,x,E)$ 是 n **维扩散过程转移函数**.

先对这些条件作些解释. 设想质点在 $\mathbb{R}^n$ 中作随机运动, 其转移函数遵循定义 7.4.9 中的诸条件.

1° 根据条件 (1), 转移函数一致随机连续. 它的概率意义是, 从任意的位置 x 出发的质点, 在时间间隔 t 之后跑出 x 的 ε 邻域的概率比 t 是更高阶的无穷小. 由于 $\varepsilon>0$ 任意, 这表明质点在很短时间内不能得到很大位移.

2° 在条件 (1) 下, 易证条件 (2) 与 (3) 中的极限不依赖 ε.

3° $b(x)$ 的概率意义是质点在 x 处的平均速度, $a(x)$ 则与质点在 x 处的平均动能成正比.

根据这种概率诠释, $a(x)$ 称为扩散系数, $b(x)$ 称为迁移系数.

例 7.4.10 考虑 $\mathbb{R}^n$ 中的 Markov 转移函数

$$P(t,x,E)=\begin{cases}\dfrac{1}{(2\pi t)^{n/2}\sigma}\displaystyle\int_E \exp\left(\frac{|y-x|^2}{2t\sigma^2}\right)\mathrm{d}y, & t>0,\\ \chi_E(x), & t=0,\end{cases} \tag{7.4.15}$$

则它是扩散过程的转移函数, 相应的扩散系数矩阵 $a(x)=\sigma^2 I$, 迁移系数 $b(x)=0$. 由 (7.4.4) 式所确定的 n 维 Brown 运动是扩散系数矩阵为 I、迁移系数为 0 的扩散过程.

定理 7.4.11 设扩散过程转移函数 $P(t,x,E)$ 有密度函数 $p(t,x,y)$, 又设偏微商

$$\frac{\partial p(t,x,y)}{\partial x_i},\quad \frac{\partial^2 p(t,x,y)}{\partial x_i\partial x_j},\quad 1\leqslant i,j\leqslant n \tag{7.4.16}$$

存在而且关于 t,x,y 连续, 则 $p(t,x,y)$ 满足下列方程:

$$\frac{\partial p(t,x,y)}{\partial t}=\frac{1}{2}\sum_{i,j=1}^{n}a_{ij}(x)\frac{\partial^2 p(t,x,y)}{\partial x_i\partial x_j}+\sum_{i=1}^{n}b_i(x)\frac{\partial p(t,x,y)}{\partial x_i}. \tag{7.4.17}$$

这个方程称为 Kolmogorov 后退方程.

证 对任意 $\delta>0,\varepsilon>0$,

$$\begin{aligned}&\frac{1}{\delta}[p(t+\delta,x,y)-p(t,x,y)]\\ &=\frac{1}{\delta}\int_{\mathbb{R}^n}p(\delta,x,z)[p(t,z,y)-p(t,x,y)]\mathrm{d}z\\ &=I_1+I_2,\end{aligned}$$

其中,

$$\begin{aligned}I_1&=\frac{1}{\delta}\int_{|z-x|>\varepsilon}p(\delta,x,z)[p(t,z,y)-p(t,x,y)]\mathrm{d}z\to 0(\delta\to 0),\\ I_2&=\frac{1}{\delta}\int_{|z-x|\leqslant\varepsilon}p(\delta,x,z)[p(t,z,y)-p(t,x,y)]\mathrm{d}z\end{aligned}$$

$$= \frac{1}{\delta}\int_{|z-x|\leqslant\varepsilon} p(\delta,x,z)\sum_{i=1}^{n}(z_i-x_i)\frac{\partial p(t,x,y)}{\partial x_i}\mathrm{d}z$$

$$+\frac{1}{2}\cdot\frac{1}{\delta}\int_{|z-x|\leqslant\varepsilon} p(\delta,x,z)\sum_{i,j=1}^{n}(z_i-x_i)(z_j-x_j)$$

$$\cdot\frac{\partial^2 p(t,x,y)}{\partial x_i\partial x_j}\mathrm{d}z+o(\varepsilon^2)\quad (\text{Taylor 展式}).$$

令 $\delta\to 0$, 再令 $\varepsilon\to 0$, 即得

$$\frac{\partial^+ p(t,x,y)}{\partial t}=\frac{1}{2}\sum_{i,j=1}^{n}a_{ij}(x)\frac{\partial^2 p(t,x,y)}{\partial x_i\partial x_j}+\sum_{i=1}^{n}b_i(x)\frac{\partial p(t,x,y)}{\partial x_i}.$$

若考虑

$$\frac{1}{\delta}[p(t,x,y)-p(t-\delta,x,y)]$$

$$=\frac{1}{\delta}\int_{\mathbb{R}^n}p(\delta,x,z)[p(t-\delta,z,y)-p(t-\delta,x,y)]\mathrm{d}z,$$

重复上面的证明过程, 可得 (7.4.17) 式当左边导数换成 $\dfrac{\partial^-}{\partial t}$ 后成立. 于是 (7.4.17) 式成立. ■

设 $B(\mathbb{R}^n)$ 为全体 n 维有界可测函数, 则 Markov 转移函数 $P(t,x,E)$ 在 $B(\mathbb{R}^n)$ 上定义了算子半群

$$(T(t)f)(x)=\int_{\mathbb{R}^n}P(t,x,\mathrm{d}y)f(y),\quad \forall f\in B(\mathbb{R}^n). \tag{7.4.18}$$

它是压缩半群. 定理 7.4.4 指出, 当 $P(t,x,E)$ 是一致随机连续的 Feller 函数时, 此半群 $\{T(t)|t\geqslant 0\}$ 可以被限制到 $B(\mathbb{R}^n)$ 的子空间 $C_0(\mathbb{R}^n)$ 上成为一个强连续算子半群. 现在假设 $P(t,x,E)$ 是扩散过程转移函数并且是 Feller 函数, 它所定义的半群称为扩散半群. 设 A 是扩散半群的生成元.

定理 7.4.12　若 $u(x)$ 有界并且有二阶连续导数, 则

$$(Au)(x)=\frac{1}{2}\sum_{i,j=1}^{n}a_{ij}(x)\partial_{ij}^2u(x)+\sum_{i=1}^{n}b_i(x)\partial_i u(x). \tag{7.4.19}$$

证 由生成元的定义,

$$(Au)(x) = \lim_{t \to 0+} \frac{1}{t} \int_{\mathbb{R}^n} [u(y) - u(x)] P(t, x, \mathrm{d}y),$$

将 $u(y)$ 在 x 处展成 Taylor 级数, 同定理 7.4.11 的证明一样, 即可得等式 (7.4.19). ■

定理 7.4.12 告诉我们, 当扩散过程转移函数是 Feller 函数时, 它的生成元本质上是二阶椭圆型偏微分算子

$$\frac{1}{2} \sum_{i,j=1}^{n} a_{ij}(x) \frac{\partial^2}{\partial x_i \partial x_j} + \sum_{i=1}^{n} b_i(x) \frac{\partial}{\partial x_i}. \tag{7.4.20}$$

正是通过微分算子 (7.4.20), 联系着扩散过程、算子半群理论以及抛物型偏微分方程

$$\frac{\partial u(t,x)}{\partial t} = \frac{1}{2} \sum_{i,j=1}^{n} a_{ij}(x) \frac{\partial^2 u(t,x)}{\partial x_i \partial x_j} + \sum_{i=1}^{n} b_i(x) \frac{\partial u(t,x)}{\partial x_i} \tag{7.4.21}$$

的理论.

扩散过程的中心问题是, 当给定了一组函数 $\{a_{ij}(x)\}$ 和 $\{b_i(x)\}$, 是否存在唯一的以 $\{a_{ij}(x)\}$ 为扩散系数和 $\{b_i(x)\}$ 为迁移系数的扩散转移函数 $P(t, x, E)$. 关于这个问题, 我们介绍下面的结果.

定理 7.4.13 设 $\{a_{ij}(x)\}, \{b_i(x)\}$ 满足以下条件:

(1) $\{a_{ij}(x)\}$ 是严格一致椭圆型的, 即存在常数 $0 < \lambda_1 < \lambda_2$, 使得下列不等式

$$\lambda_1 |\xi|^2 \leqslant \sum_{i,j=1}^{n} a_{ij}(x) \xi_i \xi_j \leqslant \lambda_2 |\xi|^2$$

对于一切 $(\xi_1, \cdots, \xi_n) \in \mathbb{R}^n$ 在 $x \in \mathbb{R}^n$ 上成立;

(2) $|b_i(x)| \leqslant M, \forall i, \forall x \in \mathbb{R}^n$;

(3) Lipschitz 连续, 即存在常数 $\alpha > 0, C < \infty$,

$$\left.\begin{aligned} &|a_{ij}(x) - a_{ij}(y)| \leqslant C|x-y|^\alpha, \\ &|b_i(x) - b_i(y)| \leqslant C|x-y|^\alpha, \end{aligned}\right. \quad i, j = 1, 2, \cdots, n$$

对一切 $x, y \in \mathbb{R}^n$ 成立.

那么必唯一存在满足下列性质的函数 $p(t,x,y)$:

(1) $p(t,x,y)$ 适合 Kolmogorov 后退方程 (7.4.17);

(2) 对于任意 $u \in C_0(\mathbb{R}^n)$,

$$\lim_{t\to 0+}\int_{\mathbb{R}^n} p(t,x,y)u(y)\mathrm{d}y = u(x);$$

(3) 当 $t>0, p(t,x,y)$ 关于 t,x,y 连续;

(4) $p(t,x,y)\geqslant 0, \int_{\mathbb{R}^n} p(t,x,y)\mathrm{d}y = 1;$

(5) 对于一切 $s,t>0, x,y\in\mathbb{R}^n$,

$$p(t+s,x,y) = \int p(t,x,z)p(s,z,y)\mathrm{d}z;$$

(6) $\lim\limits_{t\to 0+}\int_{|y-x|\geqslant\varepsilon} p(t,x,y)\mathrm{d}y = 0, \forall \varepsilon>0;$

(7) $\forall u\in C_0(\mathbb{R}^n)$, 函数

$$u(t,x) = \int_{\mathbb{R}^n} p(t,x,y)u(y)\mathrm{d}y$$

是抛物型方程

$$\frac{\partial u(t,x)}{\partial t} = \frac{1}{2}\sum_{i,j=1}^n a_{ij}(x)\frac{\partial^2 u(t,x)}{\partial x_i\partial x_j} + \sum_{i=1}^n b_i(x)\frac{\partial u(t,x)}{\partial x_i},$$

$$\lim_{t\to 0+} u(t,x) = u(x)$$

的解. 当 $t>0$ 时, 方程中出现的各阶偏导数均是有界连续的.

定理 7.4.13 的证明可参考 Friedman 的 *Partial Differential Equations of Parabolic Type* (1964).

如果取 $p(t,x,y)$ 为转移概率密度, 即

$$P(t,x,E) = \int_E p(t,x,y)\mathrm{d}y$$

为转移函数, 则它是一致随机连续的 Feller 函数, 而且还是扩散过程转移函数, 以 $\{a_{ij}(x)\}$ 为扩散系数, 以 $\{b_i(x)\}$ 为迁移系数.

§ 5 散射理论

5.1 波算子

假设 $\mathscr{H}$ 是可分 Hilbert 空间, A, B 是 $\mathscr{H}$ 上的自伴算子. A 和 B 分别生成 $\mathscr{H}$ 上的单参数强连续酉算子群 $U(t) = \mathrm{e}^{\mathrm{i}At}$ 与 $V(t) = \mathrm{e}^{\mathrm{i}Bt}$. 考虑 $\mathscr{H}$ 上的单参数酉算子族

$$W(t) = U(-t)V(t). \tag{7.5.1}$$

一般说来, 它们不构成算子群. $W(t)$ 可用于描述量子力学系统的运动, 也可用于描述双曲型波动方程所刻画的光波、声波运动. 设有一个以 $\mathscr{H}$ 为相空间的系统, 其运动轨道是 $v(t)$, 该系统初始时刻的状态与时刻 t 的状态通过算子族 $V(t)$ 联系:

$$V(t) : v(0) \mapsto v(t).$$

为了刻画这个系统的运动, 我们往往将它与 $\mathscr{H}$ 上另一个较为简单的系统进行比较. 令 $u(t)$ 表示此较为简单系统的运动轨道, 而算子族 $U(t)$ 刻画了这个运动: $U(t) : u(0) \mapsto u(t)$. 假设

$$v(t) \simeq \begin{cases} u_+(t), & \text{当 } t \sim +\infty, \\ u_-(t), & \text{当 } t \sim -\infty, \end{cases}$$

或者写成

$$\lim_{t \to \pm\infty} \|v(t) - u_\pm(t)\| = 0.$$

如果将初值记成

$$v(0) = x, \quad u_\pm(0) = x_\pm,$$

运用算子记号, 上式改写成

$$\lim_{t \to \pm\infty} \|V(t)x - U(t)x_\pm\| = 0.$$

因为 $U(t)$ 是酉算子, 上式又等价于

$$\lim_{t\to\pm\infty}\|W(t)x-x_\pm\|=0,$$

其中 $W(t)=U(-t)V(t)$ 是由 (7.5.1) 式所定义的.

令

$$W_\pm=s\text{-}\lim_{t\to\pm\infty}W(t), \tag{7.5.2}$$

则
$$W_\pm x=x_\pm.$$

定义 7.5.1 如果强极限 (7.5.2) 在 $\mathscr{H}$ 上存在, 就称算子 $W_\pm$ 为**波算子**, 并且称

$$S=W_+^*W_- \tag{7.5.3}$$

为**散射算子**.

波算子与散射算子是散射理论里的基本量. 波算子的存在性是一个基本问题. 当然只有在相当强的限制下, 强极限 (7.5.2) 才会存在. 显然只有当自伴算子 A 与自伴算子 B 在某种意义下相差不太大时, 波算子 (7.5.2) 才会有定义, 所以波算子 $W_\pm$ 的存在性在本质上属于扰动理论. 当 $W_\pm$ 是酉算子时, S 自动为酉算子. 但是 $W_\pm$ 未必是酉算子. 可以证明, 当波算子 $W_\pm$ 存在时, 它们是等距的, 因此当且仅当 $W_\pm$ 有相同值域时, 散射算子是酉算子. 在物理应用上, 要求 S 是酉算子. 因而 S 是否为酉算子是另一个重要问题. 此问题等价于波算子 $W_\pm$ 是否有相同的值域.

例 7.5.2 设 $\mathscr{H}=L^2(-\infty,+\infty), A=-\mathrm{i}\dfrac{\mathrm{d}}{\mathrm{d}x}, B=-\mathrm{i}\dfrac{\mathrm{d}}{\mathrm{d}x}+V(x)$, 其中 $V(x)$ 是 L^1 可积的. 在适当定义域上, A 和 B 为 $\mathscr{H}$ 的自伴算子. 由 A 生成的酉算子群 $U(t)=\mathrm{e}^{\mathrm{i}tA}$ 是平移群

$$(U(t)u)(x)=u(x+t) \tag{7.5.4}$$

(见例 7.2.1). 设 W_0 是乘积算子

$$(W_0u)(x)=\mathrm{e}^{\mathrm{i}K(x)}u(x), \tag{7.5.5}$$

其中

$$K(x)=\int_0^x V(y)\mathrm{d}y.$$

于是 $B=W_0^{-1}AW_0$, 并且对于任意的 $\lambda>0$,

$$(\lambda-B)^{-1}=W_0^{-1}(\lambda-A)^{-1}W_0.$$

再由 Laplace 逆变换, 得到

$$V(t)=W_0^{-1}U(t)W_0. \tag{7.5.6}$$

所以

$$(V(t)u)(x)=\mathrm{e}^{-\mathrm{i}K(x)}\mathrm{e}^{\mathrm{i}K(x+t)}u(x+t).$$

这样得到 $W(t)$ 是乘积算子

$$W(t)=\mathrm{e}^{\mathrm{i}K(x)-\mathrm{i}K(x-t)}=\mathrm{e}^{\mathrm{i}\int_{x-t}^{x}V(y)\mathrm{d}y}.$$

于是波算子及散射算子均是乘积算子, 它们是

$$W_+=\mathrm{e}^{\mathrm{i}\int_{-\infty}^{x}V(y)\mathrm{d}y}, \tag{7.5.7}$$

$$W_-=\mathrm{e}^{-\mathrm{i}\int_{x}^{+\infty}V(y)\mathrm{d}y}, \tag{7.5.8}$$

$$S=W_+^*W_-=\mathrm{e}^{-\mathrm{i}\int_{-\infty}^{+\infty}V(y)\mathrm{d}y}. \tag{7.5.9}$$

命题 7.5.3 (1) 若波算子 W_+ 或 W_- 存在, 则它是等距的.

(2) 设 D 是 $\mathscr{H}$ 中的稠集, 如果极限

$$\lim_{t\to+\infty}W(t)x$$

对于每一个 $x\in D$ 存在, 则极限在整个 $\mathscr{H}$ 上存在.

(3) W_+ 或 W_- 是酉算子, 必须且仅须

$$s\text{-}\lim_{t\to\pm\infty}V(-t)U(t)$$

在 $\mathscr{H}$ 上存在.

证　(1) 和 (2) 是显然的, 只证 (3). 设 W_+ 是酉算子, 于是对每一个 $y \in \mathscr{H}, W_+ y = \lim\limits_{t\to+\infty} U(-t)V(t)y$ 存在. 由于

$$\begin{aligned}&(y, V(-t)U(t)x) = (U(-t)V(t)y, x)\\&\to (W_+ y, x) = (y, W_+^* x), \quad \text{当 } t \to +\infty \text{ 时}.\end{aligned}$$

故 $w\text{-}\lim\limits_{t\to+\infty} V(-t)U(t)x = W_+^* x$. 因为 $\lim\limits_{t\to+\infty} \|V(-t)U(t)x\| = \|x\|$. 所以

$$s\text{-}\lim_{t\to+\infty} V(-t)U(t) = W_+^*$$

在 $\mathscr{H}$ 上成立. 反之, 当 $s\text{-}\lim\limits_{t\to+\infty} V(-t)U(t)$ 在 $\mathscr{H}$ 上存在时, 同理在 $\mathscr{H}$ 上存在 $w\text{-}\lim\limits_{t\to+\infty} U(-t)V(t)$, 又有模收敛 $\lim\limits_{t\to+\infty} \|U(-t)V(t)y\| = \|y\|$. 因此 $s\text{-}\lim\limits_{t\to+\infty} U(-t)V(t)$ 在 $\mathscr{H}$ 上成立. 类似地可得 W_- 是酉算子的充要条件是 $s\text{-}\lim\limits_{t\to-\infty} V(-t)U(t)$ 存在. ■

记

$$W_\pm = W_\pm(A, B) = s\text{-}\lim_{t\to\pm\infty} \mathrm{e}^{-\mathrm{i}tA}\mathrm{e}^{\mathrm{i}tB}, \tag{7.5.10}$$

它明显表出波算子与自伴算子 A, B 的关系.

定理 7.5.4　设 A, B, C 是自伴算子, 则

(1) $W_+(A, B)W_+(B, C) = W_+(A, C)$. (7.5.11)

此式意义是当等号左边算子有意义时, 右边算子也有意义, 而且相等. 类似地有

$$W_-(A, B)W_-(B, C) = W_-(A, C). \tag{7.5.12}$$

(2) 假如 $W_+(B, A)$ 存在, 则 $W_+(A, B)$ 是酉算子, 而且此两算子互逆.

(3) $AW_\pm(A, B) = W_\pm(A, B)B$. (7.5.13)

此式意义是当等号两边的算子有相同定义域时, 两算子相等.

证 (1), (2) 是显然的, 只需证 (3). 因为

$$\mathrm{e}^{\mathrm{i}rA}\mathrm{e}^{-\mathrm{i}tA}\mathrm{e}^{\mathrm{i}tB} = \mathrm{e}^{-\mathrm{i}(t-r)A}\mathrm{e}^{\mathrm{i}(t-r)B}\mathrm{e}^{\mathrm{i}rB},$$

令 $t \to \pm\infty$, 有

$$\mathrm{e}^{\mathrm{i}rA}W_{\pm}(A,B) = W_{\pm}(A,B)\mathrm{e}^{\mathrm{i}rB}.$$

对 r 求微商, 再取 $r=0$, 推得

$$AW_{\pm}(A,B) = W_{\pm}(A,B)B. \qquad \blacksquare$$

下面给出波算子存在性的一个判定定理.

定理 7.5.5 (Cook 定理) 设 A,B 是自伴算子, D 是 $\mathscr{H}$ 中的一个稠集, 对每一个 $u \in D$, 存在实数 s, 使得当 $t \geqslant s$ 时, $\mathrm{e}^{\mathrm{i}tB}u \in D(A)\cap D(B), (B-A)\mathrm{e}^{\mathrm{i}tB}u$ 关于 t 连续, 而且

$$\int_s^{+\infty} \|(B-A)\mathrm{e}^{\mathrm{i}tB}u\|\mathrm{d}t < \infty, \tag{7.5.14}$$

则 $W_+(A,B)$ 在整个空间 $\mathscr{H}$ 上存在.

证 若 $u \in D$,

$$\frac{\mathrm{d}}{\mathrm{d}t}W(t)u = \frac{\mathrm{d}}{\mathrm{d}t}(\mathrm{e}^{-\mathrm{i}tA}\mathrm{e}^{\mathrm{i}tB}u) = \mathrm{i}\mathrm{e}^{-\mathrm{i}tA}(B-A)\mathrm{e}^{\mathrm{i}tB}u,$$

$$W(t_1)u - W(t_2)u = \mathrm{i}\int_{t_2}^{t_1}\mathrm{e}^{-\mathrm{i}tA}(B-A)\mathrm{e}^{\mathrm{i}tB}u\mathrm{d}t.$$

因为 $\|\mathrm{e}^{-\mathrm{i}tA}\| = 1$, 故有

$$\|W(t_1)u - W(t_2)u\| \leqslant \int_{t_2}^{t_1}\|(B-A)\mathrm{e}^{\mathrm{i}tB}u\|\mathrm{d}t,$$

令 $t_1,t_2 \to +\infty$, 由于 $\|(B-A)\mathrm{e}^{\mathrm{i}tB}u\|$ 在 $(s,+\infty)$ 上可积, 推得

$$\lim_{t\to+\infty} W(t)u = W_+(A,B)u$$

存在. 由于 D 是 $\mathscr{H}$ 中的稠集, 根据命题 7.5.3 中的 (2), 上述极限在整个 $\mathscr{H}$ 上存在. $\blacksquare$

例 7.5.6 令 $\mathscr{H}=L^2(\mathbb{R}^3), B=\Delta, A=\Delta+V(x)$, 势函数 $V\in\mathscr{H}$. 在适当的定义域上, A 与 B 是 $\mathscr{H}$ 的自伴算子. 酉算子群 $V(t)=\mathrm{e}^{\mathrm{i}Bt}$ 是通过解 Cauchy 问题:

$$\begin{cases}\dfrac{\partial v(x,t)}{\partial t}=\mathrm{i}Bv(x,t),\\ v(x,0)=f(x),\end{cases}$$

得到

$$(\mathrm{e}^{\mathrm{i}Bt}f)(x)=v(x,t).$$

对于 $B=\Delta$, 由 Fourier 变换, 容易解得

$$v(x,t)=\frac{1}{(4\pi\mathrm{i}t)^{3/2}}\int_{\mathbb{R}^3}f(y)\mathrm{e}^{-\frac{|x-y|^2}{4\mathrm{i}t}}\mathrm{d}y.$$

现在假定 $f\in L^1(\mathbb{R}^3)$, 于是有估计

$$|v(x,t)|\leqslant\frac{\|f\|_{L^1}}{(4\pi t)^{3/2}}.$$

根据已知条件势函数 V 是 L^2 可积的, 所以有

$$\begin{aligned}\|(B-A)\mathrm{e}^{\mathrm{i}tB}f\|&=\|V(x)v(x,t)\|\\&\leqslant\|V\|\max_x|v(x,t)|\\&\leqslant Ct^{-3/2},\quad\forall t.\end{aligned}$$

C 是与 t 无关的常数, 条件 (7.5.14) 式满足. 因为 $L^1\cap L^2$ 在 $\mathscr{H}$ 中稠密, 引用 Cook 定理 (定理 7.5.5) 知波函数 $W_+(A,B)$ 存在.

注 将 Cook 定理中的条件改变成: 当 $t\leqslant s$ 时, $\mathrm{e}^{\mathrm{i}tB}u\in D(A)\cap D(B),(B-A)\mathrm{e}^{\mathrm{i}tB}u$ 关于 t 连续, 而且

$$\int_{-\infty}^{s}\|(B-A)\mathrm{e}^{\mathrm{i}tB}u\|\mathrm{d}t<\infty,\tag{7.5.15}$$

则波算子 $W_-(A,B)$ 存在.

对于例 7.5.6 中的 A,B, 波算子 $W_-(A,B)$ 存在.

5.2 广义波算子

假如 W_+ 或 W_- 是酉算子, (7.5.13) 式表明 A 和 B 是酉等价的, 从而 A 和 B 有相同的谱集. 即使波算子 W_+ 或 W_- 不是酉算子, B 的点谱也是 A 的点谱且本征函数相同. 事实上, 设 $\lambda \in \sigma_p(B), Bu = \lambda u, u \neq 0$, 则 $W(t)u = \mathrm{e}^{-\mathrm{i}t(A-\lambda)}u$. 对于任意实数 r, 当 $t \to +\infty$ (或 $-\infty$),

$$\|W(t+r)u - W(t)u\| = \|\mathrm{e}^{-\mathrm{i}r(A-\lambda)}u - u\| \to 0,$$

得到 $\mathrm{e}^{-\mathrm{i}r(A-\lambda)}u = u$, 故 $Au = \lambda u$, 从而 $\lambda \in \sigma_p(A)$. 一般来说, 对于两个自伴算子 A 和 B, 不太可能 $\sigma_p(B) \subset \sigma_p(A)$, 除非 B 没有点谱. 所以, 我们不应当期待强极限 (7.5.2) 式在全空间 $\mathscr{H}$ 上成立. 比较合理的假设是此极限在 $\mathscr{H}$ 的某个子空间上存在. 为此我们给出下列自伴算子绝对连续子空间的概念.

定义 7.5.7 设 A 是 Hilbert 空间 $\mathscr{H}$ 上的自伴算子, $\{E_\lambda | \lambda \in \mathbb{R}\}$ 是它的谱族. 对于每个 $u \in \mathscr{H}$,

$$m_u(S) = \|E(S)u\|^2 = \int_S \mathrm{d}(E_\lambda u, u)$$

是 $\mathbb{R}$ 上的非负有限测度, 其中 S 是直线上的 Lebesgue 可测集. 如果 m_u 关于 Lebesgue 测度绝对连续, 则称 u 为关于 A 的绝对连续元素, 全体关于 A 的绝对连续元素的集合称为 A 的绝对连续子空间, 记作 $\mathscr{H}_{ac}(A)$. 如果测度 m_u 关于 Lebesgue 测度奇异, 则称 u 为关于 A 的奇异元素, 全体关于 A 的奇异元素的集合称为 A 的奇异子空间, 记作 $\mathscr{H}_S(A)$.

命题 7.5.8 $\mathscr{H}_{ac}(A), \mathscr{H}_S(A)$ 是 $\mathscr{H}$ 的闭线性子空间, 而且 $\mathscr{H}_{ac}(A) \perp \mathscr{H}_S(A)$,

$$\mathscr{H} = \mathscr{H}_{ac}(A) \oplus \mathscr{H}_S(A). \tag{7.5.16}$$

证 任取 $u \in \mathscr{H}_{ac}(A), v \in \mathscr{H}_S(A). v \in \mathscr{H}_S(A) \iff \exists$ Borel 零

测集 $S_0, m_v(S) = m_v(S \cap S_0) \Longleftrightarrow (I - E(S_0))v = 0$. 因此,

$$(u, v) = (u, E(S_0)v) = (E(S_0)u, v) = 0.$$

另一方面, 对每一个 $w \in \mathscr{H}$, 可分解测度 $m_w(S) = m'(S) + m''(S)$, 使得 $m'(S)$ 是绝对连续测度, $m''(S)$ 是奇异测度. 于是存在 Borel 零测集 $S_0, m''(S) = m''(S \cap S_0)$. 令

$$v = E(S_0)w, \quad u = w - v,$$

则

$$\begin{aligned}
\|E(S)v\|^2 &= \|E(S)E(S_0)w\|^2 = m_w(S \cap S_0) \\
&= m''(S \cap S_0) = m''(S), \\
\|E(S)u\|^2 &= \|E(S)(I - E(S_0))w\|^2 = \|E(S \backslash S_0)w\|^2 \\
&= m_w(S \backslash S_0) = m_w(S) - m_w(S \cap S_0) \\
&= m_w(S) - m''(S) = m'(S),
\end{aligned}$$

因此

$$v \in \mathscr{H}_S(A), \quad u \in \mathscr{H}_{ac}(A).$$

由 $\mathscr{H}_{ac}(A) \perp \mathscr{H}_S(A)$ 及 $\mathscr{H}_{ac}(A) \oplus \mathscr{H}_S(A) = \mathscr{H}$, 证明了 $\mathscr{H}_{ac}(A)$ 及 $\mathscr{H}_S(A)$ 均为 $\mathscr{H}$ 的闭线性子空间. ■

我们记 $\mathscr{H}_p(A)$ 为全体自伴算子的本征元素集合, 称为 A 的不连续子空间. 它在 $\mathscr{H}$ 中的正交补空间 $\mathscr{H}_c(A)$ 称为 A 的连续子空间. 显然有 $\mathscr{H}_{ac}(A) \subset \mathscr{H}_c(A)$. 令 $\mathscr{H}_{sc}(A) = \mathscr{H}_c(A) \ominus \mathscr{H}_{ac}(A)$, 称为 A 的连续奇异子空间, $\mathscr{H}_{sc}(A)$ 是 $\mathscr{H}_{ac}(A)$ 在空间 $\mathscr{H}_c(A)$ 中的正交补. 于是 $\mathscr{H}$ 有如下分解:

$$\begin{aligned}
\mathscr{H} &= \mathscr{H}_{ac}(A) \oplus \mathscr{H}_{sc}(A) \oplus \mathscr{H}_p(A) \\
&= \mathscr{H}_c(A) \oplus \mathscr{H}_p(A) \\
&= \mathscr{H}_{ac}(A) \oplus \mathscr{H}_S(A). \qquad (7.5.17)
\end{aligned}$$

子空间 $\mathscr{H}_p(A), \mathscr{H}_{ac}(A)$ 和 $\mathscr{H}_{sc}(A)$ 都是 A 的不变子空间.

定义 7.5.9 设 A 和 B 是自伴算子. 记 $P_{ac}(B)$ 为 $\mathscr{H}$ 到 B 的绝对连续子空间 $\mathscr{H}_{ac}(B)$ 上的投影算子. 如果强极限

$$W_{\pm}(A,B) = s\text{-}\lim_{t\to\pm\infty} \mathrm{e}^{-\mathrm{i}At}\mathrm{e}^{\mathrm{i}Bt}P_{ac}(B) \tag{7.5.18}$$

在 $\mathscr{H}$ 上存在, 则称 $W_{\pm}(A,B)$ 为**广义波算子**.

注 1 如果广义波算子 $W_{\pm}(A,B)$ 存在, 记

$$\mathscr{H}_+ = \mathrm{Ran}(W_+), \quad \mathscr{H}_- = \mathrm{Ran}(W_-), \tag{7.5.19}$$

则 $W_{\pm}$ 是从 $\mathscr{H}_{ac}(B)$ 到 $\mathscr{H}_{\pm}$ 的酉算子, 且对任意实数 r, 有

$$\mathrm{e}^{-\mathrm{i}Ar}W_{\pm}(A,B) = W_{\pm}(A,B)\mathrm{e}^{-\mathrm{i}Br}. \tag{7.5.20}$$

由 (7.5.20) 式可知 $\mathscr{H}_{\pm}$ 是 $\mathrm{e}^{-\mathrm{i}Ar}$ 的不变子空间, 而且

$$W_{\pm}[D(B)] \subset D(A), \tag{7.5.21}$$

$$AW_{\pm}(A,B) = W_{\pm}(A,B)B, \tag{7.5.22}$$

故 $\mathscr{H}_{\pm}$ 是算子 A 的不变子空间. 由 (7.5.22) 式知 $A|_{\mathscr{H}_{\pm}}$ 与 $B|_{\mathscr{H}_{ac}(B)}$ 是酉等价的. 因此 $\mathscr{H}_{\pm} \subset \mathscr{H}_{ac}(A)$.

记 $P_{ac}(A)$ 为 $\mathscr{H}$ 到 $\mathscr{H}_{ac}(A)$ 的投影算子, $P_{\pm}$ 为 $\mathscr{H}$ 到 $\mathscr{H}_{\pm}$ 的投影算子, 于是 $P_{\pm} \subset P_{ac}(A)$. 从而

$$W_{\pm} = W_{\pm}P_{ac}(B) = P_{\pm}W_{\pm} = P_{ac}(A)W_{\pm}. \tag{7.5.23}$$

注 2 若广义波算子 $W_{\pm}(A,B)$ 存在, $W_{\pm}(B,C)$ 存在, 则 $W_{\pm}(A,C)$ 存在, 且有下列锁链法则:

$$W_{\pm}(A,B)W_{\pm}(B,C) = W_{\pm}(A,C). \tag{7.5.24}$$

事实上, 由广义波算子性质 $\mathrm{Ran}W_{\pm}(B,C) \subset \mathrm{Ran}P_{ac}(B), \forall u \in \mathscr{H}$,

$$\lim_{t\to\pm\infty} \|(I-P_{ac}(B))\mathrm{e}^{-\mathrm{i}tB}\mathrm{e}^{\mathrm{i}tC}P_{ac}(C)u\| = 0.$$

由恒等式

$$\begin{aligned}\mathrm{e}^{-\mathrm{i}tA}\mathrm{e}^{\mathrm{i}tC}P_{ac}(C)u &= \mathrm{e}^{-\mathrm{i}tA}\mathrm{e}^{\mathrm{i}tB}P_{ac}(B)\mathrm{e}^{-\mathrm{i}tB}\mathrm{e}^{\mathrm{i}tC}P_{ac}(C)u \\ &\quad +\mathrm{e}^{-\mathrm{i}tA}\mathrm{e}^{\mathrm{i}tB}(I-P_{ac}(B))\mathrm{e}^{-\mathrm{i}tB}\mathrm{e}^{\mathrm{i}tC}P_{ac}(C)u,\end{aligned}$$

当 $t\to\pm\infty$ 时即得 (7.5.24) 式.

定义 7.5.10　设广义波算子 $W_{\pm}(A,B)$ 存在, 如果

$$\mathscr{H}_{+}=\mathscr{H}_{-}=\mathscr{H}_{ac}(A), \tag{7.5.25}$$

就称 $W_{\pm}(A,B)$ 是**完全的**.

根据定义, 当广义波算子 $W_{\pm}(A,B)$ 是完全的时, 它们是空间 $\mathscr{H}_{ac}(B)$ 到空间 $\mathscr{H}_{ac}(A)$ 上的酉算子. 不难得到共轭算子 $W_{\pm}^{*}(A,B)$ 则是 $\mathscr{H}_{ac}(A)$ 到 $\mathscr{H}_{ac}(B)$ 的酉算子. 也就是说,

$$W_{\pm}^{*}(A,B)W_{\pm}(A,B)=P_{ac}(B), \tag{7.5.26}$$

$$W_{\pm}(A,B)W_{\pm}^{*}(A,B)=P_{ac}(A). \tag{7.5.27}$$

定理 7.5.11　设广义波算子 $W_{\pm}(A,B)$ 存在, 则它是完全的充要条件是广义波算子 $W_{\pm}(B,A)$ 存在.

证　假设 $W_{\pm}(A,B),W_{\pm}(B,A)$ 都存在, 由锁链公式 (7.5.24), $P_{ac}(A)=W_{\pm}(A,A)=W_{\pm}(A,B)W_{\pm}(B,A)$, 所以

$$\mathrm{Ran}(P_{ac}(A))\subset\mathrm{Ran}(W_{\pm}(A,B))=\mathscr{H}_{\pm}.$$

而由注 1 知 $\mathrm{Ran}(W_{\pm})\subset\mathscr{H}_{ac}(A)$, 于是得 $\mathscr{H}_{\pm}=\mathscr{H}_{ac}(A)$, 故广义波算子 $W_{\pm}(A,B)$ 是完全的.

反之, 设 $W_{\pm}(A,B)$ 存在而且是完全的. 任取 $u\in\mathscr{H}_{ac}(A),\exists v\in\mathscr{H}$, 使得 $u=W_{+}(A,B)v$. 由

$$\lim_{t\to+\infty}\|\mathrm{e}^{-\mathrm{i}tA}\mathrm{e}^{\mathrm{i}tB}P_{ac}(B)v-u\|=0$$

得

$$\lim_{t\to+\infty}\|\mathrm{e}^{-\mathrm{i}tB}\mathrm{e}^{\mathrm{i}tA}u-P_{ac}(B)v\|=0,$$

即

$$W_+(B,A)u=P_{ac}(B)v.$$

同理可得 $W_-(B,A)$ 的存在性. ■

波算子的 Cook 存在性定理 (定理 7.5.5) 可以毫无困难地推广到广义波算子情形. 这就是下面的定理.

定理 7.5.12 设 A,B 是自伴算子, 集合 $D\subset D(B)\cap\mathscr{H}_{ac}(B)$, 并且在 $\mathscr{H}_{ac}(B)$ 中稠. 设对于每一个 $u\in D$, 存在正数 s, 使得当 $|t|\geqslant s$ 时, $\mathrm{e}^{\mathrm{i}tB}u\in D(A)$, 而且

$$\int_s^{+\infty}\left[\|(B-A)\mathrm{e}^{\mathrm{i}tB}u\|+\|(B-A)\mathrm{e}^{-\mathrm{i}tB}u\|\right]\mathrm{d}t<+\infty,\tag{7.5.28}$$

则 $W_\pm(A,B)$ 存在.

定理 7.5.12 的证明留给读者. 我们指出当 B 是常系数偏微分算子或者伪微分算子, 它与相对简单的动力学系统相联系, 此时可运用 Cook 定理 (定理 7.5.5) 的证明方法证明 $W_\pm(A,B)$ 的存在性.

下面介绍关于广义波算子的存在性和完全性的 Kato-Birman 理论. 运用 Cook 方法, 关键在于控制 $\|(B-A)\mathrm{e}^{\mathrm{i}Bt}u\|$. 在 Kato 理论中要考虑 $B-A$ 是所谓的迹类算子的情形. 在 Birman 理论中则考虑预解算子的差 $(B+\mathrm{i})^{-1}-(A+\mathrm{i})^{-1}$ 是迹类算子的情形. 为了说明这个理论, 考虑非常特殊情形. 设 $B-A$ 是秩为 1 的算子, 即存在单位元素 v, 使得 $(B-A)u=(u,v)v$. 为了运用 Cook 方法证明 $W_\pm(A,B)$ 存在, 就要考虑使得 $(\mathrm{e}^{\mathrm{i}tB}u,v)\in L^1(\mathbb{R})$ 的那些元 u. 因为 $u\in\mathscr{H}_{ac}(B)$, 故存在函数 f, 几乎处处非负, 使得 $\mathrm{d}(E_\lambda u,u)=f(\lambda)\mathrm{d}\lambda$. 在下面的引理 7.5.14 中将看到, 存在 $g\in L^2(\mathbb{R},f\mathrm{d}\lambda)$, 使得 $\mathrm{d}(E_\lambda u,v)=g(\lambda)f(\lambda)\mathrm{d}\lambda$. 因此,

$$(\mathrm{e}^{\mathrm{i}tB}u,v)=\int_{\mathbb{R}}\mathrm{e}^{\mathrm{i}t\lambda}g(\lambda)f(\lambda)\mathrm{d}\lambda.$$

所以 $(\mathrm{e}^{\mathrm{i}tB}u,v)$ 是 $\sqrt{2\pi}gf$ 的逆 Fourier 变换. 一般来说, 要 Fourier 变换属于 L^1 较难, 但是属于 L^2 要容易得多. 因此, 我们来考虑使得 $(\mathrm{e}^{\mathrm{i}tB}u,v)\in L^2(\mathbb{R})$ 的那些元 u. 从而引出下面的定义.

定义 7.5.13 设 B 是自伴算子, $\{E_\lambda|-\infty<\lambda<+\infty\}$ 是它的谱族. 令

$$\mathfrak{M}(B)=\big\{u\in\mathscr{H}\big|\exists f\in L^\infty(\mathbb{R}),\mathrm{d}(E_\lambda u,u)=f(\lambda)\mathrm{d}\lambda \text{ a.e.}\big\}. \tag{7.5.29}$$

易知 $\mathfrak{M}(B)$ 在 $\mathscr{H}_{ac}(B)$ 中稠. 当 $u\in\mathfrak{M}(B)$ 时, 记

$$|||u|||=\|f\|_\infty. \tag{7.5.30}$$

引理 7.5.14 对于任意 $u\in\mathfrak{M}(B),v\in\mathscr{H}$,

$$\int_{\mathbb{R}}|(\mathrm{e}^{\mathrm{i}tB}u,v)|^2\mathrm{d}t\leqslant 2\pi|||u|||\ \|v\|^2. \tag{7.5.31}$$

证 令 P 为 $\mathscr{H}$ 到由 u 及 B 生成的循环子空间上的投影算子. 设 $\mathrm{d}(E_\lambda u,u)=f(\lambda)\mathrm{d}\lambda$. 考虑映射 $M:P\mathscr{H}\to L^2(\mathbb{R},f\mathrm{d}\lambda)$, 它由 $M:u\mapsto 1$ 以及 $Bu\mapsto\lambda$ 所确定. M 是 $P\mathscr{H}$ 到 $L^2(\mathbb{R},f\mathrm{d}\lambda)$ 的酉算子. 设 $M:Pv\mapsto\eta(\lambda)$, 则

$$(\mathrm{e}^{\mathrm{i}tB}u,v)=(\mathrm{e}^{\mathrm{i}tB}u,Pv)=\int_{\mathbb{R}}\eta(\lambda)f(\lambda)\mathrm{e}^{\mathrm{i}t\lambda}\mathrm{d}\lambda.$$

由 Plancherel 定理,

$$\begin{aligned}\int_{\mathbb{R}}|(\mathrm{e}^{\mathrm{i}tB}u,v)|^2\mathrm{d}t&=2\pi\int_{\mathbb{R}}|\eta(\lambda)|^2f^2(\lambda)\mathrm{d}\lambda\\&\leqslant 2\pi\|f\|_\infty\int_{\mathbb{R}}|\eta(\lambda)|^2f(\lambda)\mathrm{d}\lambda.\end{aligned}$$

由于 $|||u|||=\|f\|_\infty$, 以及

$$\int_{\mathbb{R}}|\eta(\lambda)|^2f(\lambda)\mathrm{d}\lambda=\|Pv\|^2\leqslant\|v\|^2,$$

即得不等式 (7.5.31). ■

引理 7.5.15 对于任意 $u \in \mathscr{H}_{ac}(B)$, $w\text{-}\lim\limits_{t\to\pm\infty} \mathrm{e}^{\mathrm{i}tB}u = 0$; 如果 C 是紧算子, 还有

$$\lim_{t\to\pm\infty} \|C\mathrm{e}^{\mathrm{i}tB}u\| = 0. \tag{7.5.32}$$

证 由引理 7.5.14 的证明可知 $\eta f^{1/2} \in L^2, f^{1/2} \in L^2$, 从而 $\eta f \in L^1$. 由于 $(\mathrm{e}^{\mathrm{i}tB}u, v)$ 是 L^1 上的 Fourier 逆变换, 由 Riemann-Lebesgue 定理, 即知 $w\text{-}\lim\limits_{t\to\pm\infty} \mathrm{e}^{\mathrm{i}tB}u = 0$. ■

在可分 Hilbert 空间 $\mathscr{H}$ 上, 任取一组标准正交基 $\{e_n\}$. 设 A 是 $\mathscr{H}$ 上的正有界算子. 令

$$\operatorname{tr} A = \sum_{n=1}^{\infty} (Ae_n, e_n). \tag{7.5.33}$$

容易证明 $\operatorname{tr}A$ 与基的选取无关, 称为 A 的迹. 有界算子 T 当 $\operatorname{tr}|T| < \infty$ 时, 称 T 为迹类算子, 或简称为迹算子, 这里 $|T| = (T^*T)^{1/2}$. 迹算子全体记作 $L_{(1)}(\mathscr{H})$. 在第八章 §2 中, 我们要专门讨论迹算子的理论. 在此我们仅指出, 对于任意迹算子, 必对应一列正数 $\{\lambda_n\}$, 当给定一组标准正交基 $\{e_n\}$, 必存在另一组标准正交基 $\{f_n\}$, 使得

$$C = \sum_n \lambda_n(\cdot, e_n) f_n, \tag{7.5.34}$$

其中 $\sum\limits_n \lambda_n < \infty$ 称为 C 的迹. 记成 $\|C\|_1 = \sum\limits_n \lambda_n$. 由此表示式可知 C 是有穷秩算子的极限, 故必是紧算子.

定理 7.5.16 (Pearson 定理) 设 A, B 是自伴算子, J 是有界算子. 设算子 C 在下式意义下有 $C = JB - AJ : \forall v \in D(A), u \in D(B)$,

$$(Cu, v) = (JBu, v) - (Ju, Av). \tag{7.5.35}$$

若 C 是迹算子, 则

$$W_{\pm}(A, B; J) = s\text{-}\lim_{t\to\pm\infty} \mathrm{e}^{-\mathrm{i}tA} J \mathrm{e}^{\mathrm{i}tB} P_{ac}(B) \tag{7.5.36}$$

存在.

证　记 $W(t)=\mathrm{e}^{-\mathrm{i}tA}J\mathrm{e}^{\mathrm{i}tB}$. 由于 $\mathfrak{M}(B)$ 在 $\mathscr{H}_{ac}(B)$ 中稠, 故只要证明 $\forall u\in\mathfrak{M}(B)$,

$$\lim_{t,s\to\pm\infty}\|(W(t)-W(s))u\|^2=0. \tag{7.5.37}$$

由于

$$\begin{aligned}\|(W(t)-W(s)u)\|^2=&(W^*(t)(W(t)-W(s))u,u)\\&+(W^*(s)(W(s)-W(t))u,u),\end{aligned}\tag{7.5.38}$$

所以要证明

$$\lim_{s,t\to\pm\infty}(W^*(t)(W(t)-W(s))u,u)=0.$$

以下分三步作估计.

(1) 首先有

$$W(t)-W(s)=\mathrm{i}\int_s^t\mathrm{e}^{-\mathrm{i}rA}C\mathrm{e}^{\mathrm{i}rB}\mathrm{d}r. \tag{7.5.39}$$

事实上, $\forall v\in D(A),u\in\mathscr{H}$,

$$\begin{aligned}(W(r)u,v)&=(J\mathrm{e}^{\mathrm{i}rB}u,\mathrm{e}^{\mathrm{i}rA}v),\\ \frac{\mathrm{d}}{\mathrm{d}r}(W(r)u,v)&=\mathrm{i}(JB\mathrm{e}^{\mathrm{i}rB}u,\mathrm{e}^{\mathrm{i}rA}v)-\mathrm{i}(J\mathrm{e}^{\mathrm{i}rB}u,\mathrm{e}^{\mathrm{i}rA}Av)\\&=\mathrm{i}(\mathrm{e}^{-\mathrm{i}rA}C\mathrm{e}^{\mathrm{i}rB}u,v).\end{aligned}$$

对上式两边关于 r 从 s 到 t 积分, 即得等式 (7.5.39).

由引理 7.5.15, 对于固定的 t,s,

$$\lim_{a\to+\infty}\mathrm{e}^{-\mathrm{i}aB}W^*(t)(W(t)-W(s))\mathrm{e}^{\mathrm{i}aB}u=0,\quad\forall u\in\mathfrak{M}(B). \tag{7.5.40}$$

这是因为 $W(t)-W(s)$ 是紧算子.

(2) 对于有界算子 K, 引入记号

$$I_{ab}(K)=\int_a^b \mathrm{e}^{-\mathrm{i}rB}K\mathrm{e}^{\mathrm{i}rB}\mathrm{d}r, \tag{7.5.41}$$

其中 $a<b$, 则

$$W^*(t)W(s)-\mathrm{e}^{-\mathrm{i}aB}W^*(t)W(s)\mathrm{e}^{\mathrm{i}aB}=I_{0a}(Y(t,s)), \tag{7.5.42}$$

其中

$$Y(t,s)=\mathrm{i}\mathrm{e}^{-\mathrm{i}tB}(C^*\mathrm{e}^{\mathrm{i}(t-s)A}J-J^*\mathrm{e}^{\mathrm{i}(t-s)A}C)\mathrm{e}^{\mathrm{i}sB}. \tag{7.5.43}$$

事实上, 记 $Q(b)=\mathrm{e}^{-\mathrm{i}bB}W^*(t)W(s)\mathrm{e}^{\mathrm{i}bB}$, 则 (7.5.41) 式左边是 $Q(0)-Q(a)=-\int_0^a\dfrac{\mathrm{d}Q(b)}{\mathrm{d}b}\mathrm{d}b$. 我们来求 $Q(b)$ 的微商. 暂且不考虑定义域问题, 那么

$$\begin{aligned}\frac{\mathrm{d}Q(b)}{\mathrm{d}b}&=\mathrm{i}\mathrm{e}^{-\mathrm{i}bB}(W^*(t)W(s)B-BW^*(t)W(s))\mathrm{e}^{\mathrm{i}bB}\\&=\mathrm{i}\mathrm{e}^{-\mathrm{i}bB}(\mathrm{e}^{-\mathrm{i}tB}J^*\mathrm{e}^{\mathrm{i}(t-s)A}JB\mathrm{e}^{\mathrm{i}sB}\\&\quad-\mathrm{e}^{-\mathrm{i}tB}BJ^*\mathrm{e}^{\mathrm{i}(t-s)A}J\mathrm{e}^{\mathrm{i}sB})\mathrm{e}^{\mathrm{i}bB}\\&=\mathrm{i}\mathrm{e}^{-\mathrm{i}bB}(\mathrm{e}^{-\mathrm{i}tB}J^*\mathrm{e}^{\mathrm{i}(t-s)A}C\mathrm{e}^{\mathrm{i}sB}\\&\quad-\mathrm{e}^{-\mathrm{i}tB}C^*\mathrm{e}^{\mathrm{i}(t-s)A}J\mathrm{e}^{\mathrm{i}sB})\mathrm{e}^{\mathrm{i}bB}\\&=-\mathrm{e}^{-\mathrm{i}bB}Y(t,s)\mathrm{e}^{\mathrm{i}tB},\end{aligned}$$

于是可得 (7.5.42) 式. 要严格得到 (7.5.42) 式, 就要考虑定义域, 此时只需引入矩阵元 $(Q(b)u,v)=(W(s)\mathrm{e}^{\mathrm{i}bB}u,W(t)\mathrm{e}^{\mathrm{i}bB}v)$, 仿照 (1) 中证明关系式 (7.5.39) 的方法即可. 我们省略详细的证明, 将它留给读者.

将 (7.5.40) 式与 (7.5.42) 式联合起来, 得到对于 $\forall u\in\mathfrak{M}(B)$,

$$(W(t)^*(W(t)-W(s))u,u)=\lim_{a\to\infty}(I_{0a}(Y(t,t)-Y(t,s))u,u). \tag{7.5.44}$$

(3) 由于 C 是迹算子, C 有展开式

$$C=\sum_n \lambda_n(\cdot,e_n)f_n.$$

于是对于任意有界算子 K, 有下列不等式估计:

$$\begin{aligned}&|(I_{0a}(\mathrm{e}^{-\mathrm{i}tB}KC\mathrm{e}^{\mathrm{i}sB})u,u)|\\&\leqslant(2\pi\|C\|_1)^{1/2}\|K\|\ |||u|||^{1/2}\left[\sum_n\lambda_n\int_s^{+\infty}|(\mathrm{e}^{\mathrm{i}rB}u,e_n)|^2\mathrm{d}r\right]^{1/2}.\end{aligned}\tag{7.5.45}$$

事实上, 将 C 的展开式代入不等式左边, 由 Schwarz 不等式,

$$\begin{aligned}\text{左边}&=\left|\int_0^a\sum_n\lambda_n(\mathrm{e}^{\mathrm{i}(s+r)B}u,e_n)(\mathrm{e}^{-\mathrm{i}(t+r)B}Kf_n,u)\mathrm{d}r\right|\\&\leqslant\left[\sum_n\lambda_n\int_0^a|(Kf_n,\mathrm{e}^{\mathrm{i}(t+r)B}u)|^2\mathrm{d}r\right]^{1/2}\\&\quad\cdot\left[\sum_n\lambda_n\int_0^a|(\mathrm{e}^{\mathrm{i}(s+r)B}u,e_n)|^2\mathrm{d}r\right]^{1/2}\\&\leqslant\left[\sum_n\lambda_n\int_{-\infty}^{+\infty}|(Kf_n,\mathrm{e}^{\mathrm{i}rB}u)|^2\mathrm{d}r\right]^{1/2}\\&\quad\cdot\left[\sum_n\lambda_n\int_s^{\infty}|(\mathrm{e}^{\mathrm{i}rB}u,e_n)|^2\mathrm{d}r\right]^{1/2}\\&\leqslant\left(\sum_n\lambda_n2\pi|||u|||\ \|Kf_n\|^2\right)^{1/2}\\&\quad\cdot\left[\sum_n\lambda_n\int_s^{+\infty}|(\mathrm{e}^{\mathrm{i}rB}u,e_n)|^2\mathrm{d}r\right]^{1/2}\\&\leqslant(2\pi\|C\|_1)^{1/2}|||u|||^{1/2}\|K\|\end{aligned}$$

$$\cdot \left[\sum_n \lambda_n \int_s^\infty |(\mathrm{e}^{\mathrm{i}rB}u, e_n)|^2 \mathrm{d}r \right]^{1/2},$$

其中 $\|C\|_1 = \sum\limits_n \lambda_n$, 最末第二个不等式用了引理 7.5.14.

联合 (7.5.38), (7.5.44), (7.5.45) 式, 即得下列估计:

$$\|(W(t) - W(s))u\|^2 \leqslant 8(2\pi\|C\|_1)^{1/2}\ |||u|||^{1/2}\|J\| \cdot \left[\sum_n \lambda_n \int_{\min(t,s)}^{+\infty} |(\mathrm{e}^{\mathrm{i}rB}u, e_n)|^2 \mathrm{d}r \right]^{1/2}.$$

由引理 7.5.14, 可得如下估计:

$$\|(W(t) - W(s))u\|^2 \leqslant 16\pi\|C\|_1\ |||u|||\ \|J\|.$$

此外由引理 7.5.14 知 $\sum\limits_n \lambda_n |(\mathrm{e}^{\mathrm{i}rB}u, e_n)|^2 \in L^1$. 于是由控制收敛定理, 极限 (7.5.37) 成立. ■

当 $JB - AJ$ 是迹算子时, $J^*A - BJ^*$ 也是迹算子, 因此同时存在

$$s\text{-}\lim_{t\to\pm\infty} \mathrm{e}^{-\mathrm{i}tA} J \mathrm{e}^{\mathrm{i}tB} P_{ac}(B) \quad 与 \quad s\text{-}\lim_{t\to\pm\infty} \mathrm{e}^{-\mathrm{i}tB} J^* \mathrm{e}^{\mathrm{i}tA} P_{ac}(A).$$

于是当 $J = I$ 时, 定理 7.5.11 可以运用. 我们立刻得到下面的定理.

定理 7.5.17 (Kato-Rosenblum 定理) 设 A, B 是自伴算子, $A - B$ 是迹算子, 则 $W_\pm(A, B)$ 存在而且是完全的.

定理 7.5.17 中 A 和 B 可以是无界的, 迹算子 $C = A - B$ 是在定理 7.5.18 的意义下理解, 即 $\forall u \in D(A), v \in D(B), (Cu, v) = (Au, v) - (u, Bv)$. 作为 Pearson 定理 (定理 7.5.16) 的应用, 还有如下结果.

定理 7.5.18 (Kuroda-Birman 定理) 设 A 和 B 是自伴算子, 若 $(\mathrm{i} - B)^{-1} - (\mathrm{i} - A)^{-1}$ 是迹算子, 则 $W_\pm(A, B)$ 存在而且是完全的.

证　令 $J=(\mathrm{i}-A)^{-1}(\mathrm{i}-B)^{-1}$, 则在 (7.5.35) 式的意义下,

$$C=JB-AJ=(\mathrm{i}-B)^{-1}-(\mathrm{i}-A)^{-1}$$

是迹算子. 由 Pearson 定理 (定理 7.5.16),

$$s\text{-}\lim_{t\to\pm\infty}\mathrm{e}^{-\mathrm{i}tA}(\mathrm{i}-A)^{-1}(\mathrm{i}-B)^{-1}\mathrm{e}^{\mathrm{i}tB}P_{ac}(B)$$

存在. 将算子作用到形如 $(\mathrm{i}-B)u$ 的元, 其中 $u\in D(B)$, 则

$$s\text{-}\lim_{t\to\pm\infty}\mathrm{e}^{-\mathrm{i}tA}(\mathrm{i}-A)^{-1}\mathrm{e}^{\mathrm{i}tB}P_{ac}(B)$$

存在. 由于 $(\mathrm{i}-B)^{-1}-(\mathrm{i}-A)^{-1}$ 是紧算子, 由引理 7.5.15,

$$s\text{-}\lim_{t\to\pm\infty}((\mathrm{i}-B)^{-1}-(\mathrm{i}-A)^{-1})\mathrm{e}^{\mathrm{i}tB}P_{ac}(B)=0,$$

于是

$$s\text{-}\lim_{t\to\pm\infty}\mathrm{e}^{-\mathrm{i}tA}(\mathrm{i}-B)^{-1}\mathrm{e}^{\mathrm{i}tB}P_{ac}(B)$$

存在. 再一次作用到形如 $(\mathrm{i}-B)u$ 的元, 可推知 $W_\pm(A,B)$ 存在. 由对称性知 $W_\pm(B,A)$ 也存在, 从而是完全的. ■

§ 6　发 展 方 程

许多数学物理中出现的微分方程描写状态随时间的演化, 例如扩散方程、波动方程、Kdv 方程、Schrödinger 方程等, 都是发展型的.

考虑如下一类发展方程:

$$\frac{\mathrm{d}}{\mathrm{d}t}x(t)=Ax(t)+f(t),\tag{7.6.1}$$

其中 $f:[0,+\infty)$ 或 $(-\infty,+\infty)\to B$ 空间 $\mathscr{X}$, A 是 $\mathscr{X}$ 上给定的闭线性算子, 而 $x(t)\in C^1(\mathbb{R}_+,\mathscr{X})\cap C(\mathbb{R}_+,D(A))$, $D(A)$ 记为 A 的定义域. $D(A)$ 上带有图模 $\|x\|_A=\|x\|+\|Ax\|$.

算子半群提供了研究发展型方程的有力工具. 事实上, 例如说 A 是耗散算子, 即 $(0,+\infty)\subset\rho(A)$, 而且

$$\|(\lambda-A)^{-1}\|\leqslant 1/\lambda,\quad \forall\lambda>0,$$

根据 Hille-Yosida 定理 (定理 7.1.5), 就有一个以 A 为无穷小生成元的强连续压缩半群 $\{T(t)|t\geqslant 0\}$. 于是发展方程 (7.6.1) 联合初值条件

$$x(0)=x_0\in D(A) \tag{7.6.2}$$

的解可以写成

$$x(t)=T(t)x_0+\int_0^t T(t-\tau)f(\tau)\mathrm{d}\tau, \tag{7.6.3}$$

其中 $f\in C(\mathbb{R}_+,D(A))$ 或者 $C^1(\mathbb{R}_+,\mathscr{X})$. 事实上, 若 $f\in C(\mathbb{R}_+,D(A))$, 则对 (7.6.3) 式直接微分得

$$\begin{aligned}\frac{\mathrm{d}}{\mathrm{d}t}x(t)&=AT(t)x_0+f(t)+\int_0^t AT(t-\tau)f(\tau)\mathrm{d}\tau\\&=Ax(t)+f(t);\end{aligned}$$

若 $f\in C^1(\mathbb{R}_+,\mathscr{X})$, 记

$$u(t)=\int_0^t T(t-\tau)f(\tau)\mathrm{d}\tau=\int_0^t T(\tau)f(t-\tau)\mathrm{d}\tau.$$

可见 $u(t)$ 关于 t 可微, 得

$$\frac{\mathrm{d}u(t)}{\mathrm{d}t}=T(t)f(0)+\int_0^t T(t-\tau)f'(\tau)\mathrm{d}\tau.$$

但是

$$\begin{aligned}h^{-1}[T(h)-I]u(t)&=h^{-1}\left[\int_0^t T(t+h-\tau)f(\tau)\mathrm{d}\tau-u(t)\right]\\&=h^{-1}[u(t+h)-u(t)]\\&\quad-\frac{1}{h}\int_t^{t+h}T(t+h-\tau)f(\tau)\mathrm{d}\tau\\&\to\frac{\mathrm{d}u(t)}{\mathrm{d}t}-f(t),\quad \text{当 } h\to 0+\text{ 时}.\end{aligned}$$

所以 $u(t) \in D(A)$, 而且有

$$\frac{\mathrm{d}u(t)}{\mathrm{d}t} = Au(t) + f(t).$$

例 7.6.1　二阶抛物型方程的初值问题:

$$\begin{cases} \dfrac{\partial u(t,x)}{\partial t} = \displaystyle\sum_{i,j=1}^{n} a_{ij}(x)\frac{\partial^2 u}{\partial x_i \partial x_j} + \sum_{i=1}^{n} b_i(x)\frac{\partial u}{\partial x_i} \\ \qquad\qquad +c(x)u(x) + f(t,x), \quad 当\ (t,x) \in [0,+\infty) \times \Omega, \\ u(0,x) = u_0(x), \quad 当\ x \in \Omega, \\ u(t,x)|_{\partial\Omega} = 0, \end{cases} \tag{7.6.4}$$

其中 Ω 是 $\mathbb{R}^n$ 中的有界开区域, 具有光滑边界, 系数 $a_{ij}(x), b_i(x)$, $c(x)$ 是 Ω 上的有界连续实函数, 而且矩阵 $(a_{ij}(x))$ 满足强椭圆条件. 记

$$A = \sum_{i,j=1}^{n} a_{ij}(x)\frac{\partial^2}{\partial x_i \partial x_j} + \sum_{i=1}^{n} b_i(x)\frac{\partial}{\partial x_i} + c(x). \tag{7.6.5}$$

令 $\mathscr{X} = L^2(\overline{\Omega}), D(A) = C_0^\infty(\Omega)$, 则 A 可以扩张成一个 $\mathscr{X}$ 上的闭算子, 仍记为 A, 此时定义域为 $H^2(\Omega) \cap H_0^1(\Omega)$. 由 Garding 不等式, 存在常数 $\alpha_0 > 0, \lambda_0 \geqslant 0$, 使得 $\forall u \in H^2(\Omega) \cap H_0^1(\Omega)$,

$$\mathrm{Re}(Au, u) \geqslant \alpha_0 \|u\|_1^2 - \lambda_0 \|u\|^2,$$

其中 $\|\cdot\|_1$ 是 $H^1(\Omega)$ 模. 于是当 $\lambda > \lambda_0$ 时,

$$\mathrm{Re}((\lambda - A)u, u) \geqslant \alpha_0 \|u\|_1^2,$$

从而

$$\begin{aligned} \|(\lambda - A)u\|^2 \geqslant (\lambda - \lambda')^2 \|u\|^2 + 2(\lambda - \lambda')\mathrm{Re}((\lambda' - A)u, u) \\ + \|(\lambda' - A)u\|^2, \end{aligned}$$

其中 $\lambda > \lambda' > \lambda_0$. 所以,

$$(\lambda - \lambda')^2\|u\|^2 \leqslant \|(\lambda - A)u\|^2.$$

因此 $(\lambda_0, \infty) \subset \rho(A)$. 由定理 7.1.7 知 A 是一个强连续算子半群 $\{T(t)|t \geqslant 0\}$ 的生成元. 当 $u_0(x) \in H^2(\Omega) \cap H_0^1(\Omega), f(t) \in C^1([0,\infty), \mathscr{X})$ 时, 上述初边值问题有解

$$u(t,x) = (T(t)u_0)(x) + \int_0^t (T(t-\tau)f(\tau))(x)\mathrm{d}\tau. \tag{7.6.6}$$

例 7.6.2 双曲型方程初值问题:

$$\begin{cases} \dfrac{\partial^2 u(t,x)}{\partial t^2} = \Delta u(t,x) + f(t,x), & t \geqslant 0, x \in \mathbb{R}^n, \\ u(0,x) = u_0(x), & x \in \mathbb{R}^n, \\ \dfrac{\partial u(0,x)}{\partial t} = u_1(x), & x \in \mathbb{R}^n. \end{cases} \tag{7.6.7}$$

令

$$v(t,x) = \frac{\partial u(t,x)}{\partial t},$$

于是原方程 (7.6.7) 可写成二阶向量方程

$$\begin{cases} \dfrac{\partial}{\partial t}\begin{pmatrix} u \\ v \end{pmatrix} = \begin{pmatrix} 0 & 1 \\ \Delta & 0 \end{pmatrix}\begin{pmatrix} u \\ v \end{pmatrix} + \begin{pmatrix} 0 \\ f \end{pmatrix}, \\ \begin{pmatrix} u(0) \\ v(0) \end{pmatrix} = \begin{pmatrix} u_0 \\ u_1 \end{pmatrix}. \end{cases} \tag{7.6.8}$$

记 $B = -\Delta, D(B) = H^2(\mathbb{R}^n)$. B 有平方根算子 $B^{1/2}$, $D(B^{1/2}) = H^1(\mathbb{R}^n)$. 引入

$$\mathscr{H} = D(B^{1/2}) \times L^2(\mathbb{R}^n),$$

并规定内积

$$(\langle u, v\rangle, \langle u', v'\rangle) = (B^{1/2}u, B^{1/2}u') + (v, v'),$$

于是 $\mathscr{H}$ 在此内积下为 Hilbert 空间. 又令

$$A = \begin{pmatrix} 0 & I \\ -B & 0 \end{pmatrix},$$

$$D(A) = D(B) \times D(B^{1/2}).$$

对于任意的 $z, z' \in D(A), z = \langle u, v \rangle, z' = \langle u', v' \rangle$,

$$\begin{aligned}
(Az, z') &= (\langle v, -Bu \rangle, \langle u', v' \rangle) \\
&= (B^{1/2}v, B^{1/2}u') - (Bu, v'), \\
(z, Az') &= (\langle u, v \rangle, \langle v', -Bu' \rangle) \\
&= (B^{1/2}u, B^{1/2}v') - (v, Bu').
\end{aligned}$$

所以

$$(z, Az') = -(Az, z'),$$

即 $\mathrm{i}A$ 是对称的. 再证 $\mathrm{i}A$ 是自伴的, 事实上, 由

$$(\mathrm{i}A \pm \mathrm{i}I)z = 0,$$

即

$$\begin{cases} v \pm u = 0, \\ -Bu \pm v = 0, \end{cases}$$

推得 $u = v = \theta$, 故 $z = 0$.

于是方程 (7.6.8) 化归成

$$\frac{\mathrm{d}z(t)}{\mathrm{d}t} = Az(t) + F(t), \tag{7.6.9}$$

其中 $F(t) = \langle 0, f(t, x) \rangle$. 因为 $\mathrm{i}A$ 自伴, 所以由 Stone 定理 (定理 7.3.5),

$$z(t) = \mathrm{e}^{tA} z_0 + \int_0^t \mathrm{e}^{(t-\tau)A} F(\tau) \mathrm{d}\tau,$$

其中 $z(0) = z_0 = \langle u_0, u_1 \rangle$.

下面讨论半线性发展方程:

$$\begin{cases} \dfrac{\mathrm{d}x(t)}{\mathrm{d}t} = Ax(t) + f(t, x(t)), \\ x(0) = x_0, \end{cases} \tag{7.6.10}$$

其中 A 是 Banach 空间 $\mathscr{X}$ 上的闭稠定算子, 假设 A 是 $\mathscr{X}$ 上的强连续算子半群的生成元, $f(t,x) \in C([0,T] \times \mathscr{X}, \mathscr{X})$.

方程 (7.6.10) 可以化归成积分方程

$$x(t) = T(t)x_0 + \int_0^t T(t-\tau) f(\tau, x(\tau))\mathrm{d}\tau, \tag{7.6.11}$$

其中 $\{T(t)|t \geqslant 0\}$ 是由 A 生成的强连续半群.

若有 $x \in C([0,T], \mathscr{X})$ 适合积分方程 (7.6.11), 则称其为 Segal 意义下的强义解.

定理 7.6.3 设 $f \in C([0,T] \times \mathscr{X}, \mathscr{X})$ 满足

$$\|f(t,x_1) - f(t,x_2)\| \leqslant L\|x_1 - x_2\|, \tag{7.6.12}$$

$\forall t \in [0,T], x_1, x_2 \in \mathscr{X}$, 其中 $L > 0$ 是一常数, 则 $\forall x_0 \in \mathscr{X}$, 方程 (7.6.10) 存在唯一的 Segal 意义下的强义解.

证 定义映射 $F : C([0,T], \mathscr{X}) \to C([0,T], \mathscr{X})$ 如下:

$$(Fx)(t) = T(t)x_0 + \int_0^t T(t-\tau) f(\tau, x(\tau))\mathrm{d}\tau, \tag{7.6.13}$$

其中 $t \in [0,T]$. 用 $|||x|||$ 表记 $C([0,T], \mathscr{X})$ 中的模, 则有

$$\|(Fx)(t) - (Fy)(t)\| \leqslant MLt|||x-y|||, \quad \forall t \in [0,T], \tag{7.6.14}$$

其中 M 是 $\|T(t)\|$ 在 $[0,T]$ 上的上界, $x, y \in C([0,T], \mathscr{X})$. 联合 (7.6.13) 式与 (7.6.14) 式有

$$\|(F^n x)(t) - (F^n y)(t)\| \leqslant \frac{(MLt)^n}{n!}|||x-y|||, \quad \forall t \in [0,T].$$

因此,

$$|||F^n x - F^n y||| \leqslant \frac{(MLT)^n}{n!}|||x-y|||, \quad n=1,2,\cdots.$$

由于级数 $\sum_{n=1}^{\infty}\frac{(MLT)^n}{n!}$ 是收敛的, 所以由 Picard 序列得 $x_n = F^n x_0$ 收敛到某个 $x^* \in C([0,T],\mathscr{X})$, 成为方程 (7.6.10) 的 Segal 意义下的强义解.

再证: Segal 意义下的强义解是唯一的. 设 $x^*, y^* \in C([0,T],\mathscr{X})$ 都是方程 (7.6.10) 的 Segal 意义下的强义解, 取同一初值, 则

$$\begin{aligned}\|x^*(t)-y^*(t)\| &= \left\|\int_0^t T(t-\tau)(f(\tau,x^*(\tau)) - f(\tau,y^*(\tau)))\mathrm{d}\tau\right\| \\ &\leqslant ML\int_0^t \|x^*(\tau)-y^*(\tau)\|\mathrm{d}\tau, \quad \forall t\in[0,T],\end{aligned}$$

从而必有

$$x^*(t) = y^*(t), \quad \forall t \in [0,T].$$ ■

注　设 x, y 为在 Segal 意义下的解, 分别具有初值 x_0, y_0, 则当 $0 \leqslant t \leqslant T$ 时,

$$\begin{aligned}\|x(t)-y(t)\| &\leqslant \|T(t)x_0 - T(t)y_0\| + \int_0^t \|T(t-\tau)(f(\tau,x(\tau)) \\ &\quad - f(\tau,y(\tau)))\|\mathrm{d}\tau \\ &\leqslant M\|x_0-y_0\| + ML\int_0^t \|x(\tau)-y(\tau)\|\mathrm{d}\tau.\end{aligned}$$

由 Gronwall 不等式, 得到

$$\|x(t)-y(t)\| \leqslant M\mathrm{e}^{MLt}\|x_0-y_0\|,$$

所以

$$|||x-y||| \leqslant M\mathrm{e}^{TML}\|x_0-y_0\|.$$

这就是说, 由初值到强义解的映射 $x_0 \mapsto x$ 是 $\mathscr{X}$ 到 $C([0,T],\mathscr{X})$ 的一个 Lipschitz 连续映射.

设 $g \in C([0,T],\mathscr{X})$, 把定理 7.6.3 证明中的 F 改成

$$(Fx)(t) = g(t) + \int_0^t T(t-\tau)f(\tau,x(\tau))\mathrm{d}\tau,$$

重复定理的证明可得到较一般的结论.

推论 7.6.4 设 $\{T(t)|t \geqslant 0\}$ 是强连续半群, f 满足定理 7.6.3 中的条件, 则对于每个 $g \in C([0,T],\mathscr{X})$, 积分方程

$$y(t) = g(t) + \int_0^t T(t-\tau)f(\tau,y(\tau))\mathrm{d}\tau \tag{7.6.15}$$

存在唯一的解 $y \in C([0,T],\mathscr{X})$.

一般来说, 定理 7.6.3 所给出的在 Segal 意义下的强义解只是积分方程 (7.6.11) 的解, 而不是发展方程 (7.6.10) 的解. 下面给出一个充分条件, 以使得 Segal 意义下的强义解成为经典解.

定理 7.6.5 设 $f \in C^1([0,T]\times\mathscr{X},\mathscr{X})$, 那么对于每一个 $x_0 \in D(A)$, Segal 强义解 $x(t)$ 是初值问题 (7.6.10) 的经典解.

证 由于 $f \in C^1([0,T]\times\mathscr{X},\mathscr{X})$, 它满足定理 7.6.3 中的假设, 因此在 Segal 意义下的强义解存在.

现在证明 $x(t)$ 在 $[0,T]$ 上有连续微商.

记 $K(t) = \dfrac{\partial f(t,x)}{\partial x}$. 对于 $\forall t \in [0,T], K(t) \in L(\mathscr{X},\mathscr{X})$. 对于 $y \in \mathscr{X}$, 若记 $h(t,y) = K(t)y$, 则 $h(t,y)$ 是 $[0,T]\times\mathscr{X}$ 到 $\mathscr{X}$ 的映射. $h(\cdot,y)$ 在 $[0,T]$ 上连续, 因为 $t \mapsto K(t)$ 是 $[0,T]$ 到 $L(\mathscr{X})$ 的连续映射, 因此 $h(t,y)$ 关于变元 h 为 Lipschitz 连续在 $t \in [0,T]$ 上一致成立.

设

$$g(t) = T(t)f(0,x_0) + AT(t)x_0 + \int_0^t T(t-\tau)\frac{\partial f(\tau,x(\tau))}{\partial\tau}\mathrm{d}\tau,$$

则 $g \in C([0,T],\mathscr{X})$. 由推论 7.6.4 知, 积分方程

$$y(t) = g(t) + \int_0^t T(\tau)B(\tau)y(\tau)\mathrm{d}\tau$$

存在唯一连续解. 对于 $h \in \mathbb{R}, 0 \leqslant t+h \leqslant T$, 记

$$\Delta_1(t,h) = f(t, x(t+h)) - f(t, x(t)) - B(t)(x(t+h) - x(t)),$$
$$\Delta_2(t,h) = f(t+h, x(t+h)) - f(t, x(t+h)) - h \cdot \frac{\partial f(t, x(t+h))}{\partial t},$$

则 $\lim\limits_{h\to 0} \frac{1}{h}\|\Delta_i(t,h)\| = 0$ 在 $t \in [0,T]$ 一致成立, $i = 1, 2$.

记 $y_h(t) = \frac{1}{h}(x(t+h) - x(t)) - y(t)$, 则

$$\begin{aligned} y_h(t) = &\left[\frac{1}{h}[T(t+h)x_0 - T(t)x_0] - AT(t)x_0\right] \\ &+ \frac{1}{h}\int_0^t T(t-\tau)(\Delta_1(\tau,h) + \Delta_2(\tau,h))\mathrm{d}\tau \\ &+ \int_0^t T(t-\tau)\left[\frac{\partial}{\partial \tau} f(\tau, x(\tau+h)) - \frac{\partial}{\partial \tau} f(\tau, x(\tau))\right]\mathrm{d}\tau \\ &+ \left[\frac{1}{h}\int_0^h T(t+h-\tau) f(\tau, x(\tau))\mathrm{d}\tau - T(t)f(0, x_0)\right] \\ &+ \int_0^t T(t-\tau)B(\tau)y_h(\tau)\mathrm{d}\tau. \end{aligned}$$

当 $h \to 0$ 时, 上式右边前四个加项强收敛到 0. 所以,

$$\|y_h(t)\| \leqslant \varepsilon(h) + M'\int_0^t \|y_h(\tau)\|\mathrm{d}\tau,$$

其中 $\varepsilon(h) \to 0$, 当 $h \to 0, M' = \max\left\{M, \sup\limits_{0\leqslant t\leqslant T}\|B(t)\|\right\}$. 由 Gronwall 不等式 $\|y_h(t)\| \leqslant \varepsilon(h)\mathrm{e}^{M'T}$, 故 $\lim\limits_{h\to 0}\|y_h(t)\| = 0$. 所以 $x(t)$ 可求导, 而且

$$\frac{\mathrm{d}x(t)}{\mathrm{d}t} = y(t).$$

由于 $y \in C([0,T], \mathscr{X})$, 故 $x \in C^1([0,T], \mathscr{X})$.

下面证明 $x(t)$ 满足发展方程 (7.6.10). 由于 $x(t)$ 连续可导, 所

以 $f(t,x(t))\in C^1([0,T],\mathscr{X})$,

$$\begin{aligned}\frac{1}{h}[T(h)x(t)-x(t)]=&\frac{1}{h}(x(t+h)-x(t))\\&-\frac{1}{h}\int_h^{t+h}T(t+h-\tau)f(\tau,x(\tau))\mathrm{d}\tau.\end{aligned}$$

令 $h\to 0$, 得到

$$Ax(t)=\frac{\mathrm{d}x(t)}{\mathrm{d}t}-f(t,x(t)).$$

所以 $x(t)$ 是发展方程的经典解. ∎

第八章　无穷维空间上的测度论

函数空间上的测度理论与积分理论, 起源于对随机过程一般构造理论的研究. 早在 19 世纪, 物理学家已经十分关心热现象中的 Brown 运动. 为了从微观现象的分析来解释热现象中的宏观规律, 物理学家发现通过对 Brown 运动轨道的某种泛函求平均可以得到宏观物理量. 这种计算长期以来一直被认为仅仅是物理现象的解释, 而不是数学演算. 直到 1922 年,Wiener 在连续函数空间上构造出一个概率测度, 关于这个测度的积分恰恰就是对 Brown 运动轨道的泛函的平均, 于是 Wiener 成功地给物理学家的形式计算赋予了严格的数学基础. 这个测度以后被命名为 Wiener 测度. Brown 运动是一类特殊的随机过程,Wiener 的工作开创了随机过程的构造理论. 几十年来, 构造理论已成为概率论中一门完整理论. 而随机过程的构造往往都归结到某个函数空间上测度的存在性, 因此函数空间上测度理论和积分理论也伴随着获得深入的研究和发展.

函数空间上的测度理论和积分理论与微分方程理论有着密切的关系, 这方面的首创工作属于 Kac, 他在 1949 年运用 Wiener 积分首次给出方程

$$u_t = u_{xx} + vu$$

的初值问题解的解析表达式, 其中 v 是已知势函数. 从而揭示了二阶抛物型方程与函数空间上积分之间的内在关系. 需要指出, Kac 工作之前, 物理学家 Feynman 已将路径积分方法 (一种类似于函数空间上的积分) 引入量子力学中, 并用这种积分给出 Schrödinger 方程的解, 所以上述微分方程的 Wiener 积分解被称为 Feynman-Kac 公式.

无穷维函数空间上的测度论和积分论早已成为一门内容丰富的系统理论, 本章只介绍最初步的一些内容. 我们将引入 Banach

空间 $C[0,T]$ 上的 Wiener 测度和 Wiener 积分, 给出 Feynman-Kac 公式. 我们将讨论可分 Hilbert 空间上测度的存在性, 研究测度的 Fourier 变换. 我们还将讨论 Hilbert 空间上 Gauss 测度的性质.

§ 1 $C[0,T]$ 空间上的 Wiener 测度

本节介绍 $C[0,T]$ 空间上 Wiener 测度的定义,Wiener 测度的性质, 给出一些 Wiener 积分的例子, 并且运用 Wiener 积分给出抛物型偏微分方程初值问题解的 Feynman-Kac 公式.

1.1 $C[0,T]$ 空间上 Wiener 测度和 Wiener 积分

记

$$C_{(0)}[0,T]=\big\{x\in C[0,T]\big|x(0)=0\big\},$$

则 $C_{(0)}[0,T]$ 在极大模 $\|x\|=\max\big\{|x(t)|\big|0\leqslant t\leqslant T\big\}$ 下是可分 Banach 空间. 记 $\mathscr{B}$ 为 $C_{(0)}[0,T]$ 空间上的 Borel 域, 它由全体 Borel 集组成. 对于给定的 $0<t_1<t_2<\cdots<t_n\leqslant T$, n 维 Borel 集 $E\subset\mathbb{R}^n$, 我们称下列的集合

$$I=\big\{x\in C_{(0)}[0,T]\big|(x(t_1),x(t_2),\cdots,x(t_n))\in E\big\} \tag{8.1.1}$$

为 $C_{(0)}[0,T]$ 的一个柱集. 对于不同的正整数 n, 不同的 n 维 Borel 集 E, 以及 $0<t_1<t_2<\cdots<t_n\leqslant T$, 得到 $C_{(0)}[0,T]$ 中不同的柱集. $C_{(0)}[0,T]$ 中一切柱集构成的集合用 $\mathscr{R}$ 表示, 易见 $\mathscr{R}$ 是一个代数, 但不是 σ 代数. 记由 $\mathscr{R}$ 所生成的最小 σ 代数为 $\sigma(\mathscr{R})$.

命题 8.1.1 $\sigma(\mathscr{R})=\mathscr{B}$.

证 显然有 $\sigma(\mathscr{R})\subset\mathscr{B}$. 反之, 由于

$$\begin{aligned}&\big\{x\in C_{(0)}[0,T]\big|\|x\|\leqslant 1\big\}\\&=\bigcap_{n=1}^{\infty}\left\{x\in C_{(0)}[0,T]\left|\left|x\left(\frac{k}{2^n}\right)\right|\leqslant 1,k=1,2,\cdots,[2^nT]\right.\right\},\end{aligned}$$

其中 $[2^nT]$ 表示 2^nT 的最大整数部分, 可知闭单位球在 $\sigma(\mathscr{R})$ 内, 于是由可分性得 $\sigma(\mathscr{R})\supset\mathscr{B}$. ■

定义 8.1.2 设 I 是形如 (8.1.1) 式的柱集, 令

$$W(I)=\frac{1}{\left((2\pi)^n\prod_{j=1}^{n}(t_j-t_{j-1})\right)^{\frac{1}{2}}}\cdot\int_E\exp\left\{-\frac{1}{2}\sum_{j=1}^{n}\frac{(u_j-u_{j-1})^2}{t_j-t_{j-1}}\right\}\prod_{j=1}^{n}\mathrm{d}u_j,\quad(8.1.2)$$

其中规定 $t_0=0,u_0=0$.

容易验证, W 是定义在代数 $\mathscr{R}$ 上的有限测度, 即当 I_1 和 I_2 为两个柱集, $I_1\cap I_2=\varnothing$ 时, 有 $W(I_1\cup I_2)=W(I_1)+W(I_2)$, 并且 $W(C_0[0,T])=1$, 我们所要构造的 Wiener 测度将是由 (8.1.2) 式定义的 $\mathscr{R}$ 上有限可加测度 W 在 $\mathscr{B}$ 上的扩张. 在没有扩张之前先来计算两个简单的柱集的测度.

例 8.1.3 设 $0<t\leqslant T$, 对于闭区间 $[a,b]$, 按定义 8.1.2,

$$W(\{x|a\leqslant x(t)\leqslant b\})=\frac{1}{\sqrt{2\pi t}}\int_a^b\mathrm{e}^{-\frac{u^2}{2t}}\mathrm{d}u.$$

这说明 $C_{(0)}[0,T]$ 上的有界线性泛函 $f(x)=x(t)$ 是按正态分布的, 其期望为 0, 方差是 t.

例 8.1.4 设 $0<s<t\leqslant T,E=\{(x,y)\in\mathbb{R}^2|a\leqslant y-x\leqslant b\}$, 于是按定义 8.1.2 定义,

$$\begin{aligned}&W(\{x|a\leqslant x(t)-x(s)\leqslant b\})\\&=W(\{x|(x(s),x(t))\in E\})\\&=\frac{1}{2\pi\sqrt{s(t-s)}}\iint\limits_E\exp\left\{-\frac{1}{2}\left(\frac{v^2}{s}+\frac{(u-v)^2}{t-s}\right)\right\}\mathrm{d}u\mathrm{d}v.\end{aligned}$$

作变量替换 $u - v = \tau_1, v = \tau_2$, 则有

$$\begin{aligned}
&W(\{x | a \leqslant x(t) - x(s) \leqslant b\}) \\
&\quad = \frac{1}{2\pi\sqrt{s(t-s)}} \int_{-\infty}^{+\infty} \mathrm{d}\tau_2 \int_a^b \exp\left\{-\frac{1}{2}\left(\frac{\tau_2^2}{s} + \frac{\tau_1^2}{t-s}\right)\right\} \mathrm{d}\tau_1 \\
&\quad = \frac{1}{\sqrt{2\pi(t-s)}} \int_a^b \exp\left\{-\frac{\tau^2}{2(t-s)}\right\} \mathrm{d}\tau.
\end{aligned}$$

这说明 $C_{(0)}[0,T]$ 上的有界线性泛函 $f(x) = x(t) - x(s)$ 也是按正态分布的, 其期望为 0, 方差是 $t - s$.

本节的主要定理是 (8.1.2) 式所定义的 $\mathscr{R}$ 上的集函数 W 具有完全可加性, 即若 $\{I_n\}_{n\geqslant 1} \subset \mathscr{R}, I_n \cap I_m = \varnothing$, 当 $n \neq m$ 时, 就有 $W\left(\bigcup\limits_n I_n\right) = \sum\limits_n W(I_n)$. 测度扩张定理告诉我们, 定义在代数 $\mathscr{R}$ 上的有限可加测度, 如果具有完全可加性, 它就可以唯一地扩张成为 $\sigma(\mathscr{R})$ 上的测度. 于是由 (8.1.2) 式定义的测度在 $C_{(0)}[0,T]$ 的 Borel 域 $\mathscr{B}$ 上有唯一的扩张, 扩张后的测度将称为 Wiener 测度, 仍记作 W. 下面将证明 W 的完全可加性.

不妨设 $T = 1$, 即在 $C_{(0)}[0,1]$ 空间上考虑 W 的扩张. 我们先证明几个引理.

记 S 为全体二进制有理数.

引理 8.1.5 设 $a > 0, r > 0$, 如果 $x \in C_{(0)}[0,1]$, 满足下列条件:

$$\left| x\left(\frac{k}{2^n}\right) - x\left(\frac{k-1}{2^n}\right) \right| \leqslant a\left(\frac{1}{2^n}\right)^r,$$

$\forall k = 1, 2, \cdots, 2^n, \forall n = 1, 2, \cdots$, 那么对于任意的 $s_1, s_2 \in S$, 就有

$$|x(s_1) - x(s_2)| \leqslant 2a\frac{1}{1-2^{-r}}|s_1 - s_2|^r.$$

证 不妨设 $s_1 < s_2, [s_1, s_2] \neq [0,1]$. 注意到任意的 $s \in S$ 均可以唯一地表成 $\dfrac{k}{2^n}$, 其中 k 是奇数, 我们容易验证存在唯一的

$s_0 \in S$, 满足 $s_1 \leqslant s_0 \leqslant s_2, s_0$ 的表达式 $\dfrac{l}{2^h}$ 的分母具有最小次方幂 h. 如果 $s_0 \neq s_1$, 就有

$$s_0 - s_1 = \frac{1}{2^{m_1}} + \frac{1}{2^{m_2}} + \cdots + \frac{1}{2^{m_j}}, \quad m_1 < m_2 < \cdots < m_j;$$

如果 $s_0 \neq s_2$, 就有

$$s_2 - s_0 = \frac{1}{2^{n_1}} + \frac{1}{2^{n_2}} + \cdots + \frac{1}{2^{n_k}}, \quad n_1 < n_2 < \cdots < n_k.$$

考虑下列区间:

$$\left[s_1, s_1 + \frac{1}{2^{m_j}}\right], \left[s_1 + \frac{1}{2^{m_j}}, s_1 + \frac{1}{2^{m_j}} + \frac{1}{2^{m_{j-1}}}\right], \cdots, \left[s_0 - \frac{1}{2^{m_1}}, s_0\right]$$

以及

$$\left[s_0, s_0 + \frac{1}{2^{n_1}}\right], \left[s_0 + \frac{1}{2^{n_1}}, s_0 + \frac{1}{2^{n_1}} + \frac{1}{2^{n_2}}\right], \cdots,$$
$$\left[s_0 + \frac{1}{2^{n_1}} + \frac{1}{2^{n_2}} + \cdots + \frac{1}{2^{n_{k-1}}}, s_2\right].$$

记 $p = \min(m_1, n_1), q = \max(m_j, n_k)$, 于是,

$$\begin{aligned} |x(s_1) - x(s_2)| &\leqslant 2a \sum_{k=p}^{q} \left(\frac{1}{2^k}\right)^r \leqslant \frac{2a}{1 - 2^{-r}} \left(\frac{1}{2^p}\right)^r \\ &\leqslant \frac{2a}{1 - 2^{-r}} (s_2 - s_1)^r. \end{aligned}$$

■

引入记号

$$H^r(a) = \left\{ x \in C_{(0)}[0,1] \,\middle|\, \begin{array}{l} |x(s_1) - x(s_2)| \leqslant a|s_1 - s_2|^r, \\ \forall s_1, s_2 \in S \end{array} \right\}, \tag{8.1.3}$$

$$I^r_{a,k,n} = \left\{ x \in C_{(0)}[0,1] \,\middle|\, \left| x\left(\frac{k}{2^n}\right) - x\left(\frac{k-1}{2^n}\right) \right| > a \left(\frac{1}{2^n}\right)^r \right\}, \tag{8.1.4}$$

$k=1,2,\cdots,2^n$. 于是由引理 8.1.5, 当 $b=\dfrac{2a}{1-2^{-r}}$ 时,

$$H^r(b)\supset\bigcap_{n=0}^{\infty}\bigcap_{k=1}^{2^n}(I_{a,k,n}^r)^c, \tag{8.1.5}$$

其中 $(I_{a,k,n}^r)^c$ 是 $C_{(0)}[0,1]$ 中集合 $I_{a,k,n}^r$ 的余集.

引理 8.1.6 设 $a>0, 0<r<\dfrac{1}{2}$ 已给定, $I\in\mathscr{R}$, 而且 $I\subset H^r(b)^c$, 其中 $b=\dfrac{2a}{1-2^{-r}}$, 则

$$\lim_{a\to+\infty}W(I)=0.$$

证 由关系式 (8.1.5),

$$I\subset\bigcup_{n=0}^{\infty}\bigcup_{k=1}^{2^n}I_{a,k,n}^r,$$

$$W(I)\leqslant\sum_{n=0}^{\infty}\sum_{k=1}^{2^n}W(I_{a,k,n}^r).$$

由例 8.1.4 知

$$\begin{aligned}W(I_{a,k,n}^r)&=\frac{2}{\sqrt{2\pi\cdot\dfrac{1}{2^n}}}\int_{a\left(\frac{1}{2^n}\right)^r}^{+\infty}\exp\left(-\frac{\tau^2}{2\cdot\dfrac{1}{2^n}}\right)\mathrm{d}\tau\\&=\sqrt{\frac{2}{\pi}}\int_{a\left(\frac{1}{2^n}\right)^{r-\frac{1}{2}}}^{+\infty}\mathrm{e}^{-\frac{\tau^2}{2}}\mathrm{d}\tau.\end{aligned}$$

但是

$$\int_b^{+\infty}\mathrm{e}^{-\frac{\tau^2}{2}}\mathrm{d}\tau\leqslant\int_b^{+\infty}\frac{\tau}{b}\mathrm{e}^{-\frac{\tau^2}{2}}\mathrm{d}\tau=\frac{1}{b}\mathrm{e}^{-\frac{b^2}{2}},$$

因此

$$W(I_{a,k,n}^r)\leqslant\sqrt{\frac{2}{\pi}}\frac{1}{a}2^{n\left(r-\frac{1}{2}\right)}\mathrm{e}^{-\frac{a^2}{2}2^{n(1-2r)}}.$$

故

$$W(I) \leqslant \sum_{n=0}^{\infty} \sqrt{\frac{2}{\pi}} \frac{1}{a} 2^{n\left(r+\frac{1}{2}\right)} \mathrm{e}^{-\frac{a^2}{2} 2^{n(1-2r)}}.$$

由不等式 $2^y \geqslant \frac{1}{2}y, y \geqslant 0$, 我们立即得到下面的估计:

$$\begin{aligned} W(I) &\leqslant \sqrt{\frac{2}{\pi}} \frac{1}{a} \sum_{n=0}^{\infty} 2^{n\left(r+\frac{1}{2}\right)} \mathrm{e}^{-\frac{a^2}{4}(1-2r)n} \\ &= \sqrt{\frac{2}{\pi}} \frac{1}{a} \left[1 - 2^{\left(r+\frac{1}{2}\right)} \mathrm{e}^{-\frac{a^2}{4}(1-2r)}\right]^{-1}. \end{aligned}$$

所以

$$\lim_{a \to +\infty} W(I) = 0. \qquad \blacksquare$$

定理 8.1.7 W 在 $\mathscr{R}$ 上是完全可加测度.

证 只要证明如果 $\{I_n\}$ 是 $\mathscr{R}$ 中单调下降列, 而且 $\bigcap_{n=0}^{\infty} I_n = \varnothing$, 那么 $\lim_{n \to \infty} W(I_n) = 0$.

设

$$\begin{aligned} I_n &= I_n(t_1^{(n)}, \cdots, t_{s_n}^{(n)}; E_n) \\ &\equiv \left\{x \middle| (x(t_1^{(n)}), \cdots, x(t_{s_n}^{(n)})) \in E_n \subset \mathbb{R}^{s_n}\right\}. \end{aligned}$$

首先选取闭集 $G_n \subset E_n$, 使得

$$W(I_n - K_n) < \frac{\varepsilon}{2^{n+1}},$$

其中 $K_n = I_n(t_1^{(n)}, \cdots, t_{s_n}^{(n)}; G_n)$. 设

$$L_n = \bigcap_{j=1}^{n} K_j \in \mathscr{R},$$

则 $L_n \subset K_n \subset I_n, W(I_n) = W(L_n) + W(I_n - L_n)$. 由于 $I_n - L_n =$

$\bigcup_{j=1}^{n}(I_n - K_j) \subset \bigcup_{j=1}^{n}(I_j - K_j)$, 故对于所有 n,

$$W(I_n - L_n) \leqslant \sum_{j=1}^{n} \frac{\varepsilon}{2^{j+1}} \leqslant \frac{\varepsilon}{2},$$
$$W(I_n) \leqslant \frac{\varepsilon}{2} + W(L_n).$$

现在我们来证明, $\exists n_0$, 使得当 $n \geqslant n_0$ 时, $W(L_n) < \varepsilon/2$. 记 $b = 2a/(1-2^{-r})$, 其中 $0 < r < \dfrac{1}{2}$, 由引理 8.1.6, 当 b 足够大, 只要 $I \subset H^r(b)^c$, 就有 $W(I) < \varepsilon/2$. 于是, 只需证明 $\exists n_0$, 使得当 $n \geqslant n_0$ 时,

$$M_n = L_n \cap H^r(b) = \varnothing.$$

注意到 $\{M_n\}$ 是单调下降的, $\bigcap\limits_{n=1} M_n = \varnothing$. 如果对于所有的 $n, M_n \neq \varnothing$, 选取 $x_n \in M_n$. 因为 $x_n \in H^r(b)$, 函数列 $\{x_n\}_{n\geqslant 1}$ 是等度连续的, 而且 $\{x_n\}_{n\geqslant 1}$ 一致有界, 这是因为 $|x_n(t)| \leqslant bt^r, \forall t$. 根据 Arezela-Ascoli 定理, $\{x_n\}$ 在 $C_{(0)}[0,1]$ 中列紧, 可抽出收敛子序列. 不妨设 $\{x_n\}$ 自身就是收敛的, 设 $x_n \to x_0$. 显然 $x_0 \in H^r(b)$. 任意固定 n, 则 $x_m \in M_n, \forall m \geqslant n$. 由于 M_n 是紧集, 所以 $x_0 \in M_n$. 从而 $x_0 \in \bigcap\limits_{n=1}^{\infty} M_n$, 这与 $\bigcap\limits_{n=1}^{\infty} M_n = \varnothing$ 矛盾. 因此, 存在 n_0, 使得 $M_{n_0} = \varnothing$, 于是当 $n \geqslant n_0$ 时, $M_n = \varnothing$ 都成立. ■

定义 8.1.8 由 (8.1.2) 式定义的 $\mathscr{R}$ 上的测度在 $\mathscr{B}$ 上的唯一扩张称为 $C_{(0)}[0,T]$ 空间上的 **Wiener 测度**. $C_{(0)}[0,T]$ 空间上关于 Wiener 测度的积分叫作 **Wiener 积分**. 仍用 W 表示 Wiener 测度. 设 f 是 $C_{(0)}[0,T]$ 空间上的 W-可积泛函, 它关于 Wiener 测度的积分记成

$$E^W[f] \triangleq \int_{C_{(0)}[0,T]} f(x)W(\mathrm{d}x). \tag{8.1.6}$$

以上讨论的空间 $C_{(0)}[0,T]$ 上的 Wiener 测度 W 还可以看成空间 $C[0,T]$ 上的概率测度. 事实上, 对于任意 $C[0,T]$ 上的 Borel 集 A, 若令

$$\widetilde{W}(A) \triangleq W(A \cap C_{(0)}[0,T]), \tag{8.1.7}$$

则 $\widetilde{W}$ 是 $C[0,T]$ 上的概率测度.

由于 $\widetilde{W}(A) = W(\{x \in A | x(0) = 0\})$, 显然 $C_{(0)}[0,T]$ 是 $\widetilde{W}$ 的支集, 即

$$\mathrm{supp}\widetilde{W} = C_{(0)}[0,T],$$

并且 $\widetilde{W}$ 在 $C_{(0)}[0,T]$ 上的限制是 Wiener 测度 W. 因此这两个不同空间上的测度本质上是同一个测度, 故可以用同一个记号表示而不会引起混淆. 以后我们统一用 W 来表示.

同样可以定义 $C[0,T]$ 上关于 Wiener 测度 W 的积分. 设 f 是 $C[0,T]$ 上的 W-可积泛函, 它关于 W 的积分仍用 $E^W[f]$ 表示, 即

$$E^W[f] \triangleq \int_{C[0,T]} f(x) W(\mathrm{d}x).$$

此时, 显然有

$$\int_{C[0,T]} f(x) W(\mathrm{d}x) = \int_{C_{(0)}[0,T]} f(x) W(\mathrm{d}x).$$

设 $\xi \in \mathbb{R}$, 对于每一个 $x \in C[0,T]$, 作变换

$$(T_\xi x)(t) = x(t) + \xi, \quad 0 \leqslant t \leqslant T.$$

T_ξ 是 $C[0,T]$ 到自身的平移变换. 对于测度 W, T_ξ 诱导出空间 $C[0,T]$ 上的另一个测度, 记作 W_ξ, 它是这样定义的:

$$W_\xi(A) \triangleq W(T_\xi^{-1} A) = W(\{x | T_\xi x \in A\}), \tag{8.1.8}$$

其中 A 是 $C[0,T]$ 上任意的 Borel 集.

记 $C_{(\xi)}[0,T]=\{x\in C[0,T]\big|x(0)=\xi\}$, 则 $T_\xi: C_{(0)}[0,T]\to C_{(\xi)}[0,T]$, 并且

$$\begin{aligned}\mathrm{supp}W_\xi&=C_{(\xi)}[0,T],\\ W_\xi(A)&=W_\xi(\{x\in A|x(0)=\xi\}).\end{aligned}$$

我们称 W_ξ 为空间 $C[0,T]$ 上从 ξ 出发的 Wiener 测度. 显然 $W_0=W$, 并且

$$E^{W_\xi}[f]=E^W[f(T_\xi x)]. \tag{8.1.9}$$

下面给出几个 Wiener 积分的简单例子.

例 8.1.9 设 f 是 $\mathbb{R}$ 上的可测函数, 则由例 8.1.3 可得

$$E^W[f(x(t))]=\frac{1}{\sqrt{2\pi t}}\int_{-\infty}^{+\infty}f(u)\mathrm{e}^{-\frac{u^2}{2t}}\mathrm{d}u,\quad t>0, \tag{8.1.10}$$

当右边积分有意义时.

由例 8.1.4 可得下面的等式.

例 8.1.10

$$\begin{aligned}E^W[x(t)-x(s)]&=0,\\ E^W[(x(t)-x(s))^2]&=\frac{1}{\sqrt{2\pi(t-s)}}\int_{-\infty}^{+\infty}\tau^2\mathrm{e}^{-\frac{\tau^2}{2|t-s|}}\mathrm{d}\tau\\ &=|t-s|.\end{aligned} \tag{8.1.11}$$

例 8.1.11 $E^W[x(t)x(s)]=\min(t,s)$. (8.1.12)

证 由 (8.1.10) 式, 直接计算可得

$$E^W[x(t)^2]=t,\quad \forall t.$$

展开 (8.1.11) 式的左端, 可得

$$E^W[x(t)^2]-2E^W[x(t)x(s)]+E^W[x(s)^2]=|t-s|,$$

于是有

$$E^W[x(t)x(s)] = (t+s-|t-s|)/2 = \min(t,s). \qquad \blacksquare$$

例 8.1.12　设 $\theta \in \mathbb{R}$, 则由 (8.1.10) 式可得

$$E^W[\mathrm{e}^{\mathrm{i}\theta x(t)}] = \mathrm{e}^{-\frac{1}{2}t\theta^2}. \tag{8.1.13}$$

下面我们讨论 Wiener 测度的性质以及一些 Wiener 积分运算. 令 $r>0$,

$$C^r[0,T] = \left\{ x \in C[0,T] \,\middle|\, \begin{array}{l} \exists a, \text{ 使得 } \forall s,t \in [0,T], \\ |x(t)-x(s)| \leqslant a|t-s|^r \end{array} \right\}. \tag{8.1.14}$$

$C^r[0,T]$ 表示 r 次 Hölder 连续函数的全体.

定理 8.1.13　W 为 $C[0,T]$ 上的 Wiener 测度, 则有

(1) 当 $0<r<\dfrac{1}{2}$ 时,

$$W(C^r[0,T]) = 1;$$

(2) 当 $r>\dfrac{1}{2}$ 时,

$$W(C^r[0,T]) = 0.$$

证　不妨取 $T=1$. 当 $0<r_1<r_2$ 时, 显然有

$$C^{r_2} \subset C^{r_1} \subset C,$$

$$C^r = \bigcup_{a>0} H^r(a) = \bigcup_{n=1}^{\infty} H^r(a_n),$$

其中 $a_n>0, a_n \uparrow +\infty$.

(1) 当 $0<r<\dfrac{1}{2}$ 时, 由引理 8.1.6 的证明知

$$\lim_{n\to\infty} W(H^r(a_n)^{\mathrm{c}}) = 0.$$

于是由 (8.1.14) 式,

$$W(C^r) = \lim_{n\to\infty} W(H^r(a_n)) = 1.$$

(2) 记

$$J_{a,n}^r = \left\{ x \in C[0,1] \left| \begin{array}{l} \left| x\left(\dfrac{k}{2^n}\right) - x\left(\dfrac{k-1}{2^n}\right) \right| \leqslant a\left(\dfrac{1}{2^n}\right)^r, \\ \qquad\qquad k = 1, 2, \cdots, 2^n \end{array} \right. \right\},$$

显然有 $H^r(a) \subset J_{a,n}^r$. 设 $0 \leqslant s_1 < t_1 \leqslant s_2 < t_2 \leqslant 1, f_1(x) = x(t_1) - x(s_1), f_2(x) = x(t_2) - x(s_2)$, 则用例 8.1.4 的方法可证明

$$\begin{aligned} &E^W(\{x|a \leqslant f_1(x) \leqslant b, c \leqslant f_2(x) \leqslant d\}) \\ &\quad = E^W(\{x|a \leqslant f_1(x) \leqslant b\})E^W(\{x|c \leqslant f_2(x) \leqslant d\}). \end{aligned}$$

这说明有界线性泛函 f_1 与 f_2 是独立的. 同理, 有界线性泛函 $F_k(x) = x\left(\dfrac{k}{2^n}\right) - x\left(\dfrac{k-1}{2^n}\right), k = 1, 2, \cdots, 2^n$ 也是互相独立的. 于是由例 8.1.4, 当 $r > \dfrac{1}{2}$ 时,

$$\begin{aligned} W(J_{a,n}^r) &= \prod_{k=1}^{2^n} W\left\{ x \left| \left| x\left(\frac{k}{2^n}\right) - x\left(\frac{k-1}{2^n}\right) \right| \leqslant a\left(\frac{1}{2^n}\right)^r \right. \right\} \\ &= \prod_{k=1}^{2^n} \sqrt{\frac{2}{\pi}} \int_0^{a\left(\frac{1}{2^n}\right)^{r-\frac{1}{2}}} \mathrm{e}^{-\frac{\tau^2}{2}} \mathrm{d}\tau \\ &\leqslant \prod_{k=1}^{2^n} \sqrt{\frac{2}{\pi}} a \left(\frac{1}{2^n}\right)^{r-\frac{1}{2}} \\ &= \exp\left\{ 2^n \left[\ln \sqrt{\frac{2}{\pi}} a - n\left(r - \frac{1}{2}\right) \ln 2 \right] \right\}. \end{aligned}$$

因此 $\lim\limits_{n\to\infty} W(J_{a,n}^r) = 0$. 故 $W(H^r(a)) = 0$. 由 (8.1.14) 式, 即得 $W(C^r) = 0$. ■

1.2　Donsker 泛函和 Donsker-Lions 定理

对于任意的 $a \in \mathbb{R}$, 用 $\delta_a(\mathrm{d}\xi)$ 表示 $\mathbb{R}$ 上概率集中于 $\{a\}$ 点的概率测度, 即对于任意一维 Borel 可测函数 f,

$$\int_{\mathbb{R}} f(\xi)\delta_a(\mathrm{d}\xi) = f(a). \tag{8.1.15}$$

固定 $t \in (0,T]$, 对于任意的 $\mathbb{R}$ 上的 Borel 可测集 $B, I = \big\{x \in C[0,T] \big| x(t) \in B\big\}$ 是一个柱集. 显然 $\delta_{x(t)}(B)$ 是 $C[0,T]$ 空间上这个柱集 I 的特征函数. 故 $E^W[\delta_{x(t)}(B)]$ 有意义, 而且 $E^W[\delta_{x(t)}(\mathrm{d}\xi)]$ 是 $\mathbb{R}$ 上的概率测度. 事实上, 由例 8.1.3,

$$E^W[\delta_{x(t)}(B)] = \frac{1}{\sqrt{2\pi t}}\int_B \mathrm{e}^{-\frac{u^2}{2t}}\,\mathrm{d}u,$$

因此, $E^W[\delta_{x(t)}(\mathrm{d}\xi)]$ 关于 Lebesgue 测度绝对连续, 其 Radon-Nikodym 导数

$$\frac{\mathrm{d}E^W[\delta_{x(t)}(\cdot)]}{\mathrm{d}\xi} = \frac{1}{\sqrt{2\pi t}}\mathrm{e}^{-\frac{\xi^2}{2t}}, \tag{8.1.16}$$

并且, 当 f 是一维 Borel 可测函数时, 由 Fubini 定理及例 8.1.9, 有

$$\int_{\mathbb{R}} f(\xi)E^W[\delta_{x(t)}(\mathrm{d}\xi)] = E^W[f(x(t))] = \int_{\mathbb{R}} f(\xi)\frac{1}{\sqrt{2\pi t}}\mathrm{e}^{-\frac{\xi^2}{2t}}\,\mathrm{d}\xi,$$

只要最后一个积分有意义.

注　如果我们把 $\delta(a-\xi)$ 看成概率测度 $\delta_a(\mathrm{d}\xi)$ 的密度函数并引入记号

$$\delta_{t,\xi}(x) = \delta(x(t)-\xi), \quad \forall x \in C[0,T]. \tag{8.1.17}$$

$\delta_{t,\xi}(x)$ 可以看成连续函数空间 $C[0,T]$ 上的泛函, 称作 Donsker 泛函. 尽管 $\delta_{t,\xi}(x)$ 没有确切定义, 但是由 (8.1.16) 式, 令

$$E^W[\delta_{t,\xi}(x)] \triangleq \frac{\mathrm{d}}{\mathrm{d}\xi}E^W[\delta_{x(t)}(\cdot)]. \tag{8.1.18}$$

于是 $E^W[\delta_{t,\xi}(x)]$ 作为整体是有意义的.

Donsker 最初将 $\delta_{t,\xi}(x)$ 形式地定义成

$$\delta_{t,\xi}(x)=\frac{1}{2\pi}\int_{-\infty}^{+\infty}\mathrm{e}^{\mathrm{i}\mu(x(t)-\xi)}\mathrm{d}\mu. \tag{8.1.19}$$

于是

$$\begin{aligned}E^W[\delta_{t,\xi}(x)]&=\frac{1}{2\pi}\int_{-\infty}^{+\infty}\mathrm{e}^{-\mathrm{i}\mu\xi}E^W[\mathrm{e}^{\mathrm{i}\mu x(t)}]\mathrm{d}\mu\\&=\frac{1}{2\pi}\int_{-\infty}^{+\infty}\mathrm{e}^{-\mathrm{i}\mu\xi}\left(\frac{1}{\sqrt{2\pi t}}\int_{-\infty}^{+\infty}\mathrm{e}^{\mathrm{i}\mu\tau}\mathrm{e}^{-\frac{\tau^2}{2t}}\mathrm{d}\tau\right)\mathrm{d}\mu\\&=\frac{1}{2\pi}\int_{-\infty}^{+\infty}\mathrm{e}^{-\mathrm{i}\mu\xi}\mathrm{e}^{-\frac{t}{2}\mu^2}\mathrm{d}\mu\\&=\frac{1}{\sqrt{2\pi t}}\mathrm{e}^{-\frac{\xi^2}{2t}}.\end{aligned} \tag{8.1.20}$$

以上计算是形式的, 但是我们将 $E^W[\delta_{t,\xi}(x)]$ 作为一个整体, 定义成 $E^W[\delta_{x(t)}(\mathrm{d}\xi)]$ 的密度函数, 赋予了等式 (8.1.20) 严格的意义.

引理 8.1.14 设 $0<t\leqslant T, G(x)$ 为 $C[0,T]$ 上的 Wiener 可积函数, 则 $E^W[G(x)\delta_{x(t)}(\mathrm{d}\xi)]$ 是 $\mathbb{R}$ 上关于 Lebesgue 测度绝对连续的全有限广义测度. 而且对于任意的 $\mathbb{R}$ 上 Borel 可测函数 f, 等式

$$\int_{-\infty}^{+\infty}f(\xi)E^W[G(x)\delta_{x(t)}(\mathrm{d}\xi)]=E^W[f(x(t))G(x)] \tag{8.1.21}$$

在下述意义下相等: 如果两个积分中任意一个存在, 则另一个也存在, 并且二者相等.

证 设 B 为一维 Borel 可测集, 则 $\delta_{x(t)}(B)$ 为柱集 $I=\{x|z(t)\in B\}$ 的特征函数. 所以 $E^W[G(x)\delta_{x(t)}(B)]$ 有意义, 而且

$$E^W[|G(x)\delta_{x(t)}(B)|]\leqslant E^W[|G(x)|].$$

如果 B 是零测集, 则 $W(\{x|x(t)\in B\})=0$, 从而

$$E^W[G(x)\delta_{x(t)}(B)]=0.$$

这就证明了 $E^W[G(x)\delta_{x(t)}(\mathrm{d}\xi)]$ 是关于 Lebesgue 测度绝对连续的 $\mathbb{R}$ 上全有限广义测度.

为证明 (8.1.21) 式, 不妨设 $G(x)$ 是非负的. 如果 f 是 Borel 可测集的特征函数, 则 (8.1.21) 式是恒等式. 所以 f 是简单函数时, (8.1.21) 式成立. 一般情形下, 令 $\{f_n\}$ 为收敛到 f 的一个简单函数的增序列, 取极限即得引理的后一半结论. ■

同引理 8.1.14 前的注一样, 我们规定

$$E^W[\delta_{t,\xi}(x)G(x)]=\frac{\mathrm{d}}{\mathrm{d}\xi}E^W[G(x)\delta_{x(t)}(\cdot)]. \tag{8.1.22}$$

引理 8.1.15 设 $0<s<t\leqslant T$, 设 $G(x)$ 是 Wiener 可积函数, 而且 $G(x)$ 只与函数 x 在 $[0,s]$ 上的值有关, 则

$$E^W[\delta_{t,\xi}(x)G(x)]=\int_{-\infty}^{+\infty}E^W[\delta_{t-s,\xi-\eta}(x)]E^W[\delta_{s,\eta}(x)G(x)]\mathrm{d}\eta. \tag{8.1.23}$$

证 由例 8.1.4, 对于任意有界 Borel 可测函数 f,

$$\begin{aligned}\int_{-\infty}^{+\infty}f(\xi)E^W[\delta_{x(t)-x(s)}(\mathrm{d}\xi)]&=E^W[f(x(t)-x(s))]\\&=\int_{-\infty}^{+\infty}\frac{1}{\sqrt{2\pi(t-s)}}\mathrm{e}^{-\frac{\xi^2}{2(t-s)}}f(\xi)\mathrm{d}\xi,\end{aligned}$$

所以

$$\begin{aligned}\frac{\mathrm{d}}{\mathrm{d}\xi}E^W[\delta_{x(t)-x(s)}(\cdot)]&=\frac{1}{\sqrt{2\pi(t-s)}}\mathrm{e}^{-\frac{\xi^2}{2(t-s)}}\\&=E^W[\delta_{t-s,\xi}(x)].\end{aligned} \tag{8.1.24}$$

在 (8.1.23) 式两边都乘上 $f(\xi)$, 再从 $-\infty$ 积到 $+\infty$. 于是,

$$\begin{aligned}\text{左边}&=\int_{-\infty}^{+\infty}f(\xi)E^W[\delta_{t,\xi}(x)G(x)]\mathrm{d}\xi\\&=E^W[f(x(t))G(x)];\end{aligned}$$

由 Fubini 定理、(8.1.24) 式以及 $G(x)$ 与 $x(t)-x(s)$ 的独立性,

$$\begin{aligned}
\text{右边} &= \int_{-\infty}^{+\infty}\left(\int_{-\infty}^{+\infty}E^W[\delta_{t-s,\xi-\eta}(x)]f(\xi)\mathrm{d}\xi\right)E^W[\delta_{s,\eta}(x)G(x)]\mathrm{d}\eta \\
&= \int_{-\infty}^{+\infty}\left(\int_{-\infty}^{+\infty}E^W[\delta_{t-s,\xi}(x)]f(\xi+\eta)\mathrm{d}\xi\right)E^W[\delta_{s,\eta}(x)G(x)]\mathrm{d}\eta \\
&= \int_{-\infty}^{+\infty}E^W[f(x(t)-x(s)+\eta)]E^W[\delta_{s,\eta}(x)G(x)]\mathrm{d}\eta \\
&= \int_{-\infty}^{+\infty}E^W[\delta_{s,\eta}(x)f(x(t)-x(s)+\eta)G(x)]\mathrm{d}\eta \\
&= E^W[f(x(t))G(x)].
\end{aligned}$$

所以左边=右边. 由 f 的任意性, 即得等式 (8.1.23) 式. ■

现在我们可以证明下列关于抛物型偏微分方程基本解的 Donsker-Lions 定理.

定理 8.1.16 (Donsker-Lions 定理) 设 $V(\xi)$ 是 $\mathbb{R}$ 上的下有界实值可积函数, 则

$$u(t,\xi)=E^W[\delta_{t,\xi}(x)\mathrm{e}^{-\int_0^t V(x(s))\mathrm{d}s}] \tag{8.1.25}$$

是下列偏微分方程

$$\begin{cases}\dfrac{\partial u(t,\xi)}{\partial t}=\dfrac{1}{2}\dfrac{\partial^2 u(t,\xi)}{\partial \xi^2}-V(\xi)u(t,\xi),\\ u(0,\xi)=\delta(\xi),\\ \lim\limits_{\xi\to\pm\infty}u(t,\xi)=0\end{cases} \tag{8.1.26}$$

的解.

证 由恒等式

$$\mathrm{e}^{-\int_0^t V(x(s))\mathrm{d}s}=1-\int_0^t V(x(\tau))\mathrm{e}^{-\int_0^\tau V(x(s))\mathrm{d}s}\mathrm{d}\tau$$

可得

$$u(t,\xi)=E^W[\delta_{t,\xi}(x)]-\int_0^t E^W\left[V(x(\tau))\mathrm{e}^{-\int_0^\tau V(x(s))\mathrm{d}s}\delta_{t,\xi}(x)\right]\mathrm{d}\tau.$$

根据引理 8.1.15、引理 8.1.14 以及引理 8.1.13,

$$
\begin{aligned}
&E^W\left[V(x(\tau))\mathrm{e}^{-\int_0^\tau V(x(s))\mathrm{d}s}\delta_{t,\xi}(x)\right]\\
&=\int_{-\infty}^{+\infty}E^W[\delta_{t-\tau,\xi-\eta}(x)]E^W\left[\delta_{\tau,\eta}(x)V(x(\tau))\mathrm{e}^{-\int_0^\tau V(x(s))\mathrm{d}s}\right]\mathrm{d}\eta\\
&=\int_{-\infty}^{+\infty}\frac{1}{\sqrt{2\pi(t-\tau)}}\mathrm{e}^{-\frac{(\xi-\eta)^2}{2(t-\tau)}}E^W\left[\delta_{\tau,\eta}(x)V(x(\tau))\mathrm{e}^{-\int_0^\tau V(x(s))\mathrm{d}s}\right]\mathrm{d}\eta\\
&=E^W\left[\frac{1}{\sqrt{2\pi(t-\tau)}}\mathrm{e}^{-\frac{(\xi-x(\tau))^2}{2(t-\tau)}}V(x(\tau))\mathrm{e}^{-\int_0^\tau V(x(s))\mathrm{d}s}\right]\\
&=\int_{-\infty}^{+\infty}V(\eta)\frac{1}{\sqrt{2\pi(t-\tau)}}\mathrm{e}^{-\frac{(\xi-\eta)^2}{2(t-\tau)}}E^W\left[\delta_{\tau,\eta}(x)\mathrm{e}^{-\int_0^\tau V(x(s))\mathrm{d}s}\right]\mathrm{d}\eta\\
&=\int_{-\infty}^{+\infty}V(\eta)\frac{1}{\sqrt{2\pi(t-\tau)}}\mathrm{e}^{-\frac{(\xi-\eta)^2}{2(t-\tau)}}u(\tau,\eta)\mathrm{d}\eta,
\end{aligned}
$$

所以

$$
u(t,\xi)=\frac{1}{\sqrt{2\pi t}}\mathrm{e}^{-\frac{\xi^2}{2t}}-\int_0^t\mathrm{d}\tau\int_{-\infty}^{+\infty}V(\eta)u(\tau,\eta)\frac{1}{\sqrt{2\pi(t-\tau)}}\mathrm{e}^{-\frac{(\xi-\eta)^2}{2(t-\tau)}}\mathrm{d}\eta.
$$

这个积分方程与微分方程 (8.1.26) 等价. ■

推论 8.1.17 令

$$
p(t,\eta,\xi)=E^W\left[\delta_{t,\xi-\eta}(x)\mathrm{e}^{-\int_0^\tau V(\eta+x(s))\mathrm{d}s}\right], \tag{8.1.27}
$$

则 $p(t,\eta,\xi)$ 是下列偏微分方程

$$
\begin{cases}
\dfrac{\partial p(t,\eta,\xi)}{\partial t}=\dfrac{1}{2}\dfrac{\partial^2 p(t,\eta,\xi)}{\partial \xi^2}-V(\xi)p(t,\eta,\xi),\\
p(0,\eta,\xi)=\delta(\xi-\eta),\\
\lim\limits_{\xi\to\pm\infty}p(t,\eta,\xi)=0
\end{cases} \tag{8.1.28}
$$

的解.

方程 (8.1.28) 称作 Kolmogorov 前进方程.

证 考虑势函数为 $V(\eta+\cdot)$ 的偏微分方程 (8.1.26) 的解 $u(t,\xi)$, 则

$$
u(t,\xi)=E^W[\delta_{t,\xi}(x)\mathrm{e}^{-\int_0^t V(\eta+x(s))\mathrm{d}s}].
$$

取 $p(t,\eta,\xi)=u(t,\xi-\eta)$ 即得推论. ■

引理 8.1.18 $p(t,\xi,\eta)=p(t,\eta,\xi)$.

证 (1) 先确立等式

$$p(t,\eta,\xi)=E^W[\delta_{t,\xi-\eta}(x)\mathrm{e}^{-\int_0^t V(x(t-\tau)-x(t)+\xi)\mathrm{d}\tau}]. \tag{8.1.29}$$

对于任意有界可测函数 $f(\xi)$,

$$\begin{aligned}
&\int_{-\infty}^{+\infty}f(\eta)p(t,\eta,\xi)\mathrm{d}\eta\\
&=\int_{-\infty}^{+\infty}f(\xi-\eta)E^W[\delta_{t,\eta}(x)\mathrm{e}^{-\int_0^t V(\xi-\eta+x(s))\mathrm{d}s}]\mathrm{d}\eta\\
&=E^W\left[\int_{-\infty}^{+\infty}f(\xi-\eta)\mathrm{e}^{-\int_0^t V(\xi-\eta+x(s))\mathrm{d}s}\delta_{x(t)}(\mathrm{d}\eta)\right]\\
&=E^W[f(\xi-x(t))\mathrm{e}^{-\int_0^t V(\xi-x(t)+x(s))\mathrm{d}s}]\\
&=\int_{-\infty}^{+\infty}f(\eta)E^W[\delta_{t,\xi-\eta}(x)\mathrm{e}^{-\int_0^t V(x(s)-x(t)+\xi)\mathrm{d}s}]\mathrm{d}\eta,
\end{aligned}$$

所以有

$$\begin{aligned}
p(t,\eta,\xi)&=E^W[\delta_{t,\xi-\eta}(x)\mathrm{e}^{-\int_0^t V(x(s)-x(t)+\xi)\mathrm{d}s}]\\
&=E^W[\delta_{t,\xi-\eta}(x)\mathrm{e}^{-\int_0^t V(x(t-\tau)-x(t)+\xi)\mathrm{d}\tau}],
\end{aligned}$$

在最后一个等号中, 作了积分变元替换 $s=t-\tau$.

(2) 证明

$$\begin{aligned}
&E^W[\delta_{t,\xi-\eta}(x)\mathrm{e}^{-\int_0^t V(x(t-\tau)-x(t)+\xi)\mathrm{d}\tau}]\\
&\qquad=E^W[\delta_{t,\eta-\xi}(x)\mathrm{e}^{-\int_0^t V(\xi+x(s))\mathrm{d}s}],
\end{aligned} \tag{8.1.30}$$

于是由 (8.1.29), (8.1.28) 以及 (8.1.27) 式即得

$$p(t,\eta,\xi)=p(t,\xi,\eta).$$ ■

由于等式 (8.1.30) 两边的 Wiener 积分只与变元 x 在 $[0,t]$ 中的值有关, 所以不妨设 W 是 $C_{(0)}[0,t]$ 上的 Wiener 测度, 而等式

(8.1.30) 两边的值则是空间 $C_{(0)}[0,t]$ 上的 Wiener 积分. 我们将通过 $C_{(0)}[0,t]$ 空间上的一个保测映射来证明等式 (8.1.30).

引入映射 $T: C_{(0)}[0,t] \to C_{(0)}[0,t]$:

$$y(s) = (Tx)(s) = x(t-s) - x(t), \quad 0 \leqslant s \leqslant t.$$

考虑 $C_{(0)}[0,t]$ 中如下柱集:

$$I = \{y | a_i \leqslant y(\tau_i) \leqslant b_i, i = 1,2,\cdots,n\},$$

其中 $0 < \tau_1 < \tau_2 < \cdots < \tau_n = t, a_i, b_i \in \mathbb{R}, i = 1,2,\cdots,n$, 则

$$T^{-1}I = \left\{ x \left| \begin{array}{l} a_i + x(t) \leqslant x(v_i) \leqslant b_i + x(t), \\ i = 1,2,\cdots,n-1, \\ -a_n \leqslant x(t) \leqslant -b_n \end{array} \right. \right\},$$

其中 $v_i = t - \tau_i, i = 1,2,\cdots,n-1, 0 < v_{n-1} < v_{n-2} < \cdots < v_1 < t$, $v_i - v_{i+1} = \tau_{i+1} - \tau_i, i = 1,2,\cdots,n-1$. 根据定义 8.1.2,

$$\begin{aligned} W(T^{-1}I) = {} & [(2\pi)^n v_{n-1}(v_{n-2} - v_{n-1}) \cdot \cdots \cdot (t - v_1)]^{-1/2} \\ & \cdot \int_{-b_n}^{-a_n} \mathrm{d}u_n \int_{a_1+u_n}^{b_1+u_n} \mathrm{d}u_{n-1} \cdots \int_{a_{n-1}+u_n}^{b_{n-1}+u_n} \mathrm{d}u_1 \\ & \cdot \exp\left\{ -\frac{1}{2}\left[\frac{u_1^2}{v_{n-1}} + \frac{(u_2-u_1)^2}{v_{n-2}-v_{n-1}} + \cdots + \frac{(u_n - u_{n-1})^2}{t - v_1} \right] \right\}, \end{aligned}$$

作变量替换

$$v_i = u_{n-i} - u_n, \quad i = 1,2,\cdots,n-1, \quad v_n = -u_n,$$

即得

$$\begin{aligned} W(T^{-1}I) = {} & [(2\pi)^n \tau_1(\tau_2 - \tau_1) \cdot \cdots \cdot (t - \tau_{n-1})]^{1/2} \\ & \cdot \int_{a_n}^{b_n} \int_{a_{n-1}}^{b_{n-1}} \cdots \int_{a_1}^{b_1} \exp\left\{ -\frac{1}{2}\left[\frac{v_1^2}{\tau_1} + \cdots \right.\right. \\ & \left.\left. + \frac{(v_{n-1} - v_{n-2})^2}{\tau_{n-1} - \tau_{n-2}} + \frac{(v_n - v_{n-1})^2}{t - \tau_{n-1}} \right] \right\} \mathrm{d}v_1 \cdots \mathrm{d}v_n \\ = {} & W(I). \end{aligned}$$

因此 T 是 $C_{(0)}[0,t]$ 上的保测变换, 所以我们有

$$\begin{aligned}
&E^W[\delta_{t,\xi-\eta}(x)\mathrm{e}^{-\int_0^t V(x(t-s)-x(t)+\xi)\mathrm{d}s}]\\
&\quad = E^W[\delta_{t,\eta-\xi}(Tx)\mathrm{e}^{-\int_0^t V(Tx(s)+\xi)\mathrm{d}s}]\\
&\quad = E^W[\delta_{t,\eta-\xi}(x)\mathrm{e}^{-\int_0^t V(x(s)+\xi)\mathrm{d}s}].
\end{aligned}$$

■

1.3 Feynman-Kac 公式

现在, 我们将通过 Donsker-Lions 定理 (定理 8.1.16) 和引理 8.1.18 给出 Feynman-Kac 公式.

定理 8.1.19 (Feynman-Kac 定理) 设 $V(\xi)$ 是下有界可积函数, $f(\xi)$ 是一维有界可测函数, 则

$$u(t,\xi) = E^{W_\xi}[f(x(t))\mathrm{e}^{-\int_0^t V(x(s))\mathrm{d}s}] \tag{8.1.31}$$

是下列偏微分方程

$$\begin{cases}\dfrac{\partial u(t,\xi)}{\partial t} = \dfrac{1}{2}\dfrac{\partial^2 u(t,\xi)}{\partial \xi^2} - V(\xi)u(t,\xi),\\ u(0,\xi) = f(\xi)\end{cases} \tag{8.1.32}$$

的解.

证 由 W_ξ 的定义 (8.1.8) 式, 对于空间 $C[0,T]$ 上的泛函 F, 等式

$$E^{W_\xi}[F(x)] = E^W[F(x+\xi)]$$

在下述意义下相等: 等号两边中任意一个存在, 另一个必有意义, 而且两者相等. 于是,

$$\begin{aligned}
u(t,\xi) &= E^W[f(\xi+x(t))\mathrm{e}^{-\int_0^t V(\xi+x(s))\mathrm{d}s}]\\
&= \int_{-\infty}^{+\infty} f(\eta)p(t,\xi,\eta)\mathrm{d}\eta\\
&= \int_{-\infty}^{+\infty} f(\eta)p(t,\eta,\xi)\mathrm{d}\eta.
\end{aligned}$$

由推论 8.1.17, 定理得证. ■

Feynman-Kac 公式 (8.1.31) 是十分重要的结果, 它的重要性不仅在于它给出了偏微分方程 (8.1.32) 解的解析表达式, 而且在于它在扩散过程理论以及量子力学理论中的广泛应用. 运用 Feynman-Kac 公式 (8.1.31) 可以研究偏微分方程 (8.1.32) 解的渐近性质, 运用 Monte Carlo 法计算 Wiener 积分 (8.1.31) 给出数值解, 并且 Feynman-Kac 公式 (8.1.31) 还可用于研究 Brown 运动轨道性质.

作为 Feynman-Kac 公式 (8.1.31) 的应用, 我们来求

$$\begin{cases}\dfrac{\partial u(t,\xi)}{\partial t}=\dfrac{1}{2}\dfrac{\partial^2 u(t,\xi)}{\partial \xi^2}-\alpha\xi^2 u(t,\xi),\\ u(0,\xi)=1\end{cases} \tag{8.1.33}$$

的解, 其中参数 $\alpha>0$.

根据 Feynman-Kac 定理 (定理 8.1.19), 上述方程的解是

$$u(t,\xi)=E^{W_\xi}\left[\mathrm{e}^{-\alpha\int_0^t x^2(s)\mathrm{d}s}\right]. \tag{8.1.34}$$

下面来计算这个 Wiener 积分.

固定 $t>0$, 设 g 是 $[0,t]$ 上的简单函数,

$$g(s)=\sum_{j=1}^n a_j\chi_{[t_j,t_{j+1}]}(s),$$

其中 $0\leqslant t_1<t_2<\cdots<t_{n+1}\leqslant t$. 定义泛函 $\theta_g: C_{(0)}[0,t]\to\mathbb{R}$ 如下:

$$\theta_g(x)=\int_0^t g(s)\mathrm{d}x(s)=\sum_{j=1}^n a_j[x(t_{j+1})-x(t_j)].$$

于是

$$E^W\left[\mathrm{e}^{\mathrm{i}\theta_g(x)}\right]=\mathrm{e}^{-\frac{1}{2}\int_0^t g^2(s)\mathrm{d}s}.$$

因此 θ_g 是 $C_{(0)}[0,t]$ 上的 Gauss 随机变量, 其期望为 0, 方差是

$$E^W[\theta_g^2(x)]=\sum_{j=1}^n a_j^2(t_{j+1}-t_j)=\int_0^t g^2(s)\mathrm{d}s.$$

于是映射 $g \mapsto \theta_g$ 是 $L^2[0,t]$ 到 $L^2(C(0,t),W)$ 上的稠定等距算子. 将这个映射唯一地延拓到 $L^2[0,t]$ 上. 记

$$\theta_g(x) = \int_0^t g(s)\mathrm{d}x(s), \tag{8.1.35}$$

称为随机积分. 注意对于 $g \in L^2[0,t]$, 积分 $\int_0^t g(s)\mathrm{d}x(s)$ 是 W-a.e. 定义的.

引理 8.1.20　随机积分 $\theta_g(x)$ 是 $(C[0,t],W)$ 上的 Gauss 随机变量, 其期望为 0, 方差是 $\int_0^t g^2(s)\mathrm{d}s$.

证　选取一列简单函数 $\{g_j\}$, 在 $L^2[0,t]$ 中收敛到 g, 则 θ_{g_j} 在 $L^2(C[0,t],W)$ 中收敛到 θ_g. 于是可抽出子序列, 不妨设就是 $\{\theta_{g_j}\}$ 自身, 使得 $\theta_{g_j}(x) \to \theta_g(x)$, W-a.e. 成立, 故

$$\begin{aligned} E^W[\mathrm{e}^{\mathrm{i}\theta_g}] &= \lim_{j\to\infty} E^W[\mathrm{e}^{\mathrm{i}\theta_{g_j}}] \\ &= \lim_{j\to\infty} \mathrm{e}^{-\frac{1}{2}\int_0^t g_j^2(s)\mathrm{d}s} \\ &= \mathrm{e}^{-\frac{1}{2}\int_0^t g^2(s)\mathrm{d}s}. \end{aligned}$$

因此 θ_g 具有 Gauss 分布, 其期望为 0, 方差是 $\int_0^t g^2(s)\mathrm{d}s$. ■

对于 $\forall f \in L^2[0,t]$, 令 $\phi_f : C_{(0)}[0,t] \to \mathbb{R}$,

$$\phi_f(x) = \int_0^t x(s)f(s)\mathrm{d}s. \tag{8.1.36}$$

引理 8.1.21　随机变量 ϕ_f 具有 Gauss 分布, 其期望为 0, 方差是

$$E^W[\phi_f^2] = \int_0^t\int_0^t \min(s,\tau)f(s)f(\tau)\mathrm{d}s\mathrm{d}\tau. \tag{8.1.37}$$

证　令 $g(s) = \int_s^t f(\tau)\mathrm{d}\tau$, 由分部积分

$$\phi_f(x) = -\int_0^t x(s)\mathrm{d}g(s) = \int_0^t g(s)\mathrm{d}x(s) = \theta_g(x).$$

因此 ϕ_f 具有 Gauss 分布.

$$
\begin{aligned}
E^W[\phi_f(x)] &= \int_0^t f(s)E^W[x(s)]\mathrm{d}s = 0, \\
E^W[\phi_f^2(x)] &= \int_0^t\int_0^t E^W[x(s)x(\tau)]f(s)f(\tau)\mathrm{d}s\mathrm{d}\tau \\
&= \int_0^t\int_0^t \min(s,\tau)f(s)f(\tau)\mathrm{d}s\mathrm{d}\tau.
\end{aligned}
$$

最后一个等号是由 (8.1.10) 式得到的. ■

定理 8.1.22

$$
E^{W_\xi}[\mathrm{e}^{-\alpha\int_0^t x^2(s)\mathrm{d}s}] = \frac{1}{\sqrt{\mathrm{ch}\sqrt{2\alpha}t}}\mathrm{e}^{-\frac{\sqrt{2\alpha}}{2}\xi^2\mathrm{th}\sqrt{2x}t}. \tag{8.1.38}
$$

证　(1) 设 $\{e_n\}$ 是 $L^2[0,t]$ 上的归一正交基. 由于 $C[0,t]\subset L^2[0,t]$, 对于 $\forall x\in C[0,t]$,

$$
\int_0^t x^2(s)\mathrm{d}s = \|x\|^2 = \sum_{n=1}^{\infty}\langle x,e_n\rangle^2 = \sum_{n=1}^{\infty}\phi_{e_n}^2(x),
$$

$$
x(s) = \sum_{n=1}^{\infty}\phi_{e_n}(x)e_n(s).
$$

令

$$
\beta_n = \int_0^t e_n(s)\mathrm{d}s,
$$

则

$$
\begin{aligned}
E^{W_\xi}[\mathrm{e}^{-\alpha\int_0^t x^2(s)\mathrm{d}s}] &= E^W[\mathrm{e}^{-\alpha\int_0^t (x(s)+\xi)^2\mathrm{d}s}] \\
&= \mathrm{e}^{-\alpha\xi^2 t}E^W\left[\prod_{n=1}^{\infty}\mathrm{e}^{-a(\phi_{e_n}^2(x)+2\xi\beta_n\phi_{e_n}(x))}\right].
\end{aligned} \tag{8.1.39}
$$

(2) 在 $L^2[0,t]$ 上引入算子

$$
(Sf)(s) = \int_0^t \min(s,\tau)f(\tau)\mathrm{d}\tau. \tag{8.1.40}
$$

容易证明, 对于 $\forall f, g \in L^2[0,t]$,

$$E^W[\phi_f \phi_g] = \langle Sf, g\rangle. \tag{8.1.41}$$

设 $\{\lambda_n\}$ 是 S 的特征值, $\{e_n\}$ 是相应的归一特征函数, 并且把 $\{e_n\}$ 选作为第一步中 $L^2[0,t]$ 上的基. 由于

$$E^W[\phi_{e_n}\phi_{e_m}] = \langle Se_n, e_m\rangle = \lambda_n \delta_{nm}.$$

根据引理 8.1.21, 每个 ϕ_{e_n} 是 Gauss 随机变量, 其期望为 0, 方差是 λ_n. 由 (8.1.41) 式知 $\{\phi_{e_n}\}$ 互相独立. 因此由关系式 (8.1.39) 得到

$$\begin{aligned}
&E^{W_\xi}[\mathrm{e}^{-\alpha\int_0^t x^2(s)\mathrm{d}s}] \\
&= \mathrm{e}^{-\alpha\xi^2 t}\prod_{n=1}^{\infty} E^W[\mathrm{e}^{-\alpha(\phi_{e_n}^2(x)+2\xi\beta_n\phi_{e_n}(x))}] \\
&= \mathrm{e}^{-\alpha\xi^2 t}\prod_{n=1}^{\infty}\frac{1}{\sqrt{2\alpha\lambda_n}}\int_{-\infty}^{+\infty}\mathrm{e}^{-\alpha(y^2+2\xi\beta_n y)}\mathrm{e}^{-\frac{y^2}{2\lambda_n}}\mathrm{d}y \\
&= \mathrm{e}^{-\alpha\xi^2 t}\prod_{n=1}^{\infty}\frac{1}{\sqrt{1+2\alpha\lambda_n}}\exp\left\{2\alpha^2\xi^2\sum_{n=1}^{\infty}\frac{\lambda_n\beta_n^2}{1+2\alpha\lambda_n}\right\}.
\end{aligned} \tag{8.1.42}$$

(3) 求 S 的特征值.

$$(Sf)(s) = \int_0^t \min(s,\tau)f(\tau)\mathrm{d}\tau = \int_0^s \tau f(\tau)\mathrm{d}\tau + s\int_s^t f(\tau)\mathrm{d}\tau.$$

设 $Sf = \lambda f, \lambda \neq 0$. 因为 Sf 连续, 所以 $f = \dfrac{1}{\lambda}Sf$ 连续, 从而 Sf 可微.

$$\lambda f'(s) = sf(s) + \int_s^t f(\tau)\mathrm{d}\tau - sf(s) = \int_s^t f(\tau)\mathrm{d}\tau.$$

再对 s 微分, 得到

$$\lambda f''(s) = -f(s).$$

注意到

$$f(0)=Sf(0)=0,\quad f'(t)=\frac{1}{\lambda}\int_t^t f(\tau)\mathrm{d}\tau=0.$$

因此我们需要解下列微分方程:

$$\begin{cases}\lambda f''(s)+f(s)=0, & 0<s<t,\\ f(0)=f'(t)=0.\end{cases}$$

容易得到

$$\lambda_n=\left(\left(n-\frac{1}{2}\right)^2\frac{\pi^2}{t^2}\right)^{-1},$$
$$e_n(s)=c_n\sin\left(n-\frac{1}{2}\right)\frac{\pi s}{t},\quad n=1,2,\cdots,$$

其中 c_n 是归一常数.

因为

$$\prod_{n=1}^{\infty}(1+\lambda_n)=\mathrm{ch}t,$$

因此

$$\prod_{n=1}^{\infty}(1+2\alpha\lambda_n)=\mathrm{ch}\sqrt{2\alpha}t. \tag{8.1.43}$$

下面来计算关系式 (8.1.42) 右端指数中的级数.

(4) 假定积分方程

$$g(s)=f(s)+\mu\int_0^t k(s,\tau)f(\tau)\mathrm{d}\tau,\quad \mu>0$$

的解可由下列“逆积分方程”表示:

$$f(s)=g(s)-\mu\int_0^t R(s,\tau)g(\tau)\mathrm{d}\tau,$$

其中函数 $R(s,\tau)=R(s,\tau;\mu)$ 叫作预解核或逆核.

当 $k(s,\tau)=\min(s,\tau)$ 时, 预解核存在. 容易验证

$$R(s,\tau;\mu)=\begin{cases}\dfrac{\mathrm{ch}\sqrt{\mu}(t-\tau)\mathrm{sh}\sqrt{\mu}s}{\sqrt{\mu}\mathrm{ch}\sqrt{\mu}t}, & s\leqslant\tau,\\ \dfrac{\mathrm{ch}\sqrt{\mu}(t-s)\mathrm{sh}\sqrt{\mu}\tau}{\sqrt{\mu}\mathrm{ch}\sqrt{\mu}t}, & \tau\leqslant s.\end{cases}\tag{8.1.44}$$

在 $L^2[0,t]$ 上引入算子

$$(R_\mu g)(s)=\int_0^t R(s,\tau;\mu)g(\tau)\mathrm{d}\tau.$$

由核 $\min(s,\tau)$ 给出的积分方程以及相应的逆积分方程用算子可表示成

$$g=(I+\mu S)f,\quad f=(I-\mu R_\mu)g,$$

由此不难得到

$$R_\mu=S(I+\mu S)^{-1},\quad \mu>0.$$

所以 e_n 也是 R_μ 的特征函数, 相应的特征值为 $\dfrac{\lambda_n}{1+\mu\lambda_n}$. 因此,

$$R(s,\tau;\mu)=\sum_{n=1}^{\infty}\frac{\lambda_n}{1+\mu\lambda_n}e_n(s)e_n(\tau).\tag{8.1.45}$$

所以

$$\begin{aligned}\sum_{n=1}^{\infty}\frac{\lambda_n\beta_n^2}{1+2\alpha\lambda_n}&=\int_0^t\int_0^t R(s,\tau;2\alpha)\mathrm{d}s\mathrm{d}\tau\\&=\frac{t}{2\alpha}-\frac{1}{(2\alpha)^{3/2}}\mathrm{th}\sqrt{2\alpha}t.\end{aligned}\tag{8.1.46}$$

将关系式 (8.1.43) 与 (8.1.46) 代入 (8.1.42) 中即得 (8.1.38) 式. ■

以上我们只考虑有限区间 $[0,T]$ 上全体连续函数组成的空间中的 Wiener 测度以及关于 Wiener 测度的积分. 对于 Banach 空

间 $C[0,\infty)$ 可类似地构造 Wiener 测度. 仍用 $\mathscr{R}$ 表示由下列所有柱集生成的代数:

$$I=\{x\in C[0,\infty)\big|(x(t_1),x(t_2),\cdots,x(t_n))\in E\},$$

其中 $n\in\mathbb{Z}_+,0<t_1<t_2<\cdots<t_n<\infty,E\in\mathscr{B}^n$. 仍用 $\mathscr{B}$ 表示空间 $C[0,\infty)$ 的 Borel 域, 易证由 $\mathscr{R}$ 生成的最小 σ 代数 $\sigma(\mathscr{R})=\mathscr{B}$. 仍用 (8.1.2) 式定义 $\mathscr{R}$ 上的有限可加测度 W. 运用定理 8.1.7 的证明, 略加修改, 可知 W 是 $\mathscr{R}$ 上的完全可加测度. 于是它可以唯一地扩张成 $(C[0,\infty),\mathscr{B})$ 上的概率测度, 还用 W 记这个测度, 称为 $(C[0,\infty),\mathscr{B})$ 上的 Wiener 测度. 易知,

$$\mathrm{supp}W=\{x\in C[0,\infty)\big|x(0)=0\}.$$

同定义 8.1.8 后面的说明一样, 可以定义 $(C[0,\infty),\mathscr{B})$ 上从 ξ 出发的 Wiener 测度 W_ξ. 此时,

$$\mathrm{supp}W_\xi=\{x\in C[0,\infty)\big|x(0)=\xi\}.$$

对于 Banach 空间 $C([0,\infty),\mathbb{R}^d)$, 也可以引入 Wiener 测度. 设 $x=(x^1,x^2,\cdots,x^d)\in C([0,\infty),\mathbb{R}^d)$, 则定义 d 维 Wiener 测度为

$$W(\mathrm{d}x)=W(\mathrm{d}x^1)\times W(\mathrm{d}x^2)\times\cdots\times W(\mathrm{d}x^d).\tag{8.1.47}$$

于是在 W 下每个分量 x^i 具有一维 Wiener 分布, 而且各分量相互独立.

定理 8.1.16 与定理 8.1.19 中的 Wiener 积分 (8.1.26) 与 (8.1.31) 两式都是对任意给定的 T, 关于 $C[0,T]$ 上 Wiener 测度作的积分. 于是它们是相应的微分方程在 $0\leqslant t<T$ 中的解. 现在我们可以认为这些积分是关于 $C[0,\infty)$ 上 Wiener 测度 W 作的积分, 于是它们作为相应微分方程的解在 $0\leqslant t<+\infty$ 上成立.

最后, 我们列出高维情形时的 Feynman-Kac 公式而不再给出证明.

定理 8.1.23 (Feynman-Kac 定理) 设 $V(\xi)$ 是 $\mathbb{R}^d$ 上的下有界可积函数, $f(\xi)$ 是 $\mathbb{R}^d$ 上的有界可测函数. 记 W_ξ 为 $C([0,\infty),\mathbb{R}^d)$ 上从 ξ 出发的 d 维 Wiener 测度, 则

$$u(t,\xi) = E^{W_\xi}[f(x(t))\mathrm{e}^{-\int_0^t V(x(s))\mathrm{d}s}]$$

是下列偏微分方程

$$\begin{cases} \dfrac{\partial u(t,\xi)}{\partial t} = \dfrac{1}{2}\Delta u(t,\xi) - V(\xi)u(t,\xi), \quad t>0, \\ u(0,\xi) = f(\xi) \end{cases}$$

的解, 其中 $\Delta = \sum\limits_{j=1}^{d} \dfrac{\partial^2}{\partial \xi_j^2}$ 是关于 ξ 的 Laplace 算子.

§ 2 Hilbert 空间上的测度

设 μ 是实可分 Hilbert 空间 $\mathscr{H}$ 上的概率测度, E 是 $\mathscr{H}$ 的任意一个有限维子空间, 设 Π_E 为 $\mathscr{H}$ 到 E 的投影算子, 则 $\mu_E = \mu\Pi_E^{-1}$ 是 E 上的一个概率测度. 若 E_1, E_2 是两个有限维子空间, $E_1 \subset E_2$, 则 $\mu_{E_1} = \mu_{E_2}\Pi_{E_2}\Pi_{E_1}^{-1}$, 这种关系称为相容性条件. 设 $\mathscr{H}$ 的每一个有限维子空间 E 上都给定了一个概率测度 μ_E, 而且它们互相之间都满足相容性条件, 这样一族概率测度 $\{\mu_E | E \subset \mathscr{H}, \dim E < \infty\}$ 称为 Hilbert 空间 $\mathscr{H}$ 上的一个有限维分布族. 于是 $\mathscr{H}$ 上的概率测度 μ 唯一地给出 $\mathscr{H}$ 空间上的一个有限维分布族. 但是反过来未必正确. 对于给定的有限维分布族 $\{\mu_E\}$, 未必存在 $\mathscr{H}$ 上的概率测度, 以 $\{\mu_E\}$ 为其有限维分布族. 那么我们要问, 具有什么样条件的有限维分布族才能确定出 $\mathscr{H}$ 上的一个概率测度呢?

欧氏空间上的概率测度与它的特征函数 (概率测度的 Fourier 变换) 互相之间是一一对应的. 因此对于特征函数的刻画, 间接地给出了概率测度的描述. 在欧氏空间中, 有众所周知的 Bochner 定

理 (定理 7.3.6): $\mathbb{R}^n$ 上的函数 f 是特征函数的充要条件是 f 连续非负定, 而且 $f(0)=1$. 在无穷维情形, Bochner 定理不再继续成立, 而要用本节将给出的 Minlos-Sazanov 定理来代替.

本节分三部分. 第一部分讨论 Hilbert 空间上的 Hilbert-Schmidt 算子和迹算子. 这两类算子都属于紧算子类. 第三部分要讨论的 Minlos-Sazanov 定理以及下一节要讨论的 Hilbert 空间上的 Gauss 测度, 与这两类算子有密切的关系. 第二部分讨论 Hilbert 空间 $\mathscr{H}$ 上满足相容性条件的有限维分布族与 $\mathscr{H}$ 上概率测度之间的关系. 第三部分讨论 $\mathscr{H}$ 上概率测度的特征泛函并给出 Minlos-Sazanov 定理.

2.1 Hilbert-Schmidt 算子和迹算子

设 $\mathscr{H}$ 是一个可分 Hilbert 空间, 具有内积 $(\cdot,\cdot)$, 并且由内积定义的范数记作 $\|\cdot\|=\sqrt{(\cdot,\cdot)}$.

定义 8.2.1 设 A 是 $\mathscr{H}$ 到其自身的线性算子, $\{e_n\}$ 是 $\mathscr{H}$ 的一个正交规范基, 如果 $\sum\limits_{n=1}^{\infty}\|Ae_n\|^2<\infty$, 则称 A 为 **Hilbert-Schmidt 算子**. 全体 Hilbert-Schmidt 算子记作 $L_{(2)}(\mathscr{H})$. 记

$$\|A\|_2=\left(\sum_{n=1}^{\infty}\|Ae_n\|^2\right)^{\frac{1}{2}}, \tag{8.2.1}$$

称 $\|A\|_2$ 为 A 的 **Hilbert-Schmidt 范数**.

注 1 容易验证 $\|A\|_2$ 确实是 $L_{(2)}(\mathscr{H})$ 上的范数. 由

$$\begin{aligned}\sum_{n=1}^{\infty}\|Ae_n\|^2&=\sum_{n=1}^{\infty}\sum_{m=1}^{\infty}(Ae_n,e_m)^2\\&=\sum_{n=1}^{\infty}\sum_{m=1}^{\infty}(e_n,A^*e_m)=\sum_{m=1}^{\infty}\|A^*e_m\|^2\end{aligned}$$

推知 $\|A\|_2=\|A^*\|_2$, 因此当 $A\in L_{(2)}(\mathscr{H})$ 时, $A^*\in L_{(2)}(\mathscr{H})$.

$L_{(2)}(\mathscr{H})$ 关于算子的共轭运算封闭.

设 $\{d_n\}$ 是 $\mathscr{H}$ 的另一个正交规范基, 则

$$\sum_{n=1}^{\infty}\|Ad_n\|^2=\sum_{n=1}^{\infty}\sum_{m=1}^{\infty}(Ad_n,e_m)^2=\sum_{m=1}^{\infty}\sum_{n=1}^{\infty}(d_n,A^*e_m)^2$$
$$=\sum_{m=1}^{\infty}\|A^*e_m\|^2=\sum_{n=1}^{\infty}\|Ae_n\|^2.$$

所以 Hilbert-Schmidt 算子范数不依赖基的选择.

注 2 每个 Hilbert-Schmidt 算子都是有界线性算子.

设 $A\in L_{(2)}(\mathscr{H})$. 对于 $\forall u\in\mathscr{H},\|u\|=1$,

$$\|Au\|^2=\sum_{n=1}^{\infty}(Au,e_n)^2=\sum_{n=1}^{\infty}(u,A^*e_n)^2$$
$$\leqslant\sum_{n=1}^{\infty}\|A^*e_n\|^2=\|A\|_2^2,$$

于是

$$\|A\|=\sup_{\|u\|=1}\|Au\|\leqslant\|A\|_2. \tag{8.2.2}$$

所以 $L_{(2)}(\mathscr{H})\subset L(\mathscr{H})$. 注意在 $\dim\mathscr{H}=\infty$ 情形, 恒同算子 $\mathrm{id}\in L(\mathscr{H})$, 但是 $\mathrm{id}\notin L_{(2)}(\mathscr{H})$. 所以 $L_{(2)}(\mathscr{H})$ 真包含在 $L(\mathscr{H})$ 中.

注 3 设 $A\in L_{(2)}(\mathscr{H}),B\in L(\mathscr{H})$, 则 $AB,BA\in L_{(2)}(\mathscr{H})$, 而且

$$\|AB\|_2\leqslant\|B\|\|A\|_2,\quad \|BA\|_2\leqslant\|B\|\|A\|_2. \tag{8.2.3}$$

事实上,

$$\begin{aligned}\sum_{n=1}^{\infty}\|BAe_n\|^2 &\leqslant \|B\|\sum_{n=1}^{\infty}\|Ae_n\|^2=\|B\|\|A\|_2,\\ \sum_{n=1}^{\infty}\|ABe_n\|^2 &= \sum_{n=1}^{\infty}\|B^*A^*e_n\|^2\leqslant \|B\|\sum_{n=1}^{\infty}\|A^*e_n\|^2\\ &= \|B\|\|A^*\|_2.\end{aligned}$$

故 (8.2.3) 式成立.

例 8.2.2 设 $A: l_2\to l_2$, 由 $A(x_1,x_2,\cdots)=(\alpha_1x_1,\alpha_2x_2,\cdots)$ 定义, 则 $A\in L_{(2)}(l_2)$ 的充要条件是 $\sum\limits_{n=1}^{\infty}|\alpha_n|^2<\infty$.

定义 8.2.3 设 $A,B\in L_{(2)}(\mathscr{H}),\{e_n\}$ 为 $\mathscr{H}$ 的一个正交规范基, 定义

$$(A,B)=\sum_{n=1}^{\infty}(Ae_n,Be_n). \tag{8.2.4}$$

此定义与基的选择无关. (A,B) 称为 A 和 B 的 **Hilbert-Schmidt 内积**.

注 4 因为

$$2|(Ae_n,Be_n)|\leqslant \|Ae_n\|^2+\|Be_n\|^2,$$

所以 (8.2.4) 式右端的级数绝对收敛. 故 (8.2.4) 式对于任意 $A,B\in L_{(2)}(\mathscr{H})$ 有意义.

定理 8.2.4 $L_{(2)}(\mathscr{H})$ 在 (8.2.4) 式定义的内积下是一个 Hilbert 空间.

证 显然 $(A,A)=\|A\|_2^2$. 我们只需证明 $L_{(2)}(\mathscr{H})$ 在范数 $\|\cdot\|_2$ 下的完备性. 设 $\{A_n\}$ 是 $L_{(2)}(\mathscr{H})$ 的一个基本列. 由注 2 知 $\{A_n\}$ 也是 $L(\mathscr{H})$ 的一个基本列. 因此存在 $A\in L(\mathscr{H})$, 使得 $\lim\limits_{n\to\infty}\|A_n-A\|=0$. 任给 $\varepsilon>0,\exists N\in\mathbb{N}_+$, 使得当 $n,m>N$ 时, $\|A_n-A_m\|_2<$

ε, 于是对于每一个 k,

$$\sum_{j=1}^{k} \|(A_n - A_m)e_j\|^2 < \|A_n - A_m\|_2^2 < \varepsilon^2.$$

先令 $m \to \infty$, 再令 $k \to \infty$, 可得到当 $n > N$ 时,

$$\sum_{j=1}^{\infty} \|(A_n - A)e_j\|^2 < \varepsilon^2.$$

所以 $A_n - A \in L_{(2)}(\mathscr{H})$, 从而 $A = A_n - (A_n - A) \in L_{(2)}(\mathscr{H})$, 并且 $\lim\limits_{n\to\infty} \|A_n - A\|_2 = 0$. ■

命题 8.2.5 $F(\mathscr{H}) \subset L_{(2)}(\mathscr{H})$, 在范数 $\|\cdot\|_2$ 下, $F(\mathscr{H})$ 在 $L_{(2)}(\mathscr{H})$ 中稠密, 其中 $F(\mathscr{H})$ 是 $\mathscr{H}$ 上全体有穷秩算子的集合.

证 任取 $A \in F(\mathscr{H})$. 选取 $\mathscr{H}$ 中的正交规范基 $\{e_n\}$, 使得 $A\mathscr{H} = L(e_1, \cdots, e_m)$, 则

$$\begin{aligned} \|A\|_2^2 &= \sum_{j=1}^{\infty} \|Ae_j\|^2 = \sum_{j=1}^{\infty}\sum_{i=1}^{m} (Ae_j, e_i)^2 \\ &= \sum_{i=1}^{m}\sum_{j=1}^{\infty} (e_j, A^*e_i)^2 = \sum_{i=1}^{m} \|A^*e_i\|^2 < \infty, \end{aligned}$$

故 $A \in L_{(2)}(\mathscr{H})$.

对于任意的 $A \in L_{(2)}(\mathscr{H}), \mathscr{H}$ 中的正交规范基 $\{e_n\}$, 有

$$A = \sum_{j=1}^{\infty} (\cdot, A^*e_j)e_j. \tag{8.2.5}$$

若令

$$A_m = \sum_{j=1}^{m} (\cdot, A^*e_j)e_j,$$

则 $A_m \in F(\mathscr{H})$, 而且

$$\lim_{m\to\infty} \|A - A_m\|_2^2 = \lim_{m\to\infty} \sum_{j=m+1}^{\infty} \|A^*e_j\|^2 = 0,$$

所以 $F(\mathscr{H})$ 在 $L_{(2)}(\mathscr{H})$ 中稠密. ■

推论 8.2.6 $L_{(2)}(\mathscr{H}) \subset \mathbb{C}(\mathscr{H})$, 其中 $\mathbb{C}(\mathscr{H})$ 是全体 $\mathscr{H}$ 上的紧算子的集合.

证 若 A 是一个 Hilbert-Schmidt 算子, 由命题 8.2.5, 存在有穷秩算子列 $\{A_n\}$, 使得 $\|A_n - A\|_2 \to 0$, 当 $n \to \infty$ 时. 由 (8.2.2) 式, $\|A_n - A\| \to 0$, 当 $n \to \infty$, 所以 A 是紧算子. ■

定理 8.2.7 A 是 Hilbert-Schmidt 算子的充要条件是 A 为紧算子, 而且 $\sum\limits_{n=1}^{\infty} \lambda_n^2 < \infty$, 其中 $\{\lambda_n\}$ 是正对称紧算子 $(A^*A)^{1/2}$ 的全体特征值. 此时,

$$\|A\|_2 = \left(\sum_{n=1}^{\infty} \lambda_n^2 \right)^{\frac{1}{2}}. \tag{8.2.6}$$

证 当 A 是 $\mathscr{H}$ 上的紧算子, 不妨取 $\mathscr{H}$ 的正交规范基 $\{e_n\}$ 为 $(A^*A)^{1/2}$ 的特征向量全体 (包括零特征向量), 于是,

$$\|A\|_2^2 = \sum_{n=1}^{\infty} (e_n, A^*Ae_n) = \sum_{n=1}^{\infty} \lambda_n^2.$$

因此当 $A \in L_{(2)}(\mathscr{H})$ 时, $\sum\limits_{n=1}^{\infty} \lambda_n^2 < \infty$, 反之当 $\sum\limits_{n=1}^{\infty} \lambda_n^2 < \infty$ 时, $A \in L_{(2)}(\mathscr{H})$, 并且 (8.2.6) 式成立. ■

作为命题 8.2.5 的应用, 我们还有下面的定理.

定理 8.2.8 设 $(\Omega, \mathscr{B}, \mu)$ 是一个测度空间, $\mathscr{H} = L^2(\Omega, \mathscr{B}, \mu)$. 设 $K \in L^2(\Omega \times \Omega, \mu \otimes \mu)$. 定义积分算子 A_K 如下: $\forall f \in L^2(\Omega, \mathscr{B}, \mu)$,

$$(A_K f)(x) = \int_{\Omega} K(x, y) f(y) \mu(\mathrm{d}y), \tag{8.2.7}$$

则映射 $K \mapsto A_K$ 是 $L^2(\Omega \times \Omega, \mu \otimes \mu)$ 到 $L_{(2)}(\mathscr{H})$ 的一个等距同构映射.

证 设 $\{e_n\}$ 是 $\mathscr{H}$ 的一组正交规范基, 则 $\{e_n\overline{e_m}\}$ 是 $L^2(\Omega\times\Omega,\mu\otimes\mu)$ 的一组正交规范基. 记

$$K(x,y)=\sum_{n,m=1}^{\infty}a_{nm}e_n(x)\overline{e_m(y)},$$

于是

$$\|A_K\|_2^2=\sum_{n=1}^{\infty}\|A_Ke_n\|^2=\sum_{n,m=1}^{\infty}|a_{nm}|^2=\|K\|^2.$$

因此 $K\mapsto A_K$ 是等距映射, 而且值域 $\{A_K|K\in L^2(\Omega\times\Omega,\mu\otimes\mu)\}$ 是 $L_{(2)}(\mathscr{H})$ 中的闭集. 容易证明每个有穷秩算子都是由积分核所生成, 即 $F(\mathscr{H})\subset\{A_K\}$, 由命题 8.2.5 推得 $K\mapsto A_K$ 是满映射. ■

由 (8.2.7) 式定义的算子称为 Hilbert-Schmidt 积分算子. (8.2.7) 式是 $\mathscr{H}=L^2(\Omega,\mathscr{B},\mu)$ 空间上 Hilbert-Schmidt 算子的积分表示.

由注 2, $L_{(2)}(\mathscr{H})$ 是 $L(\mathscr{H})$ 的一个线性子空间. 由注 3 还可知 $L_{(2)}(\mathscr{H})$ 还是 $L(\mathscr{H})$ 的一个理想. 下面我们要引入 $L_{(2)}(\mathscr{H})$ 的一个子空间 $L_{(1)}(\mathscr{H})$, 它是全体 $\mathscr{H}$ 上的迹算子组成的集合.

定义 8.2.9 设 A 是 $\mathscr{H}$ 到自身的一个紧算子, $\{\lambda_n\}$ 是 $(A^*A)^{1/2}$ 的全体特征值组成的集合. 若 $\sum\limits_{n=1}^{\infty}\lambda_n<\infty$, 则我们就称 A 为 $\mathscr{H}$ 的**迹算子**. 全体 $\mathscr{H}$ 上的迹算子组成的集合记作 $L_{(1)}(\mathscr{H})$. 令

$$\|A\|_1=\sum_{n=1}^{\infty}\lambda_n,\tag{8.2.8}$$

称为算子 A 的**迹范数**.

注 5 因为 $\sum\limits_{n=1}^{\infty}\lambda_n^2\leqslant\left(\sum\limits_{n=1}^{\infty}\lambda_n\right)^2$, 由定理 8.2.7 可得

$$\|A\|\leqslant\|A\|_2\leqslant\|A\|_1,\tag{8.2.9}$$

所以

$$L_{(1)}(\mathscr{H}) \subset L_{(2)}(\mathscr{H}) \subset \mathbb{C}(\mathscr{H}) \subset L(\mathscr{H}). \tag{8.2.10}$$

对于每一个有界线性算子 A, 都有极分解 $A = U|A|$, 其中 U 是部分等距算子, $|A|$ 是 A^*A 的正平方根. 设 $\{e_n\}$ 是 $\mathscr{H}$ 的正交规范基, 则级数和 $\sum_{n=1}^{\infty}(|A|e_n, e_n)$ 不依赖基的选择. 特别地, 当 A 是紧算子时,

$$\|A\|_1 = \sum_{n=1}^{\infty}(|A|e_n, e_n) = \sum_{n=1}^{\infty}\||A|^{\frac{1}{2}}e_n\|^2, \tag{8.2.11}$$

所以

$$A \in L_{(1)}(\mathscr{H}) \Longleftrightarrow |A|^{\frac{1}{2}} \in L_{(2)}(\mathscr{H}), \tag{8.2.12}$$

此时

$$\|A\|_1 = \||A|^{\frac{1}{2}}\|_2^2. \tag{8.2.13}$$

引理 8.2.10 (1) $L_{(1)}(\mathscr{H})$ 是一个线性矢量空间, $\|\cdot\|_1$ 是 $L_{(1)}(\mathscr{H})$ 上的一个范数.

(2) $A \in L_{(1)}(\mathscr{H}), B \in L(\mathscr{H})$, 则 $AB, BA \in L_{(1)}(\mathscr{H})$, 而且

$$\|AB\|_1 \leqslant \|A\|_1\|B\|, \quad \|BA\|_1 \leqslant \|B\|\|A\|_1. \tag{8.2.14}$$

(3) $A \in L_{(1)}(\mathscr{H})$, 则 $A^* \in L_{(1)}(\mathscr{H})$, 而且

$$\|A\|_1 = \|A^*\|_1. \tag{8.2.15}$$

证 (1) 显然 $\|\alpha A\|_1 = |\alpha|\|A\|_1$, 又 $\|A\|_1 = 0 \Longleftrightarrow A = 0$, 因此只需证明 $\|\cdot\|_1$ 满足三角不等式:

$$\|A + B\|_1 \leqslant \|A\|_1 + \|B\|_1. \tag{8.2.16}$$

设 $A, B \in L_{(1)}(\mathscr{H})$, 作极分解

$$A = U|A|, \quad B = V|B|, \quad A + B = W|A + B|,$$

其中 U, V, W 是部分等距算子.

$$\begin{aligned}\sum_{n=1}^{N}(|A+B|e_n, e_n) &= \sum_{n=1}^{N}(W^*(A+B)e_n, e_n)\\&\leqslant \sum_{n=1}^{N}|(W^*U|A|e_n, e_n)|\\&\quad+\sum_{n=1}^{N}|(W^*V|B|e_n, e_n)|.\end{aligned}$$

然而,

$$\begin{aligned}&\sum_{n=1}^{N}|(W^*U|A|e_n, e_n)|\\&\quad\leqslant \sum_{n=1}^{N}\||A|^{\frac{1}{2}}U^*We_n\|\cdot\||A|^{\frac{1}{2}}e_n\|\\&\quad\leqslant \left(\sum_{n=1}^{N}\||A|^{\frac{1}{2}}U^*We_n\|^2\right)^{\frac{1}{2}}\left(\sum_{n=1}^{N}(|A|e_n, e_n)\right)^{\frac{1}{2}}.\end{aligned}$$

如果我们能证明

$$\sum_{n=1}^{\infty}\||A|^{\frac{1}{2}}U^*We_n\|^2 \leqslant \|A\|_1,$$

那么就有

$$\sum_{n=1}^{N}(|A+B|e_n, e_n) \leqslant \|A\|_1+\|B\|_1,$$

于是三角不等式 (8.2.16) 得证.

选取 $\{e_n\}$, 使得每一个 e_n 或者在 $\ker W$ 中或者在 $(\ker W)^{\perp}$ 中, 于是

$$\sum_{n=1}^{\infty}\||A|^{\frac{1}{2}}U^*We_n\|^2 = \sum{}'(U|A|U^*We_n, We_n),$$

其中 $\sum'$ 表示只对 $e_n \in (\ker W)^{\perp}$ 的指标求和. 因为 $\{We_n | e_n \in (\ker W)^{\perp}\}$ 是 $(\ker W)^{\perp}$ 的正交规范基, 因此对于任意的正交规范基 $\{\varphi_n\}$,

$$\sum{}'(U|A|U^*We_n, We_n) \leqslant \sum_{n=1}^{\infty}(U|A|U^*\varphi_n, \varphi_n).$$

重复同样的论证, 于是又有

$$\sum_{n=1}^{\infty}(U|A|U^*\varphi_n, \varphi_n) \leqslant \sum_{n=1}^{\infty}(|A|\varphi_n, \varphi_n) = \|A\|_1.$$

(2) 首先假设 $A, B \in L_{(2)}(\mathscr{H})$. 作 AB 的极分解, $AB = U|AB|$. 选取 $\mathscr{H}$ 的正交规范基 $\{e_n\}$, 使得 e_n 或者在 $\ker U$ 内或者在 $(\ker U)^{\perp}$ 内, 则 $\{Ue_n\}$ 是子空间 $(\ker U)^{\perp}$ 中的正交规范基. 于是

$$\|A^*U\|_2^2 = \sum_{n=1}^{\infty}\|A^*Ue_n\|^2 \leqslant \|A^*\|_2^2 = \|A\|_2^2. \tag{8.2.17}$$

所以

$$\begin{aligned}\|AB\|_1 &= \sum_{n=1}^{\infty}(ABe_n, Ue_n) = \sum_{n=1}^{\infty}(Be_n, A^*Ue_n)\\ &\leqslant \left(\sum_{n=1}^{\infty}\|Be_n\|^2\right)^{\frac{1}{2}}\left(\sum_{n=1}^{\infty}\|A^*Ue_n\|^2\right)^{\frac{1}{2}}\\ &\leqslant \|A\|_2\|B\|_2.\end{aligned} \tag{8.2.18}$$

其次设 $A \in L_{(1)}(\mathscr{H}), B \in L(\mathscr{H})$, 作 A 的极分解 $A = V|A|$, 其中 V 是部分等距算子. 由注 3 和注 5 知道 $|A|^{1/2} \in L_{(2)}(\mathscr{H})$, $BV|A|^{1/2} \in L_{(2)}(\mathscr{H})$, 所以

$$\begin{aligned}\|BA\|_1 &\leqslant \|BV|A|^{1/2}\|_2 \cdot \||A|^{1/2}\|_2\\ &\leqslant \|B\| \cdot \||A|^{1/2}\|_2^2 = \|B\| \cdot \|A\|_1.\end{aligned}$$

又由将要证明的 (3),

$$\|AB\|_1 = \|B^*A^*\|_1 \leqslant \|B^*\| \cdot \|A^*\|_1 = \|B\| \cdot \|A\|_1.$$

(3) 设 $A \in L_{(1)}(\mathscr{H})$, 作极分解 $A = V|A|$. 于是,

$$A^* = |A|^{1/2}(V|A|^{1/2})^*,$$

由 (8.2.17) 式,

$$\begin{aligned}\|A^*\|_1 &\leqslant \||A|^{1/2}\|_2 \cdot \|(V|A|^{1/2})^*\|_2 \\ &\leqslant \||A|^{1/2}\|_2^2\|V\| = \|A\|_1,\end{aligned}$$

所以 $A^* \in L_{(1)}(\mathscr{H})$. 又 $\|A\|_1 = \|(A^*)^*\|_1 \leqslant \|A^*\|_1$, 于是 (3) 得证. ■

推论 8.2.11 $A \in L_{(1)}(\mathscr{H})$ 当且仅当存在 $B, C \in L_{(2)}(\mathscr{H})$, 使得 $A = BC$.

运用定理 8.2.4 的同样证明手法可证得下面的定理.

定理 8.2.12 $L_{(1)}(\mathscr{H})$ 在迹范数下是 Banach 空间.

命题 8.2.13 $F(\mathscr{H}) \subset L_{(1)}(\mathscr{H})$; 在迹范数 $\|\cdot\|_1$ 下, $F(\mathscr{H})$ 在 $L_{(1)}(\mathscr{H})$ 中稠密.

证 设 $A \in F(\mathscr{H}), A$ 有极分解 $A = V|A|$. 选取 $\mathscr{H}$ 中的正交规范基 $\{e_n\}$, 使得 $A\mathscr{H} = L(e_1, \cdots, e_m)$, 于是由

$$\begin{aligned}\|A\|_1 &= \sum_{i=1}^{\infty}(|A|e_i, e_i) = \sum_{i=1}^{\infty}(Ae_i, V^*e_i) \\ &= \sum_{i=1}^{\infty}\sum_{j=1}^{m}(Ae_i, e_j)(V^*e_i, e_j) \\ &= \sum_{j=1}^{m}\sum_{i=1}^{\infty}(e_i, A^*e_j)(e_i, Ve_j) \\ &= \sum_{j=1}^{m}(A^*e_j, Ve_j) \\ &\leqslant \sum_{j=1}^{m}\|A^*e_j\| < \infty,\end{aligned}$$

推知 $A \in L_{(1)}(\mathscr{H})$. 对于任意的 $A \in L_{(1)}(\mathscr{H}), A = V|A|$. 设 λ_n 为 $|A|$ 的特征值, $\{e_n\}$ 为相应的正交规范特征向量, 则

$$A = \sum_{n=1}^{\infty} \lambda_n(\cdot, e_n)Ve_n. \tag{8.2.19}$$

令

$$A_N = \sum_{n=1}^{N} \lambda_m(\cdot, e_n)Ve_n \in F(\mathscr{H}).$$

设 $A - A_N$ 有极分解 $A - A_N = V_N|A - A_N|$, 于是由

$$\begin{aligned}
(A - A_N)e_m &= \sum_{n=N+1}^{\infty} \lambda_n \delta_{nm} Ve_n, \\
\|A - A_N\|_1 &= \sum_{m=1}^{\infty}((A - A_N)e_m, V_N e_m) \\
&= \sum_{m=N+1}^{\infty} \lambda_m(Ve_m, V_N e_m) \\
&\leqslant \sum_{m=N+1}^{\infty} \lambda_m
\end{aligned}$$

得到 $\lim\limits_{N\to\infty} \|A - A_N\|_1 = 0$. 故 $F(\mathscr{H})$ 在 $L_{(1)}(\mathscr{H})$ 中稠密. ■

设 $A \in L_{(1)}(\mathscr{H}), A = V|A|$ 是 A 的极分解. 又设 $\{e_n\}$ 是 $\mathscr{H}$ 的一组正交规范基. 因为

$$|(Ae_n, e_n)| \leqslant \||A|^{\frac{1}{2}}e_n\| \cdot \||A|^{\frac{1}{2}}V^*e_n\|,$$

故

$$\begin{aligned}
&\sum_{n=1}^{\infty} |(Ae_n, e_n)| \\
&\qquad \leqslant \left(\sum_{n=1}^{\infty} \||A|^{\frac{1}{2}}V^*e_n\|^2\right)^{\frac{1}{2}} \left(\sum_{n=1}^{\infty} \||A|^{\frac{1}{2}}e_n\|^2\right)^{\frac{1}{2}}
\end{aligned}$$

$$
\begin{aligned}
&= \||A|^{\frac{1}{2}}V^*\|_2 \cdot \||A|^{\frac{1}{2}}\|_2 \\
&\leqslant \||A|^{\frac{1}{2}}\|_2^2 = \|A\|_1.
\end{aligned}
$$

所以级数 $\sum\limits_{n=1}^{\infty}(Ae_n, e_n)$ 绝对收敛. 易知极限与基的选择无关.

定义 8.2.14　设 $A \in L_{(1)}(\mathscr{H})$, 我们称数

$$
\operatorname{tr} A = \sum_{n=1}^{\infty}(Ae_n, e_n) \tag{8.2.20}
$$

为算子 A 的**迹**. 线性映射 $\operatorname{tr}: L_{(1)}(\mathscr{H}) \to \mathbb{C}$ 称为**迹泛函**.

显然, $|\operatorname{tr}A| \leqslant \|A\|_1 = \operatorname{tr}|A|, \operatorname{tr}A^* = \overline{\operatorname{tr}A}$. 容易证明迹泛函还具有下列性质:

(1) $\operatorname{tr}(A+B) = \operatorname{tr}A + \operatorname{tr}B$;

(2) $\operatorname{tr}\lambda A = \lambda \operatorname{tr}A$;

(3) 若 $0 \leqslant A < B$, 则 $\operatorname{tr}A \leqslant \operatorname{tr}B$;

(4) 当 U 是酉算子时, $\operatorname{tr}(U^{-1}AU) = \operatorname{tr}A$.

事实上, 设 $\{e_n\}$ 是任意的正交规范基, 则 $\{Ue_n\}$ 也是正交规范基, 于是

$$
\operatorname{tr}(U^{-1}AU) = \sum_{n=1}^{\infty}(U^{-1}AUe_n, e_n) = \sum_{n=1}^{\infty}(AUe_n, Ue_n) = \operatorname{tr}A.
$$

(5) 当 $A \in L_{(1)}(\mathscr{H}), B \in L(\mathscr{H})$ 时, $\operatorname{tr}AB = \operatorname{tr}BA$.

事实上, 由 (4) 知, 当 U 是酉算子时 $\operatorname{tr}AU = \operatorname{tr}UA$. 对于 $B \in L(\mathscr{H})$, 不妨设 $\|B\| \leqslant 1$, 只要证明 B 能分解成四个酉算子的和, 就有 $\operatorname{tr}AB = \operatorname{tr}BA$. 令 $C = \dfrac{B+B^*}{4}, D = -\mathrm{i}\dfrac{B-B^*}{4}$, 则 C, D 是自伴算子, $\|C\| \leqslant 1$, $\|D\| \leqslant 1$, 且 $B = 2C + \mathrm{i}2D$. C 有谱分解

$$
C = \int_{-1}^{1} \lambda \mathrm{d}E_\lambda.
$$

令 $\lambda = \cos\theta$, 则

$$
C = -\int_0^{\pi} \cos\theta \mathrm{d}E_\theta.
$$

取

$$U_1 = -\int_0^{\pi} \mathrm{e}^{\mathrm{i}\theta} \mathrm{d}E_\theta, \quad U_2 = -\int_0^{\pi} \mathrm{e}^{-\mathrm{i}\theta} \mathrm{d}E_\theta,$$

则 U_1 和 U_2 是酉算子, 而且 $2C = U_1 + U_2$. 同理存在酉算子 U_3, U_4, 使得 $2D = U_3 + U_4$. 于是 $B = U_1 + U_2 + \mathrm{i}U_3 + \mathrm{i}U_4$.

设 $A \in L_{(1)}(\mathscr{H})$, 则映射 $B \mapsto \mathrm{tr}(AB)$ 是 $L(\mathscr{H})$ 上的一个线性泛函. 若固定 $B \in L(\mathscr{H})$, 则映射 $A \mapsto \mathrm{tr}(AB)$ 是 $L_{(1)}(\mathscr{H})$ 上的线性泛函. 关于它们的性质, 我们给出下面的定理, 而不再证明.

定理 8.2.15 (1) 线性映射 $A \mapsto \mathrm{tr}(A\cdot)$ 是 $L_{(1)}(\mathscr{H})$ 到 $(\mathbb{C}(\mathscr{H}))^*$ 上的等距同构映射.

(2) $B \mapsto \mathrm{tr}(\cdot B)$ 是 $L(\mathscr{H})$ 到 $(L_{(1)}(\mathscr{H}))^*$ 上的等距同构映射.

2.2 Hilbert 空间上的测度

设 $\mathscr{H}$ 是可分实 Hilbert 空间, $\mathscr{B}$ 是 $\mathscr{H}$ 的 Borel 集族. 于是 $\mathscr{B}$ 是所有使得 $\mathscr{H}$ 上的有界线性泛函都可测的 σ 代数中最小者, 或者说 $\mathscr{B}$ 是由全体有界线性泛函生成的 σ 代数.

考虑 $\mathscr{H}$ 的任意一个有穷维子空间 $E.E$ 的 Borel 集族 $\mathscr{B}_E = \{A \cap E | A \in \mathscr{B}\}$ 是 E 上的 σ 代数. 记 $\mathscr{H}$ 到 E 的投影算子为 $\mathit{\Pi}_E$, 对于 $B \in \mathscr{B}_E$, 称 $\mathit{\Pi}_E^{-1} B = \{x | \mathit{\Pi}_E x \in B\}$ 为以 B 为底的有穷维柱集. 记 $\mathscr{B}^E = \{\mathit{\Pi}_E^{-1} B | B \in \mathscr{B}_E\}$, 则 $\mathscr{B}^E$ 是 $\mathscr{H}$ 的一个 σ 代数, 它是全体以 $\mathscr{B}_E$ 中 Borel 集为底的有穷维柱集组成的集合. 显然,

$$\mathscr{B}_0 = \bigcup \{\mathscr{B}^E | E \subset \mathscr{H}, \mathrm{dim} E < \infty\}$$

是 $\mathscr{H}$ 上的一个代数. 易见 $\sigma(B_0) = \mathscr{B}$, 即 $\mathscr{B}_0$ 生成 $\mathscr{B}$. 事实上, 为了生成 $\mathscr{B}$, 并不需要所有的 $\mathscr{B}^E$, 只要它的一小部分就足够了. 设 $\{E_n\}$ 为 $\mathscr{H}$ 中单调上升的有穷维子空间列, $E_1 \subset E_2 \subset \cdots, \mathscr{H} = \bigcup\limits_{n=1}^{\infty} E_n$, 则

$$\mathscr{B}_0' = \bigcup_{n=1}^{\infty} \mathscr{B}^{E_n} \subset \mathscr{B}$$

也是 $\mathscr{H}$ 上的一个代数, 且 $\sigma(\mathscr{B}_0')=\mathscr{B}$.

设 μ 是 $(\mathscr{H},\mathscr{B})$ 上的一个概率测度, 则投影算子 Π_E 在有穷维子空间 $(E,\mathscr{B}_E)$ 上产生一个概率测度 μ_E, 它是这样定义的:

$$\mu_E(B)=\mu(\Pi_E^{-1}B),\quad \forall B\in\mathscr{B}_E. \tag{8.2.21}$$

有时记成 $\mu_E=\mu\cdot\Pi_E^{-1}$. 假如有穷维子空间 $E_1\subset E_2$, 则 μ_{E_1} 与 μ_{E_2} 之间满足如下相容性条件:

$$\mu_{E_1}(B)=\mu_{E_2}(\Pi_{E_1}^{-1}B\cap E_2),\quad \forall B\in\mathscr{B}_{E_1}. \tag{8.2.22}$$

定义 8.2.16 全体满足相容性条件 (8.2.22) 式的有穷维子空间上的概率测度族 $\{\mu_E|E\subset\mathscr{H},\dim E<\infty\}$ 称为 $\mathscr{H}$ 的**有穷维分布族**.

于是每个 $\mathscr{H}$ 上的概率测度 μ 给出 $\mathscr{H}$ 的一个有穷维分布族. 反之, 如果已给定 $\mathscr{H}$ 的一个有穷维分布族, 那么是否存在 $\mathscr{H}$ 上的一个概率测度 μ, 使得已知的有穷维分布族恰由 μ 给出?

引理 8.2.17 记 $B_r=\left\{x\in\mathscr{H}\middle|\|x\|<r\right\}$. 设 $\{\mu_E\}$ 是 $\mathscr{H}$ 上的一个有穷维分布族, 则 $\{\mu_E\}$ 是由 $(\mathscr{H},\mathscr{B})$ 上某个概率测度 μ 给出的充要条件是对于任给的 $\varepsilon>0$, 存在 $\eta>0$, 使得当 $r>\eta$ 时,

$$\mu_E(B_r\cap E)\geqslant 1-\varepsilon \tag{8.2.23}$$

在所有有穷维子空间上成立.

证 *必要性*. 设 $\{\mu_E\}$ 是由 μ 给出的. 可取 η 充分大, 使得 $\mu(B_\eta)>1-\varepsilon$. 于是当 $r>\eta$ 时,

$$\mu_E(B_r\cap E)=\mu(\Pi_E^{-1}(B_r\cap E))\geqslant\mu(B_r)\geqslant\mu(B_\eta)>1-\varepsilon.$$

充分性. 在 $\mathscr{B}_0=\cup\mathscr{B}^E$ 上定义可加测度

$$\mu(A)=\mu_E(\Pi_E A),\quad 当\ A\in\mathscr{B}^E.$$

如果 μ 在 $\mathscr{B}_0$ 上具有可列可加性, 那么根据测度延拓理论, μ 可以延拓定义到 $\mathscr{B}$ 上, 而成为 $\mathscr{H}$ 上的一个概率测度.

为了证明 μ 在 $\mathscr{B}_0$ 上具有可列可加性, 只要证明 μ 在 $\mathscr{B}_0$ 上连续, 即对于 $\mathscr{B}_0$ 上的一串下降集合 $\{A_n\}, A_n \supset A_{n+1}, \cap A_n = \varnothing$, 要证明

$$\lim_{n\to\infty} \mu(A_n) = 0.$$

设 $A_n \in \mathscr{B}^{E_n}$, 其中 $E_n \subset E_{n+1}$, 又设 $B_n \subset E_n$ 是柱集 A_n 的底.

首先考虑 B_n 均为闭集的情形. 此时 A_n 是弱闭集. 因为

$$B_r \bigcap \left(\bigcap_{n=1}^{\infty} A_n \right) = \varnothing,$$

所以 $\bigcap\limits_{n=1}^{\infty} (B_r \cap A_n) = \varnothing$. 由于 B_r 弱闭、弱紧, 每个集合 $B_r \cap A_n$ 也是弱闭、弱紧的. 又由 $B_r \cap A_n \supset B_r \cap A_{n+1}$, 所以 $\exists n_0$, 使得 $B_r \cap A_{n_0} = \varnothing$. 于是当 $r > \eta, n > n_0$ 时, 就有

$$\mu(A_n) = \mu_{E_n}(\varPi_{E_n} A_n) \leqslant \mu_{E_n}(E_n) - \mu_{E_n}(\varPi_{E_n} B_r) \leqslant \varepsilon,$$

从而 $\lim\limits_{n\to\infty} \mu(A_n) = 0$.

对于一般情形, 可选取闭集 $C_n \subset B_n$, 使得 $\mu_{E_n}(B_n - C_n) < \varepsilon_n$. 记

$$D_n = \bigcap_{m=1}^{n} (\varPi_{E_m}^{-1}(C_m) \cap E_n),$$

则 D_n 是闭集, 并且

$$\mu_{E_n}(B_n - D_n) \leqslant \sum_{m=1}^{n} \mu_{E_m}(B_m - C_m) \leqslant \sum_{m=1}^{n} \varepsilon_m.$$

因此, 令 $A_n' = \varPi_{E_n}^{-1}(D_n)$, 则

$$A_{n+1}' \subset A_n', \quad \bigcap_{n=1}^{\infty} A_n' = \bigcap_{n=1}^{\infty} A_n = \varnothing,$$

$$\mu(A_n) \leqslant \mu(A_n') + \sum_{m=1}^{n} \varepsilon_m.$$

由于 $\lim\limits_{n\to\infty} \mu(A_n') = 0$, 所以 $\overline{\lim\limits_{n\to\infty}} \mu(A_n) \leqslant \sum\limits_{m=1}^{\infty} \varepsilon_m$, 而此不等式右端可任意小. 故得引理. ∎

注 引理 8.2.17 的充分条件可以减弱. 设 $\{E_n\}$ 是有穷维子空间上升序列, $E_n \subset E_{n+1}, \bigcup\limits_{n=1}^{\infty} E_n$ 在 $\mathscr{H}$ 中稠密. 又设 $\{\mu_{E_n}\}$ 是相应的有穷维分布序列, 则 $\{\mu_{E_n}\}$ 是由 $(\mathscr{H}, \mathscr{B})$ 上某个概率测度 μ 给出的充要条件是 $\forall \varepsilon > 0, \exists \eta > 0$, 使得当 $r > \eta$ 时, 对于一切 n 有

$$\mu_{E_n}(\varPi_{E_n} B_r) \geqslant 1 - \varepsilon. \tag{8.2.24}$$

定理 8.2.18 设 $\{E_n\}$ 是 $(\mathscr{H}, \mathscr{B})$ 的有穷维子空间上升序列, $E_n \subset E_{n+1}, \bigcup\limits_{n=1}^{\infty} E_n$ 在 $\mathscr{H}$ 中稠密, 则相应的有穷维分布序列 $\{\mu_{E_n}\}$ 是由 $(\mathscr{H}, \mathscr{B})$ 上某个概率测度 μ 给出的充要条件是

$$\lim_{\varepsilon\downarrow 0} \lim_{n\to\infty} \int_{E_n} \exp(-\varepsilon\|x\|^2)\mu_{E_n}(\mathrm{d}x) = 1. \tag{8.2.25}$$

证 必要性. 设 $\{\mu_n\}$ 是由 μ 确定的, 则

$$\int_{E_n} \exp(-\varepsilon\|x\|^2)\mu_{E_n}(\mathrm{d}x) = \int_{\mathscr{H}} \exp(-\varepsilon\|\varPi_{E_n} x\|^2)\mu(\mathrm{d}x),$$

由单调收敛定理,

$$\begin{aligned}
&\lim_{\varepsilon\downarrow 0} \lim_{n\to\infty} \int_{E_n} \exp(-\varepsilon\|x\|^2)\mu_{E_n}(\mathrm{d}x) \\
&= \lim_{\varepsilon\downarrow 0} \int_{\mathscr{H}} \exp(-\varepsilon\|x\|^2)\mu(\mathrm{d}x) \\
&= \int_{\mathscr{H}} \mu(\mathrm{d}x) = 1.
\end{aligned}$$

充分性. 任意取定 $\delta > 0, \exists\varepsilon > 0$, 使得

$$\lim_{n\to\infty}\int_{E_n}\exp(-\varepsilon\|x\|^2)\mu_{E_n}(\mathrm{d}x) > 1-\delta.$$

注意到积分 $\int_{E_n}\exp(-\varepsilon\|x\|^2)\mu_{E_n}(\mathrm{d}x)$ 是单调下降数列,

$$\begin{aligned}1-\delta &< \int_{E_n}\exp(-\varepsilon\|x\|^2)\mu_{E_n}(\mathrm{d}x)\\ &\leqslant \int_{E_n\cap B_r}\exp(-\varepsilon\|x\|^2)\mu_{E_n}(\mathrm{d}x)+\mathrm{e}^{-\varepsilon r^2}\int_{E_n\cap B_r^c}\mu_{E_n}(\mathrm{d}x)\\ &\leqslant \int_{E_n\cap B_r}\mu_{E_n}(\mathrm{d}x)+\mathrm{e}^{-\varepsilon r^2}\left(1-\int_{E_n\cap B_r}\mu_{E_n}(\mathrm{d}x)\right)\\ &= (1-\mathrm{e}^{-\varepsilon r^2})\mu_{E_n}(\Pi_{E_n}B_r)+\mathrm{e}^{-\varepsilon r^2},\end{aligned}$$

因此

$$\mu_{E_n}(\Pi_{E_n}B_r)\geqslant 1-\delta(1-\mathrm{e}^{-\varepsilon r^2})^{-1}.$$

当 $r > \varepsilon^{-\frac{1}{2}}$ 时,

$$\mu_{E_n}(\Pi_{E_n}B_r)\geqslant 1-\delta(1-\mathrm{e}^{-1})^{-1}.$$

由引理 8.2.17 的注, 定理获证. ■

定理 8.2.19 设 μ 是 $(\mathscr{H},\mathscr{B})$ 的一个概率测度. 对于 $\varepsilon > 0$, 存在紧集 $K_\varepsilon\subset\mathscr{H}$, 使得

$$\mu(K_\varepsilon) > 1-\varepsilon. \tag{8.2.26}$$

证 设 N 是 $\mathscr{H}$ 的可列稠集. 记 $B_r(x)$ 为以 x 为中心, 半径是 r 的球. 对于一切 $r > 0$,

$$\mathscr{H}=\bigcup\{B_r(x)|x\in N\}.$$

对于任意给定的 $\eta > 0, r > 0$, 可以选取 $x_1,\cdots,x_n\in N$, 使得

$$\mu\left(\mathscr{H}-\bigcup_{k=1}^{n}B_r(x_k)\right) < \eta.$$

设 $x_1, \cdots, x_{l_n} \in N$, 使得

$$\mu\left(\mathscr{H} - \bigcup_{k=1}^{l_n} B_{\frac{1}{n}}(x_k)\right) < \frac{\varepsilon}{2^n}.$$

记 $D_n = \bigcup_{k=1}^{l_n} B_{\frac{1}{n}}(x_k), D = \bigcap_{n=1}^{\infty} D_n$. D 是闭集, 而且

$$\mu(\mathscr{H} - D) \leqslant \sum_{n=1}^{\infty} \mu(\mathscr{H} - D_n) < \sum_{n=1}^{\infty} \frac{\varepsilon}{2^n} = \varepsilon.$$

当 $\frac{1}{n} < \delta$ 时, $x_1, \cdots, x_{l_n}$ 是 D_n 的 δ 网, 从而也是 D 的 δ 网, 故 D 完全有界, 所以 D 是定理所要求的紧集. ■

2.3 Hilbert 空间的特征泛函

定义 8.2.20 设 μ 是 $(\mathscr{H}, \mathscr{B})$ 上的一个概率测度, $\mathscr{H}$ 上的泛函

$$\Phi(y) = \int_{\mathscr{H}} \mathrm{e}^{\mathrm{i}(x,y)} \mu(\mathrm{d}x) \tag{8.2.27}$$

称为 μ 的**特征泛函数**.

显然 Φ 是 $\mathscr{H}$ 上的一个非负定连续泛函, 满足:

(i) $\Phi(0) = 1$,

(ii) $|\Phi(y)| \leqslant 1$.

事实上, 对于任意的 $y_1, \cdots, y_n \in \mathscr{H}, \alpha_1, \cdots, \alpha_n \in \mathbb{C}$, 总有

$$\sum_{s,t=1}^{n} \Phi(y_s - y_t)\alpha_s \overline{\alpha}_t = \int_{\mathscr{H}} \left|\sum_{s=1}^{n} \alpha_s \mathrm{e}^{\mathrm{i}(x,y_s)}\right|^2 \mu(\mathrm{d}x) \geqslant 0.$$

设 E 是任意的有穷维子空间, 当 $y \in E$ 时,

$$\Phi(y) = \int_{\mathscr{H}} \exp(\mathrm{i}(\Pi_E x, y))\mu(\mathrm{d}x) = \int_E \exp(\mathrm{i}(x,y))\mu_E(\mathrm{d}x).$$

因此, 当 $\Phi(y)$ 限制到 E 上时, 恰为 μ_E 的特征泛函. 熟知 μ_E 由 $\Phi(y)$ 唯一确定. 这说明特征泛函确定了 μ 的有穷维分布族 $\{\mu_E\}$,

从而 $\Phi(y)$ 唯一确定概率测度 μ. 换句话说, 如果 $(\mathscr{H},\mathscr{B})$ 上的两个概率测度 μ_1,μ_2 具有相同的特征泛函, 那么 $\mu_1=\mu_2$.

现在考虑反问题. 如果给定了 $(\mathscr{H},\mathscr{B})$ 上的一个非负定连续泛函 Φ, 满足条件 (i) 和 (ii), 是否能确定 $(\mathscr{H},\mathscr{B})$ 上的一个概率测度 μ, 使得 Φ 恰是 μ 的特征泛函呢? 一般说来是不对的, 需要增加条件. 由 Bochner 定理 (定理 7.3.6), 在每一个有穷维子空间 E 上, 存在一个概率测度 μ_E, 使得

$$\Phi(y)=\int_E \exp(\mathrm{i}(x,y))\mu_E(\mathrm{d}x),\quad \forall y\in E. \tag{8.2.28}$$

容易证明 $\{\mu_E\}$ 满足相容性条件. 因此 Φ 给出了 $\mathscr{H}$ 上的一个有穷维分布族.

由此可见, $\mathscr{H}$ 上满足 (i) 与 (ii) 的非负定连续泛函与 $\mathscr{H}$ 上的有穷维分布族一一对应, 但是 $\mathscr{H}$ 上的有穷维分布族未必是由某个概率测度 μ 给出的, 所以 $\mathscr{H}$ 上满足 (i) 与 (ii) 的非负定连续泛函未必是某个概率测度的特征泛函. 下面的 Minlos-Sazanov 定理将给出 $\mathscr{H}$ 上的连续非负定泛函是特征泛函的充要条件. Minlos-Sazanov 定理是 Bochner 定理 (定理 7.3.6) 在无穷维情形下的推广.

设 μ 是概率测度, 令

$$C(y_1,y_2)=\int_{\mathscr{H}}(x,y_1)(x,y_2)\mu(\mathrm{d}x). \tag{8.2.29}$$

一般来说, C 未必存在, 因为上式右端的积分不一定收敛. 若对于 $\forall y_1,y_2\in\mathscr{H}, C(y_1,y_2)<\infty$, 则可以证明 $C(y_1,y_2)$ 是有界的对称非负定双线性形式. C 将称为协方差双线性形式. 由 C 可定义 $\mathscr{H}$ 上的有界对称算子 S:

$$C(y_1,y_2)=(Sy_1,y_2), \tag{8.2.30}$$

S 称为协方差算子. 算子 S 是非负定的.

引理 8.2.21 设 μ 是 $\mathscr{H}$ 上的概率测度, 满足

$$\int_{\mathscr{H}} \|x\|^2 \mu(\mathrm{d}x) < \infty, \quad \forall x \in \mathscr{H}. \tag{8.2.31}$$

那么协方差算子 S 存在, $S \in L_{(1)}(\mathscr{H})$, 而且

$$\mathrm{tr} S = \int_{\mathscr{H}} \|x\|^2 \mu(\mathrm{d}x). \tag{8.2.32}$$

证 在条件 (8.2.31) 下, $C(y_1, y_2)$ 有界:

$$|C(y_1, y_2)| \leqslant \|y_1\| \, \|y_2\| \int_{\mathscr{H}} \|x\|^2 \mu(\mathrm{d}x) < \infty.$$

所以 S 存在. 任取 $\mathscr{H}$ 的一个正交规范基 $\{e_k\}$, 我们有

$$\sum_{k=1}^{n} (Se_k, e_k) = \sum_{k=1}^{n} \int_{\mathscr{H}} (x, e_k)^2 \mu(\mathrm{d}x),$$

令 $n \to \infty$, 即得 (8.2.32) 式. ■

定义 8.2.22 对称非负的迹算子称为**核算子**.

例 8.2.23 在引理 8.2.21 的条件下, 协方差算子 S 是核算子.

定理 8.2.24 (Minlos-Sazanov 定理) 设 $\Phi(y)$ 是 $\mathscr{H}$ 上的非负定连续泛函, $\Phi(0) = 1, |\Phi(y)| \leqslant 1$. Φ 是 $\mathscr{H}$ 上概率测度的特征泛函的充要条件是对于 $\varepsilon > 0$, 存在核算子 S_ε, 使得 $\forall y \in \mathscr{H}$,

$$1 - \mathrm{Re}\Phi(y) \leqslant \varepsilon + (S_\varepsilon y, y). \tag{8.2.33}$$

证 必要性. 固定 $\varepsilon > 0$, 则存在大球 $B_r = \{x \in \mathscr{H} \big| \|x\| \leqslant r\}$, 使得 $\mu(B_r) \geqslant 1 - \varepsilon$. 于是,

$$\begin{aligned}
\Phi(y) &= \int_{\mathscr{H}} \exp(\mathrm{i}(x, y)) \mu(\mathrm{d}x) \\
&= \int_{B_r} \exp(\mathrm{i}(x, y)) \mu(\mathrm{d}x) + \int_{\mathscr{H} \setminus B_r} \exp(\mathrm{i}(x, y)) \mu(\mathrm{d}x) \\
&= \Phi_1(y) + \Phi_2(y).
\end{aligned}$$

对于 $\forall y \in \mathscr{H}, |\varPhi_2(y)| \leqslant \varepsilon$;

$$\begin{aligned}1-\mathrm{Re}\varPhi_1(y) &= \int_{B_r}(1-\cos(x,y))\mu(\mathrm{d}x)\\ &\leqslant \frac{1}{2}\int_{B_r}(x,y)^2\mu(\mathrm{d}x)\\ &\triangleq \frac{1}{2}(Sy,y),\end{aligned}$$

其中

$$\mathrm{tr}S=\int_{B_r}\|x\|^2\mu(\mathrm{d}x)\leqslant r^2.$$

充分性. 设 $\{e_k\}$ 是一组正交规范基. 考虑子空间

$$E_n = L(e_1, e_2, \cdots, e_n), \quad n=1,2,\cdots.$$

根据 Bochner 定理 (定理 7.3.6), 由 $\varPhi$ 可以唯一确定 E_n 上的概率测度 μ_n.

$$\varPhi(y)=\int_{E_n}\exp(\mathrm{i}(x,y))\mu_n(\mathrm{d}x), \quad \forall y\in E_n.$$

$\{\mu_n\}$ 是 $\mathscr{H}$ 的有穷维分布族, 于是只要证明

$$\lim_{\lambda\downarrow 0}\lim_{n\to\infty}\int_{E_n}\exp(-\lambda\|x\|^2)\mu_n(\mathrm{d}x)=1. \tag{8.2.34}$$

根据定理 8.2.18, 存在 $\mathscr{H}$ 上的概率测度 μ, 使得 $\{\mu_n\}$ 是由 μ 给出的, 从而 $\varPhi$ 是 μ 的特征泛函.

对于 $\forall y \in E_n$, 记 $y=\sum\limits_{k=1}^n \alpha_k e_k$,

$$\varPhi\left(\sum_{k=1}^n \alpha_k e_k\right)=\int_{E_n}\prod_{k=1}^n \mathrm{e}^{\mathrm{i}\alpha_k(x,e_k)}\mu_n(\mathrm{d}x).$$

由恒等式

$$\frac{1}{\sqrt{2\pi\lambda}}\int_{-\infty}^{+\infty}\mathrm{e}^{\mathrm{i}\alpha\xi-\frac{\alpha^2}{2\lambda}}\mathrm{d}\alpha=\mathrm{e}^{-\frac{\lambda}{2}\xi^2}, \tag{8.2.35}$$

我们有

$$\begin{aligned}
&\frac{1}{(2\pi\lambda)^{\frac{n}{2}}}\int_{\mathbb{R}^n}\Phi\left(\sum_{k=1}^n\alpha_k e_k\right)\prod_{k=1}^n \mathrm{e}^{-\frac{\alpha_k^2}{2\lambda}}\mathrm{d}\alpha_1\cdots\mathrm{d}\alpha_k\\
&=\int_{E_n}\mu_n(\mathrm{d}x)\frac{1}{(2\pi\lambda)^{\frac{n}{2}}}\int_{\mathbb{R}^n}\prod_{k=1}^n \mathrm{e}^{\mathrm{i}\alpha_k(x,e_k)-\frac{\alpha_k^2}{2\lambda}}\mathrm{d}\alpha_1\cdots\mathrm{d}\alpha_k\\
&=\int_{E_n}\exp\left(-\frac{\lambda}{2}\sum_{k=1}^n(x,e_k)^2\right)\mu_n(\mathrm{d}x)\\
&=\int_{E_n}\exp\left(-\frac{\lambda}{2}\|x\|^2\right)\mu_n(\mathrm{d}x).
\end{aligned}$$

上述等式左右两端都是实数, 所以由条件 (8.2.33) 式,

$$\begin{aligned}
&1-\int_{E_n}\exp\left(-\frac{\lambda}{2}\|x\|^2\right)\mu_n(\mathrm{d}x)\\
&=\frac{1}{(2\pi\lambda)^{\frac{n}{2}}}\int_{\mathbb{R}^n}\left[1-\mathrm{Re}\Phi\left(\sum_{k=1}^n\alpha_k e_k\right)\right]\prod_{k=1}^n \mathrm{e}^{-\frac{\alpha_k^2}{2\lambda}}\mathrm{d}\alpha_1\cdots\mathrm{d}\alpha_k\\
&\leqslant\varepsilon+\frac{1}{(2\pi\lambda)^{\frac{n}{2}}}\int_{\mathbb{R}^n}\sum_{i,j=1}^n(S_\varepsilon e_i,e_j)\alpha_i\alpha_j\prod_{k=1}^n \mathrm{e}^{-\frac{\alpha_k^2}{2\lambda}}\mathrm{d}\alpha_1\cdots\mathrm{d}\alpha_k\\
&=\varepsilon+\sqrt{\lambda}\sum_{i=1}^n(S_\varepsilon e_i,e_i)\\
&\leqslant\varepsilon+\sqrt{\lambda}\mathrm{tr}S_\varepsilon.
\end{aligned}$$

先令 $n\to\infty$, 再令 $\lambda\downarrow 0$, 最后由 ε 的任意性, 得到 (8.2.34) 式. ■

§ 3　Hilbert 空间上的 Gauss 测度

n 维欧氏空间 $(\mathbb{R}^n,\mathscr{B}^n)$ 上的概率测度 λ 称为 Gauss 测度, 如果它的特征函数

$$\int_{\mathbb{R}^n}\mathrm{e}^{\mathrm{i}(x,y)}\lambda(\mathrm{d}x)=\exp\left(\mathrm{i}(m,y)-\frac{1}{2}(Ay,y)\right),\tag{8.3.1}$$

其中 m 和 A 分别为 n 维矢量和 n 维矩阵, 由下面式子确定:

$$m = \int_{\mathbb{R}^n} x\lambda(\mathrm{d}x), \tag{8.3.2}$$

$$(Ay_1, y_2) = \int_{\mathbb{R}^n} (x-m, y_1)(x-m, y_2)\lambda(\mathrm{d}x). \tag{8.3.3}$$

矢量 m 称为概率测度 λ 的期望, 矩阵 A 称为 λ 的协方差矩阵. 我们知道 λ 是 Gauss 测度的充要条件是所有 λ 的一维分布都是 Gauss 测度. 把这一性质推广到无穷维情形, 我们将它作为可分 Hilbert 空间中 Gauss 测度的定义, 也就是说, 我们把一维分布均是 Gauss 分布的概率测度定义为 Gauss 测度. 我们将讨论 $\mathscr{H}$ 上 Gauss 测度的特征泛函的表示式, 它与有穷维空间 Gauss 分布的特征函数 (8.3.1) 式完全雷同.

事实上, 由 (8.3.1) 式定义的 $\mathbb{R}^n$ 上的 Gauss 测度 λ 关于 Lebesgue 测度是绝对连续的, 我们有

$$\lambda(\mathrm{d}x) = ((2\pi)^n|A|)^{-\frac{1}{2}} \exp\left[-\frac{1}{2}(A^{-1}(x-m), (x-m))\right] \mathrm{d}x, \tag{8.3.4}$$

其中 $|A|$ 表示矩阵 A 的行列式. 测度空间上, 两个测度若互为绝对连续的, 就称它们互相等价. 由 (8.3.4) 式知, $(\mathbb{R}^n, \mathscr{B}^n)$ 上任意两个 Gauss 测度 λ_1 与 λ_2 是互相等价的. 事实上, 有 Radon-Nikodym 导数

$$\frac{\mathrm{d}\lambda_1}{\mathrm{d}\lambda_2}(x) = (|A_2||A_1|^{-1})^{\frac{1}{2}} \exp\left[-\frac{1}{2}((A_1^{-1} - A_2^{-1}) \times (x-m), (x-m))\right]. \tag{8.3.5}$$

这一性质在无穷维 Hilbert 空间不再成立. 但是我们将证明 Hilbert 空间中任意两个非退化 Gauss 测度或者互相等价, 或者互相奇异 (即概率分别集中在两个互不相交的可测集上), 两者必居其一.

3.1 Gauss 测度的特征泛函

设 $\mathscr{H}$ 是实可分 Hilbert 空间, 用 $(\cdot,\cdot)$ 表示 $\mathscr{H}$ 上的内积, $\|\cdot\|=(\cdot,\cdot)^{\frac{1}{2}}$ 表示由内积产生的范数. 设 $\mathscr{B}$ 是 $\mathscr{H}$ 的 Borel 集族. 给定 $(\mathscr{H},\mathscr{B})$ 上的一个概率测度, 若线性泛函

$$f(y)=\int_{\mathscr{H}}(x,y)\mu(\mathrm{d}x) \tag{8.3.6}$$

在 $\mathscr{H}$ 上处处定义, 则容易证明 $f\in\mathscr{H}^*$. 如果存在 $m\in\mathscr{H}$, 使得

$$(m,y)=\int_{\mathscr{H}}(x,y)\mu(\mathrm{d}x),\quad \forall y\in\mathscr{H}, \tag{8.3.7}$$

我们称 m 为 μ 的期望, 并记作

$$m=\int_{\mathscr{H}}x\mu(\mathrm{d}x), \tag{8.3.8}$$

或者记作

$$m=E^{\mu}x. \tag{8.3.9}$$

如果 $\int_{\mathscr{H}}\|x\|\mu(\mathrm{d}x)<\infty$, 则 f 必为有界线性泛函, 由 Riesz 表示定理, 期望 m 存在, 此时,

$$\|m\|\leqslant\int_{\mathscr{H}}\|x\|\mu(\mathrm{d}x).$$

当 μ 的期望存在时, 考虑

$$C_1(y_1,y_2)=\int_{\mathscr{H}}(x-m,y_1)(x-m,y_2)\mu(\mathrm{d}x). \tag{8.3.10}$$

$C_1(y_1,y_2)$ 未必存在, 因为上式右端的积分不一定收敛. 但是如果对于 $\forall y_1,y_2\in\mathscr{H}, |C_1(y_1,y_2)|<\infty$, 则 C_1 是有界的对称非负定双线性形式, 此时存在非负定对称有界算子 S_1, 使得

$$C_1(y_1,y_2)=(S_1y_1,y_2). \tag{8.3.11}$$

S_1 称为相关算子. 显然,

$$C_1(y_1,y_2)=C(y_1,y_2)-(m,y_1)(m,y_2), \tag{8.3.12}$$

这里 $C(y_1, y_2)$ 是由 (8.2.29) 式定义的对称双线性泛函.

如果 $\int_{\mathscr{H}}\|x\|^2\mu(\mathrm{d}x)<\infty$, 那么由 Schwarz 不等式, 可以推知 $\int_{\mathscr{H}}\|x\|\mu(\mathrm{d}x)<\infty$, 从而期望 m 存在, 又由引理 8.2.21 知, 相关算子 S_1 存在, 并且 S_1 是核算子, 满足

$$\mathrm{tr}S_1=\int_{\mathscr{H}}\|x\|^2\mu(\mathrm{d}x)-\|m\|^2. \tag{8.3.13}$$

定义 8.3.1 设 μ 是 $(\mathscr{H},\mathscr{B})$ 上的概率测度. 对于 $y\in\mathscr{H}$, 考虑映射 $\varLambda_y:\mathscr{H}\to\mathbb{R}$,

$$\varLambda_y x=(x,y), \tag{8.3.14}$$

则 $\varLambda_y$ 在 $\mathbb{R}$ 上生成一个概率测度 $\mu\varLambda_y^{-1}$, 称为 μ 关于 y 的**一维分布**, 如果对于每一个 $y\in\mathscr{H}, \mu\varLambda_y^{-1}$ 均为一维 Gauss 分布, 则称 μ 是 $\mathscr{H}$ 上的一个 **Gauss 测度**.

定理 8.3.2 μ 是 $(\mathscr{H},\mathscr{B})$ 的 Gauss 测度的充要条件是 μ 的特征泛函具有形式

$$\varPhi(y)=\exp\left[\mathrm{i}(m,y)-\frac{1}{2}(S_1y,y)\right], \tag{8.3.15}$$

其中 m 是 μ 的期望, S_1 是 μ 的相关算子, 而且 S_1 是核算子.

注 定理 8.3.2 的意思是: 如果 μ 是 Gauss 测度, 则它的期望和相关算子存在, 它的特征泛函具有形式 (8.3.15), 而且相关算子是核算子; 反之, 如果 $(\mathscr{H},\mathscr{B})$ 上的一个泛函由 (8.3.15) 式所定义, 其中 $m\in\mathscr{H}, S_1$ 是 $\mathscr{H}$ 上的一个核算子, 则必有一个 Gauss 测度, 以 $\varPhi(y)$ 为特征泛函, m 为期望, S_1 为相关算子.

证 *必要性.* 由于 μ 是 Gauss 测度, $\forall y\in\mathscr{H}, \mu$ 的一维分布 $\mu\varLambda_y^{-1}$ 是 $\mathbb{R}$ 上的 Gauss 测度. $\mu\varLambda_y^{-1}$ 的期望和方差存在, 分别为

$$\int_{\mathbb{R}}\xi\mu\varLambda_y^{-1}(\mathrm{d}\xi)=\int_{\mathscr{H}}(x,y)\mu(\mathrm{d}x)<\infty,$$

$$\begin{aligned}&\int_{\mathbb{R}}\xi^2\mu\Lambda_y^{-1}(\mathrm{d}\xi)-\left(\int_{\mathbb{R}}\xi\mu\Lambda_y^{-1}(\mathrm{d}\xi)\right)^2\\&\qquad=\int_{\mathscr{H}}(x,y)^2\mu(\mathrm{d}x)-\left(\int_{\mathscr{H}}(x,y)\mu(\mathrm{d}x)\right)^2<\infty.\end{aligned}$$

于是存在唯一的 $m\in\mathscr{H}$, 使得

$$(m,y)=\int_{\mathscr{H}}(x,y)\mu(\mathrm{d}x),\quad\forall y\in\mathscr{H},$$

m 是 μ 的期望. 又由对于 $\forall y\in\mathscr{H}$,

$$C_1(y,y)=\int_{\mathscr{H}}(x,y)^2\mu(\mathrm{d}x)-(m,y)^2<\infty,$$

推知

$$|C_1(y,z)|<\infty,\quad\forall y,z\in\mathscr{H}.$$

故存在相关算子 S_1, 满足

$$C_1(y,z)=(S_1y,z).$$

于是 μ 的特征泛函具有如下形式: 对于 $\forall y\in\mathscr{H}$,

$$\begin{aligned}\Phi(y)&=\int_{\mathscr{H}}\exp(\mathrm{i}(x,y))\mu(\mathrm{d}x)\\&=\int_{\mathbb{R}}\exp(\mathrm{i}\xi)\mu\Lambda_y^{-1}(\mathrm{d}\xi)\\&=\exp\left[\mathrm{i}(m,y)-\frac{1}{2}(S_1y,y)\right].\end{aligned}$$

最后还需证明 S_1 是核算子. 对于任意 $\varepsilon>0$, 不妨设 $\varepsilon<1/2$, $\exists$ 核算子 T_ε, 使得对于 $\forall y\in\mathscr{H}$,

$$1-\exp\left(-\frac{1}{2}(S_1y,y)\right)\leqslant1-\operatorname{Re}\Phi(y)\leqslant\varepsilon+(T_\varepsilon y,y).$$

固定 $y \in \mathscr{H}$, 记 $(T_\varepsilon y, y) = l$, 又记 $z = \sqrt{\varepsilon/l}y$, 则

$$
\begin{aligned}
(T_\varepsilon z, z) &= \varepsilon, \\
1 - \exp\left(-\frac{1}{2}(S_1 z, z)\right) &\leqslant 2\varepsilon, \\
(S_1 z, z) &\leqslant 2\ln(1 - 2\varepsilon).
\end{aligned}
$$

于是

$$
(S_1 y, y) \leqslant a(T_\varepsilon y, y),
$$

其中 $a = \dfrac{2}{\varepsilon}\ln(1 - 2\varepsilon)$, 所以 S_1 是迹算子.

充分性. 只要证明由 (8.3.15) 式给出的泛函 $\varPhi$ 满足 Minlos-Sazanov 定理 (定理 8.2.24) 的条件. 定义有界对称非负定算子

$$
Sx = S_1 x + (m, x)m, \quad \forall x \in \mathscr{H},
$$

则 S 是核算子, 有

$$
(Sx, y) = (S_1 x, y) + (m, x)(m, y).
$$

于是

$$
\begin{aligned}
1 - \operatorname{Re}\varPhi(y) &= 1 - \cos(m, y)\cdot\exp\left(-\frac{1}{2}(S_1 y, y)\right) \\
&= 1 - \exp\left(-\frac{1}{2}(S_1 y, y)\right) \\
&\quad + (1 - \cos(m, y))\exp\left(-\frac{1}{2}(S_1 y, y)\right) \\
&\leqslant \frac{1}{2}(S_1 y, y) + (1 - \cos(m, y)) \\
&\leqslant \frac{1}{2}(S_1 y, y) + \frac{1}{2}(m, y)^2 \\
&= \frac{1}{2}(Sy, y).
\end{aligned}
$$

所以 $\Phi(y)$ 是 $(\mathscr{H},\mathscr{B})$ 上某个概率测度 μ 的特征泛函. 由于它的一维分布 $\mu\Lambda_y^{-1}$ 的特征函数是

$$\int_{\mathbb{R}} \mathrm{e}^{\mathrm{i}\alpha\xi}\mu\Lambda_y^{-1}(\mathrm{d}\xi) = \exp\left(\mathrm{i}\alpha(m,y) - \frac{\alpha^2}{2}(S_1y,y)\right),$$

可知 $\mu\Lambda_y^{-1}$ 是 $\mathbb{R}$ 上的 Gauss 测度, 其期望为 (m,y), 方差为 (S_1y,y), 所以 μ 是 $\mathscr{H}$ 上的 Gauss 测度. ■

3.2 Hilbert 空间上非退化 Gauss 测度的等价性

定义 8.3.3 设 $(\mathscr{X},\mathscr{B})$ 是可测空间, μ,ν 是两个概率测度. 如果存在 $A,B\in\mathscr{B}, \mathscr{X}=A\cup B, A\cap B=\varnothing$, 使得

$$\mu(A)=0, \quad \nu(B)=0$$

同时成立, 就称 μ 与 ν **互相正交** (或**互相奇异**), 记作 $\mu\perp\nu$. 如果每个 μ 零测集都是 ν 零测集, 就称 ν 关于 μ **绝对连续**, 记作 $\nu\ll\mu$. 如果 $\mu\ll\nu$, 同时又有 $\nu\ll\mu$, 则称 μ 与 ν **等价**, 记作 $\mu\approx\nu$.

若 $\nu\ll\mu$, 则必存在可测函数 $f(x)$, 使得

$$\nu(B)=\int_B f(x)\mu(\mathrm{d}x), \quad \forall B\in\mathscr{B}. \tag{8.3.16}$$

f 是非负 μ 可积的, 并且在 μ-a.e. 意义下是唯一的. f 称为 ν 关于 μ 的 Radon-Nikodym 导数, 记成

$$\frac{\mathrm{d}\nu}{\mathrm{d}\mu}(x)=f(x). \tag{8.3.17}$$

定理 8.3.2 告诉我们, Hilbert 空间上的 Gauss 测度是由它的期望和相关算子所刻画的, 其中期望是 Hilbert 空间中的任意元, 相关算子是 Hilbert 空间到自身的核算子. 设 $\mathscr{H}$ 是可分 Hilbert 空间, $m\in\mathscr{H}$, S 为 $\mathscr{H}$ 到自身的核算子, 为简单起见, 我们将用记号 $N(m,S)$ 表示其特征泛函是 (8.3.15) 形式的非退化 Gauss 测度.

下面将讨论在什么条件下 $N(m_1, S_1) \perp N(m_2, S_2)$? 在什么条件下 $N(m_1, S_1) \approx N(m_2, S_2)$? 并且当两者互相等价时, Radon-Nikodym 导数是什么?

首先讨论具有相同相关算子的两个 Gauss 测度的关系. 下面的定理说明它们或者互相奇异, 或者互相等价.

定理 8.3.4　设 $\mu = N(0, S), \nu = N(a, S)$ 为 $\mathscr{H}$ 上的两个 Gauss 测度, 则当 $a \in \operatorname{Ran}(S^{1/2})$ 时, $\mu \approx \nu$; 当 $a \notin \operatorname{Ran}(S^{1/2})$ 时, $\mu \perp \nu$.

证　设 $a \notin \operatorname{Ran}(S^{1/2})$. 首先证明

$$\sup_{\substack{y \in \mathscr{H} \\ y \neq \theta}} \frac{(a, y)}{\sqrt{(Sy, y)}} = \infty. \tag{8.3.18}$$

假若不然, 必有 $M > 0$, 使得 $\forall y \in \mathscr{H}$,

$$(a, y) \leqslant M\sqrt{(Sy, y)}. \tag{8.3.19}$$

若 $Sy = \theta$, 就有 $(a, y) = 0, a \in (\ker S)^{\perp}$. 记 $\{\lambda_j\}$ 为 S 的全部非零特征值 (有重数的特征值应重复出现, 出现次数与重数相同), 记 $\{e_j\}$ 为相应的归一特征向量, 于是 $\{e_j\}$ 是 $(\ker S)^{\perp}$ 的正交规范基, $Se_j = \lambda_j e_j, j = 1, 2, \cdots$. 令 $a = \sum_{j=1}^{\infty} a_j e_j$, 将 $y_n = \sum_{j=1}^{n} a_j e_j / \lambda_j$ 代入不等式 (8.3.19), 得到

$$\sum_{j=1}^{n} \frac{a_j^2}{\lambda_j} \leqslant M^2.$$

所以 $b = \sum_{j=1}^{\infty} b_j e_j \in \mathscr{H}$, 其中 $b_j = a_j / \sqrt{\lambda_j}$, 而且 $a = S^{1/2} b$, 这与 $a \notin \operatorname{Ran}(S^{1/2})$ 矛盾. 所以 (8.3.18) 式成立, 即 $(a, y)/\sqrt{(Sy, y)}$ 在单位球面 $E = \{y \mid \|y\| = 1\}$ 上无界. 于是存在 $y_n \in E$,

$$(a, y_n)^2 \geqslant n(Sy_n, y_n).$$

故 $(Sy_n, y_n) \to 0$, 当 $n \to \infty$. E 是弱列紧的, 不妨设 $y_n \to y_0$, 当 $n \to \infty$. 由于

$$\begin{aligned}(Sy_n, y_n) &= \int_{\mathscr{H}} (x, y_n)^2 \mu(\mathrm{d}x) \\ &= \int_{\mathscr{H}} (x, y_n)^2 \nu(\mathrm{d}x) - (a, y_n)^2,\end{aligned}$$

令 $n \to \infty$,

$$\int_{\mathscr{H}} (x, y_0)^2 \mu(\mathrm{d}x) = 0,$$
$$\int_{\mathscr{H}} (x - a, y_0)^2 \nu(\mathrm{d}x) = 0.$$

这说明 $(x, y_0) = 0$, μ-a.e.; $(x, y_0) = (a, y_0)$, ν-a.e.. 所以,

$$\mu\{x | (x, y_0) = 0\} = 1,$$
$$\nu\{x | (x, y_0) = (a, y_0)\} = 1.$$

因此 $\mu \perp \nu$.

又设 $a \in \mathrm{Ran}(S^{1/2})$, 我们要证 $\nu \ll \mu$, 并找出 Radon-Nikodym 导数. 设 $a = S^{1/2}b$, 其中 b 不妨取成 $b \in (\ker S^{1/2})^{\perp} = \overline{(\mathrm{Ran} S^{1/2})}$. 故存在 c_n, 使得 $b_n \triangleq S^{1/2}c_n \to b$, 而且 $a_n \triangleq Sc_n \to a$, 当 $n \to \infty$. 在 $\mathscr{H}$ 空间上定义测度如下: $\forall B \in \mathscr{B}$,

$$\nu_n(B) = \int_B \exp\left[(x, c_n) - \frac{1}{2}(Sc_n, c_n)\right] \mu(\mathrm{d}x).$$

由于

$$\begin{aligned}&\int_{\mathscr{H}} |(x, c_n) - (x, c_m)|^2 \mu(\mathrm{d}x) = (S(c_n - c_m), (c_n - c_m)) \\ &\quad = \|b_n - b_m\|^2 \to 0, \quad \text{当 } n, m \to \infty,\end{aligned}$$

推得 (x, c_n) 在 $L^1(\mathscr{H}, \mathscr{B}, \mu)$ 中收敛到某个极限函数 $F(x)$, 即

$$\exp\left[(x, c_n) - \frac{1}{2}(Sc_n, c_n)\right] \to \exp\left[F(x) - \frac{1}{2}\|b\|^2\right], \quad n \to \infty.$$

所以测度序列 ν_n 收敛到一个测度 $\widetilde{\nu}$, 而且

$$\widetilde{\nu}(B)=\int_B \exp\left[F(x)-\frac{1}{2}\|b\|^2\right]\mu(\mathrm{d}x). \tag{8.3.20}$$

剩下只要证明 $\widetilde{\nu}=\nu$, 计算 ν_n 的特征泛函

$$\begin{aligned}\varPhi_n(y)&=\int_{\mathscr{H}}\exp\left[\mathrm{i}(x,y_n)+(x,c_n)-\frac{1}{2}(Sc_n,c_n)\right]\mu(\mathrm{d}x)\\&=\exp\left[\mathrm{i}(Sc_n,y)-\frac{1}{2}(Sy,y)\right]\\&=\exp\left[\mathrm{i}(a_n,y)-\frac{1}{2}(Sy,y)\right],\end{aligned}$$

令 $n\to\infty$, 即得 $\widetilde{\nu}$ 的特征泛函

$$\varPhi(y)=\exp\left[\mathrm{i}(a,y)-\frac{1}{2}(Sy,y)\right].$$

所以 $\widetilde{\nu}=\nu$. ■

推论 8.3.5　设 $\mu=N(a,S),\nu=N(b,S)$ 分别为 $\mathscr{H}$ 上的两个 Gauss 测度, 则当 $a-b\in\mathrm{Ran}(S^{1/2})$ 时, $\mu\approx\nu$; $a-b\notin\mathrm{Ran}(S^{1/2})$ 时, $\mu\perp\nu$.

下面讨论两个具有不同相关算子的 Gauss 测度间的奇异性和等价性. 为此引入可测空间上概率测度之间的 Hellinger 距离, 用 Hellinger 距离给出测度间奇异与等价的数量刻画.

设 $(\mathscr{X},\mathscr{B})$ 是可测空间, μ 是 $(\mathscr{X},\mathscr{B})$ 的一个概率测度, f 是 μ 可积函数. 设 $\varSigma$ 为 $\mathscr{X}$ 的一个子 σ 代数, $\varSigma\subset\mathscr{B}$. 任意 $\varSigma$ 可测函数 f', 当满足条件

$$\int_A f'\mathrm{d}\mu=\int_A f\mathrm{d}\mu,\quad \forall A\in\varSigma \tag{8.3.21}$$

时, 称为 f 在 μ 下关于 σ 代数 $\varSigma$ 的条件期望. 这样的函数在 μ-a.e. 意义下是唯一的, 记成 $f'=E^{\mu}(f|\varSigma)$. 容易证明, 若函数 g

关于 Σ 可测, 则 $E^{\mu}(gf|\Sigma) = gE^{\mu}(f|\Sigma)$.

若 μ, ν 是两个概率测度, 设 $\nu \ll \mu$. 记 μ', ν' 分别为 μ, ν 在 Σ 上的限制, 那么显然有 $\nu' \ll \mu'$, 而且

$$\frac{\mathrm{d}\nu'}{\mathrm{d}\mu'} = E^{\mu}\left(\frac{\mathrm{d}\nu}{\mathrm{d}\mu}\middle|\Sigma\right). \tag{8.3.22}$$

设 μ_1, μ_2 是 $(\mathscr{X}, \mathscr{B})$ 上的两个概率测度. 设 λ 是任意一个满足 $\mu_1 \ll \lambda, \mu_2 \ll \lambda$ 条件的概率测度 (这样的概率测度总存在, 例如可取 $\lambda = \frac{1}{2}\mu_1 + \frac{1}{2}\mu_2$). 记

$$f_i = \frac{\mathrm{d}\mu_i}{\mathrm{d}\lambda}, \quad i = 1, 2.$$

定义 8.3.6 积分

$$h(\mu_1, \mu_2) = \int_{\mathscr{H}} \sqrt{f_1 f_2}\mathrm{d}\lambda \tag{8.3.23}$$

称为 μ_1 与 μ_2 之间的 **Hellinger 距离**.

注 1 在讨论 h 的许多有趣性质前, 首先要说明 $h(\mu_1, \mu_2)$ 与 λ 的选择无关. 事实上, 记 (8.3.23) 式右端的积分为 $h_{\lambda}(\mu_1, \mu_2)$. 设 λ' 是另一个满足条件 $\mu_1 \ll \lambda', \mu_2 \ll \lambda'$ 的概率测度. 设 $\nu = \frac{1}{2}\lambda + \frac{1}{2}\lambda'$, 则

$$\begin{aligned}
h_{\nu}(\mu_1, \mu_2) &= \int \left(\frac{\mathrm{d}\mu_1}{\mathrm{d}\nu}\frac{\mathrm{d}\mu_2}{\mathrm{d}\nu}\right)^{1/2} \mathrm{d}\nu \\
&= \int \left(\frac{\mathrm{d}\mu_1}{\mathrm{d}\lambda}\frac{\mathrm{d}\mu_2}{\mathrm{d}\lambda}\right)^{1/2} \frac{\mathrm{d}\lambda}{\mathrm{d}\nu} \cdot \mathrm{d}\nu = h_{\lambda}(\mu_1, \mu_2),
\end{aligned}$$

同理 $h_{\nu}(\mu_1, \mu_2) = h_{\lambda'}(\mu_1, \mu_2)$.

注 2 用 $\mathscr{P}$ 表示 $(\mathscr{X}, \mathscr{B})$ 上的所有概率测度, 注意 h 不是 $\mathscr{P}$ 上的距离函数, 但是下面引理指出 $(1-h)^{1/2}$ 满足距离公理.

引理 8.3.7 Hellenger 距离具有以下性质:

(1) $0 \leqslant h(\mu_1, \mu_2) \leqslant 1$;

(2) $h(\mu_1, \mu_2) = 1 \Longleftrightarrow \mu_1 = \mu_2$;

(3) $h(\mu_1, \mu_2) = 0 \Longleftrightarrow \mu_1 \perp \mu_2$;

(4) $(1-h)^{1/2}$ 是 $\mathscr{P}$ 上的一个距离函数.

证 (1) $2(1-h) = \int \left(\sqrt{\dfrac{\mathrm{d}\mu_1}{\mathrm{d}\lambda}} - \sqrt{\dfrac{\mathrm{d}\mu_2}{\mathrm{d}\lambda}}\right)^2 \mathrm{d}\lambda \geqslant 0.$

(2) $h(\mu_1, \mu_2) = 1 \Longleftrightarrow \dfrac{\mathrm{d}\mu_1}{\mathrm{d}\lambda} = \dfrac{\mathrm{d}\mu_2}{\mathrm{d}\lambda}, \lambda\text{-a.e.}$, 即 $\mu_1 = \mu_2$.

(3) $h(\mu_1, \mu_2) = 0 \Longleftrightarrow \dfrac{\mathrm{d}\mu_1}{\mathrm{d}\lambda} \cdot \dfrac{\mathrm{d}\mu_2}{\mathrm{d}\lambda} = 0, \lambda\text{-a.e.}$, 即 $\mu_1 \perp \mu_2$.

(4) 记 $\rho(\mu_1, \mu_2) = \sqrt{1 - h(\mu_1, \mu_2)}$. 由 (1), (2) 立得 $\rho(\mu_1, \mu_2) \geqslant 0, \rho(\mu_1, \mu_2) = 0 \Longleftrightarrow \mu_1 \perp \mu_2 . \rho$ 显然满足对称性条件. 又由

$$\rho(\mu_1, \mu_2) = \frac{\sqrt{2}}{2} \sqrt{\int \left(\sqrt{\frac{\mathrm{d}\mu_1}{\mathrm{d}\lambda}} - \sqrt{\frac{\mathrm{d}\mu_2}{\mathrm{d}\lambda}}\right)^2 \mathrm{d}\lambda}$$

易得三角不等式. 所以 ρ 是 $\mathscr{P}$ 上的一个距离函数. ■

引理 8.3.8 设 $\Sigma \subset \mathscr{B}$ 是 $\mathscr{X}$ 上的一个子 σ 代数, $\mu_1, \mu_2 \in \mathscr{P}$. 将 μ_1, μ_2 看成 $(\mathscr{X}, \Sigma)$ 上的概率测度, 于是可以定义 $h_\Sigma(\mu_1, \mu_2)$, 则当 $\Sigma_1 \subset \Sigma_2$ 时,

$$h_{\Sigma_1}(\mu_1, \mu_2) \geqslant h_{\Sigma_2}(\mu_1, \mu_2), \tag{8.3.24}$$

而且, 若 $\Sigma_n \uparrow \Sigma$, 就有

$$h_{\Sigma_n}(\mu_1, \mu_2) \downarrow h_\Sigma(\mu_1, \mu_2). \tag{8.3.25}$$

证 首先证明不等式 (8.3.24). 不妨设 $\Sigma_2 = \mathscr{B}$. 根据测度论 Lebesgue 分解定理, μ_1 可以唯一地分解成 $\mu_1 = \nu + \gamma$, 其中 $\nu \ll \mu_2, \gamma \perp \mu_2$. 取 $c = (1 + \gamma(\mathscr{X}))^{-1}$, 令 $\lambda = c(\mu_2 + \gamma)$. 显然有 $\mu_1 \ll \lambda, \mu_2 \ll \lambda$. 我们用 “$'$” 表示相应的测度在 Σ_1 上的

限制, 则 $\mu_1' = \nu' + \gamma', \nu' \ll \mu_2', \gamma' \perp \mu_2', \lambda' = c(\mu_2' + \gamma')$, 而且 $\mu_1' \ll \lambda', \mu_2' \ll \lambda'$. 记

$$f_i = \frac{\mathrm{d}\mu_i}{\mathrm{d}\lambda}, \quad f_i' = \frac{\mathrm{d}\mu_i'}{\mathrm{d}\lambda'}, \quad i = 1, 2.$$

显然, 在 $(\mathscr{X}, \mathscr{B})$ 上,

$$f_2(x) = \begin{cases} c^{-1}, & x \in \mathscr{X} - A, \\ 0, & x \in A, \end{cases} \qquad \lambda\text{-a.e.},$$

其中 $A = \bigcup\{N \in \mathscr{B} | \mu_2(N) = 0\}$; 在 $(\mathscr{X}, \Sigma_1)$ 上,

$$f_2'(x) = \begin{cases} c^{-1}, & x \in \mathscr{X} - A', \\ 0, & x \in A', \end{cases} \qquad \lambda\text{-a.e.},$$

其中 $A' = \bigcup\{N \in \Sigma | \mu_2(N) = 0\}$. 由于 $A' \subset A$, 所以除去 $\mathscr{B}$ 中的一个 λ 零测集外, 有 $f_2'(x) \geqslant f_2(x)$.

又因为

$$\int_A f_1' \mathrm{d}\lambda = \int_A f_1 \mathrm{d}\lambda, \quad \forall A \in \Sigma_1,$$

$$0 \leqslant \int_A \left(\sqrt{f_1'} - \sqrt{f_1}\right)^2 \mathrm{d}\lambda = 2\left(\int_A f_1' \mathrm{d}\lambda - \int_A \sqrt{f_1' f_1} \mathrm{d}\lambda\right),$$

可得

$$f_1' \geqslant E^\lambda\left(\sqrt{f_1' f_1} | \Sigma\right) = \sqrt{f_1'} E^\lambda\left(\sqrt{f_1} | \Sigma\right),$$

故

$$\sqrt{f_1'} \geqslant E^\lambda\left(\sqrt{f_1} | \Sigma\right).$$

从而

$$\sqrt{f_1' f_2'} \geqslant E^\lambda\left(\sqrt{f_1 f_2'} | \Sigma\right) \geqslant E^\lambda\left(\sqrt{f_1 f_2} | \Sigma\right),$$

所以

$$\int_{\mathscr{X}} \sqrt{f_1' f_2'} \mathrm{d}\lambda \geqslant \int_{\mathscr{X}} \sqrt{f_1 f_2} \mathrm{d}\lambda,$$

即 $h_{\Sigma_1}(\mu_1,\mu_2)\geqslant h_{\Sigma_2}(\mu_1,\mu_2)$.

其次证明 (8.3.25) 式. 设 $\mu_1\ll\lambda,\mu_2\ll\lambda,f=\dfrac{\mathrm{d}\mu_1}{\mathrm{d}\lambda},g=\dfrac{\mathrm{d}\mu_2}{\mathrm{d}\lambda}$, 由随机过程理论中的鞅收敛定理,

$$\begin{aligned}f_n&\triangleq E^{\lambda}\left(f|\Sigma_n\right)\to f_\infty\triangleq E^{\lambda}\left(f|\Sigma\right),\\ g_n&\triangleq E^{\lambda}\left(g|\Sigma_n\right)\to g_\infty\triangleq E^{\lambda}\left(g|\Sigma\right).\end{aligned}$$

由于 $0\leqslant f,g,f_n,g_n\leqslant 1$, 由控制收敛定理,

$$\begin{aligned}h_{\Sigma_n}(\mu_1,\mu_2)&=\int\sqrt{f_ng_n}\mathrm{d}\lambda\\ &\to\int\sqrt{f_\infty g_\infty}\mathrm{d}\lambda=h_\Sigma(\mu_1,\mu_2),\quad n\to\infty.\end{aligned}$$ ■

例 8.3.9 设 G_1,G_2 是 $\mathbb{R}^n$ 上的 Gauss 测度, 分别具有期望 $m_1,m_2\in\mathbb{R}^n$, 以及协方差矩阵 A_1,A_2. 用 $|A|$ 表示矩阵 A 的行列式. 因为

$$\mathrm{d}G_i(x)=((2\pi)^n|A_i|)^{-\frac{1}{2}}\exp\left[-\frac{1}{2}(A_i^{-1}(x-m_i),(x-m_i))\right]\mathrm{d}x,$$

$i=1,2$, 所以

$$\begin{aligned}h(G_1,G_2)=&(2\pi)^{-\frac{n}{2}}(|A_1||A_2|)^{-\frac{1}{4}}\\ &\times\int_{\mathbb{R}^n}\exp\left[-\frac{1}{4}(A_1^{-1}(x-m_1),(x-m_1))\right.\\ &\left.-\frac{1}{4}(A_2^{-1}(x-m_2),(x-m_2))\right]\mathrm{d}x.\end{aligned}\tag{8.3.26}$$

计算上式右端的积分可得

$$\begin{aligned}-\ln h(G_1,G_2)=&\frac{1}{4}\left[2\ln\left|\frac{A_1+A_2}{2}\right|-\ln|A_1|-\ln|A_2|\right]\\ &+\frac{1}{8}\left(\left(\frac{A_1+A_2}{2}\right)^{-1}(m_1-m_2),(m_1-m_2)\right).\end{aligned}\tag{8.3.27}$$

现在回到可分 Hilbert 空间 $\mathscr{H}$ 上. 设 $\{z_n\}$ 是 $(\mathscr{H},\mathscr{B})$ 的可列集, 它生成整个空间 $\mathscr{H}$. 设 $\Lambda_n(x)=\langle z_n,x\rangle,\forall x\in\mathscr{H},n=1,2,\cdots$, 则 $\{\Lambda_n\}\subset\mathscr{H}^*$. 记 $\mathscr{B}^1$ 为一维 Borel 集族, 则 $\Lambda_n^{-1}\mathscr{B}^1=\{\Lambda_n^{-1}B|B\in\mathscr{B}^1\}$ 是 $\mathscr{H}$ 上的一个子 σ 代数, $n=1,2,\cdots$. 我们称 $\Sigma_n=\sigma\left(\bigcup\limits_{i=1}^{n}\Lambda_i^{-1}\mathscr{B}^1\right)$ 是由有界线性泛函 $\{\Lambda_1,\Lambda_2,\cdots,\Lambda_n\}$ 生成的子 σ 代数, 也称为由 $\{z_1,z_2,\cdots,z_n\}$ 生成的子 σ 代数. 易见 $\mathscr{B}=\sigma\left(\bigcup\limits_{i=1}^{\infty}\Lambda_i^{-1}\mathscr{B}^1\right)$, 也就是说, $\mathscr{B}$ 是由可列集 $\{z_n\}$ 或 $\{\Lambda_n\}$ 所生成的. 于是 $\Sigma_n\uparrow\mathscr{B}$.

设 $\mu_1=N(a_1,S_1),\mu_2=N(a_2,S_2)$ 为 $(\mathscr{H},\mathscr{B})$ 上的两个 Gauss 测度. 又记 $\widetilde{\mu}_1=N(0,S_1),\widetilde{\mu}_2=N(0,S_2)$, 我们将证明, 当 μ_1 与 μ_2 互不正交时, $\widetilde{\mu}_1$ 与 $\widetilde{\mu}_2$ 也互不正交.

对于每一个正整数 n, 考虑 $(\mathscr{H},\Sigma_n)$ 到 $(\mathbb{R}^n,\mathscr{B}^n)$ 的同胚映射

$$T_n:x\mapsto(\Lambda_1(x),\cdots,\Lambda_n(x)),$$

μ_1 与 μ_2 在 Σ_n 上的限制在此映射下生成 $(\mathbb{R}^n,\mathscr{B}^n)$ 上的 Gauss 测度, 分别记作 G_1^n 与 G_2^n. 显然, $h_{\Sigma_n}(\mu_1,\mu_2)=h(G_1^n,G_2^n)$. 所以 $-\ln h_{\Sigma_n}(\mu_1,\mu_2)$ 具有展开式 (8.3.27), 其中 $G_k^n(k=1,2)$ 的期望与协方差矩阵分别是

$$\left.\begin{aligned}&m_k^n=(\Lambda_1(a_k),\cdots,\Lambda_n(a_k)),\\&A_k^n=\left(\int_{\mathscr{H}}\Lambda_i(x-m_k^n)\Lambda_j(x-m_k^n)\mu_k(\mathrm{d}x)\right)_{n\times n},\end{aligned}\right.\qquad k=1,2.$$

$-\ln h_{\Sigma_n}(\widetilde{\mu}_1,\widetilde{\mu}_2)$ 的展开式只是 $-\ln h_{\Sigma_n}(\mu_1,\mu_2)$ 展开式和项中的第一项, 所以

$$-\ln h_{\Sigma n}(\widetilde{\mu}_1,\widetilde{\mu}_2)\leqslant-\ln h_{\Sigma_n}(\mu_1,\mu_2).\tag{8.3.28}$$

令 $n \to \infty$, 由引理 8.3.8,

$$-\ln h(\widetilde{\mu}_1, \widetilde{\mu}_2) \leqslant -\ln h(\mu_1, \mu_2). \tag{8.3.29}$$

若 μ_1 与 μ_2 互不正交, 由引理 8.3.7 知 $-\ln h(\mu_1, \mu_2)$ 有界, 所以 $-\ln h(\widetilde{\mu}_1, \widetilde{\mu}_2)$ 有界, 仍由引理 8.3.7 推得 $\widetilde{\mu}_1$ 与 $\widetilde{\mu}_2$ 互不正交. 将此结果总结成下面的引理.

引理 8.3.10 若 $\mathscr{H}$ 上的 Gauss 测度 $N(a_1, S_1)$ 与 $N(a_2, S_2)$ 互不正交, 则 $N(0, S_1)$ 与 $N(0, S_2)$ 也互不正交.

定义 8.3.11 若 Gauss 测度 $\mu = N(a, S)$ 的相关算子是正算子, 则称 μ 是非退化 Gauss 测度.

引理 8.3.12 设 $\mu_1 = N(0, S_1)$ 与 $\mu_2 = N(0, S_2)$ 是 $(\mathscr{H}, \mathscr{B})$ 上互不正交的非退化 Gauss 测度, 则存在自伴算子 $T \in L(\mathscr{H})$, 具有有界逆, 满足

$$S_2 = S_1^{\frac{1}{2}} T S_1^{\frac{1}{2}}, \tag{8.3.30}$$

而且 $T - I \in L_{(2)}(\mathscr{H})$.

证 设 S_1 的全体非零特征值为 $\lambda_1, \lambda_2, \cdots$, 如果特征值 λ 有重数 p, 那么将 λ 重复 p 次出现, 又设 $e_1, e_2, \cdots$ 为相应的互相正交的归一特征元. 由于 S_1 是正算子, $\{e_n\}$ 是 $\mathscr{H}$ 的一组规范正交基. 定义 $\mathscr{H}$ 上的有界线性泛函列

$$\varLambda_j(x) = \frac{1}{\sqrt{\lambda_j}} \langle x, e_j \rangle, \quad \forall x \in \mathscr{H}.$$

于是对于 $\forall i, j = 1, 2, \cdots$,

$$E^{\mu_k}[\varLambda_j(x)] = 0, \quad k = 1, 2,$$

$$E^{\mu_1}[\varLambda_i(x)\varLambda_j(x)] = \frac{\langle S_1 e_i, e_j \rangle}{\sqrt{\lambda_i \lambda_j}} \triangleq \delta_{ij},$$

$$E^{\mu_2}[\varLambda_i(x)\varLambda_j(x)] = \frac{\langle S_2 e_i, e_j \rangle}{\sqrt{\lambda_i \lambda_j}} \triangleq t_{ij},$$

其中 $E^{\mu}[\cdots] \triangleq \int_{\mathscr{H}} \cdots \mu(\mathrm{d}x)$. 记 $T_n = (t_{ij})_{n\times n}, i,j = 1,2,\cdots,n$. 设矩阵 T_n 的特征值为 $\theta_{n,k}, k = 1,2,\cdots,n$, 则

$$-\ln h_{\Sigma_n}(\mu_1,\mu_2) = \frac{1}{4}\left[2\sum_{k=1}^{n}\ln\frac{1+\theta_{n,k}}{2} - \sum_{k=1}^{n}\ln\theta_{n,k}\right],$$

其中 Σ_n 是由有界线性泛函 $\Lambda_1,\cdots,\Lambda_n$ 所生成的子 σ 代数. 由于 $N(0,S_1)$ 与 $N(0,S_2)$ 互不正交, 所以上式有界. 由不等式

$$2\ln\frac{1+\theta}{2} - \ln\theta = \ln\frac{(1+\theta)^2}{4\theta} \geqslant 0,$$

得到

$$\sup_{n}\sup_{1\leqslant k\leqslant n}\left(2\ln\frac{1+\theta_{n,k}}{2} - \ln\theta_{n,k}\right) < \infty.$$

故存在常数 c 与 C, 使得

$$0 < c \leqslant \theta_{n,k} \leqslant C < \infty. \tag{8.3.31}$$

又因为当 $c \leqslant \theta \leqslant C$ 时, $\exists\delta > 0$, 使得

$$2\ln\frac{1+\theta}{2} - \ln\theta \geqslant \delta(1-\theta)^2,$$

推得

$$\sup_{n}\sum_{k=1}^{n}(1-\theta_{n,k})^2 < \infty,$$

从而

$$\sum_{i,j=1}^{\infty}(t_{ij} - \delta_{ij})^2 < \infty. \tag{8.3.32}$$

在 Hilbert 空间上定义线性算子

$$Te_i = \sum_{j=1}^{\infty} t_{ij}e_j, \quad i = 1,2,\cdots. \tag{8.3.33}$$

由关系式 (8.3.31) 知, 对称算子 T 有界, 具有有界逆, 而且由关系式 (8.3.32) 知, $T-I$ 是 Hilbert-Schmidt 算子. 此外,

$$(S_1^{\frac{1}{2}}TS_1^{\frac{1}{2}}e_i, e_j) = (TS_1^{\frac{1}{2}}e_i, S_1^{\frac{1}{2}}e_j) = \sqrt{\lambda_i\lambda_j}(Te_i, e_j)$$
$$= \sqrt{\lambda_i\lambda_j}t_{ij} = (S_2e_i, e_j).$$

所以等式 (8.3.30) 成立. ■

引理 8.3.12 的逆命题也成立, 事实上我们有下面的引理.

引理 8.3.13　设 $T\in L(\mathscr{H})$, T 自伴, $0<c\leqslant T\leqslant C<\infty$, $T-I$ 是 Hilbert-Schmidt 算子, 设 S_1, S_2 是 $\mathscr{H}$ 上正的核算子, 满足 $S_2=S_1^{\frac{1}{2}}TS_1^{\frac{1}{2}}$, 则 $\mathscr{H}$ 上的 Gauss 测度 $\mu_1=N(0,S_1)$, $\mu_2=N(0,S_2)$ 互相等价.

证　$T-I\in L_{(2)}(\mathscr{H})$, T 是正算子, 故可以选取 $\mathscr{H}$ 的正交规范基 $\{x_j\}$, 使得 x_j 是 T 的特征元, 相应的特征值记为 λ_j,

$$Tx_j=\lambda_jx_j,\quad 0<c\leqslant\lambda_j\leqslant C<\infty, j=1,2,\cdots. \tag{8.3.34}$$

记 G 为 $(\mathbb{R},\mathscr{B}^1)$ 上期望为 0、方差为 1 的 Gauss 测度, $G(\lambda_j)$ 为 $(\mathbb{R},\mathscr{B}^1)$ 上期望为 0、方差为 λ_j 的 Gauss 测度. 在序列空间 $\mathbb{R}^\infty=\{(\alpha_1,\alpha_2,\cdots)|\alpha_i\in\mathbb{R}, i=1,2,\cdots\}$ 上引入乘积 Gauss 测度 P_1 和 P_2:

$$P_1=\prod_{j=1}^\infty G,\quad P_2=\prod_{j=1}^\infty G(\lambda_j).$$

它们在有穷维子空间 $\mathbb{R}^n=\{\alpha=(\alpha_1,\alpha_2,\cdots,\alpha_n)|\alpha_i\in\mathbb{R}, 1\leqslant i\leqslant n\}$ 上的限制分别是

$$P_1^n=\prod_{j=1}^n G,\quad P_2^n=\prod_{j=1}^n G(\lambda_j).$$

显然有

$$\frac{\mathrm{d}P_2^n}{\mathrm{d}P_1^n}(\alpha)=\prod_{j=1}^n\frac{1}{\sqrt{\lambda_j}}\exp\left[\frac{1}{2}\left(1-\frac{1}{\lambda_j}\right)\alpha_j^2\right].$$

因为 $T-I\in L_{(2)}(\mathscr{H}), \sum\limits_{j=1}^{\infty}(\lambda_j-1)^2<\infty$, 故无穷级数

$$\sum_{j=1}^{\infty}\frac{1}{2}\left[\left(1-\frac{1}{\lambda_j}\right)\alpha_j^2-\ln\lambda_j\right]$$

P_1-a.e. 收敛. 于是 $P_2\ll P_1$, 同理 $P_1\ll P_2$, 故 $P_1\approx P_2$, 相应的 Radon-Nikodym 导数是

$$\frac{\mathrm{d}P_2}{\mathrm{d}P_1}(\alpha)=\prod_{i=1}^{\infty}\frac{1}{\sqrt{\lambda_i}}\exp\left[\frac{1}{2}\left(1-\frac{1}{\lambda_i}\right)\alpha_i\right]. \tag{8.3.35}$$

考虑 $\mathbb{R}^\infty$ 到 $\mathscr{H}$ 的可测映射

$$T:\alpha\mapsto\sum_{j=1}^{\infty}\alpha_j(S_1^{\frac{1}{2}}x_j)\triangleq x, \tag{8.3.36}$$

则 P_i 在可测映射 T 下的分布 P_iT^{-1} 是 $\mathscr{H}$ 上的 Gauss 分布. 对于任意的 $y\in\mathscr{H}$, 计算方差

$$\begin{aligned}E^{P_1T^{-1}}[(x,y)^2]&=E^{P_1}[(T\alpha,y)^2]=\sum_{i,j=1}^{\infty}E^{P_1}[\alpha_i\alpha_j(S_1^{\frac{1}{2}}x_j,y)^2]\\&=\sum_{j=1}^{\infty}(S_1^{\frac{1}{2}}x_j,y)^2=\sum_{j=1}^{\infty}(x_j,S_1^{\frac{1}{2}}y)^2\\&=\|S_1^{\frac{1}{2}}y\|^2=(S_1y,y).\end{aligned}$$

所以 $P_1T^{-1}=\mu_1$. 同理,

$$\begin{aligned}E^{P_2T^{-1}}[(x,y)^2]&=E^{P_2}[(T\alpha,y)^2]=\sum_{i,j=1}^{\infty}E^{P_2}[\alpha_i\alpha_j(S_1^{\frac{1}{2}}x_j,y)^2]\\&=\sum_{j=1}^{\infty}\lambda_j(S_1^{\frac{1}{2}}x_j,y)^2=\sum_{j=1}^{\infty}(S_1^{\frac{1}{2}}\sqrt{\lambda_j}x_j,y)^2\\&=\sum_{j=1}^{\infty}(S_1^{\frac{1}{2}}T^{\frac{1}{2}}x_j,y)^2=\|T^{\frac{1}{2}}S_1^{\frac{1}{2}}y\|^2=(S_2y,y),\end{aligned}$$

即得 $P_2T^{-1} = \mu_2$. 所以 μ_1 与 μ_2 等价, Radon-Nikodym 导数由 (8.3.35) 式通过映射 T 得到:

$$\frac{\mathrm{d}\mu_2}{\mathrm{d}\mu_1}(x) = \frac{\mathrm{d}P_2}{\mathrm{d}P_1}(T\alpha). \tag{8.3.37}$$

■

现在可以证明本节的主要结果了, 即 $\mathscr{H}$ 上任意两个非退化 Gauss 测度或者正交或者等价.

定理 8.3.14 Hilbert 空间 $(\mathscr{H}, \mathscr{B})$ 上的非退化 Gauss 测度 $N(a_1, S_1)$ 与 $N(a_2, S_2)$ 或者互相等价或者互相正交. $N(a_1, S_1)$ 与 $N(a_2, S_2)$ 等价的充要条件是 $N(a_1, S_1)$ 与 $N(a_2, S_1)$ 等价, 并且 $N(a_2, S_1)$ 与 $N(a_2, S_2)$ 等价.

证 设 $N(a_1, S_1)$ 与 $N(a_2, S_2)$ 不正交, 由引理 8.3.10 知 $N(0, S_1)$ 与 $N(0, S_2)$ 也不正交, 再根据引理 8.3.12 与引理 8.3.13 得知 $N(0, S_1)$ 与 $N(0, S_2)$ 等价. 由于平移变换下等价性不变, 故 $N(a_2, S_1)$ 与 $N(a_2, S_2)$ 等价. 从而 $N(a_2, S_1)$ 与 $N(a_1, S_1)$ 也不正交, 由推论 8.3.5, $N(a_1, S_1)$ 与 $N(a_2, S_1)$ 等价. 所以 $N(a_1, S_1)$ 与 $N(a_2, S_2)$ 等价. 充分性是显然的. ■

索 引